POCHES ODILE JACOB

ENFANTS DU SOLEIL

ANDRÉ BRAHIC

ENFANTS DU SOLEIL

Histoire de nos origines

POCHES
ODILE JACOB

15, rue Soufflot, 75005 Paris

www.odilejacob.fr

ISBN : 2-7381-0861-X
ISSN : 1621-0654

À la mémoire de mes parents.

Avant-propos

« Tel fleurit aujourd'hui qui demain flétrira,
Tel flétrit aujourd'hui qui demain fleurira. »

Pierre DE RONSARD.

Une énorme boule de lumière... neuf petites boules de roches, de glaces, d'eau et de gaz qui tournent autour à toute allure... Beaucoup plus loin, d'autres boules de lumière, peut-être d'autres boules de roches et de gaz... Les premières nous sont devenues familières. Il s'agit du Soleil, de la Terre et de ses voisines. Les autres piquent notre curiosité. Comment se forme un système planétaire ? Par quels mécanismes notre Terre est-elle devenue une planète bleue, berceau de tant de vies ? Pourquoi les autres planètes n'ont-elles pas réuni les conditions propices ? Que s'est-il passé pendant les quatre milliards et demi d'années qui viennent de s'écouler ?

La question de nos origines obsède depuis toujours l'esprit humain. Elle a suscité une foule de récits mythiques racontant l'origine du monde, des dieux et des tribus et elle est, de nos jours, au centre de maintes recherches scientifiques. Depuis la nuit des temps, les hommes ont polémiqué pour savoir si notre monde était le résultat de transformations incessantes ou s'il avait été créé un beau jour. Mais comment ? À partir de quoi ? Le passé est imprévisible, disait-on chez les sceptiques, mais les décou·

vertes du XXe siècle les ont fait mentir car un coin du voile vient enfin d'être soulevé !

Les hommes ont passé des millénaires à inventer des mondes imaginaires. Depuis peu, ils ont changé et se sont dotés d'outils d'observation puissants pour découvrir le monde réel ! Première leçon de cette aventure : la nature a beaucoup plus d'imagination que tous les hommes réunis ! Seconde leçon : nous savons maintenant, grâce aux nombreuses contraintes apportées par les observations, ce qui *ne* s'est *pas* passé. Nous pouvons jeter aux orties les mythes primitifs et les théories cosmogoniques du passé, si jolies soient-elles. Nos ancêtres auraient-ils perdu leur temps en se berçant d'illusions ? Non, car leurs tâtonnements ont défriché le terrain et nous ont aidé à formuler de nouveaux concepts. Sans eux, nous serions totalement incapables, de nos jours, de percer le mystère de nos origines. La critique des idées et des dogmes de nos prédécesseurs a engendré la science moderne !

Tels des enfants qui ne quittent pas les jupes de leur mère, les planètes virevoltent sans cesse autour du Soleil. Sont-elles les enfants naturels du Soleil ? des enfants adoptifs ? ou encore des petites sœurs ? Nous essaierons de faire le point des réponses apportées de nos jours par les astronomes, de leurs certitudes mais aussi de leurs doutes. Nous verrons que nous sommes plutôt les enfants des étoiles que ceux du Soleil et que les planètes sont sœurs du Soleil. Après avoir rapidement évoqué les vieilles légendes, nous replacerons la Terre et les planètes dans leur contexte, nous verrons comment les atomes, les galaxies et les étoiles apparaissent successivement, et nous essaierons de raconter l'histoire de nos origines. Mais cette histoire est encore pleine d'embûches. De nombreuses étapes sont encore mal comprises, et la quête de nos origines est un épisode de la lutte incessante entre la science et l'obscurantisme, lutte dans laquelle il ne faut jamais baisser la garde.

Création ou éternité ? Physique ou métaphysique ?

La Terre, le ciel, le Soleil, les étoiles ont-ils existé de tout temps ? Sont-ils éternels ou ont-ils été créés un jour ? Les hommes se sont posé ces questions depuis des millénaires sur tous les continents. L'idée d'un monde éternel, sans commencement ni fin a été présentée et défendue avec force par Aristote. Elle s'opposait carrément au message très fort de la chrétienté qui croyait en un monde créé par un dieu. Ce débat sur l'existence ou non d'un début a fait rage pendant des siècles et fut au centre d'une controverse extrêmement rude au XIIIe siècle au sein de l'université de Paris, centre mondial de la connaissance et du savoir à l'époque. Cette querelle a été aussi vive que celles qui ont entouré, quelques siècles plus tard, les théories de Copernic ou de Darwin.

La quête de nos origines est un sujet scientifique par excellence, et pourtant la métaphysique s'en est emparé bien avant la physique. Toutes les religions et tous les systèmes du monde qui ont eu la prétention d'être universels ont proposé une histoire de la création. Objet de tous les fanatismes et de toutes les intolérances pendant des siècles, cette recherche est en même temps une merveilleuse illustration du génie humain. À la fin du XXe siècle, l'homme a enfin soulevé un petit coin du voile sur ses origines, mais le débat n'est pas près d'être clos !

Loin d'être une simple lubie de scientifique curieux sans grande conséquence pratique, la question de nos origines a toujours fait l'objet de débats extrêmement vifs au point que, dans les cas extrêmes, ceux qui n'étaient pas les tenants de la « bonne théorie » ont été passés par les armes, brûlés ou pendus. Il est tout de même frappant de constater que tous les systèmes qui prétendaient à l'universalité ont voulu imposer, souvent par la force, une théorie de nos origines. Pendant des siècles, les églises, les temples et les mosquées ont imposé leurs vues. Mais ce ne fut pas le seul fait des religions. Au fil de l'histoire, on retrouve souvent dans ces querelles idéologiques sur nos origines le conflit des systèmes socioéconomiques de l'époque. Pendant plus de cent cinquante ans, à l'époque de la primauté de la France et de l'Angleterre dans le monde, les écoles française et anglaise se sont opposées sur deux conceptions de la formation des planètes. Entre 1945 et 1990, le débat a porté sur deux théories, celle de l'école américaine et celle de l'école soviétique !

Bien que l'étude de nos origines concerne avant tout les astronomes, les physiciens, les chimistes, les mathématiciens, les minéralogistes, les géophysiciens et bien d'autres, elle a de telles implications philosophiques et sociologiques qu'elle continue de susciter les passions et quelquefois les polémiques. Même entre scientifiques, les disputes sont nombreuses. Les différentes voies d'exploration sont si variées que beaucoup d'auteurs s'ignorent délibérément. En étudiant les textes consacrés à la question de nos origines, on rencontre plus de « philosophes » que d'« ingénieurs » et quelquefois plus de métaphysique que de physique, mais la situation est en train de changer. La recherche spatiale, le développement des moyens d'observation et d'analyse ont fourni des outils si puissants que nous vivons une véritable révolution dans l'histoire de l'acquisition des connaissances, et que personne ne peut plus ignorer les contraintes apportées par les observations et par les modèles.

Il nous paraît maintenant évident que la Terre, la Lune, le Soleil, les étoiles et les objets du ciel ont été formés un jour et qu'ils ont évolué. Nos ancêtres pensaient différemment. Beaucoup croyaient que les astres étaient là depuis toujours et seraient là pour l'éternité. Autrement dit, l'idée même d'évolution était étrangère aux hommes. On leur enseignait qu'une puissance supérieure avait créé le monde une fois pour toutes. Il est vrai que cette notion de début, d'évolution, donc de fin est dérangeante. On retrouve de nos jours ce rejet de l'évolution au sein de certaines sectes, de groupes « fondamentalistes » ou, encore, au cœur d'un pays techniquement avancé comme les États-Unis, chez les « créationnistes ». Pendant des millénaires, les hommes ont mis dans le ciel des dieux qui avaient d'autres règles de vie mais qui leur ressemblaient beaucoup. Ils avaient un immense avantage sur nous, l'immortalité. Aujourd'hui, nous dirions qu'il s'agit d'un avantage apparent seulement car des êtres immortels ne peuvent pas évoluer ! Mais quelques hommes ont refusé de croire que nous ne serions que de simples esclaves des caprices divins. Ils se sont posé des questions différentes : y a-t-il, après tout, des lois qui régissent cet Univers ? Peut-on les découvrir par l'observation du monde qui nous entoure ?

En l'absence d'observations contraignantes, les théoriciens s'en sont donné à cœur joie pendant plusieurs siècles, imaginant les situations les plus diverses. Pour beaucoup de ces théories, de nombreuses hypothèses étaient à la limite de la métaphysique. Il faut bien comprendre que, dans le domaine de la science, il n'est point de salut hors des contraintes observationnelles. Combien de théories belles « sur le papier » ont été tuées par d'horribles faits ! Quels que soient nos préjugés et nos préférences, on doit impérativement s'incliner devant les faits d'observation. La science fournit là une belle leçon d'humilité aux hommes, qu'ils soient politiciens, dirigeants ou exécutants ! Toute théorie doit rentrer dans le moule des contraintes observationnelles. La pensée pure, les idées *a priori*, les « grands livres sacrés » ne se sont pas révélés d'une grande utilité, et l'acharnement à négliger l'évidence pour mieux croire à la véracité d'un mythe fondateur a souvent été un frein. Par contre, l'analyse critique de ces *a priori* et surtout la confrontation avec les observations se sont montrées fécondes.

Toute l'histoire de la recherche de nos origines est une succession sur plusieurs siècles d'idées préconçues, d'hésitations, d'impasses avec un manque souvent cruel de contraintes observationnelles et quelques avancées impressionnantes. Comme le disait Paul Valéry, « plus il y a de métaphysique, moins il y a de physique et réciproquement » !

Les difficultés

Ce problème de nos origines ressemble à la reconstitution d'un immense puzzle, dont, pour corser le plaisir, on ne connaît ni le nombre total de pièces ni le sujet du tableau, dont beaucoup de pièces ont été à jamais perdues, et, de surcroît, plusieurs proviennent d'autres jeux. Nous ignorons, par exemple, quelles pièces nous livrent des informations sur nos origines et quelles autres nous racontent la suite de l'histoire. Même si plusieurs pièces supplémentaires ont été récemment acquises, il reste à savoir où les placer, et, bien que nous y voyions globalement un peu plus clair, de nombreux points restent dans l'ombre.

La principale difficulté provient du fait que le système solaire est le seul système planétaire à notre disposition. Vivons-nous dans un système très improbable et unique ? Le système solaire est-il un monstre ? Ou bien vivons-nous dans un système banal et très commun dans la Galaxie ? Il est évident que la découverte d'autres systèmes solaires permettrait de dégager des caractéristiques communes et d'éliminer ce qui n'est que coïncidence due à des conditions initiales particulières. Nous nous trouvons actuellement un peu dans la situation où, à partir de l'observation d'un seul individu, nous essayons d'en déduire des règles générales de vie en société. Quelles sont les caractéristiques propres à toute une population ? Qu'est-ce qui est particulier à un individu ? Le fait d'avoir les yeux bleus ou bien de posséder deux jambes ?

Une seconde difficulté est liée au fait qu'il est malaisé de remonter dans le passé. Il semble possible de retrouver les conditions actuelles à partir de plusieurs conditions initiales différentes. Pour l'instant, le problème n'a pas de solution unique. L'observation de l'atterrissage d'un parachutiste depuis la fenêtre de son immeuble ne permet guère de connaître la hauteur à laquelle il s'est jeté de son avion : trois mille mètres ou cinq cents mètres ? Nous sommes un peu dans la même situation pour le système solaire. On peut imaginer plusieurs conditions initiales différentes conduisant toutes à ce qu'on observe actuellement.

La recherche spatiale ainsi que toutes les observations modernes ont apporté une énorme quantité de données, mais il reste à savoir lesquelles sont liées à la formation du système solaire. L'énorme quantité d'informations accumulées au cours de ces deux dernières décennies nous a appris au moins une chose : le problème est beaucoup plus complexe qu'on ne le supposait. On est frappé, notamment, par la grande diversité des objets et des mécanismes observés. La Nature est toujours plus riche qu'on ne l'imagine *a priori* ! Elle a, en tout cas, beaucoup plus d'imagination que le plus brillant des théoriciens ou des philosophes.

Le système solaire, un enfant du temps

La cosmogonie du système solaire, c'est-à-dire l'étude de sa formation, a connu un grand renouveau depuis les années 1970 à la faveur de l'extraordinaire aventure de l'exploration spatiale, moment privilégié où l'homme, pour la première fois de son histoire, est sorti de son berceau. Mais la collecte des roches lunaires et le survol des planètes n'auraient pas suffi. L'analyse en laboratoire de ces « sondes spatiales du pauvre » que sont les météorites, l'utilisation de télescopes de plus en plus perfectionnés et de nouveaux détecteurs capables d'attraper le moindre grain de lumière, l'utilisation d'ordinateurs puissants et de nombreux modèles théoriques, ont apporté des compléments indispensables à l'exploration spatiale.

La majorité des astronomes s'accorde maintenant sur les grandes étapes importantes de la formation des planètes même si la liste des problèmes non résolus s'allonge de jour en jour. Cet accord ne signifie nullement que nous avons compris l'histoire de nos origines. Majorité n'est pas vérité ! Même si quelques étapes de la formation des planètes nous échappent encore, nous pouvons au moins affirmer « comment le système solaire ne s'est pas formé » !

À la fin du XXe siècle, on peut dire que le système solaire est un « enfant du temps ». Il s'est écoulé plus de dix milliards d'années entre les premiers frémissements du big bang et la naissance du Soleil, et quatre milliards et demi d'années entre l'apparition de la Terre et celle de l'homme. Ces durées astronomiques ont permis, d'une part, de fabriquer tous les atomes nécessaires à notre Terre et, d'autre part, à l'évolution de prendre son temps pour aboutir à un être aussi complexe, aussi inattendu et aussi imparfait qu'un homme. Comprendre comment la Terre est apparue et a évolué revient à mieux la connaître et en même temps à mieux prédire son avenir. Peut-être un jour éviterons-nous ainsi quelque événement désagréable.

Il est maintenant admis que, quelque part dans la Galaxie, il y a environ quatre milliards et demi d'années, un nuage de gaz interstellaire s'est effondré sous son propre poids pour donner naissance à une étoile — le Soleil — et à son cortège de planètes. Au cours de son effondrement, cette nébuleuse primitive s'est aplatie pour former un disque gazeux dont le bulbe central est devenu le Soleil. Au sein du disque, le gaz s'est tout d'abord condensé en petits grains. Des instabilités locales ont rapidement rassemblé ces grains en corps de quelques centaines de mètres de dimension. Le jeu de leurs collisions mutuelles a donné naissance à des embryons planétaires de quelques centaines de kilomètres, puis aux planètes et aux satellites que nous connaissons. L'existence d'eau liquide sur notre planète a permis le développement d'une chimie organique complexe et l'épanouissement de la vie. Même si ces grandes lignes semblent acceptées, de nombreux maillons sont totalement incompris à tel point que des pans entiers de ce scénario ne sont pas encore déchiffrés. Comme disait Pierre Dac : « Le chaînon qui manque entre le singe et l'homme, c'est nous. »

Évolution et diversité

Pour caractériser nos découvertes récentes sur le système solaire, deux mots viennent immédiatement à l'esprit : diversité et évolution. En effet, une des grandes leçons de l'exploration du système solaire est la prise de conscience de l'énorme *diversité* des objets et des phénomènes physiques observés. On peut même se demander si l'ambition de tout expliquer par une seule théorie ou un seul mécanisme est vraiment raisonnable. Ce système solaire que nous connaissions si mal il y a seulement trente ans s'est révélé d'une richesse inattendue. La diversité ne semble pas l'apanage du seul système solaire. L'ensemble de l'Univers présente une variété de phénomènes, d'objets et de mécanismes beaucoup plus grande que tout ce que l'homme avait bien pu imaginer au cours des siècles précédents.

Une autre grande leçon de cette exploration est la prise de conscience du fait que tous les objets célestes évoluent ! L'évolution n'est pas le propre de l'homme. Des êtres vivants aux planètes, aux étoiles et aux galaxies, *tous les objets de l'Univers évoluent*. Aussi naturelle qu'elle paraisse aujourd'hui, cette idée a mis longtemps pour s'imposer. Les physiciens de ce siècle se sont rendu compte qu'il s'agit d'une notion essentielle. En appliquant quelques grands principes de base de la physique, comme les principes de conservation et les principes de la thermodynamique au sein d'un système isolé, on comprend immédiatement que *tous les objets de l'Univers doivent mourir*. Le combat que mène une étoile entre la gravitation qui la conduit à s'effondrer sur elle-même et la thermodynamique qui la conduit à se dilater violemment fait comprendre qu'elle ne peut pas briller éternellement. En appliquant les principes de la dynamique, un amas d'étoiles doit lentement disparaître par évasion de ses composants ; à l'inverse, un amas de galaxie doit finir sous forme d'un immense trou noir... Puisque tous les objets doivent mourir, monsieur de La Palice aurait affirmé qu'ils ne sont pas éternels. Ils sont nés un jour : comment ? C'est l'objet de ce livre.

Il est intéressant d'observer que l'idée d'évolution s'est heurtée aux conservateurs de tout poil. Il suffit de se souvenir du rejet des thèses darwiniennes, choquantes pour la société victorienne en ce qu'elles révélaient que « l'homme descend du singe », tout en substituant le hasard à Dieu. Les Églises ne pouvaient accepter sans réagir cette confiscation athée de leur pré carré. Si le pape Jean-Paul II a finalement reconnu, en 1996, cent trente-sept ans après la publication de l'ouvrage de Darwin, *De l'origine des espèces par la voie de la sélection naturelle*, que la théorie de l'évolution devait être prise au sérieux, il fallut plus de trois siècles à son Église pour réhabiliter Galilée et sa Terre qui tourne. Giordano Bruno est toujours considéré comme coupable d'avoir imaginé un univers infini, homogène et isotrope où chaque étoile a un cortège de planètes et de comètes, mues par un principe moteur universel.

L'exploration du système solaire

Nous avons la chance d'appartenir à la génération qui a « mis le pied hors de la Terre ». Par robot interposé, l'homme est allé explorer les planètes. Les quelques décennies que nous venons de vivre seront probablement considérées à l'avenir comme aussi importantes dans l'histoire de l'humanité que celles de la découverte des Amériques. C'est un tournant dans l'histoire de nos connaissances : en moins d'une génération, nous en avons plus appris sur les planètes qu'au cours des quarante siècles qui ont précédé. Ces astres, qui n'étaient que des points de lumière dont nous étudiions le mouvement dans le ciel, sont devenus des mondes à part entière. Les surprises ont succédé aux surprises, chaque voyage nous a un peu plus émerveillés. Les hommes ont maintenant marché sur la Lune et rapporté des cailloux qu'ils analysent dans leurs laboratoires. Des robots ont exploré Mars, étudié sa surface, mesuré ses vents et constaté l'absence de vie. Plus d'une cinquantaine de corps ont ainsi été visités, de Vénus qui nous avait longtemps pudiquement caché son corps, à l'étonnant monde de Neptune, avec ses arcs et ses satellites, en passant par Saturne, la comète de Halley et bien d'autres. Nous pouvons maintenant faire l'inventaire, ce qui est la moindre des choses avant d'essayer de comprendre leur origine.

Cette exploration, menée de pair avec une recherche vigoureuse et l'utilisation de nouvelles techniques d'observation à partir de la Terre, a fourni une riche moisson de découvertes fondamentales et eu un impact immédiat sur la pensée scientifique. Elle nous a fait prendre conscience que la Terre était une simple planète parmi d'autres. De plus, les retombées socioéconomiques de cette exploration devraient se multiplier à l'avenir. Certains sourient aujourd'hui à l'idée d'exploiter les matières premières de la Lune ou des astéroïdes, comme d'autres traitaient d'utopistes ceux qui, il y a moins d'un siècle, imaginaient qu'on pourrait un jour échapper à l'attraction terrestre. Nous vivons le prélude d'une grande aventure : au cours des siècles prochains, des hommes quitteront la Terre pour explorer et exploiter les mondes voisins !

Non seulement l'exploration spatiale a bouleversé notre connaissance des planètes, mais, en se plaçant au-dessus de l'atmosphère terrestre, des satellites ont recueilli les multiples couleurs du rayonnement qu'elles nous envoient au-delà du visible, dans les domaines radio, infrarouge, ultraviolet, X et gamma. On peut comparer ce progrès à celui d'un enfant à qui on aurait mis des lunettes vertes à la naissance. Jeune, il n'aurait vu que des objets verts ; il aurait très vite su qu'il y avait des feuilles dans les arbres, des pelouses, des voitures vertes, des gens habillés en vert... À son adolescence, on lui aurait retiré ses lunettes, et il aurait alors découvert avec émerveillement que les arbres ont des troncs, que le ciel est bleu et le Soleil jaune, qu'il y a des blondes aux yeux bleus et des brunes aux yeux verts et que le monde est beaucoup plus riche qu'il ne l'imaginait. C'est exactement l'aventure qui vient d'arriver aux astronomes. L'Univers est tellement plus riche que nous ne l'imaginions auparavant, que nous n'avons pas encore totalement digéré une telle quantité d'information.

Mieux connaître la Terre

Une motivation importante pour étudier nos origines est de mieux connaître notre propre Terre. Il est souvent difficile de nous la représenter comme une planète ordinaire, et pourtant, en termes de position et de taille, elle est vraiment commune. Elle est soumise aux mêmes mécanismes physiques que les autres corps du système solaire. Pour mieux connaître la Terre, on devrait en toute rigueur faire comme le physicien dans son laboratoire, c'est-à-dire procéder à des expériences. Il est impossible et il n'est surtout pas souhaitable de tenter la moindre expérience sur la Terre, de la chauffer, de la couper en deux, de la secouer, de la déformer, etc. L'étude des autres planètes rend heureusement ces expériences inutiles ! Il suffit de comparer la Terre à un corps plus gros ou plus petit, plus ou moins dense, plus ou moins chaud, de composition chimique différente, etc., pour comprendre le rôle de chaque paramètre.

Un des grands progrès de l'aventure spatiale est d'avoir fait comprendre aux hommes les relations étroites entre les planètes et de les avoir conduits à entreprendre une étude comparée des corps du système solaire. Les autres planètes et satellites ont en effet beaucoup à nous apprendre sur la Terre et réciproquement. Par exemple, Vénus a la même masse et les mêmes dimensions que la Terre, mais tourne beaucoup moins vite et ne possède pas d'eau liquide à sa surface : la météorologie y est donc plus facile que sur Terre. L'atmosphère de Titan est, comme celle de la Terre, composée essentiellement d'azote, et la pression au sol est la même que sur Terre, par contre elle est beaucoup plus froide. Les volcans de Mars sont plus grands que leurs homologues terrestres, et ceux d'Io sont plus actifs. On pourrait ainsi multiplier les exemples. Alors qu'au XIXe siècle, au moment de l'âge d'or de la géologie, l'étude de la Terre était essentiellement locale, elle est devenue globale au XXe siècle avec la naissance de la géophysique. On peut imaginer qu'au cours des prochaines décennies l'apparition d'une nouvelle discipline, *la planétologie comparée*, permettra de mieux connaître notre Terre. Certains phénomènes terrestres comme le volcanisme, la météorologie ou encore l'activité interne, pourront ainsi être mieux compris et mieux prédits.

La prise de conscience « écologique » de notre planète Terre est un des progrès du XXe siècle. Il faut toutefois raison garder. L'homme n'est pas responsable de tous les désagréments que nous pouvons y rencontrer. L'évolution de la Terre dans son ensemble, même si elle a été affectée par la présence de la vie, a lieu indépendamment des hommes. Pour l'instant, les phénomènes naturels (volcans, tremblements de terre, raz de marées, cyclones...) ont une puissance bien supérieure aux créations de l'homme. Encore faut-il prendre garde à ne pas jouer aux apprentis sorciers. Seule la connaissance scientifique et l'étude rationnelle de tous les phénomènes qui permettent de comprendre l'évolution d'une planète nous feront progresser, au sens trivial où nous pourrons mourir moins idiots. Toute autre attitude serait une régression !

Il est maintenant clair qu'une bonne connaissance de la Terre passe par la compréhension de sa place dans l'Univers et de la succession des événements qui ont conduit à l'agglomération des atomes qui la constituent. Avant les années 1960, les géologues ne s'intéressaient pas aux autres planètes, et les astronomes ignoraient la planète Terre. Nous comprenons maintenant que celle-ci n'est qu'un membre parmi d'autres de la grande famille du système solaire. Comment les atomes se sont-ils formés, et dans quelle proportion ? Comment naissent les étoiles et comment est apparue l'étoile Soleil ? Comment des planètes et satellites se sont-ils rassemblés autour du Soleil ? Autant de questions qui sont un préalable à une bonne connaissance de la Terre et de son évolution !

Le combat de la raison

Il subsiste bien des attitudes irrationnelles des tâtonnements primitifs de l'époque où le ciel restait un mystère pour les hommes. Nous en reparlerons en conclusion. Seule une approche rationnelle des phénomènes nous a permis de progresser. En d'autres termes, l'observation du monde qui nous entoure doit commander, et toute théorie doit être quantitativement évaluée. Des calculs précis doivent étayer toute tentative d'explication, et toute théorie, tout système, si beaux soient-ils, doivent s'incliner devant les faits d'observation, si laids soient-ils. Dire cela ne signifie nullement que les sciences physiques doivent diriger le monde. Les errements des scientistes du siècle passé nous montrent qu'une approche purement « mécanique » du monde est bien insuffisante. Affirmer le besoin d'une approche scientifique signifie qu'un homme raisonnable ne doit jamais oublier que le doute et l'esprit critique sont essentiels. Pour paraphraser les comiques, le monde est rempli d'imbéciles pleins de certitudes, il contient heureusement quelques individus remplis de doutes !

À propos d'un problème précis, celui de nos origines, ce livre se veut un plaidoyer en faveur de la recherche et de l'éducation, atouts essentiels pour notre avenir et seules alternatives à un monde où l'intolérance et la violence régneraient en maîtresses. Il se veut aussi un hommage à l'intelligence et à l'enthousiasme de ceux qui ont permis d'avancer, et un cri contre tous les fanatismes, toutes les intolérances et toutes les pseudosciences. L'auteur de ces lignes ne supporte pas ceux qui veulent tellement faire le bonheur des autres qu'ils les envoient au bûcher ou les enferment dans des camps. Les débats sur la question de nos origines illustrent bien l'éternel combat entre ceux qui parient sur l'intelligence et ceux qui refusent le doute.

Il faut toujours garder en mémoire les persécutions qui se sont abattues sur ceux qui ont eu le courage de leurs opinions, même si elles heurtaient le pouvoir en place. Pour avoir préféré Copernic à Ptolémée, pour avoir remis en cause la physique d'Aristote et son monde fini et immuable et lui avoir préféré un Univers infini, livré à une évolution universelle et éternelle, pour avoir refusé de se renier, Giordano Bruno périt sur le bûcher en 1600. Au XXe siècle, pour ne pas s'être soumis, des scientifiques sont morts dans les camps de Hitler ou de Staline, et beaucoup tombent encore sous les balles de fanatiques religieux. Pour ne jamais oublier que le danger est à nos portes, nous reproduisons en appendice l'abominable abjuration de Galilée le 22 juin 1633.

Mais, plutôt que de s'attarder sur les épines, pensons aux roses et à l'extraordinaire aventure de la connaissance qu'est cette quête de notre passé. Comment ne pas s'émerveiller devant la puissance de l'esprit humain qui parvient à comprendre ce qui s'est passé depuis plusieurs milliards d'années, c'est-à-dire sur une durée plusieurs dizaines de millions de fois supérieure à celle de la vie d'un homme. L'homme moderne parvient aussi à observer ce qui est à des distances de centaines de millions de milliards de milliards (10^{26}) de fois plus grandes que sa propre taille ! En même temps, les découvertes des astronomes donnent à tous ceux qui voudraient nous placer au centre de l'Univers une formidable leçon d'humilité.

Un scénario de la formation du système solaire doit évidemment rendre compte de toutes les observations, mais aussi en susciter de nouvelles au risque d'être finalement rejeté. Avant de décrire le scénario qui semble le plus convaincant aujourd'hui, je commencerai par présenter les données observationnelles dont nous disposons, grâce aux observations de nos prédécesseurs, bien sûr, mais surtout grâce à la moisson de ces dernières années. Ces données agissent comme des contraintes sur la construction de tout scénario. En guise de dessert, nous évoquerons comment la Terre primitive, bien différente de celle qui nous est familière, a lentement évolué, et nous nous demanderons si notre histoire est unique ou banale. Y a-t-il d'autres systèmes solaires ? Pouvons-nous les observer ? Sommes-nous seuls dans l'Univers ?

Un exposé détaillé de toutes les idées qui ont été proposées dans cette quête de nos origines, de l'évolution de ces idées, des dernières découvertes, de tous les problèmes qui se posent et des nombreux débats qui ont lieu en ce moment demanderait des dizaines de volumes. Il n'est donc pas question d'être exhaustif en quelques pages. Pour ne pas lasser le lecteur, j'ai délibérément omis de décrire certaines observations et théories, et je reconnais bien volontiers l'arbitraire de ces choix. Je suis persuadé que plusieurs lecteurs curieux regretteront mon silence sur de nombreux aspects et je leur demande de me pardonner. Je me contenterai ici de citer Voltaire qui écrit dans son *Sixième Discours sur la nature de l'homme* :

> « Mais malheur à l'auteur qui veut toujours instruire !
> Le secret d'ennuyer est celui de tout dire. »

Si, à la fin de cet ouvrage, le lecteur a envie d'en savoir un peu plus, le but de ce livre aura été atteint. Passons donc à l'action !

Un petit cochonnet et quelques grosses boules : la partie de pétanque peut commencer, et Marcel Pagnol en écrire plusieurs pièces. Un gros cochonnet et quelques petites boules autour : de quelle partie s'agit-il ?

CHAPITRE PREMIER

Contes et légendes

Des mythes primitifs à la recherche moderne

« Près de vous, madame, oubliant les cieux,
L'astronome étonné se trouble.
C'est dans l'éclat caressant de vos yeux
Qu'il avait cru trouver l'étoile double. »

Camille FLAMMARION.

Chaque civilisation s'est préoccupée des causes premières du Monde, et chacune a développé ses mythes et ses croyances. *A priori* inaccessible aux pauvres terriens que nous sommes, le ciel est rapidement devenu le royaume des dieux. Parmi toutes les légendes, certaines ne manquaient pas de poésie. En Asie, quelques-uns ont imaginé qu'un rideau nous séparait du monde des dieux, mais ce voile était loin d'être parfait, et les étoiles n'étaient rien d'autre que des trous dans ce rideau. Ils nous encourageaient évidemment à regarder « par le trou de la serrure » pour comprendre le cosmos ! La création du monde fut ainsi liée à l'histoire tourmentée de dieux plus ou moins batailleurs, vivant au gré des cycles du Soleil, de la Lune et des cinq planètes errantes. En fait, le manque de contraintes observationnelles n'a pas permis d'étudier l'histoire de l'Univers avant le XXe siècle.

Les mythes cosmogoniques nous présentent les premières réponses à la question de nos origines. Pourquoi y a-t-il quelque chose plutôt que rien ? Pourquoi le monde est-il tel qu'il nous apparaît et pas autrement ? D'où vient-il, qui l'a fait et comment ? Les mythes fondamentaux des civilisations anciennes opposent toujours deux classes de phénomènes. D'une part, le chaos primordial, en quelque sorte sans forme, et, d'autre part, un monde provisoirement ordonné mais toujours menacé par le désordre qu'il doit sans fin surmonter.

Avec la nécessité d'un calendrier pour maîtriser les cycles agricoles, l'élaboration de mythes célestes est une des motivations de l'observation astronomique. C'est pourquoi, dans toutes les civilisations, l'histoire de celle-ci est extrêmement riche et qu'on peut la considérer comme non seulement la plus moderne, mais aussi la plus ancienne des sciences. Les astronomes exercent le plus vieux métier du monde ! Il n'est évidemment pas question ici de décrire en détail la manière dont les hommes ont peu à peu compris la nature des astres. Seuls quelques points de repère seront rappelés ci-dessous.

Les mythes d'origine

Nous connaissons très mal les coutumes, les légendes et les mythes du monde préhistorique dans la mesure où nous n'en avons conservé aucune trace écrite. Nous avons beaucoup de peine à interpréter les merveilleuses peintures pariétales que nous ont laissées nos lointains ancêtres il y a vingt mille ans. Un moyen de se faire une idée des rapports de l'homme de la préhistoire et du ciel consisterait peut-être à interroger les aborigènes d'Australie sur leur représentation du cosmos. Leur civilisation a commencé il y a environ quarante mille ans, c'est probablement la plus ancienne qui se soit conservée sur Terre avant d'être non pas détruite, mais bien défigurée par notre arrivée sur leur continent. Les aborigènes rejoignent maintenant le monde moderne, mais leur culture garde suffisamment de traces de leur ancienne relation avec le ciel.

Ils avaient, comme probablement toutes les civilisations primitives, une connaissance impressionnante du ciel nocturne. Contrairement aux Européens ou aux populations de nombreuses îles du Pacifique, ils ne se servaient pas des étoiles pour se déplacer et naviguer, mais plutôt pour établir un calendrier essentiel à leur vie économique. Ils observaient les levers et les couchers des constellations en fonction des saisons pour savoir que le moment était venu de semer ou de faire telle ou telle chose. Par exemple, pour les habitants de la région de Yirrkala, située dans le nord de l'Australie, le lever de la constellation du Scorpion dans le ciel du matin au début du mois de décembre signifiait que les marchands indonésiens allaient arriver dans le golfe de Carpentarie. L'apparition d'Arcturus dans le ciel du matin signifiait, pour les aborigènes de la Terre d'Arnhem, qu'il fallait commencer à ramasser les instruments nécessaires à la fabrication des filets à poissons. Dans le pays de Mallee en Australie de l'Ouest, le lever de cette même étoile signifiait qu'une certaine fourmi allait apparaître et fournir la nourriture d'août et de septembre.

Ces aborigènes d'Australie dépendaient étroitement des cycles naturels du monde pour leur survie. Ils étaient donc beaucoup plus intéressés par les mouvements réguliers qu'ils pouvaient observer dans le ciel que par les phénomènes extraordinaires que constituent, par exemple, les comètes.

La grande différence entre la civilisation des aborigènes d'Australie et la nôtre est la relation avec les astres. Pour un scientifique moderne, l'observateur est autonome par rapport à l'objet qu'il regarde, et les événements observés se déroulent de manière indépendante du processus d'observation. Au contraire, les aborigènes imaginaient qu'ils étaient complètement intégrés dans les processus naturels, qu'ils soient terrestres ou célestes. Ainsi, un Grand Ancêtre avait créé le monde naturel dans un passé lointain. Mais ils étaient eux-mêmes les cocréateurs du monde réel, ils ne lui étaient pas extérieurs. Il n'y avait dans leur culture aucun mythe équivalant à l'expulsion du paradis que l'on retrouve dans la civilisation biblique.

La course du Soleil s'expliquait par le fait qu'une femme se réveillait dans son logement à l'est, allumait un feu, le transportait à travers le ciel jusqu'à l'ouest, où elle commençait un long trajet sous Terre au cours duquel la torche qu'elle transportait chauffait la planète, grâce à quoi les plantes poussaient. Au contraire, la Lune était considérée comme un mâle. En raison du lien entre le cycle lunaire et le cycle menstruel de la femme, la Lune était associée à la fertilité et avait un statut magique. Une éclipse de Soleil était interprétée comme l'Homme-Lune s'unissant avec la Femme-Soleil. Vénus, l'étoile du matin, appelée *Barnumbir* par les aborigènes, avait peur de se noyer, elle était donc rattachée par une longue corde à deux vieilles femmes qui l'empêchaient de monter trop haut dans le ciel et de se noyer dans la rivière de la Voie lactée. Celle-ci était en effet joliment considérée comme une rivière remplie de poissons aux ailes brillantes, de plantes et de nénuphars. Les zones sombres que l'on aperçoit dans la Galaxie près de la constellation du Serpent et de celle du Sagittaire étaient interprétées comme deux frères faisant du canoë, l'alignement de quatre étoiles près d'Antarès représentant précisément leur canoë. D'une région à l'autre de l'Australie, les légendes variaient. Dans le Queensland, la Voie lactée était associée à un Dieu appelé *Priepriggie*, « chanter, danser et chasser ». Dans l'Australie centrale, elle était tenue par les tribus voisines d'Aranda et de Luritja pour un arbitre céleste. Elle marquait la séparation entre le camp des uns et des autres car elle contenait les esprits de chacune des deux tribus de telle sorte que ses étoiles et ses constellations étaient considérées selon les règles complexes du mariage et des relations sociales propres à ces tribus.

Mais la chose la plus frappante est d'observer les mythes liés aux constellations d'Orion et des Pléiades. Curieusement, ils sont très proches des mythes de la Grèce antique. Dans la mythologie grecque, les pléiades étaient les filles d'Atlas. Poursuivies par Orion, elles furent transformées en colombes et s'envolèrent dans le ciel formant une constellation qui porte leur nom. Les légendes aborigènes sont étonnamment semblables. La plupart identifient les Pléiades à un groupe de jeunes femmes s'envolant à la suite des avances non désirées d'un chasseur, Orion, qui, dans certaines variantes, a été castré en châtiment et en guise d'avertissement pour les autres. La situation était pire qu'aux mains de certaines féministes américaines ! Pour les Pitjantjatjara, le lever des Pléiades dans le ciel du matin en automne annonce la saison des amours pour les chiens sauvages, et, pour les aborigènes, que le moment est venu de se préparer aux cérémonies associées à la fertilité.

Les Bochimans d'Afrique du Sud, dont les descendants habitent actuellement la Namibie et le Botswana, se considéraient comme le Premier Peuple, celui qui assista à la Création et qui a aidé le monde à devenir ce qu'il est. Tous les êtres présents au moment de la Création pouvaient parler entre eux. Les étoiles et les planètes étaient donc des êtres vivants, des personnes et non des choses, des chasseurs et des nomades comme eux. Ainsi, les Bochimans avaient appelé Canopus, la seconde étoile la plus brillante de l'hémisphère Sud, située dans la constelation de la Carène, *Grand-Mère*, et ils parlaient d'elle sans cesse. Ils croyaient que les larves blanches des fourmis, considérées comme le mets le plus délicieux du désert, étaient apportées par *Grand-Mère*. Ils parlaient ainsi le soir au coin du feu avec Canopus et ils associaient les astres avec la nourriture à venir.

Les Dogons, agriculteurs du Mali, ont élaboré une conception originale du monde. Leur dieu créateur, Amma, a formé le premier placenta et l'a fécondé par la parole. Des jumeaux androgynes, Ogo et Nommo, en sont nés. Ogo commit un acte incestueux en volant un morceau du placenta, et Nommo voulut réparer cette faute en s'offrant en sacrifice. Il fut émasculé par Amma, coupé en une centaine de parties puis ressuscité sous la forme d'un Nommo sauveur doué de parole et chargé d'organiser le monde.

Dans cette mythologie, les premiers hommes étaient quatre couples de jumeaux qui arrivèrent sur Terre dans une arche et se marièrent pour constituer les quatre groupes de la société dogon : le père, le prêtre, le guérisseur et l'initiateur. Ces premiers hommes avaient une forme de poisson capable de rester quelque temps en dehors de l'eau. Quand Nommo leur donna la parole, leur mode de vie en fut complètement bouleversé. Dans la société dogon, l'immolation de Nommo est considérée comme le modèle de tous les sacrifices essentiels aux fonctions de purification, de régénération et de réorganisation.

Le mythe ne se limitait donc pas à expliquer, il organisait des rites par lesquels les hommes avaient prise sur la suite des événements. Les rites les plus importants étaient les sacrifices. Faire un sacrifice à un dieu le rendait plus puissant, ce qui permettait aux hommes, en sacrifiant aux dieux bénéfiques, de les aider à l'emporter sur les forces du chaos. On sacrifiait souvent un animal, mais il y eut aussi des sacrifices humains pour que les événements tournent en faveur des survivants.

La littérature chinoise ancienne, ou tout au moins ce que nous en connaissons, contient très peu de mythes des origines. Beaucoup de Chinois anciens considéraient l'idée de l'origine comme une maladie de l'esprit, de sorte que les légendes chinoises sont une succession de portraits du souverain fondateur qui ressemble beaucoup plus à un ingénieur qu'à un dieu ou à un héros. Ce n'est que vers le Ier siècle, avec l'arrivée de prédicateurs bouddhistes, que les Chinois commencent à poser la question des origines et à élaborer leurs propres mythes. Ainsi au IIIe siècle, le mythe du géant *Pan Gu*, « fondation de l'Antiquité », apparaît. Ce géant dormait au sein d'un œuf. Un jour, il se réveilla et sépara le blanc, qui deviendra le ciel, du jaune qui sera la Terre de Chine. Ce travail lui prit dix-huit mille ans, si longtemps qu'épuisé il se laissa tomber sur Terre. Le choc fut tellement violent que ses yeux furent projetés dans le ciel — ce sont le Soleil et la Lune ; ses os furent brisés en mille morceaux et formèrent les montagnes de Chine ; son souffle est à l'origine du vent, sa voix à l'origine du tonnerre ; ses cheveux et ses poils sont les arbres et la végétation de Chine. Quant aux Chinois eux-mêmes, ce sont les poux qui étaient sur le corps du géant !

Dans la mythologie indienne, deux forces contradictoires s'affrontent. D'une part Vishnu, qui désigne tout ce qui tend à créer la vérité, la lumière et la cohésion à la source de toute chose, est la puissance qui concentre les choses pour les faire exister. Au contraire, Çiva est le principe destructeur. Il est l'annihilation, la dispersion, l'obscurité, la non-existence. Pour les Hindous, il n'y a pas de vie sans mort, ni de mort sans vie. Vishnu et Çiva sont donc étroitement liés, et il faut que les tendances opposées se manifestent simultanément, lumière et obscurité, concentration et dispersion, de manière à créer un équilibre, appelé Brahmā, « l'Être immense ». Brahmā est le symbole de l'existence qui résulte de l'affrontement des contraires. Il est la semence de tout ce qui est, la boule de feu à partir de laquelle est né l'Univers. Dans cette mythologie, quand Vishnu pensa la création, l'Univers hérita de l'embryon qui a pris forme dans son esprit. L'expression de la loi cosmique, les Veda, sort de lui et y retourne. On voit donc apparaître une succession de cycles. À la fin de chacun des cycles, après chaque destruction de l'Univers, Vishnu s'endort sur les ruines de l'univers précédent représentées par le serpent Shesha. Lorsque l'Univers renaît, Brahmā apparaît alors sur un lotus, en forme de Terre, sortant du nombril de Vishnu. La création actuelle est rythmée par dix incarnations cycliques de Vishnu, le dixième cycle étant encore à venir. À la fin de l'âge des conflits que nous vivons actuellement, il apparaîtra monté sur un cheval blanc brandissant une épée qui rayonnera comme une comète.

Pour les anciens Grecs, le chaos précédait toute forme de création. L'Univers fut créé par une différenciation entre Ouranos, le Ciel, et Gaia, la Terre Mère, à partir d'un magma initial. Ouranos épousa Gaia, et ensemble ils engendrèrent les Titans. Mais, importunant sans cesse la Terre de son désir, il fut émasculé par son fils Chronos avec une faux que lui fournit Gaia. Chronos apprit alors par un oracle que l'un de ses descendants le détrônerait. Dès lors, au fur et à mesure de leur naissance, il dévora ses enfants. Gaia sauva Zeus du massacre et fit enchaîner les Titans sous la Terre. Ainsi, le monde accéda à l'état de cosmos et rompit définitivement avec le passé chaotique grâce à Zeus (Jupiter en latin), le dieu des dieux. La mythologie grecque se distingue sur ce point des mythologies égyptienne ou biblique dans lesquelles le dieu apparaît avant la création. Elle raconte les différentes étapes de la naissance des dieux à partir d'un chaos initial.

La Genèse contient en fait deux récits de la création. Il semble que le premier date d'environ six cents ans avant notre ère et qu'il émane d'une communauté de prêtres. Il décrit étape par étape la naissance de l'Univers. Dans l'espace de six jours, Élohim a créé le monde. Le premier jour, il sépara la lumière des ténèbres. Le deuxième jour, il dissocia les eaux supérieures des eaux inférieures qu'il rassembla dans la mer. Le troisième jour, il créa toute la végétation. Le quatrième jour, il installa la voûte du ciel, en quelque sorte l'éclairage. Le cinquième jour, il couvrit la Terre de bêtes sauvages, il remplit la mer de poissons et le ciel d'oiseaux. Élohim fabriqua l'humanité à son image le sixième jour et l'invita à se multiplier. Le septième jour, il se reposa.

Le second récit de la création a été écrit, en réalité, auparavant. Il est antérieur au grand exil d'Israël et il rapporte comment Yahvé, qui est le Dieu d'Israël, après avoir fait la Terre et le Ciel, fabriqua l'homme avec de la glaise et lui insuffla la vie. Après avoir inondé et fertilisé la Terre, Yahvé planta un jardin, l'Éden, pour y accueillir sa créature. De ce jardin sortait un cours d'eau qui l'arrosait puis se divisait en quatre bras, le Pishôn, le Gihôn, le Tigre et l'Euphrate. L'homme s'était établi au cœur de ce jardin où il avait tout ce qu'il lui fallait pour croître et s'épanouir, y compris l'arbre de vie. Interdiction lui avait été faite d'en goûter les fruits permettant de discerner le bien et le mal. Pour que l'homme ne s'ennuyât point et ne restât pas seul, Yahvé lui préleva une côte pendant son sommeil et façonna une femme qui fut sa compagne. Ce second récit fait commencer la création par une lutte entre Yahvé et Tohu-Bohu, le chaos initial. Il est intéressant de remarquer que la Bible n'affirme pas que le monde a été créé *ex nihilo*. Elle présente Dieu comme une sorte de potier qui travaille une glaise, le Tohu-Bohu, pour modeler petit à petit le monde tel qu'il le souhaite.

Il faudrait des centaines de volumes pour décrire l'ensemble des mythes imaginés par les différentes civilisations. Dans leur grande majorité, ces légendes se sont perpétuées par tradition orale. Mais, en l'an 700 avant notre ère, Homère et Hésiode ont retranscrit de nombreux mythes grecs. Une situation nouvelle fut alors créée car, une fois écrits dans un livre, ces mythes pouvaient faire l'objet de discussions. C'est ainsi que, peu de temps après, certains Grecs ont commencé à critiquer le panthéon des dieux d'Homère. Ils trouvaient que, décidément, ces dieux ressemblaient trop aux hommes, qu'ils étaient aussi égoïstes, malhonnêtes et inconstants qu'eux, si bien que, finalement, les mythes ne mettaient pas en scène autre chose que des hommes. En 570 avant notre ère, Xénophane montrait que les hommes avaient créé les dieux à leur image. Les dieux étaient nés avec des corps et des vêtements, et ils parlaient comme nous. Les dieux des Éthiopiens étaient noirs et camus, ceux des Thraces avaient des yeux bleus et des cheveux roux, et si les lions, les chameaux ou les taureaux avaient été capables de peindre, ils auraient représenté leurs dieux comme des lions, des chameaux ou des taureaux.

Un deuxième phénomène important s'est déroulé à cette époque, la fondation des cités en Grèce et de colonies dans le sud de l'Italie et en Asie Mineure. Les esclaves y accomplissaient les tâches matérielles, et les citoyens avaient tout le loisir de s'intéresser aux questions intellectuelles. Une nouvelle façon de penser était née. Chacun pouvait s'interroger sur le sens de la vie, sur l'organisation de la société et se poser ainsi des questions philosophiques sans avoir besoin de recourir à un mythe. Nous sommes passés d'un mode de pensée mythique à un mode de pensée fondé sur l'expérience et sur la raison. En fait, le triomphe de la raison a été beaucoup plus long et beaucoup plus difficile que ces rapides phrases le laisseraient croire. Une découverte scientifique n'est pas toujours faite par des individus qui se précipitent tout nus dans la rue en sortant de leur bain et en criant « Eurêka ! ». Le temps et la réflexion sont des éléments indispensables du processus !

L'astronomie antique

Avant de mentionner brièvement quelques-uns des résultats astronomiques de ces libres discussions entre – 600 et – 300 en Grèce, attardons-nous quelques instants sur cette civilisation très originale qu'est la civilisation chinoise. Les Chinois vivaient sous le même ciel que les autres habitants de la Terre, mais la manière dont ils l'ont interprété est souvent très particulière. En chinois, le monde habité s'appelle *Tianxia*, tandis que le monde céleste s'appelle *Tianwen*. L'étude du ciel faisait l'objet de deux disciplines très différentes l'une de l'autre. Les astronomes qui observaient le *Tianwen*, c'est-à-dire les structures célestes, cherchaient toutes les apparitions nouvelles dans le ciel qui n'avaient pas été prédites et tous les phénomènes célestes temporaires ou transitoires, en essayant d'interpréter leur signification pour le monde des terriens que nous sommes. Une autre partie des astronomes étudiait ce que les Chinois appelaient l'*Ifa*, que l'on peut traduire par « méthodes du calendrier », le but étant de repérer dans le ciel tous les mouvements réguliers, de les mesurer aussi précisément que possible, de les enregistrer, de faire des calculs mathématiques pour les prédire, et donc d'observer tout ce qui pouvait être important pour l'agriculture et le calendrier.

Les astronomes chinois allèrent au-delà de ces applications immédiates. En l'an – 1000, ils imaginèrent que la Terre était gouvernée par le Ciel, si bien que toute mauvaise action — mal gouverner, mal conduire sa vie, mal se comporter, etc. — pouvait déplaire au Ciel et créer des perturbations plus ou moins graves dans le monde naturel : famine, inondations, épidémies. D'où l'importance de surveiller régulièrement le ciel. Non seulement l'Empereur avait ainsi la liste de tous les phénomènes que l'on pouvait prédire, mais, d'une certaine manière, il démontrait sa propre efficacité en maintenant l'ordre, non seulement sur Terre mais dans le ciel. Un almanach astronomique était édité régulièrement. Nous avons des enregistrements du travail des astronomes qui observaient le monde de l'Ifa jusqu'en l'an – 104. À cette époque de la dynastie des Han, un nouveau système d'astronomie mathématique, de nature numérique plutôt que géométrique, fut inauguré par l'empereur Wu. Près de cinquante nouveaux systèmes lui ont succédé jusqu'au XVIIe siècle.

Tous ces systèmes permettaient d'élaborer un calendrier luni-solaire où l'année civile comprenait douze mois lunaires, où s'intercalaient de temps en temps des mois supplémentaires, à bon escient pour rester en phase avec le cycle des saisons. Non seulement ce calendrier prédisait des conjonctions, des solstices, etc., mais il donnait des méthodes pour prédire les mouvements apparents des planètes ainsi que les éclipses lunaires. Les éclipses de Soleil ne pouvaient pas être prédites précisément par les méthodes disponibles à cette époque et donc restaient du domaine du Tianwen.

Contrairement aux Grecs anciens et aux Européens du Moyen Âge, les spécialistes chinois de l'Ifa ne se sentaient pas très concernés par les disputes cosmographiques et les problèmes d'origine et de création. Pendant l'essentiel de la période impériale, les Chinois supposèrent que le monde habité était une petite région proche du centre d'une Terre plate, elle-même inscrite dans une sphère céleste tournant autour d'un axe incliné. Les corps célestes se déplaçaient sur la surface interne de cette sphère par des moyens qui n'étaient pratiquement pas discutés. On retrouve trace du travail des spécialistes du Tianwen jusqu'en l'an – 2000, c'est-à-dire il y a environ quatre mille ans, et nous avons un enregistrement à peu près continu des observations faites depuis l'an – 200. Ces spécialistes prenaient note de l'apparition d'étoiles nouvelles que l'on appelle « novae » en astronomie moderne ainsi que des chutes de météores, des apparitions de comètes, des éclipses de Soleil, des taches solaires et des aurores boréales. Cette accumulation d'observations est très précieuse pour les astronomes modernes, par exemple pour identifier les anciennes explosions de supernovae. C'est grâce aux Chinois que l'on connaît les dates des apparitions successives de la comète de Halley et que l'on sait que la supernova du Crabe, dont on peut observer les restes aujourd'hui, a explosé en 1054. Pour être plus précis, la supernova du Crabe, située à six mille cinq cents années-lumière, a explosé bien avant le Moyen Âge, mais l'information n'est parvenue sur Terre, à la vitesse de la lumière, qu'il y a un peu moins de mille ans. La précision et la qualité des mesures chinoises étaient tout à fait exceptionnelles et n'ont été dépassées en Europe qu'après les travaux de Tycho Brahe.

L'astronomie était déjà florissante dans l'Antiquité chez les Sumériens, les Babyloniens, les Assyriens, les Égyptiens et bien d'autres. Avec les instruments rudimentaires dont ils disposaient, leurs premières mesures des positions et des mouvements des astres ont été fort utiles pour leurs successeurs. Parmi nos ancêtres, les Grecs sont probablement ceux à qui nous devons le plus. Avec la civilisation grecque, on assiste au premier effort important pour comprendre et pour écarter le surnaturel, le mystique ou la magie dans l'interprétation des phénomènes naturels. Ce « miracle grec », l'émergence de la raison dans la civilisation occidentale il y a environ deux mille six cents ans, fut le résultat des nombreuses discussions entre des courants de pensée les plus divers, où pratiquement tout et son contraire ont été affirmés. Cela dit, essayons de retracer en quelques lignes ce qu'ont été les différentes étapes entre – 600 et – 300, au moment où un certain nombre de concepts ont été élaborés et mis en œuvre après d'âpres discussions.

Vers – 600, Thalès de Milet avait compris que la Lune était illuminée par le Soleil et il était capable de prédire les éclipses de Lune avec une bonne précision. Vers – 550, Pythagore avait établi que la Terre, la Lune et le Soleil étaient des sphères. Il expliqua les éclipses et les phases de la Lune et il fonda une école qui prit une importance considérable pendant deux siècles.

Vers – 400, Démocrite présenta une conception de la nature, qui, par bien des côtés, nous paraît aujourd'hui visionnaire. Il pensait que rien ne naît du néant et que les éléments qui permettent de construire les objets observés dans l'Univers devaient être éternels. Pour lui, les formes vont et viennent, et le monde peut être expliqué par les combinaisons changeantes d'objets « indivisibles », les atomes. La conception de Démocrite ressemblait à un jeu de Meccano où, à partir de quelques pièces élémentaires, on peut construire une infinité d'objets à condition d'avoir suffisamment de pièces. Pour lui, un animal était fait d'un certain nombre d'atomes qui, à la mort de l'animal, se dispersaient et pouvaient se regrouper avec d'autres pour former un nouvel être. Pour Démocrite, un atome de sa main pouvait très bien, il y a quelque temps, avoir fait partie de la trompe d'un éléphant. De même, un atome du visage d'une très jolie femme pouvait avoir appartenu à la queue d'un dinosaure. Démocrite était un matérialiste qui n'avait nul besoin d'un « esprit » ou d'une « action » pour expliquer les phénomènes naturels. Seuls les atomes et le vide intervenaient, les phénomènes de la nature pouvaient s'expliquer de façon mécanique, et les mouvements et les assemblages de ces atomes étaient commandés par les lois inviolables de la nature. Quand on songe que Démocrite avait inventé, il y a deux mille quatre cents ans, les atomes et qu'il pensait que les étoiles n'étaient que des soleils lointains, on ne peut qu'être émerveillé par ce visionnaire. D'après ses contemporains, ils avait un solide sens de l'humour, ce qui le rend encore plus sympathique !

À l'époque de Platon, les Grecs considéraient que la Terre était immobile, sinon, disaient-ils, on pourrait observer son déplacement par rapport aux étoiles fixes. Vers – 350, à l'époque d'Aristote, ils avaient compris que les phases de la Lune étaient dues à son illumination par le Soleil. Grâce aux éclipses et à l'observation du mouvement apparent du Soleil par rapport aux étoiles, ils savaient que le Soleil était plus loin de nous que la Lune. Pour montrer que la Terre était sphérique, Aristote énumérait plusieurs arguments convaincants comme la variation du champ des étoiles visibles avec la latitude du lieu d'observation, l'ombre de la Terre en forme d'arc de cercle lors d'une éclipse de Lune, ou encore l'apparition des voiles des navires lointains avant leur coque.

Pour les Grecs, les lois de la physique n'étaient pas « démocratiques » puisqu'elles n'étaient pas les mêmes sur Terre et dans le ciel. Les objets terrestres tendaient à rejoindre le centre de l'Univers, c'est-à-dire la Terre, ce qui expliquait la chute des corps. Les objets célestes, appartenant au monde des dieux, étaient animés d'un mouvement parfait, le mouvement circulaire et uniforme, ou d'une combinaison de mouvements parfaits.

Dès que la sphéricité de la Terre a été reconnue, les Grecs tentèrent d'en mesurer les dimensions. Le plus ancien texte où l'on retrouve une allusion à cette mesure se trouve dans *Les Nuées* d'Aristophane qui furent jouées aux grandes dionysies de – 423 et où il se moque des sophistes, de Socrate ainsi que de la science nouvelle. Il fait dire à l'un de ses personnages que la mesure de la Terre entière a été faite à l'aide de l'astronomie et de la géométrie.

La mesure la plus célèbre a été faite, un peu après – 300, par Ératosthène de Cyrène qui, à partir d'une mesure de la distance entre Syène et Alexandrie, a donné l'estimation la plus précise de la taille de la Terre. Ératosthène avait remarqué que le premier jour de l'été à Syène — une ville d'Égypte située près de l'actuelle Assouan —, la lumière du Soleil atteignait le fond d'un puits. Ce jour-là, le Soleil, Syène et le centre de la Terre étaient donc parfaitement alignés. Le même jour à midi, le Soleil n'étaient pas exactement au zénith à Alexandrie, mais un tout petit peu au sud, de telle sorte que ses rayons faisaient un angle d'environ 1/50 de circonférence avec la verticale, soit à peu près sept degrés (figure page suivante). Puisque le Soleil est situé très loin de la Terre, on peut considérer que ses rayons arrivent parallèlement les uns aux autres. Le fait qu'ils ne font pas le même angle avec la surface de la Terre à Syène et à Alexandrie montre bien que la Terre est ronde et qu'on peut mesurer sa courbure. Ératosthène comprit qu'Alexandrie devait être à une distance de Syène de 1/50 de la circonférence de la Terre. La distance entre Syène et Alexandrie était relativement bien connue, puisqu'elle était parcourue sans cesse par des caravanes et que le chameau est un animal à l'allure régulière. Elle était estimée à environ cinq mille stades. Puisque ces deux villes sont situées sur une ligne presque idéalement nord-sud, Ératosthène a trouvé que la circonférence de la Terre avait une dimension de 50 × 5 000 = 250 000 stades.

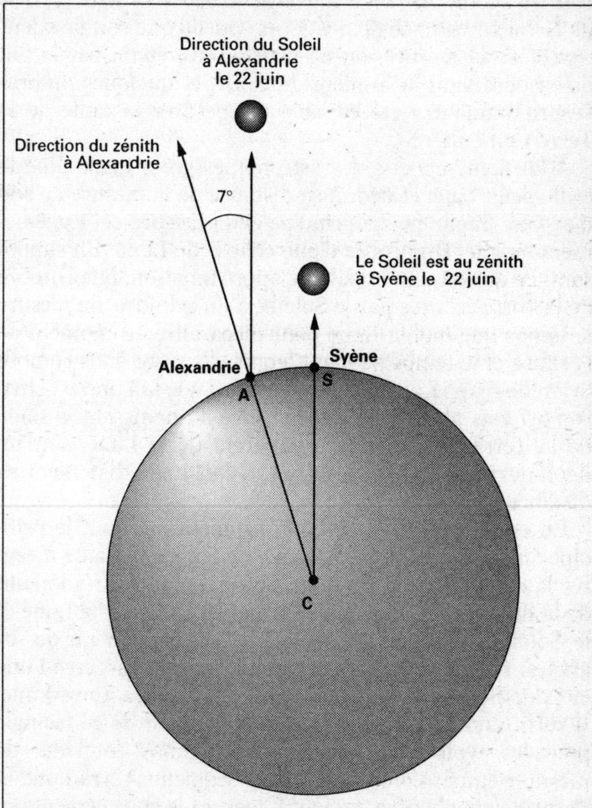

Figure 1 La mesure du rayon de la Terre il y a 2 400 ans.
Le triangle formé par un bâton planté verticalement à midi le 22 juin à Alexandrie est semblable au triangle ASC formé par Alexandrie, Syène et le centre de la Terre.

La traduction de cette mesure en kilomètres pose quelques problèmes. Si Ératosthène a utilisé la longueur du stade olympique d'Athènes, la taille de la Terre était surestimée de 20 %. S'il a utilisé un stade égyptien égal à environ 1/6 de kilomètres, il a trouvé 40 000 kilomètres, à 1 % de la valeur estimée de nos jours. Quelle que soit la valeur exacte de la mesure, on ne peut qu'être ébahi par le fait qu'en observant la lumière du Soleil et quelques ombres l'esprit humain a été capable de mesurer la taille de la Terre tout entière.

À la même époque, les astronomes grecs ont évalué la taille de la Lune et déduit sa distance de la mesure de son diamètre apparent. Le principe de la mesure est extrêmement simple. On profite d'une éclipse de Lune. En supposant, ce qui est une excellente approximation, que l'ombre de la Terre éclairée par le Soleil est un cylindre, on mesure le temps que met la Lune pour disparaître au moment de l'éclipse et le temps pendant lequel elle reste dans l'ombre avant de réapparaître. On trouve ainsi que la Lune est environ 3,7 fois plus petite que la Terre. Connaissant la taille de la Terre et le diamètre apparent de la Lune, soit un demi-degré dans le ciel, on en déduit immédiatement sa distance.

En employant une méthode géométrique dont le principe était très simple, Aristarque de Samos tenta de mesurer la distance de la Terre au Soleil. En effet, au moment de la demi-Lune, le triangle formé par la Terre, la Lune et le Soleil est un triangle rectangle. On connaît un de ses angles, l'angle droit formé par les deux côtés Terre-Lune et Lune-Soleil, et un de ses côtés, la distance Terre-Lune. Il suffit donc de mesurer un autre élément de ce triangle pour les avoir tous. Aristarque de Samos eut l'idée de mesurer l'angle compris entre les segments Terre-Lune et Terre-Soleil, plus exactement il mesura le complémentaire de l'angle « direction de la Lune vue de la Terre et direction perpendiculaire au Soleil vue de la Terre ». Malheureusement, la mesure précise était au-delà des moyens techniques de l'époque. Cet angle a une valeur de l'ordre de 3 secondes d'arc alors que les méthodes utilisant des visées à l'aide de bâtons ne permettaient pas de mesurer des angles plus petits que quelques minutes d'arc dans l'Antiquité. Aristarque a estimé que le Soleil était vingt fois plus loin de la Terre que la Lune, alors qu'il est en fait quatre cents fois plus éloigné.

Malgré cette erreur énorme, Aristarque avait bien compris que le Soleil, qui a le même diamètre apparent dans le ciel que la Lune, était en fait beaucoup plus loin, donc plus gros que la Terre, et il lui semblait naturel que le petit corps tourne autour du gros et non l'inverse, comme l'affirmaient ses prédécesseurs. On peut considérer qu'Aristarque est le père du système héliocentrique. Malheureusement, son erreur de mesure a coûté fort cher puisqu'il fallut mille huit cents ans avant que son idée soit acceptée. Son travail n'aura pas été inutile puisque Copernic a redonné vie au système héliocentrique après avoir lu des manuscrits anciens relatant les efforts d'Aristarque. Nous avons là un bon exemple d'un très beau raisonnement, mais d'une erreur de mesure qui va conduire à de nombreux siècles de tâtonnements.

Hipparque, né vers – 150 et considéré comme le meilleur observateur de l'Antiquité, avait bien compris l'erreur de mesure faite par Aristarque de Samos et l'avait soulignée. C'est la raison pour laquelle le système héliocentrique a été trop longtemps abandonné. Vers – 100, Hipparque avait établi une loi du mouvement du Soleil et de la Lune et découvert la précession des équinoxes. Au passage, il avait inventé la trigonométrie. Ses observations ont été faites avec une précision remarquable pour l'époque, de l'ordre d'une dizaine de minutes d'arc. Plus de mille huit cents ans plus tard, la comparaison de la position des étoiles avec les mesures d'Hipparque a permis de mettre en évidence leur mouvement apparent.

Vers 150, Ptolémée proposa une théorie géocentrique du mouvement des planètes qui ne sera contredite avec succès que quatorze siècles plus tard par Copernic. Pour expliquer les rétrogradations apparentes des planètes dans le ciel, il a représenté leur trajectoire par une combinaison de mouvements circulaires et uniformes. De tels mouvements étaient en effet considérés comme parfaits et donc appropriés aux objets du ciel, domaine des dieux. En fait, pour rendre compte des observations, Ptolémée a dû prendre quelques libertés avec le dogme d'un mouvement circulaire et uniforme. Il a décalé la Terre T par rapport au centre C du cercle (figure ci-contre), tandis que le mouvement du point M, centre de l'épicycle sur lequel tourne la planète P, était uniforme non pas par rapport au centre C du cercle mais par rapport au point E, symétrique de la Terre par rapport à C. Ce n'est plus un mouvement circulaire uniforme, c'est un mouvement elliptique qui cache son nom.

Au début de notre ère, le décor était donc planté. Après plusieurs siècles de travaux de l'école grecque, l'image qui émergeait était celle d'une Terre située au centre de l'Univers et de planètes animées d'une combinaison de mouvements circulaires qui tournaient autour d'elle de la même manière que les étoiles pivotant en bloc sur une sphère

Figure 2 Le mouvement apparent des planètes dans le ciel.

Vues de la Terre, les planètes semblent quelquefois se déplacer en sens inverse des étoiles (schéma du haut). Cela s'explique aisément en plaçant le Soleil, comme le firent Aristarque ou Copernic, au centre du système solaire et en appliquant les lois de Kepler selon lesquelles une planète tourne d'autant plus vite autour du Soleil qu'elle en est plus proche. Pour respecter le dogme des mouvements célestes « parfaits », circulaires et uniformes, Ptolémée a proposé un système (schéma du bas) dans lequel une planète se déplacerait sur un épicycle dont le centre tournerait sur un cercle, appelé « cercle déférent », lui-même centré sur un point C, voisin de la Terre. Le point équant E est symétrique de la Terre par rapport au point C. Le mouvement circulaire est uniforme par rapport au point équant. Le fait d'avoir légèrement décalé la Terre par rapport au centre et d'avoir introduit le point équant est une manière de rendre compte d'un mouvement qui est en fait elliptique. Ce modèle, pourtant faux et très artificiel, reproduit bien le mouvement des planètes et a prévalu pendant un millénaire et demi. Il a fallu attendre la Renaissance scientifique aux XV*e* *et* XVI*e* *siècles pour qu'il soit abandonné par les scientifiques.*

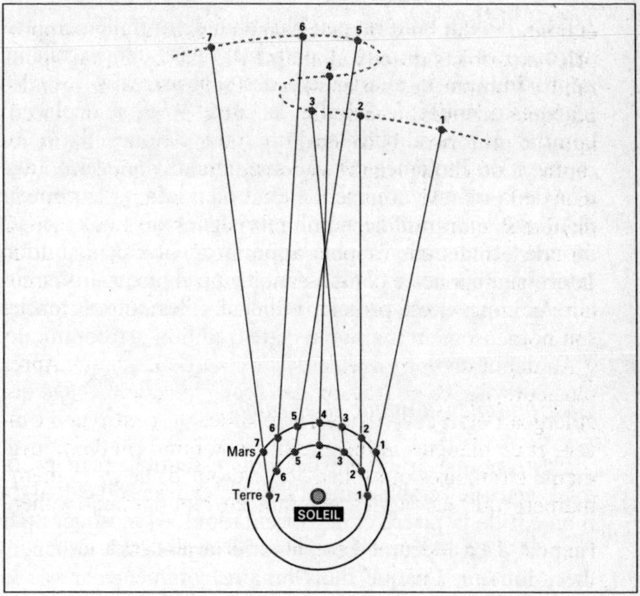
7
6
5
4
3
2
1
Mars
Terre
SOLEIL

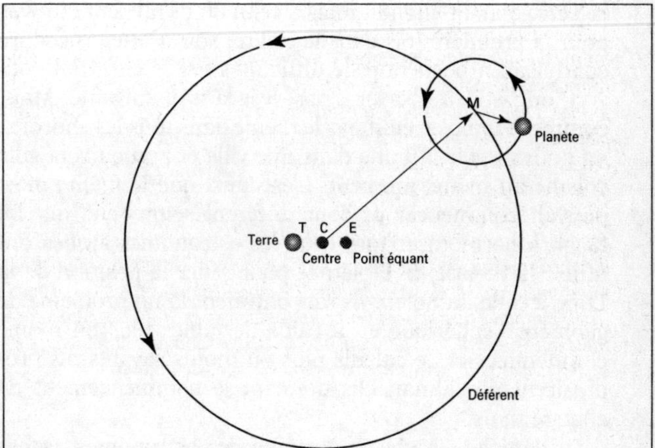
M
Planète
T
C
E
Terre
Centre
Point équant
Déférent

céleste. Il avait fallu un peu plus d'un demi-millénaire aux astronomes grecs pour représenter avec une excellente approximation le mouvement des sept astres — les cinq planètes connues, le Soleil et la Lune — qui se déplacent comme des vagabonds sur un fond d'étoiles fixes. Au moment où Ptolémée écrivait son fameux *Almageste*, l'âge d'or de la culture athénienne était bien loin, et le pouvoir de Rome montrait de nombreux signes de faiblesse. Le monde occidental n'a plus apporté aucune contribution intéressante à notre connaissance du ciel jusqu'au XIIIe siècle. Au cours de ce premier millénaire, les auteurs arabes ont heureusement maintenu cette tradition astronomique.

L'astronomie islamique et orientale

L'astronomie arabe eut des buts essentiellement pratiques, ceux de l'établissement d'un calendrier, du calcul du moment de la prière et de l'orientation des mosquées par rapport à La Mecque. Le calendrier arabe était un calendrier lunaire. Chaque mois lunaire commençait avec la nouvelle Lune, non pas au moment où le Soleil, la Lune et la Terre étaient alignés, mais à celui où ils allaient être vus pour la première fois dans le ciel du soir. Cette procédure conduisait à beaucoup de difficultés : si le ciel était couvert, on pouvait essayer d'observer la nuit suivante. Mais, comme le temps n'était pas le même dans tous les endroits, on pouvait voir la Lune dans une ville et non dans la ville voisine au même moment. C'est ainsi que le même mois pouvait commencer un jour différent selon l'endroit. De façon à harmoniser tout cela, les astronomes arabes ont utilisé la théorie de Ptolémée pour relier la position de la Lune à celle du Soleil. Ils rencontraient là un problème de géométrie sphérique et, à l'aide de tables plus ou moins compliquées et de calculs plus ou moins savants, ils produisirent des almanachs donnant le commencement de chaque mois.

La deuxième tâche importante des astronomes arabes était de nature religieuse et concernait les moments de la prière, cinq fois dans la journée, à l'aube, au milieu de la matinée, à midi, l'après-midi et au crépuscule. Trois de ces moments correspondaient à la fin du tiers, du sixième et du neuvième de la longueur d'une journée, qui évidemment variait d'un jour à l'autre. Là aussi, il fallut établir des tables pour que l'appel à la prière soit facile à suivre pour les fidèles. C'est ainsi qu'en utilisant des concepts apparus en Inde les astronomes de l'Islam ont introduit des fonctions trigonométriques dans leurs calculs.

La troisième tâche importante consistait à déterminer l'orientation des mosquées par rapport à La Mecque. Un des sous-produits de cette activité fut l'établissement de cartes extrêmement précises par les astronomes arabes. Cette tâche a atteint son apogée au XIe siècle.

Celui qui est considéré comme le plus grand astronome arabe, Al-Badtânî, de son vrai nom Mhammad ibn Jâdir idn Sinân Adu-'Abdallâh an-Badtânî, mort en 928, fut le premier à introduire la notion de sinus et à donner de nouvelles méthodes numériques appliquées aux triangles sphériques. À peu près à la même époque, toujours au Xe siècle, Al-Sûfî, « le sage », a écrit un livre sur les étoiles fixes où non seulement il donne les longitudes de ces étoiles mais aussi leurs magnitudes, en d'autres termes leur éclat apparent. C'est une source précieuse sur l'éclat des étoiles à cette époque. Au même moment en Égypte, Ipn Junîs publiait de nouvelles tables — les *Tables hakimites*, du nom du sultan Al-Hakim de la dynastie des Fatimides — avec de nouvelles méthodes de calcul, mais aussi avec un grand nombre d'observations d'éclipses et de conjonctions.

La plupart des observatoires construits par les Arabes ont eu un sort extrêmement éphémère. Deux observatoires au moins purent travailler pendant quelques dizaines d'années et mettre au point une collection complète de tables astronomiques et un catalogue de plus de mille étoiles. Les astronomes arabes, en discutant longuement de l'*Almageste* de Ptolémée, ont maintenu et transmis la tradition. Ils développèrent l'astrolabe qui permet de relier l'heure aux coordonnées géographiques du lieu, donnant à cet instrument une précision inégalée et une ornementation très riche.

L'astronomie arabe a été très brillante pendant près d'un millénaire. Elle a développé des astrolabes, des cartes, des catalogues de grande qualité, elle a maintenu la tradition, elle a mis au point des observations et des méthodes trigonométriques sophistiquées, mais elle n'a réalisé aucun progrès conceptuel important par rapport au monde grec antique. Sur la question de l'origine du monde, de sa structure ou de sa nature, elle s'est contentée de reprendre les idées d'Aristote ou de Ptolémée. Il faut lui rendre hommage pour avoir préservé la science de l'Antiquité à travers des traductions, des commentaires, des interprétations et de nouvelles observations. Cet effort fut à l'origine d'une renaissance de l'astronomie dans l'Europe médiévale.

Les grands débats du Moyen Âge

Le XIIIe siècle fut un moment exceptionnel de débats à l'Université de Paris, débats aussi animés que ceux qui ont accueilli la théorie de Copernic au XVIe siècle ou celle de Darwin au XIXe. Il y avait en effet une contradiction profonde entre les idées d'Aristote, selon qui le monde n'a eu ni commencement ni fin, et les Écritures, qui enseignaient que le monde avait été créé par un esprit surnaturel. Le problème ne s'est pas vraiment posé avant le XIIIe siècle tout simplement parce que l'œuvre d'Aristote n'était pas connue en Europe occidentale. Elle fut alors traduite en latin et devint la base du curriculum dans les nouvelles universités européennes, tout particulièrement à l'Université de Paris que l'on peut considérer comme l'un des centres intellectuels du monde à cette époque.

Aristote pensait en effet que le monde était éternel. Il soutenait que tout ce qui est créé a pour destin d'être un jour détruit. Si notre propre monde avait été engendré à partir d'un état antérieur de la matière, cet état lui-même aurait dû être issu d'autre chose puisque, ayant été engendré, il ne pouvait pas être éternel. Donc, on aurait dû chercher un géniteur de ce géniteur, et ainsi de suite. On est conduit ainsi à une régression à l'infini et l'on ne peut jamais atteindre un début. La création à partir de rien n'avait aucun sens pour Aristote qui donnait un autre argument pour montrer que le monde est éternel. Il soutenait que tout ce qui est créé est détruit et l'est parce qu'il possède des qualités contraires telles que le chaud et le froid, l'humide et le sec, etc. Ce sont ces qualités contraires qui provoquent un changement et font que cet objet devient quelque chose d'autre. Dans notre Univers, seules les régions qui changent tout le temps, c'est-à-dire en dessous de la Lune, contiennent des qualités contraires, ce qui n'est pas le cas de la région céleste qui est parfaite et incorruptible. Le monde dans son ensemble ne contient pas non plus de qualités contraires qui pourraient être responsables de sa création et de sa destruction. Donc le monde ne pouvait pas avoir eu de commencement, puisqu'il ne pouvait pas avoir été engendré par un état antérieur de la matière, et il ne pouvait pas non plus avoir une fin parce que le ciel, et donc le monde, n'avait pas de qualités contraires susceptibles de le corrompre et de le détruire.

La thèse de l'éternité du monde fut solennellement condamnée par l'Église en 1277 dans deux cent dix-neuf articles rejetant explicitement l'idée d'éternité du monde. Ainsi, Bonaventure trouvait absurde le concept d'infini et entreprit de démontrer la création temporelle du monde. Il prétendait que parcourir l'infini était impossible aussi bien qu'additionner quoi que ce soit à l'infini. Il disait donc que, si le monde n'avait pas eu de commencement, il y aurait eu un nombre infini de révolutions célestes jusqu'alors, mais un nombre infini de révolutions ne peut pas être parcouru, donc la révolution actuelle ne peut pas avoir été atteinte. Il affirmait qu'on ne peut pas non plus ajouter quoi que ce soit à l'infini puisqu'on ne peut pas obtenir quelque chose de plus grand que l'infini et que l'addition donnerait un nombre plus grand. Comparant les révolutions de la Lune et du Soleil autour de la Terre, il argumentait ainsi : puisque la Lune tourne environ douze fois autour de la Terre pendant que le Soleil tourne une seule fois, l'infini des révolutions lunaires serait plus grand que celui des révolutions du Soleil, ce qui est impossible. Ces arguments paraissent évidemment bien naïfs de nos jours à quiconque a un minimum de culture en mathématiques, mais le débat continua ainsi pendant des années.

Un peu plus tard, Buridan et Thomas d'Aquin ont soutenu que la question posée, c'est-à-dire l'éternité ou la création du monde, n'était pas une proposition démontrable. Corrélativement, on s'est demandé si, comme le pensait Aristote, le monde était incorruptible et donc s'il cesserait un jour. À la fin du XIIIe siècle, les penseurs étaient partagés entre la foi chrétienne et les idées d'Aristote.

Entre le XIIIe et le XVIIe siècle, le débat intellectuel fut très riche, et l'on peut recenser au moins quatre cents questions sur l'éternité du monde, la corruptibilité ou l'incorruptibilité des régions célestes, la création du monde, le sens du mot « monde » ou encore l'ordre dans lequel Dieu a créé les choses. Citons, à titre d'exemple, quelques-unes de ces questions : Comment les plantes ont-elles pu pousser le troisième jour si le Soleil, dont la lumière et la chaleur leur sont nécessaires, n'a été créé que le quatrième jour ? Est-ce que quelque chose existait avant notre monde ? Y a-t-il d'autres mondes ? Notre monde est-il parfait et fini ou imparfait et infini ? De quoi sont constitués les autres corps dans le monde ? Quelle est la nature et la force de la matière céleste ? Quelle est la nature des orbites planétaires et quelles sont les relations entre les planètes ? Y a-t-il un ordre hiérarchique entre le ciel, les planètes et les étoiles ? Quel est le ciel de la théologie ? Quelles sont les propriétés des sphères célestes et des corps qui les habitent ? Quelles sont les causes et la nature des mouvements célestes ? D'où vient la lumière céleste ? Les régions célestes ont-elles une influence sur les régions terrestres ? Y a-t-il du vide dans les régions célestes et dans les régions terrestres ? Qu'y a-t-il entre la Terre et la Lune ? Du feu, de l'air, de l'eau ? La Terre est-elle vraiment au centre du cosmos ? Toutes ces questions témoignent de la vitalité intellectuelle de la fin du Moyen Âge.

Si l'on veut résumer ces conceptions médiévales, on peut

dire qu'en Europe occidentale on imagine que Tout, c'est-à-dire la matière, les lois de la matière, etc., a été créé par un Dieu tout-puissant, en d'autres termes, par un Dieu sans contrainte. Il pouvait même modifier les lois à volonté. Il est donc impossible de découvrir la nature du monde par la réflexion pure. Il faut expérimenter et raisonner pour comprendre le fonctionnement du monde. Alors que le monde grec nous avait apporté la puissance du raisonnement rationnel, mais avait négligé l'intérêt des observations, les discussions philosophiques du Moyen Âge nous ont convaincus de la nécessité d'observer le monde qui nous entoure. Ces deux mille ans de réflexion ont débouché sur la conception moderne de la science, fondée sur l'expérimentation et sur la raison.

La Renaissance

L'astronomie d'observation n'a fait aucun progrès important dans le monde occidental au cours du Moyen Âge, au point que l'apparition de la célèbre supernova du Crabe en 1054, qui a été observée par les Chinois, les Arabes et, semble-t-il, par les peuples d'Amérique, n'a apparemment pas été vue dans le monde occidental. Pourtant, ce nouvel astre éphémère était le plus brillant du ciel après le Soleil et la Lune, et visible de jour comme de nuit pendant trois semaines. On peut se demander si la météorologie sur l'Europe était à ce point désastreuse de Lisbonne à Stockholm et de Londres à Athènes, ou si l'apparition de la supernova dérangeait trop ceux qui enseignaient que le ciel était immuable.

La renaissance de l'astronomie occidentale en Occident n'est pas étrangère à la situation économique et politique. À l'aube de l'ère coloniale, la connaissance des positions précises des étoiles est particulièrement utile pour la navigation loin des côtes. De la même manière, au IXe siècle, l'âge d'or de l'astronomie arabe avait coïncidé avec la plus grande expansion des musulmans. Tout au long de son histoire, l'astronomie a toujours été étroitement liée non seulement aux autres disciplines, dont elle a souvent été la mère, mais aussi à l'évolution sociale et politique.

Cinq noms ont marqué la renaissance de l'astronomie en Occident : Copernic (1473-1543), Tycho Brahe (1546-1601), Kepler (1571-1630), Galilée (1564-1642) et Newton (1642-1727). On peut les considérer comme les pères fondateurs de l'astronomie moderne.

Au cours du Moyen Âge, de nombreux épicycles avaient été rajoutés au système de Ptolémée pour rendre compte du mouvement des planètes. C'est en voulant retrouver des mouvements circulaires et uniformes que Copernic fut conduit à proposer un système héliocentrique beaucoup plus simple. À son époque, aucune expérience ne permettait de décider si la Terre était au repos ou en mouvement. Copernic, qui connaissait la théorie héliocentrique d'Aristarque, avait remarqué les insuffisances des multiples épicycles de Ptolémée. Le fait que Mercure et Vénus accompagnent le Soleil dans sa marche annuelle, les variations d'éclat de Mars, de Vénus et de Jupiter, l'ampleur des rétrogradations de Mars qui dépassent celles de Jupiter qui elles-mêmes dépassent celles de Saturne, trouvent une explication naturelle en plaçant le Soleil au centre du système. De plus, le système héliocentrique de Copernic permet de trouver aisément les distances des planètes.

Son œuvre présente pourtant un certain nombre d'imperfections. Pour Copernic comme pour Aristote, l'Univers est limité par la sphère des fixes, et le mouvement circulaire est considéré comme naturel pour les astres. Le Soleil ne joue qu'un simple rôle optique de source de lumière, et son rôle dynamique de cause du mouvement est ignoré. La Terre continue, dans ce système, à jouer un rôle privilégié puisque les mouvements sont rapportés au centre de l'orbite terrestre et non au Soleil qui est légèrement décalé. Malgré toutes ces imperfections, la portée philosophique de l'œuvre est considérable. La Terre perd sa situation centrale. Mise à l'*Index* par l'Église catholique, l'œuvre de Copernic y demeurera durant deux siècles et connaîtra la même hostilité chez les protestants.

À cette occasion, je ne résiste pas au plaisir de citer

Cyrano de Bergerac, qui, au début du XVIIe siècle, pensait qu'« il serait aussi ridicule de croire que ce grand corps lumineux tournât autour d'un point dont il n'a que faire que de s'imaginer, quand nous voyons une alouette rôtie, qu'on a, pour la cuire, tourné la cheminée alentour ».

S'étant attiré les faveurs du roi du Danemark Frédéric II, Tycho Brahe fit édifier le fameux observatoire d'Uraniborg — le palais d'Uranie, muse de l'astronomie — et l'observatoire de Stelborg — le château des étoiles —, et réalisa les meilleures observations du mouvement des planètes. C'est en s'appuyant sur ces observations remarquables du mouvement de Mars que Kepler, cherchant à réaliser le vieux rêve des Grecs — « géométriser l'Univers » —, découvrit les fameuses trois lois qui portent maintenant son nom.

On peut considérer Galilée comme le fondateur de la physique moderne. Il inventa la dynamique, la microscopie, la thermométrie, il établit la loi de la chute des corps et du mouvement du pendule, et il trouva le principe de l'inertie. En étant un des premiers à pointer une lunette vers le ciel, il fit en quelques nuits du mois de juillet 1610 la plus grande moisson de découvertes jamais réalisées par un astronome. Il trouva les taches et la rotation du Soleil, les cratères et les montagnes de la Lune, les quatre gros satellites de Jupiter, les anneaux de Saturne, une multitude d'étoiles jusqu'alors invisibles et de nombreux amas d'étoiles. Il résolut la Voie lactée en étoiles...

Newton fonda la mécanique, l'optique moderne et le calcul différentiel. Il inventa le télescope et l'analyse spectrale. Sa théorie de la gravitation universelle, qui ne sera dépassée que par celle de la relativité d'Einstein, est le point de départ de l'astronomie mathématique. Pendant près de deux cent cinquante ans, l'essentiel des efforts dans cette discipline fut consacré à l'étude des mouvements des corps dans le système solaire. La mécanique céleste a connu son apogée en 1846 avec la découverte, par le calcul, de la planète Neptune, indépendamment par Adams et Le Verrier. Elle atteignait ses limites quelques années plus tard quand Le Verrier ne parvint pas à expliquer le mouvement du grand axe de l'orbite de Mercure. Il fallut attendre quelques années de plus et la théorie de la relativité générale d'Einstein pour comprendre que la théorie de Newton est insuffisante au voisinage d'une masse importante comme le Soleil.

Les théories cosmogoniques de Descartes à Laplace

Les théories anciennes ont souvent été jugées, acceptées ou rejetées sur leur valeur philosophique ou sur leur accord avec les idées de leur temps beaucoup plus qu'avec les observations. De fait, les théories anciennes de la formation des planètes ne prenaient en compte qu'un petit nombre de faits d'observation. On peut en recenser cinq : la régularité des orbites planétaires, la similarité entre le système des planètes et les systèmes de satellites, la différence entre les planètes terrestres et les planètes géantes, la rotation lente du Soleil et la loi de Bode-Titius.

Plusieurs centaines de théories ont été proposées pour rendre compte de la formation des planètes. Le petit nombre de faits observationnels incontournables, et donc la difficulté de mettre telle ou telle théorie au rebut pour incompatibilité avec le monde réel, ainsi que la passion que soulevait l'idée de trouver nos origines ont engendré ce foisonnement de scénarios. Leur simple énumération remplirait tout ce volume.

Avec Copernic, qui place le Soleil au centre du système solaire, Kepler, qui énonce ses fameuses trois lois du mouvement des planètes, Galilée, qui pose les fondements de la dynamique, et Newton, qui trouve la loi de la gravitation, les premiers outils nécessaires à une meilleure compréhension de la formation des planètes étaient en place. Mais il faut encore leur adjoindre Descartes, qui introduit l'idée d'évolution.

Le problème de l'origine du système solaire ne s'est pratiquement pas posé avant le XVIIe siècle. La plupart des philosophes considéraient que les planètes et les étoiles étaient là depuis toujours et pour l'éternité. Pendant longtemps, le dogme officiel, tout au moins en Europe occidentale, plaçait la Terre au centre de l'Univers. En introduisant la notion d'évolution, Descartes a été le premier à proposer une théorie scientifique de l'origine du système solaire. Il expliquait le monde de manière mécanique dans *Le Monde ou Traité de la lumière*, en 1633, et dans *ses Principia philosophiae*, en 1643. Pour lui, l'Univers était rempli de « tourbillons » au centre desquels se formaient les étoiles et les planètes, tandis qu'ils plaquaient les hommes à la surface de la Terre ou faisaient flotter la Lune autour de la Terre ! Ces tourbillons impalpables étaient un peu comme le vent qui peut vous coller contre un mur ou bien faire voler un objet. Il a été le premier à pressentir que les mouvements quasi circulaires des corps célestes étaient le résultat de collisions entre « corpuscules » à partir d'un état chaotique.

Bien que ce modèle de tourbillons nous paraisse bien désuet et même un peu ridicule, surtout quand on connaît la loi de la gravitation de Newton, il faut reconnaître à Descartes le mérite d'avoir introduit l'étude de la turbulence qui joue un rôle si important dans de nombreuses théories cosmogoniques modernes et dans la physique actuelle. Descartes a surtout introduit cette idée fondamentale qu'est l'évolution. Dans l'Univers, les objets naissent, vivent et meurent. Rien n'est éternel ! Comme de vulgaires humains, les étoiles, les planètes, le Soleil, la Terre, les galaxies naissent et meurent. Mais leur durée de vie est tellement plus longue qu'il nous semble, à première vue, que rien ne change. « De mémoire de rose, on n'a jamais vu mourir un jardinier ! », dit le proverbe. Si Aristote ou Platon revenaient aujourd'hui, ils auraient l'impression que les étoiles n'ont pas bougé dans le ciel. Il faut attendre des dizaines de milliers, voire des millions d'années pour déceler des changements significatifs !

L'introduction de l'idée d'évolution en astronomie est une conséquence de l'unification des mécaniques terrestre et céleste que l'on maintenait séparées avant Copernic. À partir du moment où la Terre est considérée comme une planète parmi les autres et qu'elle est le siège d'une évolution permanente, il n'y a aucune raison pour qu'il n'en aille pas de même des autres planètes et du système solaire tout entier.

Avec Descartes et l'idée d'évolution, un premier pas essentiel est donc accompli. Il faut attendre Buffon en 1741, Kant en 1755 et Laplace en 1796 pour progresser à nouveau. Ils vont en effet proposer les deux théories qui s'opposeront pendant près de deux siècles, la théorie catastrophiste par laquelle la formation des planètes serait due au passage proche d'une étoile qui aurait arraché un filament de matière au Soleil, et la théorie de la nébuleuse primitive selon laquelle le Soleil et les planètes ont été formés à partir d'une même nébuleuse de gaz primordiale dont notre étoile n'est que la partie centrale condensée.

Le père des théories catastrophistes est Buffon. Il a émis en 1749 l'idée que le Soleil avait été heurté par une comète qui lui aurait arraché un filament de matière dont seraient nées les planètes. Une meilleure connaissance de la nature des comètes a vite fait abandonner cette théorie. Elle a été reprise plus tard en remplaçant la comète par une étoile qui aurait frôlé le Soleil.

En 1755, Kant a le premier introduit le concept de nébuleuse primordiale. L'Univers est rempli de matière plus ou moins condensée, et les régions les plus denses attirent la matière environnante et se contractent. Autour du protosoleil, la nébuleuse en rotation s'aplatit, et, dans le disque ainsi formé, les concentrations secondaires donnent naissance aux planètes. En 1796, Laplace, qui n'avait pas eu connaissance du travail de Kant, a présenté une théorie de la formation du Soleil et des planètes à partir d'une nébuleuse primitive étendue qui s'est contractée sous l'effet des forces de gravitation. Les deux théories de Kant et de Laplace ont en fait été énoncées indépendamment et n'ont en commun que le point de départ. Kant a peut-être été inspiré par Pierre Estève, de l'université de Montpellier, qui, en 1748, avait publié à Berlin une tentative d'explication de l'origine du monde, dans laquelle il tente de concilier Newton et Descartes et où il forme le système planétaire à partir d'une nébulosité. Laplace a probablement été inspiré par les observations de nébuleuses effectuées par William Herschel à l'aide de son télescope géant pour l'époque.

Contrairement à Kant, Laplace supposait que la nébuleuse était en fait la partie extérieure du protosoleil. Dans son modèle, au cours de la contraction de la nébuleuse, la vitesse de rotation augmente, de la même manière qu'un patineur tourne plus vite sur lui-même quand il ramène les bras le long du corps, jusqu'à ce que les forces centrifuges à l'équateur deviennent supérieures aux forces d'attraction et que des anneaux de matière se détachent pour donner ensuite naissance aux planètes (voir la figure 23 au chapitre VIII). De son côté, Kant n'a jamais développé ses idées présentées en 1755 et n'a jamais corrigé les erreurs de physique contenues dans son mémoire. Par exemple, il oubliait un principe physique essentiel, à savoir la conservation du moment cinétique, c'est-à-dire de la quantité de rotation d'un corps isolé dans l'espace. De nos jours, une telle erreur ferait échouer à ses examens un étudiant de première année à l'université. La nébuleuse de Kant se mettait à tourner spontanément à partir d'un nuage immobile, contre tout principe d'inertie !

Au cours du XIXe siècle, plusieurs objections ont été soulevées contre la théorie de la nébuleuse primitive. En particulier, le Soleil tourne sur lui-même en plus de vingt-cinq jours, beaucoup plus lentement qu'un objet issu directement de la contraction d'une nébuleuse. De plus, alors qu'il contient plus de 99 % de la masse du système solaire, il renferme moins de 1 % de sa quantité de rotation. Ce problème de la répartition du moment cinétique entre les planètes et le Soleil conduisit à l'époque la majorité des astronomes à préférer le modèle de formation par passage d'une étoile dans le voisinage immédiat du Soleil. Cette théorie catastrophiste a connu son heure de gloire avec le développement en Angleterre, entre 1915 et 1929, d'un modèle quantitatif complet par Jeans et Jeffreys. Les théories catastrophistes ont pourtant dû être abandonnées au milieu du XXe siècle. Elles se heurtaient en effet à trop d'objections. Nous y reviendrons au chapitre VII.

L'idée de la nébuleuse primitive a donc été reprise sous

une forme moderne depuis une quarantaine d'années, nous en parlerons au chapitre VIII. Auparavant, faisons le point sur les faits d'observation que les astronomes ont accumulés depuis des siècles et sur les contraintes qui en découlent.

Première partie

LES ARCHÉOLOGUES DU CIEL

— C'est pas rien de démarrer un univers à la manivelle.

Dessin de Jean Effel. (© ADAGP, Paris, 1999.)

« Les petits faits inexpliqués contiennent toujours de quoi renverser toutes les explications des grands faits. »

Paul VALÉRY.

« Jamais la nature ne nous trompe : c'est toujours nous qui nous trompons. »

Jean-Jacques ROUSSEAU.

De quels outils disposons-nous pour comprendre comment la Terre et les planètes sont apparues ? En suivant la méthode de Platon et d'Aristote, on pourrait imaginer *ex nihilo* un scénario et trouver *tout seul* la recette de fabrication. Même si les hommes ne manquent pas d'imagination, la tâche paraît ardue en l'absence de contraintes observationnelles, et beaucoup s'y sont cassé les dents. Nous ne pouvons donc pas nous satisfaire de chercher la vérité dans les livres anciens et de croire les contes et légendes du passé.

Pour écrire le scénario de la « création », les astronomes n'ont qu'une méthode : rechercher des traces et des témoignages de cette époque reculée et essayer de reconstituer l'histoire. Ils procèdent comme des archéologues qui, à partir de fragments de poteries et de fondations d'anciens bâtiments, reconstituent l'histoire des civilisations qui nous ont précédés.

Les astronomes ont aujourd'hui accumulé un nombre impressionnant de témoignages sur les premiers instants de notre système solaire et ont atteint le moment où le voile sur nos origines commence à s'entrouvrir. Plus généralement, notre perception de l'Univers a été totalement bouleversée au cours du XXe siècle, et nous avons une conception totalement nouvelle de la place de l'homme dans l'Univers. Même si nous n'en avons pas encore vraiment pris conscience, c'est probablement la plus grande révolution de ce siècle. Rappelez-vous : en 1920, nous ignorions l'existence des galaxies ou celle de Pluton ; en 1935, nous ne savions pas pourquoi les étoiles brillaient ; en 1945, nous ne connaissions pratiquement rien des immenses nuages d'hydrogène qui s'éparpillent entre les étoiles ; en 1960, nous n'avions aucune idée des quasars ni des pulsars ; en 1965, les astronomes commençaient tout juste à développer la radioastronomie et n'avaient observé que le rayonnement visible des astres ; en 1970, les planètes du système solaire n'étaient encore que des points de lumière ; en 1990, nous ignorions si d'autres planètes gravitaient autour des étoiles.

En moins d'un siècle, les hommes auront compris pourquoi les étoiles brillent, découvert l'expansion de l'Univers et survolé les planètes du système solaire. En moins de trente ans, les hommes auront observé le ciel dans tous les domaines de longueurs d'onde, de la radio au rayonnement gamma en passant par les domaines millimétrique, infrarouge, ultraviolet et X. Nous sommes loin d'avoir assimilé toutes ces découvertes et nous ne sommes pas au bout de nos surprises.

La nature nous a laissé de nombreux indices sur les conditions qui régnaient au début de l'histoire du système solaire. Mais ils sont quelquefois bien cachés, et il n'est pas toujours facile de les retrouver. Ils sont souvent à moitié effacés... et il y a de nombreuses fausses pistes !

Avant 1610 et les découvertes de Copernic, de Kepler, de Galilée et de Newton, aucun élément ne permettait d'imaginer comment la Terre était apparue ; c'est pourquoi, en l'absence de contraintes, les mythes de la Création se sont développés dans toutes les civilisations. À présent, une énorme quantité d'observations est disponible. Même s'il est quelquefois difficile de distinguer celles qui portent témoignage des premiers instants de celles qui ne font que rendre compte de l'évolution ultérieure, il est temps de faire la synthèse de toutes ces informations.

Il est évidemment hors de question de passer en revue toutes les informations disponibles sur nos origines, plusieurs dizaines de volumes de la taille de celui-ci n'y suffiraient pas, et la lecture en serait bien fastidieuse. Contentons-nous ici de regrouper ces indices en cinq catégories :

— l'inventaire du contenu du système solaire ;

— la mesure des âges des plus vieux corps du système solaire ;

— la composition chimique des membres du système solaire et celle du milieu interstellaire dont il est issu, ainsi que les informations apportées par les petits astres qui semblent avoir peu évolué depuis l'origine ;

— l'information contenue dans les mouvements des planètes, comme la forme de disque du système solaire, la rotation du Soleil et des planètes, et les mouvements bien particuliers de certains corps du système solaire ;

— la découverte d'autres planètes autour d'autres étoiles, mais aussi les fausses pistes.

CHAPITRE II

Promenade dans le système solaire

L'exploration du système solaire

« Croyez-le, si voulez ; si vous ne voulez, allez-y voir ! »

François RABELAIS.

Avant d'essayer de le comprendre, promenons-nous donc dans le système solaire pour en dresser l'inventaire et noter les particularités des objets qui le composent. Pendant longtemps, les planètes et les satellites ne sont apparus, vus de la Terre, que comme des points de lumière. Les astronomes se contentaient d'en étudier le mouvement et ne possédaient que peu d'informations sur l'état physique de ces objets. Après plus de deux mille ans d'efforts, il devint évident que la Terre et les planètes tournaient autour du Soleil et non le contraire. Par contre, il y avait toujours plus de fantaisie que de véracité dans la description des planètes jusqu'à l'ère spatiale, et nos arrière-grands-parents y voyaient des paysages chimériques. Ils n'excluaient pas que la vie fût présente à la surface de Vénus ou de Mars. Les dessinateurs y transposaient des paysages terrestres à l'ère secondaire, ou la jungle amazonienne dans le cas de Vénus, ou encore quelques-uns des déserts terrestres dans le cas de Mars. Dans une certaine mesure, ils avaient bien prévu la chaleur et la moiteur de Vénus, mais sans oser imaginer l'enfer qu'elle abrite réellement. De même, les déserts de Mars n'étaient pas aussi glacés et rouges que dans la réalité. Mercure ou les satellites des planètes géantes ressemblaient alors à la Lune. Les quatre planètes géantes que sont Jupiter, Saturne, Uranus et Neptune étaient considérées comme quatre boules de gaz très semblables les unes aux autres. Quelle erreur ! Pluton n'était pas encore connue.

L'exploration du système solaire a totalement bouleversé cette image naïve, et une première grande leçon a pu aussitôt en être tirée, à savoir l'immense diversité des objets qu'on y trouve. Chaque planète a sa propre personnalité bien différente de ses voisines. Le monde des satellites est lui aussi d'une très grande richesse. Alors que nous en avions trouvé un peu moins de trente avant 1970, nous en connaissons plus de soixante-dix en 1999.

Aucun satellite et aucune planète ne ressemblent aux autres, mais leur diversité même est bien tempérée. En effet, si tous les objets étaient parfaitement identiques, leur étude comparée serait très ennuyeuse et peu instructive. Si, au contraire, tous ces astres étaient totalement différents, il serait bien difficile de trouver le moindre lien entre eux et de les comprendre. Heureusement, chaque planète ou satellite présente à la fois des différences et des ressemblances avec ses voisins. Une étude comparative systématique permet de mieux comprendre le rôle de chaque paramètre physique dans l'évolution d'un astre. Certains corps ont la même taille mais des températures différentes, d'autres ont la même densité mais des tailles différentes, d'autres ont des températures comparables mais une composition chimique différente, et c'est ainsi qu'en comparant les corps entre eux on peut mieux les connaître et finalement mieux connaître la Terre.

La planétologie comparée devrait se développer au XXIe siècle et enrichir la géologie et la géophysique traditionnelles. Cette nouvelle discipline apportera des éléments clés pour mieux connaître la Terre. Tous les passionnés d'écologie devraient tomber amoureux de l'astronomie comme moyen de mieux connaître notre astre. Un peu comme le physicien qui, dans son laboratoire, change les conditions d'expérience, l'astronome pourra, en comparant chaque planète ou chaque satellite à son voisin, isoler le rôle de chaque paramètre physique — la température, la densité, la pression, la masse, la composition chimique... — sans porter atteinte à l'intégrité de la Terre ou de ses compagnes.

Mais le système solaire ne se réduit pas à quelques planètes tournant dans le vide autour du Soleil. Il y a, d'une part, beaucoup plus d'objets qu'on ne le soupçonnait encore récemment et, d'autre part, un espace interplanétaire loin d'être vide. Une foule de petits corps gravite autour du Soleil. Ces corps, peu transformés depuis l'époque reculée de leur formation, devraient nous apporter des informations précieuses sur nos origines. Nous connaissons plus de dix mille astéroïdes, mais nous sommes très loin du compte, car nous soupçonnons qu'il en existe quatre cent mille. Nous avons observé six cent cinquante comètes depuis deux mille ans, mais nous pressentons que mille milliards d'entre elles se promènent au loin.

L'espace interplanétaire est rempli de poussières produites par les comètes et les collisions entre astéroïdes. On y observe aussi du gaz, des particules de haute énergie et de la matière expulsée du Soleil. Ce milieu est appelé par les physiciens un « plasma », c'est-à-dire un milieu où les noyaux des atomes et leurs électrons ont été séparés. Ce milieu, composé d'ions et d'électrons électriquement chargés, est plus ou moins diffus. C'est en quelque sorte un quatrième état de la matière après les états solide, liquide et gazeux.

Le Soleil, siège d'incessantes éruptions, éjecte en permanence de la matière dans ce qu'on appelle le « vent solaire ». Chaque corps du système solaire est donc bombardé en permanence par ce flot de matière. L'atmosphère solaire très raréfiée, en expansion, et donc constamment renouvelée, s'étend au-delà de l'orbite des planètes. En un mot, nous baignons dans l'atmosphère étendue du Soleil. Nous sommes des enfants du Soleil qui vivons toujours chez nos parents.

Des planètes comme la Terre, Jupiter ou Saturne produisent un champ magnétique responsable de la création d'une zone complexe baptisée « magnétosphère ». L'interaction du vent solaire avec cette magnétosphère est un phénomène particulièrement prisé par les physiciens qui leur permet d'étudier un plasma naturel. La magnétosphère terrestre nous protège du bombardement des particules ionisées et des éruptions solaires. Elle constitue une espèce de bouclier face aux particules solaires très énergétiques, donc dangereuses.

Les limites du système solaire ne s'arrêtent pas à l'orbite de Neptune ou de Pluton. Parmi les milliers de milliards de comètes qui gravitent autour du Soleil, certaines s'éloignent jusqu'à une année-lumière de celui-ci, soit environ mille cinq cents fois plus loin que Pluton. Elles vont presque rendre visite aux étoiles voisines puisque l'étoile la plus proche est située environ six mille fois plus loin que Pluton. On pourrait donc fixer la limite du système solaire à l'endroit le plus éloigné atteint par une comète, mais une manière plus réaliste de la définir est de chercher la frontière entre le milieu interplanétaire et le milieu interstellaire. Les sondes qui quittent actuellement le système solaire devraient nous permettre de la trouver rapidement.

La distinction entre planète et satellite, entre planète et astéroïde, entre astéroïde et comète provient des conditions dans lesquelles ces objets ont été observés par les astronomes. En fait, la frontière est très floue, et les différences parfois subtiles. Il faut plutôt concevoir la population du système solaire comme un ensemble de corps avec une grande continuité de l'un à l'autre. Par exemple, deux corps peuvent être quasiment identiques, mais se trouver en orbite autour du Soleil pour l'un et autour d'une planète pour l'autre. On appellera le premier un satellite et le second un astéroïde. Inversement, Pluton apparaît comme le plus gros des nombreux corps de quelques dizaines à quelques centaines de kilomètres de diamètre découverts au-delà de l'orbite de Neptune. On pourrait alors considérer Pluton comme un gros astéroïde plutôt que comme une planète. Un satellite tourne autour d'une planète, par définition, mais les plus gros, tels que Titan ou Triton, sont nettement plus gros que Pluton et tout à fait comparables à Mercure du point de vue physique. La plus petite planète,

Pluton, a un diamètre d'environ 2 300 km. Le plus gros astéroïde, Cérès, a un diamètre d'environ 1 000 km. Là aussi, la différence entre un gros astéroïde, un petit satellite ou une petite planète est très faible. Il y a continuité.

On imagine les comètes comme des corps situés aux confins du système solaire et donc formés d'éléments volatils. Lorsqu'ils s'approchent du Soleil, ils en perdent une grande partie. Un astéroïde apparaît, lui, comme un corps beaucoup plus rocailleux, en orbite plus près du Soleil. On peut imaginer qu'à des distances intermédiaires existent des corps intermédiaires, et, là aussi, il n'y a pas une séparation nette entre le monde des comètes et celui des astéroïdes.

Enfin, le système solaire est un endroit très poussiéreux, et des poussières de quelques microns de dimension aux plus gros objets du système solaire comme Jupiter, il y a continuité aussi bien en termes de masse qu'en termes de taille ou de composition chimique.

Les planètes

Six planètes sont connues depuis les temps les plus reculés : la Terre, bien évidemment, et les cinq planètes visibles à l'œil nu que sont Mercure, Vénus, Mars, Jupiter et Saturne. Trois autres ont été découvertes plus récemment : Uranus au XVIIIe siècle, Neptune au XIXe siècle et Pluton au XXe siècle. Huit d'entre elles ont déjà été explorées par au moins une sonde spatiale entre 1970 et 1989. Pluton ne sera approchée qu'au début du XXIe siècle.

La distance Terre-Soleil, égale à cent cinquante millions de kilomètres, est souvent prise comme longueur de référence dans le système solaire pour éviter d'additionner les milliers de millions à tout bout de champ et par peur de perdre un zéro à l'occasion. Par manque d'imagination,

Figure 3 Les tailles relatives des planètes et du Soleil.

Le Soleil est environ dix fois plus gros que Jupiter et cent fois plus gros que la Terre. Sa masse est environ mille fois celle de Jupiter et environ un million de fois celle de la Terre.

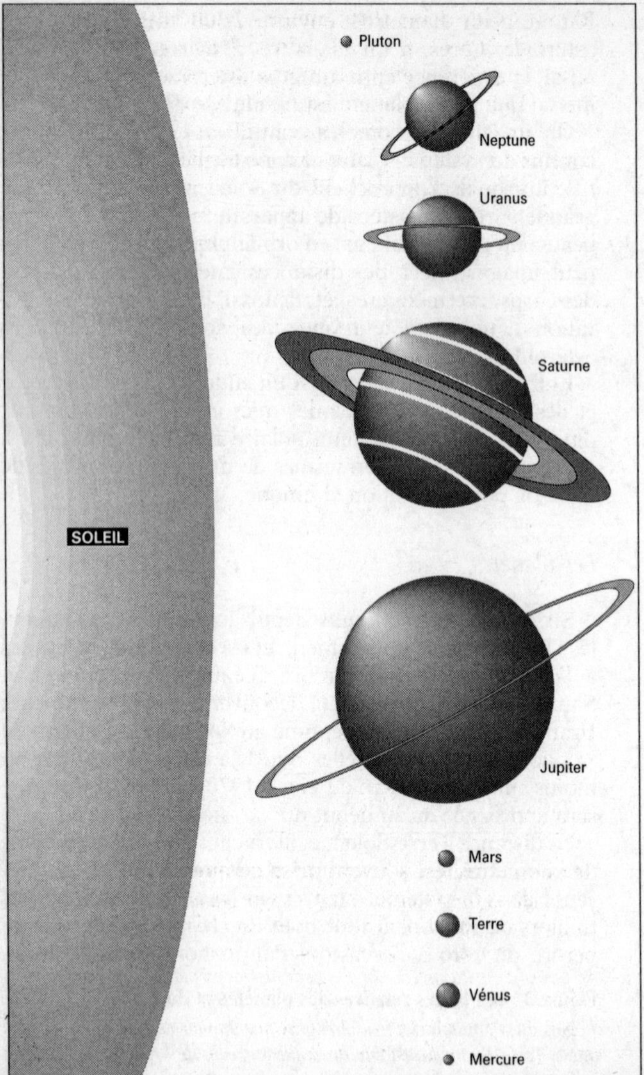
Pluton
Neptune
Uranus
Saturne
SOLEIL
Jupiter
Mars
Terre
Vénus
Mercure

cette distance a été surnommée « l'unité astronomique ». Pour arpenter le système solaire depuis son centre, il faut donc compter 5 unités astronomiques pour atteindre Jupiter et 31 unités astronomiques pour rejoindre Neptune qui détiendra le record de distance jusqu'en 1999. Cet honneur reviendra ensuite à Pluton qui se déplace sur une orbite excentrique et inclinée de 17 % par rapport à l'équateur du Soleil et dont la distance au Soleil varie entre 29,7 et 49,5 unités astronomiques. Toutes les autres planètes se déplacent sur des trajectoires quasi circulaires dans le plan de l'équateur du Soleil ou dans son voisinage immédiat. Ce plan est appelé « plan de l'écliptique ».

Pour l'instant, nous ne savons pas s'il existe d'autres pla-

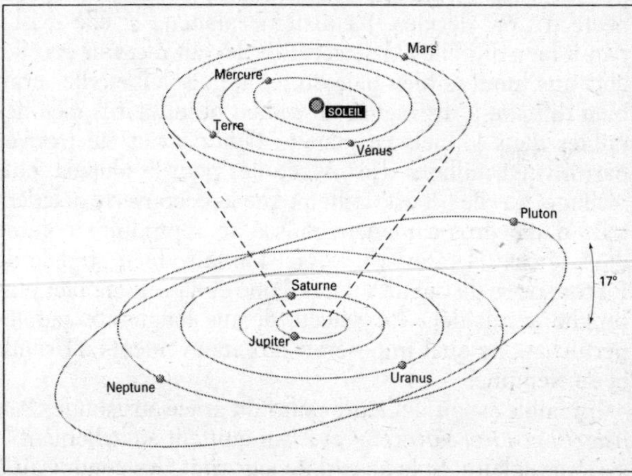

Figure 4 La régularité des orbites planétaires.

De Vénus à Neptune, toutes les planètes sont pratiquement situées dans le plan équatorial du Soleil. Leurs plans orbitaux sont inclinés de moins de 3,5° par rapport au plan de l'écliptique défini comme le plan de l'orbite de la Terre autour du Soleil. L'inclinaison des deux planètes extrêmes, Mercure et Pluton, est plus importante : respectivement de 7° et de 17,2° par rapport au plan de l'écliptique. Pour beaucoup d'astrophysiciens, Pluton est un gros astéroïde, membre de la ceinture d'Edgeworth-Kuiper, plutôt qu'une planète.

nètes dans le système solaire malgré les fausses annonces de découverte parues régulièrement dans la presse. La dixième planète, alias planète X, défraie souvent la chronique, mais toutes les recherches d'objets se déplaçant lentement par rapport aux étoiles et susceptibles d'être une planète se sont révélées infructueuses. Elles ont cependant permis la découverte de nombreux petits corps comme des astéroïdes ou des comètes. On peut affirmer que, dans le plan de l'écliptique, il n'y a pas de planète ayant au moins la taille de Neptune jusqu'à 240 unités astronomiques, sinon elle aurait déjà été détectée dans les programmes de recherche développés dans les années 1940 et 1950. Grâce à la mesure précise de l'orbite des planètes connues, on peut affirmer qu'aucune perturbation gravitationnelle suspecte n'a été décelée. La dixième planète, si elle existe, paraît bien difficile à détecter. Elle devrait recevoir et réfléchir une lumière bien pâle du lointain Soleil et elle serait bien difficile à distinguer au milieu de milliards d'étoiles faibles dans le ciel. La planète Pluton avait été trouvée parmi vingt millions d'astres, étoiles pour la plupart, plus brillants qu'elle ! Il est douteux que la découverte accidentelle d'une grosse planète puisse se reproduire comme dans le cas d'Uranus : un objet lointain, bien au-delà de Pluton, ne se distinguerait pas d'une étoile, et un objet plus proche aurait déjà été détecté depuis longtemps par les perturbations qu'il imposerait aux mouvements d'Uranus et de Neptune.

Un faible espoir demeure pourtant grâce aux sondes *Pioneer 10* et *11* et *Voyager 1* et *2* qui quittent actuellement le système solaire. Si le hasard de leur route les conduisait à passer au voisinage d'une nouvelle planète, une déviation de leur trajectoire pourrait être observée, mais la probabilité d'un tel événement paraît bien faible ! Ces quatre sondes, parties à la recherche de la limite entre le milieu interplanétaire et le milieu interstellaire, continuent à émettre des signaux audibles quoique de plus en plus faibles. Elles s'éteindront les unes après les autres, et nous perdrons le contact après 2015. Elles deviendront alors, pendant des milliards d'années, des « bouteilles à la mer » contenant un bref message des terriens du XXe siècle offert à la sagacité d'extraterrestres d'autres rivages.

Les planètes telluriques

On peut distinguer deux catégories de planètes : les planètes terrestres ou telluriques ou encore internes — Mercure, Vénus, la Terre et Mars — et les planètes géantes ou externes, Jupiter, Saturne, Uranus et Neptune. Cette répartition est simple à comprendre. Dans un gaz, les atomes ou molécules qui le composent s'agitent en tous sens à grande vitesse, d'autant plus vite que la température est élevée. C'est ainsi que les molécules d'azote et d'oxygène que vous respirez à l'instant s'agitent à 1 800 km/h dans l'air qui vous entoure. Elles filent à des vitesses supersoniques ! Les éléments les plus abondants que sont l'hydrogène et l'hélium dans la nature sont aussi les plus légers et, à température donnée, ils atteignent des vitesses plus grandes que celles d'atomes plus massifs. Près du Soleil, à quelques millions ou centaines de millions de kilomètres, la température de centaines de degrés a entraîné l'hydrogène et l'hélium à des vitesses supérieures à la vitesse d'évasion du système solaire, et ils se sont échappés de ces régions avant même que les planètes n'aient été formées. Les planètes les plus proches du Soleil se sont donc agglomérées à partir de matériaux dépourvus d'hydrogène et d'hélium. Loin du Soleil, au contraire, les très basses températures de – 240 à – 140 °C n'ont pas permis aux gaz légers de s'évader, et la composition des planètes est proche de celle de la nébuleuse de gaz primitive qui est l'ancêtre commun du Soleil et des planètes. Cette composition est dominée, à 99 %, par l'hydrogène et l'hélium comme partout ailleurs dans l'Univers.

Les planètes proches du Soleil ont donc été formées à partir d'éléments plus lourds tels que le silicium, le carbone, l'aluminium, le calcium, le magnésium, le fer et d'autres qui, combinés avec l'oxygène, forment les minéraux et les roches. On comprend donc bien pourquoi de telles boules de roches entourées parfois d'une mince atmosphère apparaissent si différentes des planètes géantes et pourquoi, privées dès le départ de la majeure partie de la matière disponible dans la nébuleuse primitive, elles sont devenues aussi peu massives, de simples résidus rocheux en quelque sorte. La perte de l'hydrogène et de l'hélium explique aussi leur grande densité, près de 4 pour Mars et un peu plus de 5 pour les autres.

La plus grosse des planètes telluriques, la Terre, a un rayon de 6 378 km, énorme à l'échelle humaine, et qui nous a fait croire pendant longtemps qu'elle était plate. Elle est pourtant dix fois plus petite que Jupiter et plus de cent fois plus petite que le Soleil ! Sous-alimentées à la naissance, ces planètes n'ont pu s'orner d'anneaux et retenir de nombreux satellites : aucun pour Mercure et Vénus, un pour la Terre et deux pour Mars.

En dépit de leur composition chimique semblable, les planètes telluriques diffèrent nettement les unes des autres. Contrairement à Vénus et à Mars, Mercure ne possède pas d'atmosphère. La Terre possède le champ magnétique le plus important. Mars et la Terre tournent sur elles-mêmes en une journée, tandis qu'un jour sur Mercure et sur Vénus correspond à deux et huit mois terrestres. La Terre est la seule à posséder de grandes quantités d'eau liquide, l'eau n'existe sur Mars que sous forme de glaces et de vapeur d'eau, tandis que Vénus et Mercure en sont dépourvues.

La surface de Mercure nous a été révélée par les photos saisissantes d'une sonde américaine en 1974. Un ciel noir piqué d'étoiles de par l'absence d'atmosphère, un sol gris-brun, poussiéreux, des cratères à perte de vue. Hormis l'inhabituelle intensité lumineuse d'un Soleil tout proche, on se serait cru sur la Lune ! La surface est criblée de cratères, cicatrices d'un bombardement incessant par des météorites tout au long de son histoire. Comme sur la Lune, aucune érosion, aucune activité géologique depuis des milliards d'années n'est venue adoucir le paysage de Mercure, mais, contrairement à la Lune, son noyau est composé de fer, source de champ magnétique. Tous les corps du système solaire ont été ainsi soumis pendant quatre milliards et demi d'années à un bombardement soutenu, mais les cratères peuvent rapidement s'effacer comme sur Terre quand la pluie, les rivières et le vent érodent les surfaces, ou encore si l'activité géologique remodèle le paysage (volcans, failles, plissements de terrain, etc.). Il suffit de compter les cratères pour estimer l'activité géologique d'un terrain et son âge. Il suffit... cela signifie que des gens ont la patience d'effectuer les calculs et que l'on sait traduire le chiffre obtenu en années d'exposition aux météorites. Nous reviendrons sur ce problème au chapitre III.

Vénus, pudiquement recouverte de nuages, est restée longtemps mystérieuse. Mais les astronomes sont curieux, et, après le passage d'une vingtaine de sondes américaines ou soviétiques, la mission américaine *Magellan* nous a fourni en 1991, grâce à un sondage par radar, une carte avec une résolution de l'ordre de cent mètres. Les cartes Michelin de Vénus sont plus précises que nos cartes routières ! On y trouve une grande variété de paysages et de phénomènes géologiques : des volcans, des vallées, des dépressions, des failles, des plateaux, des chaînes de montagnes... Vénus est aussi active que la Terre ! Les photos prises au sol par les sondes *Venera* montrent d'ailleurs un terrain cahotique, parsemé de cailloux aux arêtes vives : de jeunes cailloux, vu l'extrême érosion de l'accablante atmosphère vénusienne.

Les détails topographiques de la surface de Vénus obtenus par radar, l'analyse du sol par les sondes qui ont atterri et de nombreuses autres observations indiquent que les volcans y ont joué un rôle important. Il semble même qu'ils soient toujours actifs ! Pourtant, la croûte de Vénus paraît beaucoup plus statique que celle de la Terre, et on n'a pas encore détecté de tectonique des plaques.

Mais ce nouveau paradis pour géologue semble bien inaccessible à l'homme à cause de son écrasante et dangereuse atmosphère. Elle est cent fois plus dense que la nôtre et composée pour l'essentiel de gaz carbonique. Elle oppresserait un astronaute comme un océan comprimerait un plongeur à près de mille mètres de profondeur. Autant dire qu'il n'y résisterait pas. La teneur en gaz carbonique est responsable d'un cuisant effet de serre, et la température dépasse 400 °C. La belle Vénus cache donc un enfer impropre à toute forme de vie ainsi qu'à la présence d'eau liquide.

Tournons-nous vers Mars qui semble un peu plus hospitalière d'après les informations recueillies par les sondes américaines *Viking* de 1976 à 1982. Hospitalière pour une courte visite dans un futur proche mais non accueillante car, sur près d'une trentaine de sondes lancées vers Mars par les États-Unis et l'Union soviétique, moins du tiers a atteint sa cible ! Les missions martiennes ont joué de malchance au point que les astronomes accusent en riant les prétendus petits hommes verts d'avoir une défense aérienne efficace... Après une interruption d'une quinzaine d'années, l'exploration de Mars a repris de manière particulièrement active au cours des années 1990. Les États-Unis et l'Europe ont mis au point un programme ambitieux qui pourrait aboutir, vers 2030 ou 2040, à l'envoi d'hommes sur Mars.

Mars apparaît à mi-chemin entre les astres morts que sont Mercure et la Lune, et les mondes géologiquement actifs comme la Terre ou Vénus. On y trouve, comme sur Terre, une grande variété de paysages : des volcans dont certains sont trois fois plus hauts que l'Everest, des dunes, des déserts, des vallées, des canyons dont l'un a plus de 5 000 km de long et 7 km de profondeur, des défilés, des chaînes de montagnes, des plateaux, des failles... mais aussi, comme sur la Lune, de nombreux cratères d'impact. Le paysage est remodelé par une forte érosion éolienne.

La couleur rouge de Mars est si marquée qu'on la voit à l'œil nu depuis la Terre. Elle est due à une forte teneur en oxydes de fer qui la rendent probablement hostile à toute forme de vie, celle-ci s'accommodant mieux d'un milieu réducteur. Couverte d'une atmosphère ténue, cent fois moins dense que sur Terre et composée, comme Vénus, essentiellement de gaz carbonique, Mars connaît une activité climatique et météorologique importante. D'impressionnantes tempêtes de sable ont balayé le paysage autour des sondes sur plusieurs semaines. En hiver, des plaques de givre et de neige sont apparues. Mais il ne faut pas imaginer que les températures sont clémentes le reste de l'année : les températures maximales enregistrées à midi à l'équateur en plein été atteignent 20 °C et tombent à – 100 °C la nuit !

La température et la pression à la surface de Mars sont telles que l'eau ne peut exister qu'à l'état solide ou gazeux. Au rythme des saisons, la vapeur d'eau se condense directement en calottes polaires et *vice versa*. Pourtant, des vallées et des canaux qui semblent avoir été formés il y a plus d'un milliard d'années par des inondations ou des coulées d'eau liquide ont été photographiés. Leurs méandres ressemblent à s'y méprendre aux lacets d'une rivière terrestre. Cette information fondamentale nous enseigne que l'atmosphère d'une planète n'est pas éternelle ! Comme tous les objets dans l'Univers, elle naît, évolue et disparaît un jour. Pour nous qui vivons grâce à l'atmosphère terrestre, il est vital de comprendre l'évolution d'une atmosphère en comparant les exemples que nous offre la nature.

Les planètes géantes

De taille impressionnante — Jupiter et Saturne ont plus de 60 000 km de rayon — et de faible densité — 0,7 pour Saturne et un peu plus de 1 pour les autres —, les planètes géantes apparaissent comme d'immenses boules de gaz dont la densité, la pression et la température augmentent quand on s'enfonce vers l'intérieur. Elles n'offrent pas de surface solide comme les planètes telluriques. Loin du Soleil, entre sept cent cinquante millions et quatre milliards et demi de kilomètres du Soleil, les lois de Kepler leur imposent de tourner majestueusement autour du Soleil, en douze à cent soixante-cinq ans, tout en virevoltant sur elles-mêmes en dix heures, pour Jupiter et Saturne, et en dix-sept heures, pour Uranus et Neptune. Pourtant, Jupiter est mille fois plus massive que la Terre (et mille fois moins que le Soleil).

Très massives et composées à 99 % d'hydrogène et d'hélium comme le Soleil, elles sont toutes rehaussées de magnifiques anneaux et d'une multitude de satellites. Imaginez un instant le spectacle de chapelets de lunes et d'anneaux brillants et colorés sur fond d'étoiles, tels des arcs-en-ciel de la nuit, qu'un voyageur pourrait admirer près de ces planètes, sans parler des tourbillons changeants et nuancés de leur atmosphère ou des spectaculaires aurores polaires [1], des éclairs et des phénomènes luminescents qui éclairent leurs nuits. Plus de soixante satellites gravitent autour d'elles, dont plus de trente ont été découverts au cours de ces vingt dernières années. Ces satellites sont des corps célestes à part entière qui se distinguent par leur diversité, leur géologie propre et quelquefois même leur météorologie.

Entre 1979 et 1989, les sondes *Voyager* ont bouleversé notre connaissance des confins du système solaire. Cette aventure au cours de laquelle les sondes ont parcouru plus d'un million de kilomètres par jour restera comme un des grands moments de l'histoire humaine. Des milliards d'observations de toute nature ont été envoyées sur Terre, et il aura fallu des dizaines d'années pour dépouiller toutes ces informations et les assimiler.

Formées loin du Soleil, dans les parties les plus froides de la nébuleuse primitive, les planètes géantes ont conservé tous les gaz légers et les glaces initialement présents. Nous ne voyons que la couche supérieure de leur atmosphère qui présente toujours une structure en bandes parallèles souvent séparées par des zones très turbulentes. Du point de vue chimique, on a détecté dans leur atmosphère du méthane, de l'ammoniac, du gaz carbonique, de l'acétylène, de la phosphine et beaucoup d'autres molécules plus ou moins complexes. Ces molécules, bien que

---

1. Lorsqu'il y a des bouffées d'activité solaire, le choc d'un plus grand nombre de particules chargées en provenance du Soleil avec celles qui proviennent de la planète se traduit en particulier par des phénomènes de luminescence qu'on appelle « aurores boréales » ou « australes » sur les astres qui possèdent un champ magnétique.

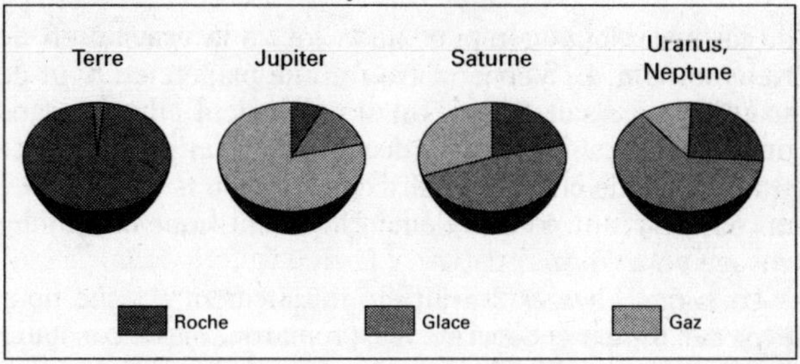

Figure 5 La composition des planètes géantes.
Contrairement aux planètes géantes, la Terre et les planètes telluriques contiennent surtout des roches et très peu de gaz et de glaces. Les proportions relatives de roches, de glaces et de gaz varient d'une planète géante à l'autre, comme le montre ce schéma.

minoritaires, sont responsables des couleurs variées qui parent la planète. Le bleu merveilleusement tahitien de Neptune est ainsi dû à la haute teneur en méthane qui absorbe les rayons rouges.

Des cyclones, des anticyclones, des tourbillons et des vents violents agitent sans arrêt l'atmosphère de ces planètes. Les vents soufflent à plus de mille kilomètres à l'heure à l'équateur de Saturne et de Neptune. Les atmosphères de Jupiter et de Saturne tournent plus vite à l'équateur que dans les zones de latitude plus élevée. C'est l'inverse qui se produit dans le cas d'Uranus et de Neptune. On ne sait pas encore pourquoi. Une des manifestations spectaculaires de ces tourbillons est la fameuse « tache rouge » de Jupiter : on sait maintenant qu'il s'agit d'un immense cyclone qui se maintient depuis plus de trois siècles. De nombreuses autres taches, animées de toutes sortes de mouvements, ont été filmées sur Saturne et sur Neptune par les sondes *Voyager*.

La sonde *Voyager 2* a atteint Neptune, la dernière planète au programme, le 25 août 1989, alors que cette planète n'a pas encore fait un tour complet autour du Soleil depuis sa découverte ! Découverte qui a eu d'ailleurs un très grand retentissement au XIXe siècle car elle a marqué le triomphe de la mécanique céleste et de la loi de la gravitation de Newton. « M. Le Verrier a trouvé une planète au bout de sa plume », disait Arago. Un simple calcul effectué dans un bureau avait permis la découverte d'un corps céleste situé à plus de quatre milliards de kilomètres de la Terre : un pas de géant pour la démarche scientifique et un long voyage pour *Voyager 2*.

La sonde *Voyager 2* avait été initialement conçue pour explorer Jupiter et Saturne. Il est remarquable de constater qu'elle a été améliorée et même réparée à plusieurs milliards de kilomètres de la Terre. On doit saluer l'exploit des ingénieurs qui ont réussi à intervenir à distance sans qu'il y ait le moindre garage susceptible de les aider. Après une première défaillance d'un récepteur radio survenue juste après le lancement à l'été 1977, un des axes de la plateforme orientable s'est grippé lors du survol de Saturne à l'automne 1981. En « secouant » la sonde, les ingénieurs ont été capables de débloquer en partie l'axe et de diagnostiquer les mouvements proscrits de façon à éviter un nouveau blocage. Au prix d'une grande complication des messages envoyés par le réseau d'antennes au sol et d'un programme de travail très élaboré communiqué à la sonde, celle-ci a pleinement rempli sa mission près d'Uranus.

Avant la rencontre avec Neptune, beaucoup étaient inquiets. Cette sonde lancée depuis douze ans serait-elle encore en bon état ? Ce robot de 800 kg à moitié sourd et un peu arthritique n'allait-il pas tomber en panne ? La lumière solaire étant neuf cents fois plus faible au niveau de Neptune que près la Terre et beaucoup d'objets, anneaux ou satellites, étant intrinsèquement très sombres, il n'était donc pas certain *a priori* de pouvoir prendre des images à partir d'une sonde survolant le système de Neptune à plus de 27 km par seconde. D'autant que cet engin avait été conçu pour observer les environs beaucoup plus lumineux de Jupiter et de Saturne ! Les ingénieurs ont magnifiquement réussi à programmer le mouvement de la sonde de manière à compenser l'effet de bougé pendant les prises de vue, un peu comme un photographe opérant à bord d'une voiture lancée à grande vitesse et photographiant une scène sur le bord de la route en effectuant un mouvement exactement inverse de celui de la voiture ! *Voyager 2* a ainsi effectué des mesures dont elle était incapable au moment de son lancement. Partie pleine d'énergie en 1977, elle arrivait à Neptune en 1989 comme une vieille dame un peu rhumatisante, mais pleine d'expérience !

Quel succès ! Tel le dernier mouvement d'une symphonie, le tempo s'est accéléré pour un final éblouissant et beaucoup de surprises : un système complet d'anneaux, un satellite Triton particulièrement actif et une superbe planète d'une très belle couleur bleue dont la haute atmosphère glacée est très animée. Au cours des six mois de l'approche, Neptune nous a présenté une palette sans cesse changeante de couleurs bleues et blanches. La présence de vents violents, la persistance de grandes structures de forme ovale, sortes d'immenses tourbillons, ainsi que la variabilité, d'heure en heure, de structures plus petites étaient totalement inattendues d'une atmosphère qui reçoit du Soleil seulement 5 % de l'énergie reçue par Jupiter, soit trois cent cinquante fois moins d'énergie que l'atmosphère terrestre.

Les survols d'Uranus, puis de Neptune ont eux aussi apporté leur lot de surprises. Personne ne s'attendait à de telles différences ! Avec un diamètre d'environ 50 000 km, Neptune est à peine plus petite qu'Uranus, mais elle a une masse légèrement supérieure (environ dix-sept fois celle de la Terre), ce qui lui confère la densité la plus forte des planètes géantes (1,64) et qui reflète une plus grande proportion d'éléments lourds que ses voisines. L'analyse de la proportion relative d'hydrogène et d'hélium dans les planètes géantes se révèle essentielle pour des problèmes aussi fondamentaux que l'origine du système solaire et la théorie de l'expansion de l'Univers. L'hydrogène et l'hélium sont en effet des atomes simples, présents dès les premiers instants de l'Univers, les atomes plus lourds ayant été formés plus tardivement au sein des étoiles. Leur proportion relative nous donne donc des informations précieuses sur un passé reculé de plus de dix milliards d'années. Les mesures effectuées par les sondes *Voyager* constituent d'excellentes contraintes auxquelles doivent se plier les théories des premiers moments de l'Univers.

La structure interne des planètes géantes n'est connue qu'indirectement par la déviation de trajectoire des sondes lors de leur survol. À l'aide des lois de la gravitation et de modèles mathématiques complexes, on en déduit l'existence en leur centre d'un noyau rocheux dont la masse est de l'ordre de quelques masses terrestres. Autour du noyau, l'énorme pression comprime tellement l'hydrogène qu'il s'y trouve dans un état particulier appelé « hydrogène liquide métallique », liquide puisqu'il est à l'état liquide et métallique puisque, le noyau et l'électron ayant été séparés, le corps devient conducteur comme du métal. Les courants qui circulent dans ces fluides métalliques engendrent les champs magnétiques importants des planètes géantes.

Par ailleurs, Jupiter, Saturne et Neptune rayonnent plus d'énergie qu'elles n'en reçoivent du Soleil. On comprend encore mal la cause de ce surplus d'énergie dans le cas de Neptune. Pour Jupiter, il provient de la chaleur accumulée au moment de sa formation et qui n'a pas encore été totalement évacuée par l'énorme masse de la planète, un peu comme un radiateur éteint qui se refroidit lentement. En revanche, Saturne, plus petite que Jupiter, est déjà refroidie. Dans la zone de l'hydrogène métallique, la température est alors suffisamment basse pour que l'hélium ne soit plus miscible avec l'hydrogène. L'hélium, plus lourd, tombe alors vers le centre de la planète et libère ainsi de l'énergie, de la même manière qu'une chute d'eau.

La dernière planète découverte dans le système solaire, Pluton, est encore bien mystérieuse et le restera probablement jusqu'aux années 2010, le temps pour une sonde d'arriver si le projet de lancement vers 2003 est bien réalisé. Elle apparaît au télescope comme un point faiblement lumineux, noyé parmi les vingt millions d'étoiles qui, sur la voûte céleste, sont au moins aussi brillantes. Son diamètre apparent de moins d'un quart de seconde d'arc ne permet pas de distinguer quoi que ce soit à sa surface. Cependant, plusieurs découvertes importantes ont été faites au cours de ces dix dernières années : en 1978, on lui découvrait un gros satellite, Charon. Entre 1979 et 1985, le diamètre et la masse de Pluton étaient enfin correctement mesurés, ce qui n'empêche pas de trouver encore bon nombre d'erreurs et de valeurs farfelues dans les livres actuels. Avec 2 300 km de diamètre, Pluton est plus petite que la Lune et a une masse cinq cents fois plus faible que celle de la Terre. En 1976, des observations spectroscopiques ont révélé que sa surface est recouverte, au moins partiellement et peut-être même en totalité, de méthane gelé. En 1988, l'observation d'une occultation d'étoile par Pluton mettait en évidence une atmosphère extrêmement ténue où la pression n'atteint qu'un cent millième de la pression terrestre. En effet, lorsque la lumière en provenance d'une étoile est masquée par le passage d'une planète, cette interruption peut être brutale si le corps a une surface solide sans atmosphère, comme dans le cas de la Lune, ou au contraire progressive si la lumière de l'étoile est réfractée par l'atmosphère de la planète. L'atmosphère de Pluton varie probablement beaucoup au cours des saisons, la pression chutant d'un facteur dix lorsqu'elle s'éloigne au maximum du Soleil. Les images et les données de Triton nous révèlent un objet que beaucoup d'astronomes considèrent comme un frère jumeau de Pluton.

Dans les années 1940, certains avaient suggéré que Pluton était un satellite évadé de l'environnement de Neptune. La découverte, depuis le milieu des années 1980, de plusieurs dizaines d'objets de quelques centaines de kilomètres de diamètre situés au-delà de l'orbite de Neptune fait dire à de nombreux astronomes que Pluton n'est en fait que le plus gros objet de cette famille d'astéroïdes lointains.

Nous devrions bientôt assister à une exploration poussée de Mars et de Saturne. La sonde américano-européenne *Cassini-Huygens* est en route vers cette dernière depuis le 15 octobre 1997. Elle arrivera à bon port en 2004 pour nous transmettre une foule d'images et de données spectaculaires sur la planète, ses anneaux et ses satellites. De même, un lancement tous les deux ans vers Mars devrait conduire à un retour d'échantillons dans nos laboratoires d'ici 2010.

Les satellites

On ne connaissait, en 1970, l'existence que de trente-deux satellites, et un seul d'entre eux, la Lune, nous avait dévoilé quelques détails de sa surface. Vingt ans plus tard, leur nombre avait doublé : ils sont tous très différents.

Mars possède deux petits satellites : Phobos et Deimos, ou la Terreur et la Panique en grec, deux tristement fidèles compagnons du dieu de la guerre en effet. De forme irrégulière, très petits, très sombres et très proches de la planète, ils sont difficilement observables de la Terre et n'ont été découverts qu'en août 1877. Beaucoup d'astronomes pensent que Phobos et Deimos sont des astéroïdes capturés peu de temps après la formation de Mars. Ce furent les premiers satellites d'une autre planète photographiés de près dès 1969 et 1971 par les sondes américaines *Mariner 6*, *7* et *9*. Comme tout corps sans atmosphère ni activité géologique, les surfaces de Phobos et de Deimos sont saturées de cratères et couvertes d'une couche de poussière qu'on appelle « régolite ».

Alors que Mars est très rouge, la surface gris-noir de ses satellites rappelle les « mers » lunaires les plus noires, ces immenses coulées de lave que les anciens ont prises pour des mers. Elle réfléchit moins de 6 % de la lumière du Soleil, c'est-à-dire moins que le velours noir ! Il est donc probable que ces corps ne se soient pas formés en même temps que Mars et au même endroit. Comme on trouve, dans les ceintures des astéroïdes, des corps qui semblent avoir ce pouvoir réflecteur et cette couleur, on pourrait penser que Phobos et Deimos se sont formés dans la même région. La densité de Phobos est légèrement inférieure à 2. Celle de Deimos est probablement du même ordre de grandeur. Ils sont donc formés d'un matériau riche en éléments légers, proche de celui des météorites appelées les « chondrites carbonées ». Tout cela suggère que Phobos et Deimos sont des objets primitifs.

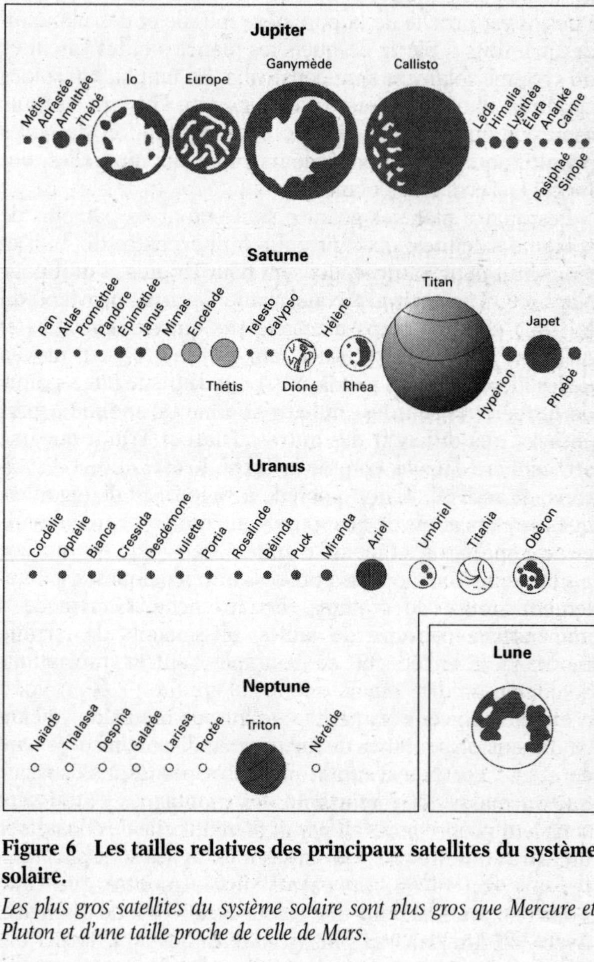

Figure 6 Les tailles relatives des principaux satellites du système solaire.

Les plus gros satellites du système solaire sont plus gros que Mercure et Pluton et d'une taille proche de celle de Mars.

Peut-être sont-ils issus d'un même corps qui s'est fragmenté dans une collision pendant sa capture par Mars. Certains pensent que la matière dont sont faits Phobos et Deimos est proche de la poussière initiale et des planétoïdes primitifs à partir desquels les planètes et les satellites du système solaire se sont construits. En tant qu'astéroïdes capturés, Phobos et Deimos seraient pour l'instant les seuls représentants bien étudiés de cette population de corps primitifs qui, par le jeu de leurs collisions mutuelles, ont formé la Terre et les planètes.

Les quatre planètes géantes sont entourées par plus de soixante satellites, dix-huit pour Jupiter, entre dix-huit et vingt-huit pour Saturne, dix-sept pour Uranus et huit pour Neptune. L'incertitude concernant Saturne provient du fait que certains corps n'ont été vus qu'une seule fois et qu'on ne connaît pas encore leur trajectoire, seul moyen de les identifier sans ambiguïté. Loin d'être de pâles points de lumière, chacun est apparu comme un monde à part entière, très différent des autres. Titan et Triton ont une atmosphère d'azote, comme la Terre. Io est couvert de volcans en activité. Triton possède à sa surface de gigantesques geysers actifs de nos jours. Callisto, bombardé depuis quatre milliards et demi d'années sans que sa surface ait été remodelée par des processus géologiques, est totalement saturé de cratères. En revanche, Ganymède a une surface couverte de failles, plissements de terrain, montagnes, vallées et de multiples autres formations géologiques.

On constate que les petits satellites de moins de 400 km de dimension sont tous de forme irrégulière. Un corps tend en effet à gommer d'autant plus les aspérités à sa surface que sa masse est importante, les montagnes s'affaissant sous leur propre poids. Il paraît bien difficile de considérer un astre comme sphérique si ses montagnes sont plus hautes que son rayon. Un calcul simple montre que cette limite est atteinte pour une valeur de 500 km de diamètre. Avec 340 km dans sa plus grande dimension, Hypérion, satellite de Saturne, est irrégulier alors que Mimas ou Encelade, avec 500 km de dimension, sont sphériques.

Les quatre plus gros satellites de Jupiter, Io, Europe, Ganymède et Callisto, appelés « satellites galiléens » depuis leur découverte par Galilée en 1610, se sont révélés étonnamment différents les uns des autres. La plus grande surprise est venue de Io : huit volcans en activité ont été observés par les sondes *Voyager*. Les éruptions y sont très différentes des phénomènes volcaniques terrestres aussi bien dans leur durée que par leur étendue. Les volcans n'éjectent pas des roches fondues à quelques milliers de degrés, mais du soufre fondu. Ils sont la conséquence des *effets de marée* entre Io et l'énorme Jupiter qui déforment le satellite de la même manière que la Terre et la Lune se déforment mutuellement. De plus, la distance de Io à Jupiter varie très légèrement en raison des perturbations gravitationnelles dues à Europe et à Ganymède, et la forme de Io est sans cesse modifiée. Cela entraîne des frictions considérables et une immense production de chaleur en son sein qui est évacuée par les volcans.

Les corps du système solaire ne sont pas rigides. La Terre, par exemple, est constituée d'un noyau de fer liquide autour d'un centre solide, et d'un manteau de silicates surmonté d'une pellicule superficielle cassante, la croûte, avec, au-dessus, les océans et l'atmosphère. Sous l'effet de la Lune, la Terre se déforme périodiquement dans son ensemble au même rythme que les océans : c'est ce qu'on appelle les « marées ». Ce phénomène des marées a de nombreuses conséquences sur la période de rotation des corps et la distance qui les sépare, à cause de l'énergie dissipée sous forme de chaleur dans les frottements. Malaxez de la pâte à modeler : elle chauffe. Il en est de même pour la Terre ou pour la Lune, et la perte d'énergie provoque leur ralentissement. La durée de notre jour augmente ainsi de deux millièmes de seconde par siècle. Il y a trois cent cinquante millions d'années, l'année comptait quatre cents jours, et le jour durait vingt-deux heures.

Si l'on considère que le système Terre-Lune est isolé dans l'espace, son moment cinétique total (un mot technique pour dire sa quantité de rotation totale) se conserve. Le ralentissement de la rotation de la Terre sur elle-même à cause des marées est donc compensé par une augmentation simultanée de la quantité de rotation de la Lune dans son mouvement autour de la Terre. Cela se traduit par l'augmentation graduelle de la distance Terre-Lune d'environ trois centimètres par an et un ralentissement de la Lune sur son orbite. Elle nous quitte, lentement mais sûrement !

Ainsi déformées par les marées, la Terre et la Lune ont des bourrelets aux hanches ! C'est peut-être à cause d'eux que notre compagne tend à s'éloigner. Entraîné par la rotation de la Terre, plus rapide que le mouvement orbital de la Lune, le bourrelet des marées est en avance sur la direction Terre-Lune, si bien que la Lune exerce un couple de rappel sur le bourrelet en attirant plus fortement la partie proche d'elle. Ce couple tend à ramener l'axe du bourrelet dans la direction Terre-Lune en freinant la rotation de la Terre et en forçant la Lune à s'éloigner jusqu'à ce que le bourrelet des marées pointe toujours vers le satellite. À cette époque-là, le jour terrestre vaudra au moins cinquante jours actuels. La Lune sera fixe dans le ciel, et tout un hémisphère sera privé de clairs de lune romantiques ! Les bourrelets de la Lune ont ralenti sa rotation depuis bien longtemps, c'est pourquoi elle nous présente toujours la même face, de manière à synchroniser ses bourrelets avec la direction de la Terre pendant qu'elle court sur son orbite.

La surface de Io est recouverte de soufre et de glaces. Des éruptions volcaniques surgissent sans cesse ici et là, projetant à 300 km de hauteur de la « lave » tiède (20 °C) mais brûlante en comparaison des températures ambiantes glacées de – 150 °C. La « lave » est si liquide que les volcans n'ont pas le temps d'accumuler un cône. Ce sont plutôt des sortes de trous dans la surface d'où s'échappe le matériau fondu. Contrairement aux autres satellites de Jupiter, Io ne semble pas posséder d'eau et est essentiellement recouvert de composés du soufre.

Europe est la plus belle boule de billard observée dans l'Univers. Sa surface glacée, parfaitement lisse, est dépourvue de cratères, de montagnes, de vallées et de tout relief

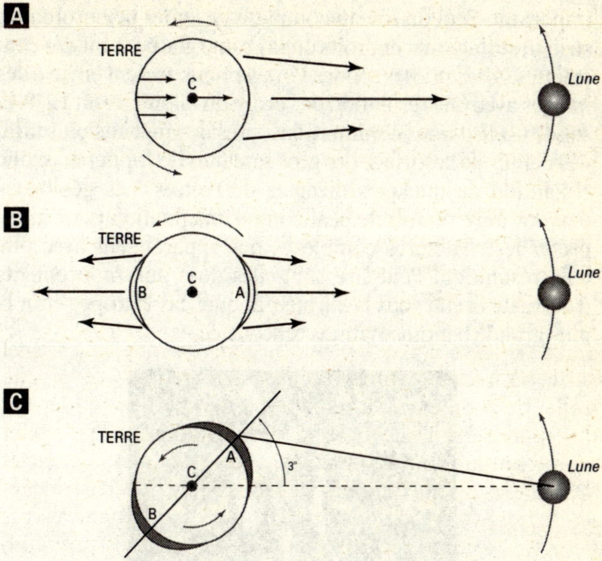

Figure 7a Les marées Terre-Lune.

La Terre et la Lune s'attirent mutuellement en raison de la gravitation, mais, l'intensité de cette force dépendant de la distance, les endroits de la Terre qui sont, à un instant donné, plus proches de la Lune sont plus attirés que ceux qui en sont plus éloignés. Si on compare l'attraction de la Lune en chaque point de la Terre par rapport à son attraction sur le centre de la Terre, on constate que ce point central est moins attiré que le point le plus proche de la Lune et plus attiré que le point le plus éloigné (A). Comme la Terre n'est pas parfaitement rigide, à un instant donné, elle tend à prendre une forme de ballon de rugby sous l'effet de cette attraction différentielle de la Lune (B). Comme la Terre tourne sur elle-même plus vite que la Lune autour d'elle, le ballon de rugby est décalé d'un angle d'environ 3° par rapport à la ligne des centres Terre-Lune (C). Le mouvement de rotation de la Terre sur elle-même est donc freiné par les marées lunaires, et la durée du jour augmente. La Terre étant plus massive que la Lune, les effets de marée de la Terre sur la Lune ont été encore plus considérables, et la rotation de la Lune a été tellement ralentie que sa période de rotation est devenue égale à sa période de révolution, c'est-à-dire que les bourrelets sont parfaitement alignés avec la ligne des centres. C'est pour cela que nous ne voyons, de la Terre, qu'une face de la Lune. Ces effets de marée jouent un rôle particulièrement important aussi bien entre les planètes et leurs satellites dans le système solaire qu'entre les étoiles doubles et les galaxies doubles.

important. Seul un réseau complexe de lignes peu profondes strie sa surface aux endroits où la croûte glacée subit des contraintes. Alors que les sondes *Voyager* nous avaient envoyé des images avec une résolution de l'ordre du kilomètre en 1979, la sonde *Galileo* nous communique, près de vingt ans plus tard, des détails de la surface des gros satellites de Jupiter avec une résolution de quelques dizaines de mètres. Les géologues devront faire preuve de beaucoup d'imagination pour interpréter les structures complexes qui apparaissent avec une telle résolution. Peut-être sont-elles dues aux mouvements d'un vaste océan sous la surface, auquel cas Europe serait la plus grande banquise jamais rencontrée.

Figure 7b ***Le Baiser* de Rodin.** (Photo DR.)
Si elles sont séparées par une distance de un centimètre, deux personnes sont attirées l'une vers l'autre par une force d'attraction gravitationnelle qui est pratiquement la même que celle de la Lune sur l'une d'entre elles. Il y a évidemment entre elles d'autres sources d'attraction dont nous ne parlerons pas ici, mais cette « petite » attraction gravitationnelle, cent mille fois plus faible que celle de la Terre sur ces mêmes personnes, est suffisante pour provoquer des effets de marée dans tout le volume de la Terre.

Ganymède, plus gros que la planète Mercure, présente un joyeux mélange de terrains anciens fortement cratérisés et de jeunes fractures ou failles qui sont le résultat d'une activité interne importante. Au contraire, Callisto est un monde totalement criblé de cratères, plus gros que notre Lune. Bien que son âge soit évidemment le même que celui des autres corps du système solaire, il possède la surface la plus vieille observée dans le système solaire : plus de quatre milliards d'années de bombardements incessants y sont enregistrées. L'absence d'activité géologique est peut-être due à l'existence d'une croûte très épaisse. On peut tout de même se demander pourquoi deux corps *a priori* aussi proches que Ganymède et Callisto, qui ont à peu près la même masse et la même taille, sont aussi différents. On ignore encore la réponse.

Les satellites de Saturne sont eux aussi très variés. La plupart sont des mondes glacés criblés de cratères. Le petit Encelade — moins de 500 km de diamètre — présente pourtant une activité géologique importante à sa surface avec d'impressionnantes coulées de glace, de larges fractures, des failles spectaculaires. On ne comprend pas comment un aussi petit corps a pu développer en son sein une source de chaleur suffisante pour remodeler ainsi sa surface.

Décrire la forme d'Hypérion pose un problème : vu de côté, il ressemble à une cacahuète et, vu de l'autre côté, à un « hamburger ». L'influence de son gros voisin Titan et sa forme allongée ont des conséquences étonnantes. Alors que tous les satellites du système solaire, comme la Lune, présentent la même face à la planète autour de laquelle ils tournent à cause des marées, Hypérion représente une exception notable. Il est animé d'un mouvement chaotique, sa période de rotation varie sans cesse, et son axe de rotation pointe sans arrêt dans des directions différentes : à sa surface, la durée du jour varie donc tout le temps, et le Soleil ne se lève jamais dans la même direction ! Essayez de donner rendez-vous là-bas ! Hypérion représente le premier exemple à grande échelle de mouvement chaotique observé dans l'Univers.

Japet joue les dominos : une face très claire, l'autre très sombre. Depuis sa découverte en 1671 par Cassini, Japet a toujours intrigué les astronomes, qui ne comprenaient pas pourquoi la face avant est sombre comme l'asphalte et la face arrière brillante comme la neige. L'analyse des images des sondes *Voyager* semble favoriser l'idée que la face avant de Japet est bombardée par des débris sombres en provenance de Phœbé qui tourne autour de Saturne plus loin que Japet. Étant donné qu'il présente toujours la même face à Saturne, le même hémisphère reçoit toujours les débris de Phœbé. Mais cette dissymétrie pourrait aussi résulter d'une activité interne. Plus généralement, la plupart des satellites sont dissymétriques, à commencer par la Lune, dont la face cachée comporte beaucoup plus de cratères que celle visible. Cette dissymétrie apparaît parfois entre face tournée vers la planète et face cachée, ou entre faces avant et arrière du satellite dans son mouvement orbital. Dans les deux cas, on ignore la cause de ces irrégularités.

Titan ne peut que nous passionner par son atmosphère d'azote si proche de la nôtre, à peine plus dense... à un détail près : il fait – 200 °C à la surface ! C'est un peu une Terre « mise au congélateur ». L'atmosphère de Titan contient de nombreuses molécules organiques complexes. Tous les atomes nécessaires au développement d'une chimie prébiotique sont réunis, mais la température au sol est beaucoup trop basse pour qu'une quelconque forme de vie ait eu la moindre chance de se développer. À cause des nuages et du brouillard qui recouvrent Titan, on ne connaît toujours pas la nature du sol. La surface pourrait être très exotique avec des lacs, des rivières et des banquises d'azote, de méthane ou d'autres composés. Certains se demandent même si Titan n'est pas recouvert d'un océan composé à 70 % d'éthane, à 25 % de méthane et à 5 % d'azote liquide. Auquel cas, un océan de un kilomètre de profondeur recouvrirait une couche de plusieurs centaines de mètres de matière organique, résultat d'une lente évolution à des températures un peu moins glacées. D'autres modèles prévoient d'autres possibilités.

L'intérêt de Titan est tel que l'Europe et les États-Unis n'ont pas hésité à dépenser près de quatre milliards de dollars pour lancer vers lui la mission *Cassini-Huygens*. La sonde européenne *Huygens* plongera en 2004 dans Titan, tandis que la sonde américaine *Cassini* poursuivra l'étude du monde de Saturne pendant plusieurs années. Les scientifiques des deux continents se préparent à recueillir les observations de ce qui sera la plus grande mission planétaire conçue au XXe siècle.

Le survol de Triton, satellite de Neptune, fut le clou du spectacle offert par la sonde *Voyager 2*. Déjà émerveillés par les images de Neptune et de ses anneaux, les scientifiques ne s'attendaient pas à découvrir sur ce petit corps gelé une telle variété de paysages et de processus géologiques ! Les images de Triton, transmises par *Voyager 2* dans la nuit du 24 au 25 août 1989, ont laissé tous les témoins ébahis devant quatre éruptions de geysers, des cratères volcaniques récents et une atmosphère d'azote comme autour de la Terre et de Titan, quoique fort ténue (16 microbars). Sa croûte semble contenir beaucoup de glace d'eau qui, à la température de 38 K ou – 235 °C, se comporte comme une roche dure. De larges plaines et des calderas ont été récemment inondées par des laves d'eau, d'ammoniac et de méthane. Les photographies montrent des cratères volcaniques, vestiges d'éruptions au cours des dernières centaines de millions d'années. Des formidables geysers s'échappent des colonnes de matériau sombre, de plusieurs dizaines ou centaines de mètres de large sur huit kilomètres de hauteur, entraînées ensuite par le vent sur plus de cent kilomètres. Aucune explication plausible de ces phénomènes n'a encore emporté l'adhésion des géologues.

Mais la palme des surprises revient tout de même au petit Miranda (moins de 500 km de diamètre), auprès d'Uranus. À croire qu'un titan facétieux s'est amusé à casser le satellite et à recoller les morceaux dans un désordre du plus bel effet, à sculpter des terrasses en forme de cirque romain et une falaise de 25 km de haut pour le simple plaisir d'y voir s'accrocher les rayons du coucher du Soleil alors que le satellite plonge dans la nuit. Les géologues sont restés muets en découvrant les images envoyées par *Voyager 2*... avant d'exploser tous ensemble de joie !

La taille, la masse, l'atmosphère ténue et beaucoup d'autres caractéristiques de Triton rappellent fortement la seule planète qui n'a pas encore été visitée par une sonde : Pluton. Pour longtemps encore, l'image de Triton nous offrira probablement la meilleure « vue » de Pluton jusqu'au moment où la réalité nous montrera encore une fois combien on s'est trompé ! Triton se déplace sur une orbite insolite. Il tourne dans le sens rétrograde, à 354 800 km de la planète, sur une orbite circulaire et inclinée de 157° par rapport au plan équatorial de la planète. Avec un diamètre de 2 705 km, c'est un des plus gros satellites du système solaire. À cause des effets de marée de Neptune et de son mouvement orbital rétrograde, Triton se rapproche inexorablement de Neptune. Dans moins de cent millions d'années, lorsqu'il ne sera plus qu'à un ou deux mille kilomètres de Neptune, il sera déchiré par les forces de marées intenses. Les fragments de quelques centaines de kilomètres [1] se cogneront et iront enrichir et embellir les anneaux de Neptune... sauf pour ceux qui tomberont sur la planète.

Les comètes

Depuis la seconde moitié du XVIIIe siècle, nous connaissons bien le mouvement des comètes. Au XXe siècle, l'étude spectroscopique et photométrique a permis d'étudier les phénomènes d'émission qui ont lieu dans leur tête et dans leur queue, et de constater que ce sont des petits corps

1. Cet effet a été décrit en 1850 par le mathématicien français Roche, professeur à l'université de Montpellier. Il existe autour de tout corps céleste une limite, dite « limite de Roche », en deçà de laquelle tout satellite est brisé en morceaux, déchiré par les marées. Si la Lune, actuellement à 384 000 km de la Terre, s'en approchait à moins de 18 500 km, elle serait réduite en morceaux. C'est la raison pour laquelle il y a dans le voisinage immédiat des planètes géantes, à l'intérieur de la limite de Roche, des anneaux mais aucun gros satellite.

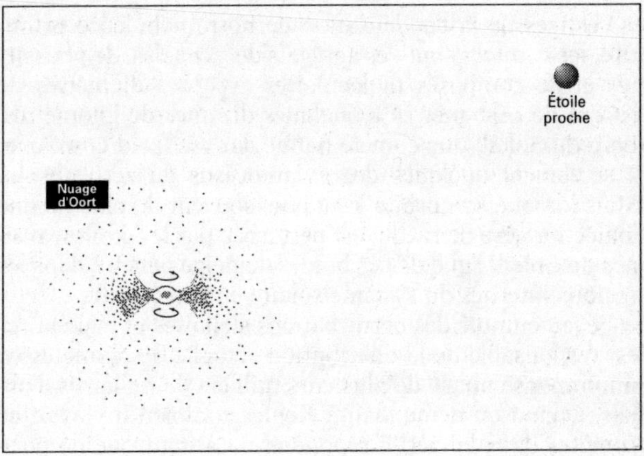

Figure 8 Le nuage d'Oort.
L'astronome hollandais Jan Oort a compris, en 1950, qu'il y avait des milliers de milliards de comètes dans notre système solaire et qu'elles formaient un immense nuage dont la périphérie était près de cent mille fois plus loin que la Terre du Soleil. La structure de ce nuage est mal connue. Le mouvement des comètes les plus lointaines est perturbé par les étoiles proches. Seules les comètes qui s'approchent du Soleil sont visibles de la Terre. Environ sept cents ont été observées depuis l'Antiquité.

glacés. Puis plusieurs sondes spatiales sont allées rendre visite à la fameuse comète de Halley. Le destin final de ces objets semble désormais bien compris, mais leur lieu de naissance est encore très controversé. Une chose est certaine : formées il y a un peu plus de quatre milliards et demi d'années au sein de la nébuleuse qui allait donner naissance au Soleil et aux planètes, les comètes ont conservé quelques informations « de première main » sur nos origines.

L'apparition d'une comète brillante a toujours excité l'imagination des hommes, suscitant parfois leur émerveillement, mais beaucoup plus souvent leur effroi, comme des oiseaux de mauvais augure. La longue histoire de leur étude est exemplaire du passage de superstitions ridicules à un examen rationnel qui caractérise le développement de la connaissance humaine.

Vestiges de la condensation de notre nébuleuse primitive, les comètes sont des agrégats de gaz gelés, de poussières et de composés moléculaires avec des diamètres de l'ordre de cent mètres à quelques dizaines de kilomètres. Loin du Soleil, une comète habite dans le froid cosmique, à seulement quelques degrés au-dessus du zéro absolu. Mais lorsque son orbite lointaine, souvent de plus de une année-lumière de rayon, est perturbée par les étoiles voisines du Soleil, l'une de ces boules de neige pénètre dans les régions internes du système solaire et se réchauffe.

Le jeu cumulé des perturbations stellaires et planétaires est responsable de la distribution actuelle des comètes en un immense nuage de plusieurs milliers de milliards d'objets. Quand on demandait à Kepler combien il y avait de comètes dans le ciel, il répondait : « Autant que de poissons dans l'océan ! » Il était bien en dessous de la réalité. Nous ne connaissons rien de la grande majorité d'entre elles. Nous n'en apercevons qu'un tout petit nombre qui ont la chance, ou plutôt la malchance, de s'approcher du Soleil. Les glaces commencent alors à se vaporiser, du gaz et de la poussière s'échappent et forment autour d'un noyau une enveloppe en expansion appelée la « chevelure », et une queue spectaculaire de plusieurs millions de kilomètres de longueur qui s'étire en direction opposée au Soleil, ce qui lui donne sa beauté.

Quand la Terre, dans sa révolution autour du Soleil, coupe l'orbite d'une comète, elle traverse des nuages de poussières éjectées par la comète qui provoquent des pluies spectaculaires d'étoiles filantes.

Le survol de la comète de Halley par des sondes spatiales a permis de confirmer l'existence d'un noyau et de le photographier pour la première fois. Comme toujours, les surprises étaient au rendez-vous. On s'attendait à trouver une « boule de neige sale », de un kilomètre de dimension ; on a photographié un « gros grain de poussière un peu humide », très sombre, long de 15 km et en forme de pomme de terre avariée. Moins de 4 % de la lumière solaire est réfléchie par le noyau qui est plus noir que du charbon ! Cela prendra maintenant des années pour dépouiller et assimiler toutes les informations recueillies, tout en gardant à l'esprit que les autres noyaux de comètes diffèrent sans doute notablement de celui de Halley, compte tenu de la diversité remarquable des objets du système solaire.

Les astéroïdes

Les astronomes avaient remarqué, dès le XVIIe siècle, qu'il y avait un vide relatif entre Mars et Jupiter, c'est-à-dire entre 1,7 et 5 unités astronomiques du Soleil. Ils ont donc activement recherché la planète manquante dans ces régions. On crut l'avoir trouvée le 1er janvier 1801 quand Piazzi découvrit Cérès à 2,4 unités astronomiques. La petite taille de Cérès, de l'ordre de 1 000 km de diamètre, et la découverte, dans les années qui suivaient, de Pallas, Vesta et Junon rendirent perplexes les astronomes. De cette époque date la légende selon laquelle une planète aurait explosé. On connaît maintenant des milliers de « petites planètes » qu'on appelle des astéroïdes, c'est-à-dire des objets « qui ont l'apparence des étoiles », en grec. La grande majorité d'entre eux tournent autour du Soleil sur des orbites situées entre Mars et Jupiter.

Depuis Cérès, les découvertes d'astéroïdes se poursuivent à un rythme soutenu grâce au développement des moyens d'observation. Le nom poétique qu'on leur attribue est un simple numéro quand leur orbite est connue avec suffisamment de précision pour pouvoir les retrouver sans difficulté. L'évolution des numéros reflète bien le rythme accru des découvertes : le nombre 1 000 a été attribué en 1923, 2 000 en 1976, 3 000 en 1984, et le numéro 10 000 devrait être donné au premier trimestre 1999.

Contrairement à ce qu'on lit parfois, les astéroïdes ne proviennent pas de l'explosion d'une planète primitive. Ils constituent plutôt du matériau primitif qui ne s'est jamais aggloméré en planète. De ce point de vue, ils sont essentiels pour comprendre nos origines. Ces corps sont des briques à partir desquelles, par collisions, on peut fabriquer des planètes, et le fait qu'il en reste des milliers autour du

Soleil montre que tout le matériau disponible n'a pas été utilisé.

Les collisions qui ont permis aux planètes et aux satellites de grandir ont aussi une grande influence sur leur devenir. Certains astéroïdes coupent l'orbite de la Terre, de Vénus, de Mercure ou de Mars dans leur mouvement autour du Soleil. Leur sort est alors de heurter ces planètes à plus ou moins longue échéance. Une telle collision créera un cratère à la surface de la planète et signifiera la mort de l'astéroïde... ainsi que celle de bon nombre d'espèces habitant la planète, si l'on en croit l'une des théories proposées pour expliquer l'extinction des dinosaures ! Si cela est vrai, notre présence sur Terre est due à une catastrophe qui a éliminé nos concurrents les plus dangereux, mais une collision future pourrait aussi bien mettre en danger notre espèce.

Au-delà de l'orbite de Jupiter, il est difficile de détecter des corps de petite taille qui ne font que réfléchir la lumière du Soleil et ne brillent donc pas par eux-mêmes. Pourtant, depuis le milieu des années 1980, les astronomes ont découvert des dizaines d'objets de quelques centaines de kilomètres de diamètre situés au-delà de l'orbite de Neptune. L'inventaire des corps du système solaire est loin d'être terminé !

Parallèlement à leur détection, les astronomes continuent l'étude systématique des astéroïdes à l'aide de tous les moyens disponibles : spectrométrie, photométrie, échos radar, polarimétrie, interférométrie, occultations, etc. Les périodes de rotation, les spectres, les dimensions, la composition d'un nombre de plus en plus grand d'astéroïdes, sont régulièrement déterminés. La caractéristique principale des astéroïdes est leur diversité aussi bien de taille ou de forme que de nature chimique ou minéralogique. Cette étude intensive à partir de la Terre est un complément à l'exploration spatiale qui a commencé au cours des années 1990. La sonde *Galileo*, en route vers Jupiter, a survolé les astéroïdes Gaspra et Ida. Ils seront peut-être les sources des matières premières (métaux et combustibles à base d'hélium) de l'exploration spatiale de demain.

Les poussières et les météorites

En plus des petits corps dûment répertoriés, il existe une quantité innombrable de cailloux, de rochers et de poussières qui gravitent dans le système solaire. Les grains de poussières tombent rapidement sur le Soleil sous l'action de la lumière. Le fait qu'on en observe beaucoup signifie qu'ils sont sans cesse réapprovisionnés. Nous connaissons au moins deux sources de poussières : celles vaporisées par les comètes s'approchant du Soleil et celles provenant des collisions entre astéroïdes.

Une grande quantité de grains de poussières est concentrée dans le plan de l'écliptique. Éclairée par le Soleil, elle offre un très joli spectacle peu après le crépuscule ou avant l'aube. C'est la lumière zodiacale. Il faut évidemment la regarder d'un site éloigné de tout éclairage parasite. Observée dans de bonnes conditions, la lumière zodiacale est presque aussi brillante que la Voie lactée et s'étend jusqu'à 45° du Soleil. Les mesures de brillance, de polarisation et de couleur de la lumière zodiacale ont permis d'avoir une idée de la nature et des dimensions des particules. Celles d'environ un micron ne peuvent pas survivre plus de cent mille ans à cause de l'action du rayonnement solaire, et les particules beaucoup plus petites sont dissipées en moins d'un an. C'est pourquoi les comètes et les astéroïdes doivent sans cesse alimenter le nuage zodiacal.

La Terre, comme les autres planètes, rencontre sans cesse des poussières et des cailloux dans sa course autour du Soleil. Chaque jour, des milliers de tonnes de matériaux extraterrestres se déversent sur elle. Les météorites sont des fragments rocheux ou métalliques qui ont survécu à la traversée de l'atmosphère. Ce sont, avec les roches lunaires, les seuls exemplaires de matière extraterrestre dont nous disposons dans nos laboratoires. Elles proviennent de la cassure, probablement sous l'effet de collisions, des premières briques du système solaire. Ces météorites sont particulièrement précieuses pour nous renseigner sur les conditions chimiques et physiques qui régnaient pendant les premières phases de condensation de la nébuleuse primitive du système solaire.

Les anneaux des planètes

Il est frappant de constater que les systèmes d'anneaux des quatre planètes géantes diffèrent autant les uns des autres. Jupiter est ornée d'anneaux diffus et transparents baignés dans un halo de matière ; Saturne s'enorgueillit de milliers d'anneaux très brillants et structurés qui s'étendent sur plusieurs centaines de milliers de kilomètres ; Uranus est entourée de neuf anneaux sombres et étroits, de quelques kilomètres de largeur seulement, tandis que Neptune est ceinturée d'anneaux minces et d'arcs de matière.

Les survols des anneaux de Saturne et de Neptune resteront parmi les grands moments des missions *Voyager*. Découverts en 1610 par Galilée, les anneaux de Saturne présentent l'un des plus beaux spectacles qu'on puisse voir dans le ciel avec une simple paire de jumelles. Observés par *Voyager*, ces anneaux se révèlent incroyablement complexes. Ils sont composés d'un nombre incalculable de particules de toutes tailles, du micron au kilomètre, en orbite auprès de Saturne. S'il y a du matériau disponible, il est normal, à cause des effets de marée, de trouver des anneaux au voisinage d'une planète. Par certains côtés, de tels anneaux ressemblent à ce qu'était la matière dans la nébuleuse primitive avant de se rassembler en planètes et satellites. Leur étude devrait nous permettre de mieux comprendre la phase d'accumulation des planètes.

Les particules des anneaux de Saturne sont, pour la plupart, recouvertes de glace d'eau. Pendant longtemps, leur aspect relativement homogène, vu de la Terre, a entraîné les chercheurs sur de fausses pistes. Une étude simple montre en effet qu'ils perdent de l'énergie en raison de leurs collisions mutuelles alors que leur moment cinétique (quantité de rotation) est conservé. Ils devraient donc s'étaler lentement au cours du temps et avoir une apparence homogène à bords doux comme celle observée de la Terre. Erreur ! Ils se décomposent en fait en dizaines de milliers de structures : minces annelets concentriques à bords abrupts donnant à l'ensemble l'aspect d'un microsillon, anneaux excentriques, anneaux torsadés, anneaux irréguliers, ondes qui confèrent aux anneaux un aspect de tôle ondulée, structures spirales... Les détails les plus fins observés à haute résolution se subdivisent eux-mêmes en structures encore plus fines !

Pour expliquer un système aussi complexe, il semble bien qu'il faille analyser en détail les interactions gravitationnelles entre de petits anneaux faits de particules s'entrechoquant perpétuellement et des satellites voisins de un à cinquante kilomètres de dimension. Anneaux et satellites échangent de l'énergie et du moment cinétique, de telle sorte qu'ils se repoussent mutuellement. Vous avez bien lu : la combinaison des forces attractives gravitationnelles conduit les objets à se repousser ! Un anneau « gardé » par deux satellites de part et d'autre sera ainsi confiné dans un espace restreint. Un tel mécanisme, encore mal compris, a probablement joué un rôle important dans la formation des planètes et des satellites. Nous en reparlerons plus loin.

Les astronomes se demandent maintenant si les particules des anneaux sont des cailloux recouverts de glace et bien distincts les uns des autres, ou des agglomérats de matière, un peu comme des boules de coton, perpétuellement en train de se coller et de se séparer sous l'effet des perturbations de la planète. Le champ magnétique de Saturne soulève les petites particules au-dessus et en dessous du plan des anneaux, formant d'immenses boursouflures de plus de 40 000 km de long qui apparaissent en moins de cinq minutes et disparaissent en une dizaine d'heures. Tous ces phénomènes et bien d'autres, que nous n'avons pas la place d'énumérer ici, font des anneaux de Saturne un merveilleux laboratoire naturel. Les observations à long terme et à haute résolution de la mission *Cassini* sont attendues avec impatience, et les ordinateurs sont prêts à analyser le jeu combiné des collisions entre les particules, des interactions gravitationnelles et des résonances avec les satellites, et des ondes qui parcourent l'ensemble.

Neptune possède aussi des anneaux, mais ceux-ci sont bien particuliers : ils ne sont pas continus le long de leur circonférence, mais comportent des arcs de matière qui tournent inlassablement autour de la planète. L'auteur de ces lignes et William Hubbard ont eu la chance de découvrir ces anneaux en 1984 et 1985 en observant des occultations d'étoiles par Neptune. Cette découverte a conduit à modifier le programme de la sonde *Voyager 2* afin de mieux observer les environs de Neptune... et de dérouter la sonde qui fonçait droit dessus ! Elle nous a ainsi révélé un système complet d'anneaux ténus sertis d'arcs brillants. Il y a seulement une douzaine d'années, les astronomes se demandaient pourquoi Saturne était la seule planète entourée d'anneaux. La réalité a révélé un phénomène banal, mais ô combien captivant, autour des planètes géantes. Qu'il s'agisse d'anneaux, de satellites ou de planètes, le système solaire nous aura montré une stupéfiante diversité de phénomènes !

Il est peu probable qu'une sonde spatiale retourne près de Neptune avant une cinquantaine d'années. Nous devrons donc nous contenter, d'ici là, des observations recueillies par *Voyager 2* et de les surveiller de la Terre... Avec un peu de patience, on assistera à la formation d'un magnifique anneau supplémentaire quand Triton se brisera en une multitude de petits cailloux en pénétrant dans la limite de Roche de Neptune... dans un peu moins de cent millions d'années... le temps de jouer avec les théories.

Après avoir fureté un peu partout dans le système solaire, il convient de le replacer dans le temps et dans l'espace, c'est-à-dire d'évoquer les échelles de temps et de distance et leur mesure.

Les distances

La première échelle de distance fut, bien évidemment, le corps humain. C'est ainsi que survivent encore des unités fort pratiques comme le pouce et le pied, un pouce valant un douzième de pied. Les Anglo-Saxons n'ont pas réussi à les abandonner, pas plus que le yard ou distance entre l'index et le bout du nez du roi d'Angleterre... le bras tendu. Des commerçants peu scrupuleux profitaient du fait que ces unités avaient une valeur légèrement différente d'une ville à l'autre, la toise de Beauvais n'ayant pas la même valeur que celle de Dijon, pour berner leurs clients. Il a fallu attendre la fin du XVIIIe siècle pour qu'un effort de normalisation internationale soit entrepris.

C'est un des bienfaits de la Révolution française que d'avoir apporté au monde le système métrique. Officiellement adopté en France en 1799, il est maintenant utilisé dans le monde entier... ou presque. Le mètre fut défini comme la dix millionième partie de la distance entre l'équateur et le pôle mesurée le long de la surface de la Terre. Aux XVIIe et XVIIIe siècles, les meilleures mesures des dimensions de la Terre furent effectuées par les astronomes français et ont servi de base pour définir le nouveau système métrique. Toute personne désireuse de mesurer la distance d'un point à un autre ne pouvant pas chaque fois remesurer la Terre, il fut décidé de construire un étalon en platine et en iridium, et de le déposer à Paris, au pavillon de Breteuil. Des copies aussi précises que possible ont été faites et distribuées de par le monde, dans des conditions souvent périlleuses. La première copie envoyée en Amérique gît ainsi au fond de la mer des Caraïbes depuis 1794. En 1889, il fut décidé que ce mètre étalon servirait de base, mais deux définitions plus « transportables » ont été adoptées depuis. En 1960, la référence est devenue la longueur d'onde d'une émission de lumière particulière de l'atome de krypton 86 multipliée par 1 650 763 730. Il suffisait donc d'être équipé d'un laboratoire adéquat pour reproduire un mètre standard sans avoir besoin de posséder de barre étalon. En 1983, le mètre fut redéfini en se référant à la vitesse de la lumière dans le vide. À cette époque, la seconde avait été définie comme étant égale à 9 192 631 770 fois la fréquence d'une horloge atomique de césium 133, et le mètre a pris la valeur de la distance parcourue par la lumière dans le vide en 1/299 792 458,6 seconde. La lumière-seconde, ou distance parcourue par la lumière en une seconde, est donc égale à 299 792 458,2 mètres. Cela semble un chiffre bien compliqué pour un usage fréquent, mais il porte toute une histoire et présente l'avantage d'être valable en tout point de l'Univers puisque la vitesse de la lumière est une constante universelle.

Mesurer la distance de la Terre au Soleil a été l'aboutissement de très longs efforts. Il y a deux mille trois cents ans, Aristarque de Samos avait compris que le Soleil se trouvait beaucoup plus loin que la Lune, comme nous le verrons au chapitre suivant, mais sa distance ne fut approximativement connue qu'à la fin du XVIIIe siècle et calculée précisément au cours des années 1960 par l'utilisation du radar.

Les travaux de Copernic et de Kepler ont permis, d'une part, de mettre le Soleil à sa véritable place, au centre du système solaire, et, d'autre part, d'estimer les distances relatives des planètes à notre étoile grâce à la troisième loi de Kepler selon laquelle les cubes de la distance des planètes au Soleil sont proportionnels aux carrés de leurs périodes de révolution autour de lui. Mais la mesure absolue des distances était beaucoup plus délicate.

Les astronomes ont profité d'un phénomène rare, le passage de la planète Vénus devant le disque du Soleil, pour résoudre ce problème. L'orbite de la planète Vénus étant légèrement inclinée par rapport à celle de la Terre, il est très rare que la Terre, Vénus et le Soleil soient alignés. Les passages de Vénus devant le disque du Soleil ne se produisent qu'à 105,5 ans et 121,5 ans d'intervalle alternativement. Les derniers ont eu lieu en 1761 et 1769, et en 1874 et 1882. En observant le passage de Vénus devant le disque du Soleil en deux endroits éloignés, par exemple en Europe et aux Indes, on note que le phénomène n'a pas

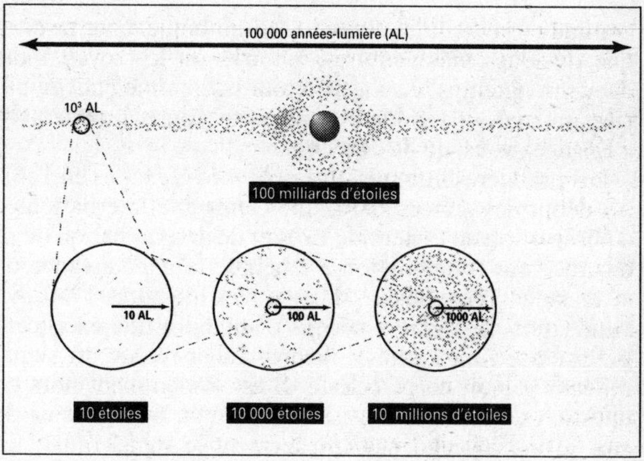

Figure 9 La place du système solaire dans la Galaxie.

Loin d'être au centre, le système solaire est situé à la périphérie de notre Galaxie. Dans un rayon de dix années-lumière autour de lui, on trouve une dizaine d'étoiles. Dans un rayon de cent années-lumière, on en trouve une dizaine de milliers et dans un rayon de mille années-lumière, une dizaine de millions. La Galaxie elle-même comprend environ cent milliards d'étoiles réparties dans un disque d'une centaine de milliers d'années-lumière de diamètre. La distance moyenne entre les étoiles est de l'ordre de 4 années-lumière, alors que la Terre est à 8 minutes-lumière du Soleil.

lieu exactement au même moment. Connaissant la distance entre l'Europe et les Indes, on peut aisément mesurer la distance Terre-Vénus en utilisant les propriétés des triangles comme le font les arpenteurs sur Terre.

Au XVIIe et au XVIIIe siècle, les voyages étaient longs et dangereux, et de telles mesures demandaient de véritables expéditions. C'est ainsi que Guillaume Joseph Hyacinthe Jean Baptiste Le Gentil de La Galaisière, astronome de l'observatoire de Paris, muni d'une lettre du roi d'Angleterre donnant l'ordre aux marins qui pourraient capturer l'astronome de lui laisser la vie sauve, est parti aux Indes et n'est revenu que vingt ans plus tard après qu'un ciel nuageux eut compromis sa première observation, puis après avoir été naufragé, perdu sur un île déserte et vendu comme esclave sur les côtes du Mozambique, pour ne citer que quelques mésaventures. À Paris, on le croyait mort depuis longtemps, et, à son retour, sa femme était remariée, sa maison vendue et son poste donné à un autre ! « Engagez-vous, qu'ils disaient... »

Les premières mesures utilisables ont été faites en 1761. Au début des années 1930, une campagne internationale d'observation de l'astéroïde Erôs et de détermination de sa distance par triangulation a amélioré la connaissance de la distance Terre-Soleil. Mais ce n'est qu'après 1960 que l'utilisation du radar a permis d'atteindre une excellente précision en mesurant le temps d'aller-retour du signal réfléchi par un corps céleste. Il est évidemment hors de question de mesurer ainsi la distance du Soleil, boule de gaz qui ne réfléchit pas efficacement le signal radar. En revanche, les distances de Vénus, de Mercure, de Mars, des satellites de Jupiter ou des anneaux de Saturne ont été obtenues avec précision. La distance Terre-Soleil vaut donc une unité astronomique, soit 499 004 854 secondes-lumière, 8,3 minutes-lumière ou 149,597 892 millions de kilomètres. Nous connaissons maintenant l'échelle absolue des distances dans le système solaire avec une étonnante précision. Mais l'unité astronomique n'est que le premier maillon de la chaîne des distances cosmiques.

Parce que les étoiles semblent fixes sur la voûte céleste, Platon, Aristote et bien d'autres ont imaginé que la Terre était immobile au centre de l'Univers. Sinon, disaient-ils, nous les verrions se déplacer de la même manière que le voyageur sur la route voit les arbres au premier plan se déplacer par rapport aux collines à l'horizon. En fait, ils avaient raison, et il suffisait d'être patients (et précis) pour percevoir leurs mouvements apparents. Si Aristote revenait aujourd'hui, la Grande Ourse lui paraîtrait semblable à celle d'il y a deux mille trois cents ans, à d'infimes différences près. Quand on compare les observations d'Hipparque, en – 150, aux mesures contemporaines, on peut déceler de minuscules différences dans la position des étoiles les plus proches..

Comment appliquer les méthodes de triangulation, si

efficaces sur Terre et dans le système solaire, à la mesure des distances des étoiles ? La première idée qui est venue à l'esprit des astronomes fut de prendre comme base le diamètre de l'orbite terrestre. En effet, à six mois d'intervalle, la Terre se trouve trois cents millions de kilomètres plus loin. Cette méthode, appliquée pour la première fois avec succès en 1838, a permis de connaître les distances des étoiles les plus proches, mais avec une précision assez limitée à l'époque. Récemment, le satellite *Hipparcos* a repris ces mesures avec un luxe de détails jusqu'à quelques centaines d'années-lumière du Soleil. Le futur satellite *Gaia* étendra bientôt ces mesures à des milliers d'années-lumière.

Au-delà, on utilise les propriétés remarquables de certaines étoiles variables comme les céphéides, du nom de l'étoile α de la constellation de Céphée, dont l'éclat varie périodiquement en fonction de la luminosité intrinsèque de l'étoile. La mesure de la période permet donc de connaître la quantité de lumière qui est partie de l'étoile et de la comparer à celle reçue sur Terre. L'écart nous donne une idée précise de la distance de l'étoile jusque dans des galaxies proches comme Andromède. Ces étoiles variables ainsi que d'autres sont aussi utilisées comme des balises dans l'espace.

Au-delà de quelques millions d'années-lumière, la méthode des céphéides n'est plus utilisable. On essaie alors de reconnaître des objets très brillants, étoiles ou galaxies, et d'évaluer la quantité de lumière qu'ils produisent en supposant que le même type d'objet a le même éclat intrinsèque. Ces méthodes, dont le principe est simple, sont en fait très délicates dans leur application. Il faut soigneusement éliminer les défauts des observations et analyser sans erreur les rares grains de lumière qui nous parviennent de ces objets lointains.

En utilisant ainsi de proche en proche une série de méthodes dont chacune est adaptée à des gammes de distances différentes, on trouve que les galaxies s'éloignent de nous d'autant plus vite qu'elles sont plus éloignées, car leur couleur nous apparaît systématiquement rougie. Cette loi, découverte dans les années 1930 par Edwin Hubble, a mis en évidence l'expansion de l'Univers (toutes les galaxies se fuient les unes les autres) et permet aujourd'hui d'évaluer la distance des objets sur des milliards d'années-lumière. En effet, la vitesse de recul, v, d'une galaxie varie simplement avec sa distance d : $v = H \times d$. En déroulant le film à l'envers, l'inverse, $1/H$, de la constante de Hubble nous permet d'évaluer depuis combien de temps environ dure l'expansion. La quantité $1/H$ vaut entre dix et vingt milliards d'années. Les discussions sur sa valeur exacte reposent sur la précision des mesures de distance, et les polémiques vont bon train. Mais les astronomes ont maintenant compris quelle était l'ampleur vertigineuse d'un Univers peuplé d'une quantité innombrable d'étoiles et de galaxies où la diversité règne en maîtresse. Tous ces astres lointains évoluent. Même le plus imaginatif des humains n'aurait pu concevoir la variété des phénomènes qu'on y rencontre. Croire que la Terre est au centre de l'Univers nous paraît aujourd'hui anachronique. Croire que notre système solaire est unique serait bien présomptueux.

CHAPITRE III

Les chronomètres célestes
La mesure des âges et les méthodes de datation

« Je tâte dans la nuit ce mur, l'éternité. »

Victor Hugo.

Les astronomes sont maintenant capables de mesurer l'âge des astres. Ils disposent même de plusieurs méthodes pour cela, de véritables chronomètres célestes qui ont enregistré de nombreux événements. Entre les années 1950 et 1980, ils ont estimé avec une excellente approximation l'âge de la Terre, du Soleil, de la surface des planètes, des amas d'étoiles et de l'Univers lui-même. De la même manière qu'un maquignon peut estimer l'âge d'un cheval en regardant ses dents, qu'un forestier peut connaître l'âge d'un arbre en comptant les anneaux de son tronc ou qu'un archéologue peut calculer l'époque de fabrication d'une poterie en analysant le carbone 14, un astronome peut fournir l'âge de la plupart des corps célestes.

Reconstituer la chronologie des événements dans le système solaire et dans la Galaxie est le fruit de la mise au point de nouvelles techniques issues des progrès de la physique au XIXe et au XXe siècle, mais c'est aussi l'aboutissement de plusieurs millénaires de tâtonnements sur la notion de temps et de vives polémiques sur les notions d'éternité et de création. Avant de décrire comment fonctionnent ces pendules célestes, revenons quelques instants sur les notions de temps et d'espace, et sur les débats qui ont été le prélude à la science moderne.

L'espace et le temps

Les notions d'espace et de temps font partie de la vie de tous les jours. Elles sont banales, nous les utilisons sans trop y penser, et pourtant, en y réfléchissant un peu, elles sont extrêmement complexes. Un enfant a besoin de plusieurs années d'apprentissage avant de se situer dans l'espace et dans le temps. Un adulte atteint de troubles mentaux ou une personne âgée touchée par la maladie d'Alzheimer perdent la notion du temps et ont beaucoup de peine à s'orienter dans l'espace. Les scientifiques modernes ont bouleversé nos conceptions sur ce sujet.

L'espace est-il un simple cadre au sein duquel les objets matériels se déplacent ? Il semble bien que non. Est-il plutôt une manière de décrire le monde au voisinage des objets matériels ? Il semble bien que oui. Le temps des biologistes est-il le même que celui des physiciens ou que celui des astronomes ? Le temps sur Terre est-il le même qu'au sein d'un trou noir ? Apparemment non. Quelle est la nature de ce temps que nous voyons s'écouler sans retour ? On peut se déplacer dans l'espace en tous sens, mais pourquoi ne peut-on pas remonter le temps comme on peut faire demi-tour lors d'une promenade ? Les réponses à ces questions ne sont pas simples.

Depuis le début du XXe siècle, grâce en particulier à Poincaré et à Einstein, nous savons que l'espace est « courbe » et que le temps absolu n'existe pas. À l'échelle de l'Univers, l'espace plat à trois dimensions d'Euclide et de Kant, dans lequel deux parallèles ne se coupent jamais, ne représente pas la réalité. Au voisinage de toute masse, du Soleil comme d'un trou noir, les rayons lumineux ne suivent pas une droite mais une courbe, et le temps s'écoule différemment. On ne pourra jamais construire une « horloge universelle ». On doit se contenter de mesurer le temps localement, et garder à l'esprit que l'espace et le temps sont intimement liés.

On peut cependant tirer profit de ces propriétés pour remonter dans le passé de l'Univers. Même si cela paraît une vitesse énorme, la lumière ne se propage qu'à 300 000 kilomètres par seconde, et l'astronome ne regarde pas un objet au loin tel qu'il est, mais tel qu'il était lorsque la lumière l'a quitté. La lumière qui nous parvient aujourd'hui est partie depuis plus de quatre ans de l'étoile la plus proche, et il y a plus de douze milliards d'années de la galaxie la plus lointaine. Hors du système solaire, personne ne sait encore que la France est championne du monde de football ! La nouvelle arrivera sur Sirius en 2007, dans l'amas d'Hercule dans vingt-cinq mille ans et dans la galaxie d'Andromède dans deux millions d'années ! Inversement, les habitants de la galaxie Messier 100 regardent les dinosaures se promener sur Terre. De superbes étoiles que nous admirons aujourd'hui ont explosé en miettes depuis des millions d'années.

Nous n'allons pas disserter sur le fondement de nos perceptions spatiales et temporelles, mais simplement faire le point sur la mesure des âges. À la fin de la Première Guerre mondiale, en 1918, nous n'avions aucune idée de la taille et de l'âge de l'Univers. Un demi-siècle plus tard, nous étions capables de mesurer les distances des astres et d'appréhender la chronologie des événements qui ont conduit à l'état actuel de l'Univers. Nous pouvions aussi estimer à quel moment les corps du système solaire étaient apparus. Avant de décrire comment on s'y est pris, attardons-nous quelques instants sur les tâtonnements qui ont précédé.

Les premières tentatives de mesure de l'âge de la Terre et du Soleil

Jusqu'au XIXe siècle, les hommes n'avaient aucun moyen de mesurer l'âge de la Terre ou du Soleil. Un moine anglais, vivant au XVIe siècle, a remonté les générations de l'Ancien Testament et déterminé ainsi, à un jour près, l'âge de la Terre qu'il estimait à 5 738 ans. Bien évidemment, d'autres civilisations donnaient des âges différents selon leurs propres livres sacrés.

Les progrès des sciences naturelles et de la géologie ont

permis de soupçonner, au XIXe siècle, le grand âge de la Terre. La succession des couches géologiques et la présence de fossiles dans les couches sédimentaires racontaient en effet aux géologues une longue histoire de la Terre, même si beaucoup s'opposaient encore à cette idée. Elles montraient également que la vie était apparue très tôt dans cette histoire et que la température sur Terre avait peu varié depuis le début, ce qui impliquait que le Soleil était là au commencement.

Deux tentatives ont alors été faites pour estimer l'âge de la Terre et du Soleil. En considérant que la Terre primitive était un magma en fusion et en calculant le temps qu'il lui avait fallu pour se refroidir, lord Kelvin a estimé l'âge de la Terre à deux cents millions d'années. À cette époque, on ignorait quelle était la source d'énergie des étoiles. Lord Kelvin, en Angleterre, et Helmholtz, en Allemagne, ont supposé que le Soleil tirait son énergie d'une lente contraction. De la même manière qu'une chute d'eau est utilisée pour produire de l'énergie électrique, la chute du Soleil sur lui-même fournirait de l'énergie. Ils ont alors facilement calculé que, pour rayonner au taux actuel, le Soleil devait avoir vingt millions d'années.

Ces deux valeurs s'opposaient fortement à l'âge des couches géologiques et à la théorie de l'évolution défendue par Charles Darwin. Il fallait beaucoup plus de temps pour accumuler les formations géologiques, comme il en fallait beaucoup plus pour que la sélection naturelle ait pu faire évoluer les espèces. Ce conflit ne fut résolu que grâce à la découverte de la radioactivité naturelle par Henri Becquerel en 1896.

Les travaux de Pierre Curie et de Laborde montrèrent, en 1903, que la radioactivité dégageait de la chaleur. Par ailleurs, lord Rayleigh découvrit que la radioactivité était présente dans les roches. On comprit alors que la décomposition de l'uranium 235, de l'uranium 238 et du potassium 40 chauffait la Terre et que cette importante source de chaleur interne la rendait beaucoup plus vieille que ne l'avait prédit lord Kelvin. De même, les réactions thermonucléaires qui fournissent leur énergie aux étoiles furent découvertes à la fin des années 1930 et ont permis de rallonger considérablement l'âge du Soleil.

Les méthodes de mesure des âges

En fait de dents, de troncs d'arbres et de poteries, les sabliers des astronomes sont la radioactivité, le décompte des cratères à la surface des planètes, les phases de l'évolution stellaire, la dynamique des amas d'étoiles et l'expansion de l'Univers. Plutôt que d'utiliser le carbone 14 pour dater les poteries préhistoriques, les astronomes préfèrent l'uranium et d'autres éléments radioactifs pour évaluer l'âge de la Terre, mais le principe de base est équivalent. Ils peuvent également compter les cratères sur la surface d'une planète exposée au bombardement des météorites pour avoir une idée de son âge. La longévité des étoiles en fonction de la quantité de matière qu'elles brûlent en leur cœur par réactions thermonucléaires fournit encore un autre moyen de datation. Ces différentes méthodes donnent heureusement des valeurs compatibles entre elles, ce qui nous permet d'avoir une vision cohérente de l'époque de formation du Soleil et des planètes dans l'évolution de l'Univers depuis que l'expansion a commencé, il y a environ quinze milliards d'années.

La radioactivité et les méthodes de datation

La radioactivité effraie beaucoup de personnes mal informées, et, pourtant, sans faire allusion à ses nombreuses applications médicales, nous lui devons la vie. Ce processus fournit en effet à la Terre les quelques degrés supplémentaires qui ont permis à la vie d'éclore.

Le physicien anglais Rutherford eut le premier l'idée d'utiliser la radioactivité pour mesurer un âge. La radiochronologie s'est alors développée pour dater précisément différents phénomènes géologiques. Le principe de la méthode est très simple. Un noyau radioactif ayant toujours la même probabilité de se désintégrer en un noyau fils, on peut mesurer en laboratoire le temps nécessaire pour qu'une fraction donnée d'une population de noyaux pères se soit désintégrée. Ce phénomène interne au noyau atomique est peu sensible à la température et à la pression, si bien que les échelles de temps qui lui sont associées n'ont pas varié à long terme. On choisit évidemment des éléments radioactifs comme le potassium 40, l'uranium 238 ou le thorium 232 dont les temps caractéristiques de désintégration sont du milliard à la dizaine de milliards d'années, et on mesure la quantité relative d'atomes pères et d'atomes fils. La radioactivité fournit donc un moyen puissant et précis de mesurer les âges, en bon accord avec les âges géologiques obtenus par l'étude des sédiments.

Si le principe en est simple, son application est souvent délicate. En effet, pour estimer l'âge à partir de la quantité relative de noyaux pères et fils dans un matériau, il faut, d'une part, connaître le nombre initial de noyaux fils déjà présents dans l'échantillon avant désintégration des pères et, d'autre part, il faut supposer qu'il n'y a pas d'apports ou de pertes ultérieurs de noyaux pères ou fils. On peut s'affranchir des conditions initiales inconnues en comparant les résultats de mesure provenant de différents couples pères-fils. La précision de mesure dépendra directement de l'abondance des éléments dans l'échantillon. Les couples de noyaux utilisables pour mesurer des durées aussi longues que l'âge de la Terre sont peu nombreux. Il faut, en effet, que leur temps de désintégration soit suffisamment long pour conserver un peu d'élément père dans la roche, et suffisamment court pour que les concentrations relatives restent mesurables. C'est pourquoi le carbone 14, si courant en archéologie, n'offre aucun intérêt pour les âges astronomiques.

On utilise aujourd'hui la radioactivité pour dater l'âge de différents phénomènes géologiques sur Terre, sur la Lune et sur les météorites. Quand on mesure l'âge d'une roche, on date sa dernière « mouture », encore faut-il savoir si cet âge correspond à l'époque de fusion de la roche, à sa cristallisation ou à sa mise en place dans un environnement donné. On ne peut évidemment parler d'âge que si l'on se réfère à un événement bref par rapport au temps qui s'est écoulé depuis. On pourrait se poser la même question pour un homme. Son âge correspond-il à la fabrication de l'ovule, à la conception ou à la naissance ? Dans le cas des échantillons géologiques, le système peut être composé d'un groupe de roches elles-mêmes constituées de divers minéraux. La datation n'est possible que si l'abondance initiale du noyau fils est homogène.

La grande difficulté de ces mesures est de bien séparer les éléments de la roche à étudier. Pour doser à de très faibles concentrations certains éléments, il faut atteindre des niveaux de propreté impressionnants. C'est ainsi que, dans un laboratoire de l'Institut de physique du globe à Paris, il ne faut pas introduire plus de 10^{-11} g de plomb dans les échantillons, c'est-à-dire moins de un millième de ce que produit le pot d'échappement d'une voiture se déplaçant de cent mètres dans la rue voisine ! Les quantités de plomb utilisées pour la mesure de l'âge des échantillons sont bien inférieures à ce que dégagerait un véhicule automobile passant une fois tous les dix ans dans le voisinage immédiat de cette université parisienne. Quand on connaît les embouteillages qui bloquent les abords du campus de Jussieu, on peut comprendre toutes les précautions prises pour bien isoler les échantillons !

Les résultats obtenus au prix de ces efforts sont extrêmement satisfaisants. Les plus vieilles roches terrestres, trouvées en Sibérie, au Canada et en Australie, ont 3,8 milliards d'années, tandis que certains minéraux, les zircons, sont encore plus âgés, avec 4,4 milliards d'années, c'est-à-dire juste un peu moins que les plus anciennes roches lunaires analysées en laboratoire, dont on estime l'âge à 4,42 milliards d'années. La différence est tout à fait normale puisque l'activité géologique au sein de la Terre et à sa surface forme et détruit les roches, remettant régulièrement les horloges radiochronologiques à zéro en brassant les roches et leurs constituants. C'est pourquoi les météorites, issues de petits corps planétaires primitifs, apparaissent comme les témoins les plus fiables de la naissance du système solaire.

Il tombe chaque jour sur Terre une centaine de tonnes de poussières et de météorites. Si vous pouviez du premier coup d'œil distinguer une poussière extraterrestre d'une poussière locale, vous pourriez facilement en récolter dans votre grenier ! Les astronomes préfèrent les chercher dans des endroits plus propres, comme l'Antarctique ou le fond des lacs bleus du Groenland. La plupart des météorites ne survivent pas à la chaleur intense du frottement de l'air pendant la traversée de l'atmosphère. Seules les plus grosses en ressortent fragmentées et ébouriffées avant de heurter le sol à grande vitesse et de former des cratères d'impact. L'âge des constituants météoritiques les plus anciens est de 4,566 milliards d'années, avec une précision de moins de dix millions d'années. En essayant d'estimer l'âge de la Terre ou de la Lune elles-mêmes, on trouve une valeur de 4,45 milliards d'années pour la Lune et 4,50 pour la Terre. La première valeur mesure l'âge de la condensation de la météorite dans la nébuleuse protosolaire, et les secondes l'âge de l'agglomération et de la différenciation de la Terre et de la Lune. Ces mesures nous apportent une information cruciale : la formation des planètes est extrêmement rapide et efficace. Il s'est écoulé peu de temps, à l'échelle astronomique, entre le moment où la nébuleuse primitive a commencé à se condenser et celui où la Terre et la Lune se sont agglomérées. Toutes les planètes et leurs satellites se sont formés très tôt dans l'histoire du système solaire, en moins de cent millions d'années.

La cratérisation et le bombardement

Tous les corps du système solaire sont bombardés en permanence par de petits corps, les plus gros bolides laissant une cicatrice à la surface sous forme de cratère. Le décompte de ces cratères est un excellent indicateur de l'âge du terrain. De même que le nombre de pas dans un chemin enneigé nous informe que la chute de neige est récente ou ancienne, si l'on a une idée de la fréquentation du chemin, le nombre de cratères dans une région donnée nous indique l'époque à laquelle cette région a été formée.

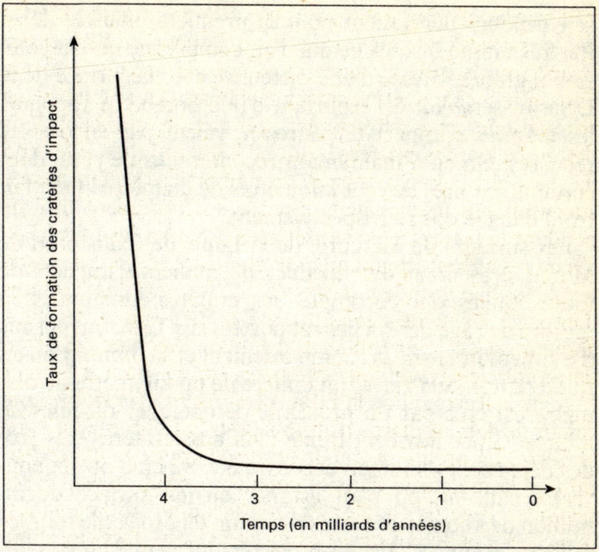

Figure 10 L'histoire du bombardement dans le système solaire.
Le décompte et la datation des cratères lunaires permettent de reconstituer l'histoire du bombardement dans le système solaire. Après un bombardement intense au court du premier milliard d'années de son histoire, le bombardement continue à un rythme pratiquement constant depuis plus de trois milliards d'années.

Malheureusement, les cratères sont effacés par l'érosion des eaux ou des vents, s'il y en a, et par l'activité géologique sous-jacente (volcans, failles, mouvements de terrain...). Soucieuse de son visage, notre coquette Terre le remodèle sans cesse et gomme ses vilaines cicatrices. Au contraire, la croûte inerte de Callisto conserve toutes les traces du bombardement, et les cratères se chevauchent à l'envi. Le décompte des cratères est donc un excellent moyen d'estimer l'activité géologique et l'âge des surfaces planétaires, d'où leur nom : « chronomètres planétaires ».

Au XIXe siècle, on ignorait si les cratères lunaires étaient d'origine volcanique ou météoritique. La majorité des scientifiques penchaient pour la première, mais le débat fut très animé jusqu'à ce que l'on comprenne que la collision à grande vitesse d'une météorite avec la surface de la Lune ressemblait à l'explosion d'une bombe. À l'époque, les cratères d'impact terrestres n'avaient pas encore été recensés. On en a maintenant reconnu plus de cent, dont certains ont près de cent kilomètres de diamètre ! Cela fait froid dans le dos rétrospectivement...

Les surfaces de Mercure, de la Lune, de Callisto ou de Mimas présentent des dizaines de milliers d'impacts de toutes tailles. Le décompte des cratères lunaires et la mesure de l'âge des roches rapportées sur Terre ont permis d'estimer l'intensité du bombardement et sa diminution au fil du temps. Sur Terre, un cratère de un kilomètre de diamètre est créé par un projectile de quelques dizaines de mètres. Grâce aux cent trente-neuf gros cratères très érodés déjà recensés (on en découvre encore cinq ou six nouveaux par an), on peut estimer qu'une surface de un million de kilomètres carrés reçoit un tel projectile tous les millions d'années. Un éventuel témoin peut observer les événements qui se produisent autour de lui dans un rayon d'une centaine de kilomètres, soit 4 % de la surface citée plus haut. Même pendant la période de bombardement intense, un témoin à la surface de la Lune ou de la Terre n'aurait assisté à un tel impact qu'une fois tous les deux mille cinq cents ans ! Des événements qui semblent catastrophiques à l'échelle astronomique sont heureusement des événements rares à l'échelle humaine.

Les Gaulois avaient peur que le ciel ne leur tombe sur la tête. Ils avaient raison de le croire, ils avaient tort d'avoir peur ! Tout au long des quatre milliards et demi d'années de l'histoire du système solaire, le bombardement a été continu, et aucune surface de planète ou de satellite n'y a échappé. Mais, à l'échelle de la vie d'un homme ou même d'une civilisation, la probabilité de « recevoir un caillou sur la tête » est pratiquement nulle... même si une météorite audacieuse a un jour réussi à érafler la cuisse d'une dame ! Plusieurs voitures ont également fait les frais de tels impacts. Leurs propriétaires ont dû avoir du mal à convaincre leurs assureurs de la cause des dégâts ! Chaque jour, des centaines de tonnes de poussière et de « cailloux » frappent la Terre à des vitesses comprises entre 10 et 70 km par seconde ! Mais peu atteignent le sol. L'atmosphère terrestre agit comme un bouclier très efficace où beaucoup de projectiles sont détruits. Une collision catastrophique, non pour la Terre elle-même, mais pour les espèces vivantes dans la mince couche qu'est la biosphère, n'a lieu en moyenne que toutes les quelques dizaines de millions d'années. Nous en sommes au point où nous pourrons bientôt prévoir de tels événements et donc « réagir à temps » !

Une comparaison rapide de la densité de cratères d'impact entre deux régions voisines, probablement soumises au même bombardement, permet immédiatement de mesurer leur âge relatif. La région la plus cratérisée est évidemment la plus ancienne. Mais, pour connaître la valeur absolue de l'âge d'un terrain, il faut analyser en laboratoire un échantillon de roche par les méthodes de datation radioactive. C'est ce qui a été fait pour la Lune avec le retour sur Terre de cailloux par les missions *Apollo*.

Le décompte des cratères dans le système solaire nous apprend que leur nombre et leur taille étaient bien supérieurs aux premiers instants de l'histoire des planètes, et que le bombardement était beaucoup plus intense au cours du premier milliard d'années qu'aujourd'hui. Il continue depuis à un rythme plus faible et pratiquement constant. Avec cette information, il est maintenant possible de dater à distance les différents terrains observés à la surface des planètes et des satellites, de noter que certains témoignent d'une activité géologique intense, tandis que d'autres se sont contentés d'enregistrer les coups du passé.

Quand un projectile heurte la surface de la Lune à une vitesse de plusieurs kilomètres par seconde, son énergie est si grande qu'il pénètre profondément sous la surface lunaire (de quelques fois son diamètre). La force du choc détruit aussi bien le projectile que la surface à l'endroit de l'impact et engendre des ondes sismiques. La chaleur de l'explosion vaporise une grande partie du matériau solide, une poche de gaz chaud à haute pression se forme. L'explosion de cette poche forme un cratère. Le diamètre du cratère et sa profondeur sont d'environ dix fois, et deux fois la taille initiale du projectile. La masse de roche projetée aux environs est cent fois plus grande que celle du projectile. La majeure partie de ce matériau retombe dans le cratère tandis que le reste se répand aux alentours. Sur Terre, une vitesse d'impact accrue due à la forte gravité terrestre peut former des cratères vingt fois plus gros que le projectile et soulever une masse des milliers de fois plus grande que celle du bolide.

Les ondes engendrées par les plus fortes explosions se réfléchissent sur les parois du cratère et rebondissent pour former un pic central. Dans une collision encore plus violente, une succession d'ondes est produite qui rappelle les ronds qu'on provoque à la surface de l'eau en y jetant un caillou. Ces ondes « gèlent » à la surface en formant des anneaux concentriques autour du cratère. On trouve de superbes exemples de telles collisions sur Mercure avec le bassin Caloris (1 300 km de diamètre), sur la Lune avec les bassins Imbrium et Oriental (1 200 et 900 km de diamètre) et sur Callisto avec les cratères Valhalla et Asgard. Les anneaux concentriques qui entourent Valhalla s'étendent jusqu'à 1 500 km de l'impact.

L'exemple de la Lune a longtemps conduit les astronomes à penser que tous les satellites ne devaient présenter que des cratères d'impacts. Quelle heureuse surprise de reconnaître de nombreux cratères volcaniques dans le système solaire : il y en a partout ! Saint-Exupéry avait vu juste en représentant le Petit Prince « ramonant » un volcan sur une petite planète.

La datation des roches lunaires et l'observation détaillée des surfaces planétaires nous révèlent les grandes lignes de l'histoire collisionnelle du système solaire. On aurait pu penser naïvement que le bombardement, à l'origine de la formation des planètes et des satellites, s'était rapidement épuisé une fois les corps achevés ; on aurait pu, à l'inverse, imaginer un bombardement n'ayant rien à voir avec les débuts du système solaire et constant au fil du temps. La réalité est double. Le bombardement a été intense du début, il y a quatre milliards et demi d'années, jusqu'à il y a environ trois milliards neuf cents millions d'années, où son intensité a fortement décru pour se stabiliser pratiquement au niveau actuel, en très légère décroissance. Les premiers sept cents millions d'années ont donc été marqués par des collisions très fréquentes avec des projectiles de grande taille, d'au moins 100 km de diamètre si l'on en croit les vieux impacts retrouvés sur la Lune, sur Mercure ou sur d'autres objets. Puis a suivi une période beaucoup plus calme depuis trois milliards neuf cents millions d'années. La jeune Terre n'a pas échappé à ces formidables commotions. Les conséquences sur sa croûte ont dû être considérables, mais toutes les traces de cette « préhistoire de la Terre » ont disparu.

L'étude des cratères nous enseigne que les collisions entre corps célestes ont joué un rôle fondamental au début de l'histoire du système solaire. C'est pourquoi il est si important de les analyser en détail sur de nombreuses surfaces planétaires. Les processus physiques associés à la formation des cratères sont les mêmes dans tout le système solaire, mais les mécanismes de cratérisation varient d'un corps à l'autre en fonction de leur masse et de leur surface. Pour un projectile donné, la cratérisation sera d'autant plus importante que la planète sera massive. La gravité des astéroïdes est si faible que les cratères sont beaucoup plus petits que ceux de la Lune pour un même projectile. La nature et la rigidité de la surface jouent un rôle évident : un sol de granit ne réagira pas de la même manière qu'une dune de sable ou une surface glacée. Quand une grosse météorite heurte un océan terrestre, elle est freinée dans sa chute et provoque un raz de marée. La glace d'eau à – 200 °C qui forme la surface de Triton se comporte, en revanche, comme une roche particulièrement dure.

Juste après l'explosion, la croûte tend à se réajuster. Sur la Lune, pour un cratère de moins de 10 km de diamètre, le réajustement est minime, et le trou conserve approximativement la forme d'un bol. Par contre, les grands cratères ne peuvent pas conserver leur forme originale, une fois l'explosion passée. Des pans entiers de leurs parois s'effondrent, formant une série de terrasses, et leur fond plat se tapisse de lave après l'explosion.

Un cratère naît d'une explosion violente et de l'éjection de fragments de roches mélangés à du gaz et à des gouttes liquides engendrées par la chaleur de l'explosion. Une partie du matériau expulsé retombe autour du cratère, formant une couche d'éjection d'un diamètre environ double de celui du cratère. Ce phénomène rappelle les explosions volcaniques terrestres quand du matériau incandescent est projeté tout autour du volcan. De Pompéi au mont Sainte-Hélène, de nombreux humains en ont, hélas, fait l'expérience ! La surface de Mars contient de la glace d'eau comme le « permafrost » des terres canadiennes et sibériennes, et les cratères d'impact sont entourés d'une couche d'éjection caractéristique et bien différente du cas lunaire. Si l'on devait accompagner l'impact d'un montage sonore, on entendrait « Boum » pour les impacts lunaires et « Splash » pour les impacts martiens !

De gros fragments projetés en l'air par l'explosion retombent en pluie sur la surface, formant des cratères secondaires à plusieurs dizaines de kilomètres à la ronde. Dans le cas d'un astéroïde de faible gravité, les cratères secondaires peuvent recouvrir toute la surface de l'objet, et de nombreux fragments peuvent s'évader définitivement. Sur Terre, la formation d'un cratère d'impact de plusieurs kilomètres de diamètre s'accompagne de cratères secondaires à plus de cent kilomètres ! Un projectile tombant sur Paris détruira non seulement la ville, mais creusera des cratères secondaires à Reims, à Rouen ou à Orléans !

Chaque collision recouvre ainsi le sol d'une fine couche de poussière autour du cratère. C'est pourquoi les surfaces de Mercure et de la Lune sont entièrement recouvertes de couches de fins ejecta se chevauchant les unes les autres au rythme des collisions. Le sondage sur trois mètres de profondeur du sol lunaire par la mission *Apollo 17* a révélé quarante-deux couches distinctes correspondant chacune à un impact ! Cette couche de poussière est appelée le « régolite », et son épaisseur dépend évidemment de l'âge du terrain. Elle va de dix mètres sur les jeunes « mers » lunaires à plusieurs centaines de mètres sur les terrains les plus vieux. Le régolite croît actuellement à raison de deux mètres par milliard d'années. Cette évolution est très lente par rapport au processus de dépôt et d'érosion sur Terre. La surface de la Lune ressemble à un jardin régulièrement bêché par un jardinier, chaque impact correspondant à un coup de pelle. Mais ce jardin n'a pas de fleurs !

Dans les années 1950, plusieurs astronomes avaient prétendu qu'on ne pourrait jamais marcher sur la Lune parce qu'on s'enfoncerait dans l'épaisse couche de poussière accumulée par les collisions successives. Ils avaient bien compris l'existence du régolite lunaire, mais n'en avaient pas saisi la nature. L'absence d'atmosphère en fait une poussière bien différente des couches de poussière sur Terre : il n'y a pas de molécules d'air entre les grains de poussière. Par ailleurs, la gravité est six fois moins forte que sur Terre, rendant les astronautes plus « légers ». Les hommes qui ont marché sur la Lune ont trouvé un sol relativement ferme, leurs empreintes étaient bien nettes, et leurs bottes ne s'enfonçaient que de quelques centimètres dans un sol « craquant », ressemblant (le bruit en moins) à la consistance de la neige glacée crissant sous les pieds, ou à celle d'une boue peu humide, bien qu'il n'y ait pas d'eau sur la Lune. Chaque pas soulevait un nuage de poussière sèche qui ne tardait pas à recouvrir leur combinaison et à s'infiltrer partout. La première difficulté qui attend les futures bases lunaires sera un perpétuel combat contre l'omniprésente poussière mettant à mal les systèmes d'aération, les moteurs et les matériels. Un balai et un plumeau n'y suffiront pas !

Les cratères de Mercure présentent beaucoup de points communs avec ceux de la Lune et témoignent du bombardement intense des premières centaines de millions d'années de l'histoire du système solaire. Ils sont simplement un peu plus marqués et importants en raison de la plus forte gravité de Mercure. La plupart des vieux cratères ont été détruits, soit par l'activité géologique primitive de la planète qui a déversé des laves volcaniques comme sur la Lune, soit par simple recouvrement d'impacts répétés.

L'atmosphère de Vénus, cent fois plus dense que celle de la Terre, lui offre un bouclier encore plus efficace. On ne trouve pas à la surface de Vénus de cratère d'impact de moins de deux kilomètres de diamètre, car les projectiles qui auraient pu les produire ont été vaporisés lors de la traversée de l'atmosphère. Neuf cents cratères ont été recensés un peu partout. Le plus gros d'entre eux, le cratère Mead, a un diamètre de deux cent soixante-quinze kilomètres. Il possède un fond très plat couvert de matériaux qui ont fondu lors de l'impact, ou bien de lave volcanique. Autour du cratère Adivar, des débris se retrouvent sur plus de cinq cents kilomètres ! Le décompte des cratères en fonction de leur âge montre que l'atmosphère vénusienne est très dense depuis au moins plusieurs centaines de millions d'années, âge comparable à l'âge moyen des continents terrestres.

Mars, corps intermédiaire entre les astres géologiquement morts que sont Mercure et la Lune, et les planètes vivantes que sont Vénus et la Terre, possède des milliers de cratères d'impact qui ressemblent à ceux des astres sans atmosphère, avec des parois en forme de terrasse, des fonds plats et des pics centraux. Par contre, les couches d'éjections autour des cratères sont bien différentes et révèlent la présence d'eau gelée dans les roches martiennes. La majorité des cratères d'impact se trouvent dans l'hémisphère Sud de Mars, tandis que les volcans martiens de taille impressionnante sont pour l'essentiel au nord. On ne connaîtra pas exactement l'âge de la surface de Mars tant qu'on n'aura pas rapporté des échantillons du sol pour les analyser en laboratoire. Pour l'instant, on se contente d'estimer l'âge relatif des différentes régions de Mars. En supposant que le taux de bombardement de Mars est d'environ deux fois supérieur à celui de la Lune à cause de la proximité de la ceinture des astéroïdes, on estime que le sol martien le plus ancien a été formé il y a environ quatre milliards d'années.

La soixantaine de satellites des planètes géantes photographiée par les sondes *Voyager* entre 1979 et 1989 présente une extraordinaire diversité. Du sol d'Io qui ne possède aucun cratère d'impact et plusieurs volcans en activité, au sol de Callisto à l'aspect repoussant tant il est saturé d'impacts, on trouve tous les cas de figure. Le décompte soigné des cratères permet de reconstituer les grandes lignes de l'histoire de ces satellites en attendant de rapporter sur Terre des échantillons pour analyse. On retrouve dans ces contrées reculées le même phénomène que dans les régions internes du système solaire : le bombardement y a été intense au cours des premières centaines de millions d'années et s'est réduit à un niveau faible, presque constant depuis.

Tous les corps du système solaire, quelle que soit leur taille, subissent des collisions. Les petits satellites de Mars, Phobos et Deimos, sont eux aussi criblés de cratères. Le plus gros cratère de Phobos, le cratère Stickney, du nom de jeune fille de l'épouse de l'astronome Hall qui a découvert Phobos en 1877, résulte d'une collision qui a pratiquement brisé le satellite. Deux astéroïdes, Gastra et Ida, ont été survolés par la sonde *Galileo* en route vers Jupiter en 1992 et en 1993. Leur surface couverte de cratères montre qu'ils ne font pas exception à la règle.

Quand le projectile est relativement petit par rapport à la cible, il est détruit et absorbé par celle-ci. La loi de la jungle s'applique, le « gros » a mangé le « petit ». Quand le météore et la cible ont des masses semblables comme lors de la collision de deux astéroïdes ou de deux petits planétésimaux du système solaire primitif, ou encore d'un corps de la taille de la Lune qui heurterait la Terre, l'énergie de la collision est suffisante pour fragmenter les corps qui ont eu le malheur de se rencontrer si violemment. Les corps explosent et se brisent en mille morceaux ! La physique de telles catastrophes est évidemment mal comprise, faute d'expérimentation en grandeur nature, heureusement pour nous ! On doit se contenter d'extrapoler quelques expériences terrestres ou faire des calculs théoriques très approchés.

Les multiples collisions qui ont marqué les débuts du

système solaire ont dû présenter tous les cas de figure, des « douces » collisions amenant la fusion des corps aux chocs extrêmes provoquant la cassure des protagonistes. Les divers objets du système solaire sont nés de ces mariages et divorces successifs, faisant de chacun un cas particulier. Certains pensent que notre compagne fidèle, la Lune, est le résultat d'une collision catastrophique entre la Terre primitive et un corps de la taille de Mars. De tels événements continuent de nos jours. L'immensité du système solaire n'est pas assez vaste pour empêcher les dizaines de milliers d'astéroïdes qui s'y trouvent de se percuter. Le plus gros avale le petit, des ejecta sont renvoyés dans l'espace, et un cratère se forme à l'endroit de l'impact. Deux astéroïdes de même taille se détruisent mutuellement, et une énorme quantité de poussière et des fragments de toutes tailles sont éjectés lors de la collision. Chacun devient à son tour un astéroïde.

Les astronomes de la fin du XXe siècle ont pu observer en direct la titanesque collision d'une comète — Shoemaker-Levy 9 — avec Jupiter. L'étude d'un tel événement, rare à l'échelle humaine, a mobilisé près d'un millier de scientifiques et leur a apporté beaucoup d'informations sur la comète, sur Jupiter et sur les collisions. Elle nous a donné un bref aperçu des phénomènes qui se sont produits à la naissance du système solaire. La comète, déjà brisée en une vingtaine de morceaux aux abords de Jupiter en 1992, a bombardé la planète en juillet 1994 pendant plus d'une semaine. Tous les moyens disponibles ont été mobilisés, et les résultats ont dépassé de loin les imaginations les plus débridées. L'atmosphère de Jupiter a réagi de manière spectaculaire en formant des champignons de milliers de kilomètres de hauteur et des tourbillons plus gros que la Terre. Quelle chance d'observer une collision pareille avec des moyens modernes, ni de trop loin ni surtout de trop près... Sur Terre, ni vous ni moi ne serions probablement là pour en raconter les effets.

L'atmosphère terrestre nous abrite enfin des rayons cosmiques, ces particules de très haute énergie, noyaux d'atomes, protons, électrons... qui proviennent du Soleil et de la Galaxie, et qui percutent directement la surface lunaire, exposée au vide. L'étude en laboratoire des traces de rayons cosmiques dans les grains lunaires a donné naissance à une nouvelle sorte d'astronomie où la surface de la Lune sert d'enregistreur de l'activité passée du Soleil et de la Galaxie. On peut ainsi affirmer que l'activité solaire a peu changé depuis cent mille ans et que le flux de rayons cosmiques en provenance de la Galaxie est resté constant au cours du dernier milliard d'années. Par contre, la composition isotopique du vent solaire semble, du moins pour l'azote, avoir notablement changé depuis deux milliards d'années. Ces échantillons lunaires nous racontent non seulement l'histoire passée de la Lune et de l'environnement terrestre, mais ils servent aussi de chronomètre cosmique pour le Soleil et pour la Galaxie !

L'âge du Soleil et des étoiles

Les astronomes ont maintenant compris que les étoiles puisent de l'énergie de réactions de fusion nucléaire en leur cœur. La connaissance théorique du temps nécessaire pour brûler le carburant nucléaire permet alors d'estimer la durée de vie des étoiles en fonction de leur masse. On constate en effet que les étoiles les plus massives sont les plus dispendieuses, consommant toutes leurs réserves en quelques millions d'années seulement, alors que des étoiles plus petites comme notre Soleil brûleront chichement leurs réserves en dix milliards d'années. Durant ce processus, les étoiles fabriquent des atomes de plus en plus lourds. Les plus massives d'entre elles restituent ces atomes au milieu interstellaire au cours de l'explosion qui marque la fin de leur existence. Ainsi, génération après génération d'étoiles, le milieu ambiant s'enrichit en éléments de plus en plus lourds. Une étoile naissant de la condensation d'un nuage de gaz interstellaire, son atmosphère est caractéristique du milieu dont elle est issue. Plus riche est cette atmosphère en éléments lourds, plus jeune est l'étoile. Il suffit presque de lire leur date de naissance dans la lumière qu'elles émettent... encore faut-il s'assurer de la méthode en observant bon nombre de cas.

L'étude de l'évolution des étoiles peut être abordée de deux manières. On observe à un instant donné, à notre époque, des étoiles de tous les âges : il en est des jeunes encore balbutiantes, d'autres adultes en pleine force de l'âge comme le Soleil, d'autres encore d'âge vénérable ou en fin de vie. De même qu'il n'est pas nécessaire de suivre la vie d'un individu du début à la fin pour comprendre la croissance et le vieillissement de l'homme, il n'est pas nécessaire de suivre la vie d'une étoile jusqu'à son terme pour comprendre son histoire. Les échelles de temps impliquées sont beaucoup trop longues ! Il est bien plus facile d'observer, à un instant et en un lieu donnés, une foule de gens de tous âges, de noter leur taille, leur poids, leur morphologie, la couleur de leurs cheveux, etc. C'est ce que les astronomes ont fait avec les étoiles. Ils ont pu ainsi suivre l'évolution typique d'étoiles de toutes sortes et noter leur masse, leur éclat, leur couleur, la quantité d'éléments lourds dans leur atmosphère, etc., pour établir l'évolution de leurs caractéristiques en fonction de leur masse et de leur âge. La position du Soleil dans cette évolution nous rassure sur notre avenir immédiat ; il continuera de nous éclairer pendant encore cinq milliards d'années !

Dans certains cas, une autre information vient corroborer les mesures d'âge des étoiles. Certaines vivent en communautés. Elles naissent par milliers, par centaines de milliers, voire par millions dans une structure qu'on appelle un amas d'étoiles dont la cohésion est assurée par les attractions gravitationnelles mutuelles de ses membres. Mais, au fil du temps, il arrive que des étoiles se frôlent dans cet environnement surpeuplé, s'accélèrent et en profitent pour s'évader. L'amas s'évapore petit à petit, mais il survivra d'autant plus longtemps qu'il est riche d'étoiles. Un amas de quelques milliers de membres se dissipe en dizaines de millions d'années, tandis qu'un amas de millions d'étoiles peut survivre plus de vingt ou trente milliards d'années. On ne relève heureusement pas de contradiction entre la durée de vie des amas observés et leur âge déduit des étoiles qui le composent et qui sont *a priori* toutes nées à la même époque... du moins n'observe-t-on pas de contradiction pour les amas relativement jeunes. Plus on remonte dans le passé, plus les incertitudes pèsent, et les fourchettes d'âge des objets les plus vieux de l'Univers commencent à diverger selon les méthodes.

L'âge de l'Univers

On trouve les amas les plus anciens en orbite autour de notre Galaxie. Ils ont été témoins de sa formation. Constitués très tôt, alors qu'elle n'était qu'une structure informe, ils se sont désolidarisés de son aplatissement et ont gardé la mémoire de la taille du nuage qui a donné naissance à la Galaxie, il y a un certain nombre de milliards d'années. Le problème est de remonter aussi loin dans le passé avec précision et de ne pas se borner à donner une vague estimation à dix milliards d'années près. La faible teneur en éléments lourds de Messier 55 le fait figurer parmi les plus vieux amas. L'âge de ses étoiles semble converger vers une valeur de douze à quatorze milliards d'années, encore faut-il pour cela faire appel aux dernières calibrations apportées en 1996 par le satellite européen *Hipparcos* et qui bousculent un petit peu nos idées sur l'évolution des plus vieilles étoiles. Une autre méthode s'appuyant sur le contenu de l'amas en étoiles de différents types donne une valeur de dix à quinze milliards d'années. La datation radioactive d'une des étoiles les plus anciennes n'est malheureusement pas assez précise, douze à vingt milliards d'années, mais elle corrobore l'âge vénérable de notre Galaxie.

Cet âge correspond également à l'âge estimé de l'Univers. Ce fut en effet un véritable soulagement pour les astronomes que de voir récemment l'Univers prendre quelques rides supplémentaires et de voir indépendamment rajeunir les étoiles les plus vieilles. Jusqu'en 1997, ils étaient effectivement confrontés au délicat problème de trouver des étoiles plus âgées que l'Univers ! Comment arrivaient-ils à cette redoutable contradiction ?

Une galaxie s'éloigne de nous d'autant plus vite qu'elle est plus lointaine. Edwin Hubble en a déduit ce phénomène extraordinaire qu'est l'expansion de l'Univers. Tous les points de l'Univers s'éloignent les uns des autres au cours du temps. Évidemment, une fois que l'on a pris conscience de cette expansion, il est naturel de remonter le temps et d'essayer d'estimer le moment à partir duquel l'expansion a commencé. Inverser le taux d'expansion actuel, c'est-à-dire la célèbre constante de Hubble, fournit un ordre de grandeur du temps d'expansion d'environ dix-sept milliards d'années. Mais ce taux n'est probablement pas resté constant au fil du temps, et une prédiction plus précise aboutit à un âge de douze milliards d'années. Ce chiffre dépend de paramètres difficiles à estimer, comme la masse totale de l'Univers, c'est pourquoi les astronomes citent prudemment un âge « aux alentours de quinze milliards d'années », en bon accord avec les mesures effectuées sur les étoiles et les amas. Mesurer la constante de Hubble a nécessité près de soixante-dix ans de débats très animés qui convergent seulement depuis 1997. La première valeur citée par Edwin Hubble correspondait à un âge de l'Univers inférieur à celui de la Terre. Puis l'Univers a dû se contenter de dix milliards d'années pendant plusieurs décennies. Les vieilles étoiles de douze à quatorze milliards d'années viennent enfin de le réintégrer... jusqu'aux prochains bouleversements qui nous montreront qu'il est encore très présomptueux, à notre époque et dans l'état de nos connaissances, de vouloir dater l'Univers !

Faire naître l'Univers il y a environ quinze milliards d'années ne signifie pas qu'un individu barbu et quelque peu oisif avait décidé, pour passer la semaine, de créer l'Univers d'un coup de baguette magique. Cela signifie qu'il y avait probablement autre chose avant, mais que nous n'en avons aucun témoignage pour l'instant. L'Univers a pu connaître des phases successives de contraction et d'expansion. Nous en serions actuellement à la dernière phase d'expansion. Le big bang aurait, dans ce cas, été précédé d'un « Big Crunch » dont aucune trace ne serait pour l'instant disponible. Inversement, l'Univers peut se diluer à l'infini. Ces conjectures ne trouveront de réponses que par des mesures précises et fiables de la quantité de matière et d'énergie dans l'Univers, sous toutes ses formes, et de l'évolution de son taux d'expansion. On peut aussi imaginer une histoire différente où l'Univers s'étend bien au-delà des limites visibles et où l'expansion ne correspond qu'à un mouvement « local », le reste étant soumis à des phases différentes. Mais tout cela n'est que de la science-fiction. Contentons-nous de considérer que nos informations peuvent remonter à environ quinze milliards d'années dans le passé, donc sur des distances de quinze milliards d'années-lumière.

Le calendrier cosmique

Pour illustrer ces quinze milliards d'années d'histoire, on peut imaginer un calendrier fictif qui rassemblerait, en une seule année, toute l'évolution de l'Univers. Appelons ce calendrier fictif le « calendrier cosmique ». Imaginons que nous sommes le 31 décembre à minuit et que l'histoire a commencé un 1er janvier. Comment se serait déroulée l'année ? Plaçons au 1er janvier le début de l'expansion de l'Univers, ce que les Anglo-Saxons appellent le « Big Bang », et que nous pouvons appeler le « Grand Boum » en termes un peu plus français. Le 1er avril, et ce n'est pas une plaisanterie, notre Galaxie était formée. Le système solaire est apparu neuf mois après cette explosion initiale. Il n'y a pourtant aucune relation de cause à effet entre les deux. On peut donc dater l'âge du système solaire au 9 septembre. La Terre est apparue le 14 septembre, la vie s'en est emparée dès le 1er octobre, date des plus vieilles roches retrouvées. Les bactéries les plus anciennes sont apparues le 9 octobre. Le 1er novembre, une invention se préparait un grand avenir, c'est l'invention du sexe par les micro-organismes. Les plantes fossiles les plus anciennes, donc la photosynthèse, sont apparues le 12 novembre. Les premières cellules avec des noyaux ont commencé de prospérer le 15 novembre. Comme d'habitude, le mois de décembre a été extrêmement bien rempli. L'atmosphère s'est chargée en oxygène le 1er décembre. Le 16 décembre, les premiers vers émergaient, le 17, les invertébrés apparaissaient, le 18, le plancton océanique était en place, le 19, on voyait les premiers poissons et les premiers vertébrés, le 20, les plantes colonisaient les terres émergées. Le 21, les premiers insectes, le 22, les premiers amphibies, le 23, les premiers reptiles, le 24, les premiers dinosaures, le 25 décembre, c'est bien connu, il ne se passa rien. Le 26 décembre, les premiers mammifères, le 27 décembre, les premiers oiseaux, le 28 décembre, les dinosaures étaient éteints. Ces animaux ont régné quatre jours du calendrier universel, ce qui est considérable ! Le 29 décembre, les premiers cétacés et les premiers primates apparaissaient. Le 30 décembre, les grands mammifères étaient sur Terre, et la soirée du 31 décembre s'annonçait très animée : à 22 h 30, les premiers hommes apparaissent ; à 23 h 46, ils domestiquent le feu ; à 23 h 59, ils ont besoin de communiquer et peignent sur les parois de leurs grottes en Europe et dans le monde entier. À 23 h 59 min 20 s, leurs hommes ont faim : ils inventent l'agriculture. À 23 h 59 min 50 s, la plus ancienne des sciences, l'astronomie, se développe, les premières dynasties sont installées, Sumer, l'Égypte, etc. À 23 h 59 min 51 s, leur besoin de communiquer pousse les hommes à inventer l'alphabet. À 23 h 59 min 54 s, c'est la métallurgie du fer, l'Empire assyrien et la fondation de Carthage. À 23 h 59 min 56 s, c'est l'Empire romain, la géométrie d'Euclyde, la physique d'Archimède, l'astronomie de Ptomélée. À 23 h 59 min 58 s, c'est la civilisation maya, l'Empire byzantin, les invasions mongoles et les croisades. À 23 h 59 min 59 s, c'est la Renaissance en Europe. Espérons que minuit ne verra pas la grande explosion finale et la fin de l'humanité qui périt par ses déchets, son surnombre et les poisons qu'elle répandit partout sur Terre.

Quand on considère les échelles de distance et de temps, on se rend compte que notre système solaire n'occupe qu'une place bien modeste, et la vie des hommes qu'un bref instant dans l'Univers. Ces chiffres devraient nous inciter à faire preuve de beaucoup d'humilité. L'histoire des hommes et des sociétés ressemble beaucoup à celle d'un enfant. Le bébé a tendance à penser qu'il est le centre du monde, que rien n'a existé avant lui, et il a une vue très égocentrique de ce qui l'entoure. Il se met même à pleurer ou à hurler si on ne lui accorde pas assez d'attention. Cela rappelle étrangement la folie égocentrique de nos ancêtres qui plaçaient la Terre au centre de l'Univers, l'homme au centre de la Terre et qui imaginaient une histoire de la Terre de quelques millénaires. Rendons hommage à ceux qui ont péri pour avoir osé contredire les idées en vogue à leur époque.

L'homme s'est longtemps interrogé sur l'âge et sur l'origine de l'Univers, et plus précisément sur ceux de la Terre. Au début du XIXe siècle, les scientifiques n'avaient pas d'éléments pour estimer l'âge des objets célestes. Ces questions ont été en partie résolues au XXe siècle. Nous savons aujourd'hui que le système solaire est né il y a 4,566 milliards d'années et que l'Univers a commencé son expansion il y a environ quinze milliards d'années. Dans cette perspective, nous sommes doublement les enfants du temps. Les atomes de notre corps, les objets qui nous entourent et la Terre elle-même sont nés — en ce qui concerne l'hydrogène et l'hélium — avec les premiers instants de l'Univers, mais les autres atomes comme le carbone, l'azote, l'oxygène, le chlore, etc. ont été fabriqués plus tard au sein de multiples générations d'étoiles. Il a donc fallu du temps pour mettre en place la matière première du système solaire. Un système planétaire formé au tout début de la Galaxie aurait présenté des planètes forts différentes, au nombre desquelles nulle Terre n'aurait figuré et nulle vie liée à la chimie du carbone n'aurait émergé. Après la formation rapide du Soleil et des planètes, il a fallu de nouveau du temps à la Terre pour se transformer, parfois sous la pression de la vie, ainsi qu'aux espèces pour évoluer et produire les mammifères et l'homme. Somme toute, il n'a fallu que quinze milliards d'années pour produire un assemblage d'atomes aussi complexe que vous.

CHAPITRE IV

Le matériau de la nébuleuse

Atomes, molécules et briques primitives

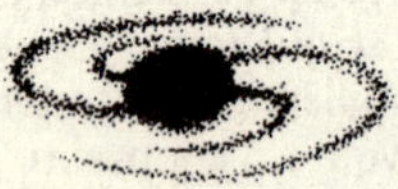

« Je souhaite que Newton ait raison quand il soupçonne qu'il y a des comètes qui tombent dans le Soleil pour le nourrir comme on jette des bûches dans un feu qui pourrait s'éteindre. »

VOLTAIRE.

« Les comètes, monsieur, qui rôdent sur les frontières de la grande nébuleuse dont nous sommes des condensations, les comètes, oiseaux libres et lumineux, viennent vers le Soleil des profondeurs de l'infini... »

Guy de MAUPASSANT.

La mesure des âges des corps célestes nous fixe des contraintes de première importance sur notre histoire, mais elle ne nous permet pas de savoir quels phénomènes ont été responsables de la formation des planètes et elle ne nous apporte pas toutes les informations nécessaires. Une seconde catégorie d'informations est tout aussi précieuse : l'étude de la composition des corps du système solaire. De la même manière que, sur Terre, l'examen détaillé d'une substance pour connaître sa composition chimique nous renseigne sur sa nature et sur son histoire, les scientifiques ont multiplié les méthodes d'analyse qui nous révèlent de quoi les astres sont faits. Il faut comprendre que, dans le jargon des planétologues, analyse chimique ne signifie pas tant la reconnaissance de molécules ou de structures cristallines particulières, mais très souvent les abondances relatives des atomes qui constituent le matériau. La chimie des molécules est utilisée pour étudier les composés qui colorent les atmosphères des planètes géantes ou qui se sont synthétisés dans les comètes. Elle nous renseigne également sur les composés organiques qui se sont développés sur Titan ou, plus généralement, dans les grands nuages de gaz interstellaire. La chimie des composés cristallins, oxydes et autres, nous informe sur la minéralogie des roches et des grains de poussières rencontrés dans le système solaire. Mais seules les abondances des différents atomes gardent une trace du matériau primitif à partir duquel s'est formé le système solaire. L'abondance des éléments dans l'Univers est déterminée soit par l'analyse directe du matériau terrestre, lunaire ou météoritique, soit à distance par l'interprétation du rayonnement réfléchi par les planètes ou émis par les étoiles et le milieu interstellaire.

Nous ne pouvons pas encore ramasser à volonté des échantillons dans tout le système solaire afin de les analyser en laboratoire et de déchiffrer au sein de chacun l'histoire du système solaire. Mais on accumule depuis une vingtaine d'années bon nombre d'informations recueillies par les sondes spatiales envoyées sur place, par les observations des télescopes terrestres ou encore par l'analyse en laboratoire de météorites et de roches lunaires. Il s'agit aujourd'hui de trier les informations correspondant aux premiers instants du système solaire de celles qui proviennent d'une évolution chimique des corps sur plus de quatre milliards d'années.

La composition du Soleil, de la Terre et d'un corps humain

Le tableau ci-contre rappelle la composition du Soleil, de la Terre, de l'atmosphère de la Terre et d'un corps humain. Quiconque aurait envie de jouer au Grand Créa-

Soleil (par rapport au Silicium)		**Terre**		**Atmosphère terrestre**		**Homme**	
H	$2,7 \times 10^4$	O	0,50	N	0,78	H	0,61
He	$1,8 \times 10^3$	Fe	0,17	O	0,21	O	0,26
O	18,4	Si	0,14	Ar	0,01	C	0,11
C	11,1	Mg	0,14	etc.		N	0,02
Ne	2,6	S	0,02			etc.	
N	2,3	Ni	0,01				
Mg	1,1	Al	0,01				
Si	1,0	Ca	0,01				
Fe	0,9	Na	0,01				
S	0,5	etc.					
Ar	0,1						
etc.							

Éléments les plus abondants dans le Soleil, la Terre, l'atmosphère terrestre et l'homme. Les valeurs des trois colonnes de droite sont des pourcentages (nombre compris entre 0 et 1)

teur pourrait aller au marché commander les éléments nécessaires dans les proportions indiquées dans le tableau. Il ne reste plus qu'à trouver la recette de cuisine !

Il est frappant de constater qu'un homme a une composition très différente de celle de la Terre sur laquelle il est né ou de l'atmosphère qu'il respire. Par contre, sa composition est proche de celle du Soleil. De là à dire que nous sommes les enfants des étoiles, il y a un pas que je ne franchirai pas encore. Comme nous l'avons vu au chapitre précédent, nous avons maintenant compris que tous les atomes qui constituent le Soleil, les planètes et tous les petits corps du système solaire proviennent des dix milliards d'années d'histoire de l'Univers qui ont précédé la naissance du système solaire. La matière première à partir de laquelle les planètes ont été fabriquées était diluée dans l'espace entre les étoiles au sein d'un nuage interstellaire. Comment est-on passé de ce nuage de gaz raréfié au monde que nous connaissons ? C'est le problème de nos origines.

Afin de comprendre ce que nous apporte la connaissance de la composition chimique des astres, attardons-nous quelques instants sur la fabrication des atomes et sur le milieu interstellaire.

Les états de la matière

Plusieurs philosophes grecs avaient imaginé que l'Univers était constitué de quatre éléments fondamentaux, la terre, l'air, l'eau et le feu, dont les combinaisons expliquaient les transformations apparentes du monde. Cette classification en quatre types peut être reprise pour décrire les planètes et les satellites en changeant, bien entendu, les catégories. On trouve en effet quatre états de la matière dans le système solaire : les plasmas, les gaz, les glaces et les roches. L'élément liquide est rare. Selon la température et la pression, les atomes et les molécules se rassemblent à l'état solide, liquide ou gazeux. L'état liquide se rencontre rarement, car il n'existe que dans un domaine restreint de température. Par exemple, à la surface de la Terre, l'eau n'est liquide que de 0 °C à 100 °C, et l'ammoniaque de – 78 °C et – 33 °C. Les gaz sont plus ou moins dilués dans le système solaire. Par rapport au gaz très ténu du milieu interstellaire, les atmosphères planétaires apparaissent comme des gaz denses.

Les glaces sont très fréquentes dans les parties froides externes du système solaire. Nous connaissons sur Terre de nombreuses formes de glaces d'eau : neige, givre, grêle, lacs gelés, banquise, icebergs... Les satellites des planètes géantes tels qu'Europe autour de Jupiter, Encelade autour de Saturne ou Triton autour de Neptune sont couverts de glace. Il en est de même pour les noyaux de comètes ou les particules des anneaux de Saturne. Mais, très souvent, on retrouve également à la surface de ces corps des glaces d'autres éléments volatils comme l'ammoniaque (NH_3), le méthane (CH_4) et le dioxyde de carbone (CO_2).

Un plasma est un état de la matière qui nous est peu familier sur Terre, sauf dans les laboratoires de physique, mais qui est très commun dans l'espace. Il s'agit d'un gaz à haute température dans lequel les atomes ont perdu des électrons. Ainsi ébouriffés, on les appelle des ions. Les électrons, ayant repris leur liberté, se promènent au milieu des ions, assurant la neutralité électrique de l'ensemble. Mais les charges électriques individuelles positives des ions et négatives des électrons confèrent au plasma une grande sensibilité à la présence d'un champ électrique ou magnétique environnant. On trouve de nombreux exemples de plasmas dans le système solaire : la Terre baigne dans un plasma appelé la magnétosphère, et la queue des comètes est constituée de plasma. Le Soleil en expulse en permanence, si bien que l'ensemble du système solaire baigne dans un plasma.

Les roches sont composées de minéraux dans lesquels le silicium joue un rôle important. La principale différence entre une roche et un minéral vient de l'homogénéité du matériau. Un minéral est constitué d'une seule substance, tandis qu'une roche rassemble souvent plusieurs minéraux. Les transformations ont été si nombreuses sur Terre que très peu d'éléments sont à l'état pur. L'or ou l'argent sont des exemples de minéraux faits d'un seul élément. Leur rareté en fait leur prix. Le carbone, sous forme de graphite ou de diamant, de même que le soufre ou le cuivre à l'état pur sont aussi très rares sur Terre. Les minéraux composés de molécules simples sont beaucoup plus communs. Les roches sont classées en fonction des minéraux qu'elles contiennent. Le quartz (SiO_2), l'hématite (Fe_2O_3), la pyrite de fer (FeS_2) et la calcite ($CaCO_3$) donnent quatre exemples des minéraux les plus communs sur Terre, soit respectivement les silicates, les oxydes, les sulfites et les carbonates.

Les roches sont aussi classées en fonction de leur origine. Dans notre quête des origines, ce sont les plus anciennes qui nous intéressent. On distingue sur Terre trois grandes catégories : les roches ignées, les roches sédimentaires et les roches métamorphiques. Les roches ignées sont obtenues directement par refroidissement d'un magma en fusion. Les roches ramassées sur les pentes d'un volcan sont des basaltes représentatifs des roches ignées. Celles-ci constituent les deux tiers de la croûte terrestre. Les roches sédimentaires proviennent de l'agglomération de fragments d'autres roches cassées par l'érosion. Les roches métamorphiques sont produites à partir de roches ignées ou sédimentaires qui ont été enterrées à de grandes profondeurs sous la surface terrestre, modifiées par les hautes pressions et températures qui y règnent, puis sont remontées à la surface. Ce processus cyclique de montée et de descente des roches correspond au mouvement des plaques continentales terrestres. À notre connaissance, les autres planètes ne présentent pas de tectonique des plaques, la Terre est donc probablement le seul endroit où affleurent des roches métamorphiques. Il existe un quatrième type de roches : les roches primitives. Celles-ci n'ont jamais été en fusion et n'ont subi que très peu de modifications depuis la formation du système solaire. Aucune roche de ce type n'a été conservée sur Terre depuis sa formation il y a 4,50 milliards d'années, mais on en trouve dans les météorites qui tombent sur Terre.

Les roches les plus anciennes qui ont été trouvées sur Terre ont un âge de l'ordre de 3,8 milliards d'années, et les minéraux les plus vieux atteignent 4,4 milliards d'années. Cela indique que la Terre primitive était très chaude, au point qu'aucune roche n'a subsisté depuis cette époque. De nombreux processus géologiques se sont développés à la surface grâce à l'énergie thermique disponible au sein de la planète. À l'exception des météorites qui viennent d'ailleurs et dont seulement quelques milliers ont été retrouvés à la surface de la Terre, les roches terrestres résultent d'une succession de transformations. À cause d'une activité géologique et d'une érosion intense, le premier milliard d'années de notre histoire géologique a été effacé. Pour sonder cette période, nous devons visiter d'autres endroits comme la Lune, Mars ou les astéroïdes, là où les conditions initiales ont été beaucoup moins altérées.

La fabrication des atomes

Quel que soit l'état de la matière, tous les corps célestes sont composés d'atomes, qu'il s'agisse de cailloux dans le système solaire ou d'amas de galaxies lointains. Il y a deux mille cinq cents ans, Leucippe et Démocrite avaient avancé l'idée de petits éléments insécables, « atomes » en grec, dont les combinaisons expliquaient le monde. Pour eux, ces atomes étaient faits de matière compacte et éternelle. Pour reprendre les termes de Boutaric : « Plus heureux que les êtres vivants, les atomes [...] meurent sans connaître le vieillissement. » Pour Démocrite, les atomes et le vide permettaient d'expliquer le monde. Le mouvement correspondait au déplacement d'atomes dans le vide, le feu n'était qu'un état de la matière séparé par beaucoup de vide, et les corps célestes étaient formés des atomes les plus légers. Reprise et utilisée par plusieurs penseurs grecs, dont Épicure et Lucrèce, la théorie atomiste fut oubliée pendant deux mille ans avant de devenir la base de la physique moderne, même si les atomes de la physique quantique sont bien différents de ceux de l'Antiquité !

L'atome moderne n'est pas un solide compact, mais une structure très complexe, essentiellement vide et organisée autour d'un noyau dense composé de particules massives, les protons et les neutrons. Les charges électriques positives des protons à l'intérieur du noyau ont tendance à se repousser violemment, à les expulser, en quelque sorte, du noyau, mais une force supplémentaire, l'interaction forte, assure la cohésion de l'ensemble. Les neutrons, qui, comme leur nom l'indique, ne possèdent pas de charge électrique, sont également maintenus dans le noyau grâce à l'interaction forte et jouent un rôle stabilisateur face à la répulsion électrique des protons. Le noyau est entouré d'un cortège d'électrons de charges négatives. L'atome est donc électriquement neutre lorsqu'il y a le même nombre de protons au sein du noyau que d'électrons autour de lui. Ce nombre de protons ou d'électrons détermine les propriétés chimiques de l'atome, c'est-à-dire sa capacité à se lier à d'autres atomes, en mettant en commun une partie de leurs électrons, pour former des molécules. L'eau, le gaz carbonique, l'alcool, le quartz, l'ADN en sont des exemples familiers plus ou moins complexes.

L'hydrogène, avec un proton et un électron, est l'élément le plus simple et le plus léger. L'uranium, avec 92 protons et 146 neutrons, correspond à l'élément le plus lourd présent à l'état naturel sur Terre. Les protons et les neutrons ont une taille minuscule, de l'ordre de 10^{-15} mètre, mais leur petitesse ne signifie pas qu'ils sont élémentaires. En « tapant » dessus avec des énergies colossales, les physiciens ont réussi à les casser chacun en trio de particules encore plus petites, les quarks, de moins de 10^{-18} mètre de dimension, c'est-à-dire à peu près de la taille d'un électron. Pour l'instant, malgré des efforts expérimentaux considérables, les quarks et les électrons ont résisté à toute tentative de fracture. Les physiciens ont peut-être enfin atteint les briques élémentaires constitutives de la matière... à moins que la nature ne leur réserve encore quelques surprises à sa façon. À côté des quarks, le noyau fait figure de géant avec une taille mille fois plus grande, et le cortège électronique s'étend sur des distances encore cent mille fois supérieures. Autant dire que l'atome insécable des Grecs est un monstre de l'infiniment petit ! Si l'on agrandissait un atome d'hydrogène à la taille d'un terrain de football, le noyau serait représenté par une bille !

Il arrive que deux atomes aient le même nombre de protons, mais diffèrent par leur nombre de neutrons. On parle alors d'isotopes plus ou moins lourds du même élément car ils ont les mêmes propriétés chimiques. Par contre, leur stabilité à long terme peut être radicalement différente. L'hydrogène possède ainsi trois isotopes, l'hydrogène, le deutérium et le tritium, dont les noyaux comportent zéro, un ou deux neutrons en plus du proton unique de l'hydrogène. Le deutérium, avec lequel on fabrique l'eau lourde, tristement célèbre lors de la dernière guerre mondiale, est un élément fragile. Il est détruit dans la fournaise des étoiles. Le tritium est un élément radioactif dont la durée de vie, de douze ans et demi, est si courte qu'on ne le trouve pas à l'état naturel sur Terre, alors que l'hydrogène peut survivre indéfiniment. Nous avons vu au chapitre précédent comment tirer parti des différences de durée de vie pour dater des matériaux.

La construction d'un atome ressemble à un jeu de Meccano. En bombardant des noyaux par des neutrons, les physiciens ont réussi à fabriquer des éléments plus lourds que l'uranium depuis les années 1940. Le dernier, découvert en 1999, est l'élément 114, qui contient vingt-deux protons de plus que l'uranium. Il n'a pas encore été baptisé. Ces éléments, appelés transuraniens, ne survivent qu'un instant. Ils évacuent leur trop-plein d'énergie en se désintégrant rapidement en une suite d'éléments plus légers et stables. On comprend aisément pourquoi on ne les trouve pas à l'état naturel. Les physiciens se demandent s'il existe des éléments stables au-delà de l'uranium. En bombardant des cibles avec des noyaux de plus en plus lourds, ils espèrent fabriquer de nouveaux éléments chimiques stables que la nature ne nous a pas fournis sur Terre.

Dans ce jeu de construction, les astronomes ont compris, au cours de la seconde moitié du XXe siècle, que plusieurs processus pouvaient intervenir pour fabriquer la centaine d'éléments que nous connaissons. Les étoiles, avec les réactions thermonucléaires qui se développent en leur centre, paraissent les pouponnières idéales pour enfanter les atomes. Mais les étoiles ne naissent pas du néant, et un certain nombre d'atomes doivent avoir été mis en place avant l'apparition de la première étoile. Il paraît donc naturel que les atomes les plus simples aient été positionnés dans l'Univers primordial avant la formation des premières générations d'étoiles. On a même cru, à un moment, que tous les atomes avaient été mis en place dans les premiers instants du big bang, mais c'est impossible. Faire fusionner deux noyaux pour en obtenir un plus lourd nécessite en effet du temps et des températures extrêmes, et l'Univers en expansion s'est refroidi trop vite pour avoir le temps de produire des noyaux comprenant des éléments plus complexes que le lithium 7, le béryllium 9 et le bore 11.

Au centre des étoiles, les réactions thermonucléaires fabriquent des éléments de plus en plus lourds et fournissent de l'énergie. C'est ainsi que du carbone, de l'azote, de l'oxygène, du silicium, du soufre ou encore du chlore peuvent être synthétisés. Mais, au-delà du fer, il faut au contraire apporter de l'énergie pour fabriquer un nouvel élément. Les températures au centre des étoiles ne sont pas assez élevées pour que les éléments les plus lourds puissent être fabriqués. Par ailleurs, les proportions relatives de différents isotopes du néon, du sodium ou encore du magnésium seraient différentes de ce qui est observé dans la nature si tous les atomes étaient produits au sein des étoiles. Il faut donc trouver d'autres processus pour former les noyaux complexes.

Un moyen efficace de former des atomes lourds est de bombarder des noyaux avec des neutrons. C'est ce qui se passe au moment où une étoile explose en supernova. Non seulement l'explosion permet de restituer au milieu extérieur les produits créés dans l'étoile, mais elle produit en passant les noyaux les plus complexes. Une image simple se dégage alors. Aux premiers instants de l'Univers, il y a environ quinze milliards d'années, les atomes les plus simples, comme l'hydrogène et l'hélium, ont été produits durant les phases très chaudes du tout jeune Univers. Puis les atomes plus lourds sont construits au sein des étoiles, gigantesques réacteurs thermonucléaires qui, génération après génération, sans relâche et sans jamais se décourager, produisent de l'énergie en fabriquant des atomes. Enfin, quand une étoile explose, elle enrichit le milieu extérieur des produits qu'elle a synthétisés et en fabrique d'autres dans la déflagration. Les étoiles ne transforment pas le plomb en or. C'est plutôt le contraire qui devrait se produire puisque le plomb est plus lourd que l'or ! Mais elles réussissent à chaque instant à faire ce dont rêvaient les alchimistes du Moyen Âge : convertir un élément en un autre !

En reconstituant l'histoire de l'Univers, les astrophysiciens ont donc été amenés à comprendre qu'il y a avait trois processus essentiels pour former les atomes qui peuplent l'Univers. La fabrication des noyaux, ou nucléosynthèse, a donc lieu en trois endroits bien distincts et à trois moments bien différents : aux premiers instants de l'Univers, au cœur des étoiles et lors de l'explosion des supernovae. C'est respectivement la nucléosynthèse primordiale, la nucléosynthèse stellaire et la nucléosynthèse explosive. On pourrait imaginer d'autres moyens : par exemple, l'interaction des rayons cosmiques avec le milieu interstellaire peut permettre, dans une proportion bien moindre que dans les cas précédents, de former quelques atomes.

Nous réalisons maintenant que tous les atomes qui constituent notre corps, la Terre, les planètes, etc. ont un jour été fabriqués, soit dans les étoiles, soit au tout début de l'Univers. À un fonctionnaire qui vous demanderait un jour votre âge, vous pourriez lui répondre que vous êtes né il y a cinq à douze milliards d'années. C'est en effet à ce moment-là qu'une grande partie des atomes qui constituent votre corps ont été formés au sein d'une ou de plusieurs étoiles et projetés dans l'espace lors de leur explosion. Nous sommes des cendres d'étoiles !

L'âge de notre Galaxie est estimé à environ douze milliards d'années. Plusieurs générations d'étoiles se sont succédé pour fabriquer des éléments plus lourds que l'hydrogène et l'hélium. Au moment de la naissance du Soleil et de son cortège de planètes, il y a 4,566 milliards d'années, environ 1 % du matériau disponible était composé d'atomes plus lourds que l'hydrogène et l'hélium.

Brève histoire du big bang et nucléosynthèse primordiale

Au cours des cinquante dernières années du XXe siècle, les physiciens et les astrophysiciens ont essayé de comprendre ce qui s'était passé au tout début de l'Univers. Ils ont pour cela utilisé leurs connaissances en physique des particules et en cosmologie pour en faire une synthèse, et ils ont abouti à une description des premiers instants de l'Univers. La densité d'énergie ambiante était alors si grande que la matière, telle que nous la connaissons aujourd'hui, ne pouvait pas exister et était immédiatement détruite par le rayonnement. L'Univers était dominé par un rayonnement de haute énergie et par des neutrinos. On y trouvait aussi les particules élémentaires de la physique moderne, sans cesse produites et détruites par leurs interactions avec le rayonnement. Quatre périodes successives apparaissent : une ère hadronique, une ère leptonique, une ère radiative et une ère stellaire. Remonter plus loin dans le passé est impossible pour l'instant, car il très incertain d'extrapoler les lois modernes de la physique à un environnement aussi démesuré.

L'ère hadronique ne dure qu'environ un cent millième de seconde. La densité de l'Univers est, à ce moment-là, de l'ordre de 10^{14} g/cm^3, et la température de mille milliards de degrés. La « soupe » primordiale de matière ne contenait que des particules élémentaires. Les quarks s'étaient déjà combinés en protons et en neutrons, et baignaient dans un rayonnement très énergétique, et dans une multitude de mésons (couple quark-antiquark) et d'électrons. Mais les mésons vont disparaître peu à peu, et l'ère hadronique se termine quand l'énergie thermique devient inférieure à la masse du plus léger des mésons, le méson π. De cette époque vient la séparation de la matière et de l'antimatière, et les protons qui ont été formés et ont survécu à cet enfer et aux annihilations avec les antiprotons nous sont parvenus au travers des phases suivantes.

L'ère leptonique dure dix secondes pendant lesquelles la « soupe » est dominée en nombre par les électrons et leurs antiparticules, les positons, et bien sûr par un rayonnement intense. À la fin de cette période, la densité était de 10 000 g/cm^3, et la température de 5 milliards de degrés. Les annihilations d'électrons et de positons sont devenues rares, et le nombre d'électrons survivants s'est figé à la valeur actuelle.

L'ère radiative qui suit dure plusieurs centaines de milliers d'années, en attendant que la température chute à trois ou quatre mille degrés. Cette époque est marquée par la prédominance du rayonnement. Les photons (grains de lumière) sont de loin les particules les plus nombreuses.

Mais ils ne peuvent guère se propager sans interagir à tout bout de champ avec les électrons libres ambiants. La « soupe » est opaque à la lumière. Il faut attendre que l'Univers refroidisse en dessous de la barre des 4 000° pour que les électrons daignent rester en orbite autour des protons et qu'ils ne s'opposent plus à la libre circulation de la lumière. Les atomes d'hydrogène sont nés, et l'Univers devient transparent à la lumière. Cette étape marque la fin de l'Univers primordial et le début des phases qu'on peut observer aujourd'hui. Les premiers rayons de lumière qui ont pu s'échapper ont vu leur couleur changer au cours des quinze milliards d'années d'expansion ultérieure de l'Univers. On capte aujourd'hui cette lumière fossile en ondes radio. Il s'agit du rayonnement cosmologique « à 2,73 K » dont la découverte a valu le prix Nobel à Penzias et à Wilson. À la fin de l'ère radiative, la densité est de 10^{-21} g/cm^3, l'énergie contenue dans le rayonnement devient inférieure à celle contenue dans la matière. L'hydrogène cesse d'être ionisé. Les protons et les électrons peuvent se combiner pour donner des atomes d'hydrogène. C'est la fin du feu d'artifice primordial et le début de l'ère stellaire qui durera ensuite une quinzaine de milliards d'années. La densité de l'Univers est aujourd'hui de l'ordre de 10^{-29} g/cm^3, et la température de 2,73 K seulement.

Pendant les trois premières minutes de l'ère radiative, la température était encore suffisante pour que les protons et les neutrons isolés s'assemblent en deutérium et en hélium... et le rayonnement avait perdu suffisamment d'énergie pour leur laisser la vie sauve. La chaîne de formation des éléments est alors bloquée. Il n'existe en effet aucun élément stable de masse 5, et sauter à des constructions plus complexes nécessite trop de temps : l'Univers refroidit rapidement. Un tout petit peu de lithium et un peu de béryllium arriveront quand même à se synthétiser. On comprend donc que les éléments plus lourds n'ont pas pu être formés aux tout premiers instants de l'Univers. Il faut faire appel aux étoiles pour remplir ce rôle. De l'hélium est aussi synthétisé au centre des étoiles, mais la majeure partie de l'hélium doit provenir de la phase primordiale de l'Univers. L'hélium stellaire ne représente en effet que 10 % de l'hélium observé.

Le résultat spectaculaire de ces calculs est que les éléments qui sont formés par ce processus de nucléosynthèse primordiale sont précisément ceux que l'on ne peut pas former au sein des étoiles. Où que nous regardions dans l'Univers, l'hélium représente environ 25 % de la matière si on calcule en termes de masse et 10 % si on compte en nombre d'atomes. Ce chiffre est totalement indépendant de la quantité d'éléments plus lourds. Autrement dit, dans l'atmosphère d'une étoile très âgée comprenant peu d'éléments lourds, la quantité d'hélium est d'environ 25 %. Dans l'atmosphère d'une étoile beaucoup plus jeune, comprenant beaucoup plus d'éléments lourds, il y a aussi 25 % d'hélium. Le résultat remarquable des calculs des réactions thermonucléaires aux premiers instants de l'Univers est que, pour une valeur raisonnable de la densité moyenne, on trouve précisément une quantité d'hélium de 23 à 24 %.

Les étoiles ne peuvent produire qu'une toute petite quantité d'hélium, c'est ce qui permet de passer des 23 à 24 % initiaux aux 25 % actuels. On ne voit vraiment pas comment on pourrait créer 25 % de la matière de l'Univers sous forme d'hélium par la simple nucléosynthèse au sein des étoiles. De la même manière, on ne pourrait pas former du deutérium par nucléosynthèse au sein des étoiles. Le deutérium est en effet un élément si fragile qu'il est détruit dès que la température s'élève. Il serait plutôt détruit que créé au sein des étoiles. La nucléosynthèse primordiale permet de résoudre ces deux problèmes. On peut remarquer au passage que la quantité de ces éléments légers est un outil très efficace pour estimer la densité moyenne de l'Univers.

Le deutérium est un élément particulièrement important puisqu'il ne peut pas être créé par nucléosynthèse au sein des étoiles. Aux tout premiers instants de l'Univers, une quantité importante de deutérium est produite. L'expansion rapide de l'Univers au tout début ne fournit pas assez de temps pour détruire tout le deutérium par les rayons gamma, ou de le convertir en hélium par des réactions thermonucléaires. L'abondance de deutérium est donc un test très sensible de la densité de matière dans l'Univers aujourd'hui. Si la densité de matière était très élevée, il y aurait eu suffisamment de collisions entre le deutérium et d'autres noyaux pour convertir l'essentiel du deutérium en hélium. Au contraire, si la densité de la matière était très faible, il n'y aurait pas eu suffisamment de temps pour que le deutérium fût converti en hélium. La variation de la quantité de deutérium produite en fonction de la densité moyenne de l'Univers est une relation particulièrement importante pour comprendre les premiers instants de l'Univers. Une production plus massive de deutérium au cours du big bang aurait entraîné une densité moyenne de l'Univers aujourd'hui beaucoup plus faible. L'abondance actuelle de deutérium, qui est de l'ordre d'un atome de deutérium pour cent mille atomes d'hydrogène dans le milieu interstellaire, donne une limite supérieure à la densité de matière.

Ce résultat est particulièrement important parce qu'il nous montre que la densité de matière dans l'Univers devrait être environ de moins de un dixième de la densité critique, la densité critique étant la densité au-dessus de laquelle l'Univers en expansion retombera sous son propre poids. Si l'on imagine que l'Univers avait initialement la densité critique, une grande partie de la matière devrait être présente sous forme inconnue, différente de la matière ordinaire. Cette matière inconnue pourrait être sous forme de neutrinos ou de particules plus exotiques interagissant faiblement avec la matière ordinaire. C'est pourquoi l'étude des phases primordiales de l'Univers excite particulièrement les physiciens des particules, qui voient là un laboratoire idéal pour tester les théories des particules élémentaires. Quoi qu'il en soit, nous avons donc maintenant des preuves très convaincantes que l'Univers est passé à travers une phase très chaude, très dense, au cours de laquelle des éléments comme l'He^4, le deutérium, l'He^3 et le lithium ont été formés. En quelques minutes, l'hydrogène et l'hélium sont apparus pour former plus de 99 % de la matière de l'Univers.

Nous verrons au chapitre VI que la mesure de la quantité de deutérium sur Terre nous a permis de savoir que le matériau dont sont issues les planètes provient d'un milieu relativement froid et non de la fournaise d'une étoile.

La vie des étoiles et le cycle de la matière

Si l'évolution nucléaire et chimique de l'Univers s'était arrêtée là, aucun des éléments essentiels à la formation des planètes et de la vie ne serait apparu. Les générations successives d'étoiles et de supernovae ont formé les éléments par nucléosynthèse stellaire et par nucléosynthèse explosive à partir du carbone dans « les bonnes proportions » pour que notre système solaire, la Terre et nous-mêmes apparaissions. Depuis les premiers instants de l'Univers, la matière est sans cesse recyclée dans les étoiles, et le milieu interstellaire est sans cesse enrichi en éléments de plus en plus lourds.

Pratiquement tous les atomes qui forment aujourd'hui notre corps, ou bien le livre que vous êtes en train de lire, ont été formés au cœur d'une étoile il y a cinq, huit, dix ou douze milliards d'années. Au moment où la première génération d'étoiles est apparue, elles étaient constituées essentiellement d'hydrogène, et environ 10 % de leurs atomes étaient des atomes d'hélium. À ce moment-là, aucun des éléments nécessaires pour former la Terre et la vie sur Terre, c'est-à-dire le carbone, l'oxygène, le fer et bien d'autres, n'existait dans l'Univers. Une grande quantité d'éléments nouveaux a été produite dès la première génération d'étoiles parmi lesquelles figuraient de nombreuses étoiles massives qui ont rejeté très rapidement des premiers éléments lourds dans le milieu environnant. Actuellement, le taux de production de ces éléments semble beaucoup plus faible. Nous avons plusieurs indications de cela, par exemple la richesse en fer du milieu intergalactique dans de nombreux amas de galaxies qui atteint la valeur mesurée dans le Soleil lui-même. Le gaz intergalactique a dû être enrichi très tôt par les rejets des étoiles situées au sein des amas de galaxies au tout début de l'évolution de celles-ci. La quantité observée de fer y est beaucoup trop élevée pour qu'on puisse l'expliquer par les taux actuels de formation d'étoiles et leurs pertes de masse.

La formation des éléments lourds constitue un maillon particulièrement important dans la chaîne des événements qui ont conduit à la formation du système solaire. S'il n'y avait pas d'éléments lourds, la Terre elle-même n'aurait pas pu apparaître, et la vie sur Terre n'aurait pas existé. Dans cette production, deux phénomènes sont particulièrement importants, la formation des étoiles massives et leur autodestruction par explosion.

Comme nous l'avons mentionné au chapitre précédent, il y a deux catégories d'étoiles, les grosses, de plus de huit fois la masse du Soleil, et les maigres. Les grosses vivent bien. Elles dépensent sans compter. Elles sont généreuses, mais elles frisent l'apoplexie et, finalement, elles explosent après une vie bien remplie, mais brève, en quelques millions d'années. Par contre, les maigres ne font pas d'excès, dépensent peu et s'ennuient beaucoup, mais cela dure très longtemps, c'est-à-dire plusieurs milliards d'années. Les maigres sont si économes qu'elles ne libèrent jamais le produit de leurs réactions thermonucléaires. Elles finissent sous forme de naines blanches, astres d'une masse comparable à celle du Soleil et pourtant de la taille de la Terre. Elles se refroidissent lentement jusqu'à devenir des naines noires. C'est le destin qui attend notre Soleil.

Un peu comme Achille, les grosses meurent jeunes en pleine gloire ! Nous leur devons notre existence. En explosant, elles communiquent au monde le produit de leur activité.

La matière subit donc une série de transformations, connue sous le nom de cycle de la matière (figure ci-dessus). Diluée dans le milieu interstellaire, elle se condense dans des étoiles qui, génération après génération, l'enrichissent en éléments de plus en plus lourds. Au cours de ce cycle, les astronomes utilisent une nomenclature chimique qui

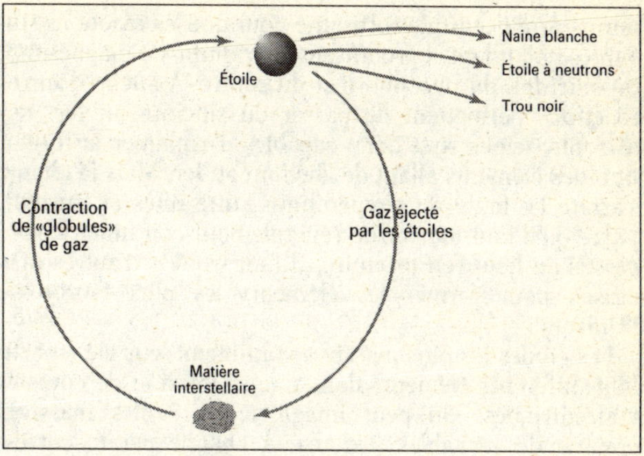

Figure 11 Le cycle de la matière dans l'Univers.
Des « globules » de matière se condensent sans cesse dans le milieu interstellaire pour donner naissance à des étoiles. Celles-ci rejettent en permanence du gaz dans le milieu interstellaire. Selon la masse restante, une étoile termine sa vie sous forme de naine blanche, d'étoile à neutrons ou de trou noir. Les étoiles les plus massives éjectent dans le milieu interstellaire les atomes fabriqués au cours de leur vie, enrichissant ce milieu d'atomes de plus en plus lourds.

horrifie nos collègues chimistes. Ils ne considèrent que trois éléments : l'hydrogène, l'hélium et le reste ! Nous sommes nés du reste...

La nucléosynthèse stellaire et explosive

Les réactions de fusion qui se produisent à l'intérieur des étoiles construisent peu à peu des éléments de plus en plus complexes. On s'aperçoit que la majeure partie de l'énergie produite dans les étoiles provient de la fusion de l'hydrogène en hélium. La fusion de l'hélium en carbone puis en oxygène intervient ensuite. Les étoiles maigres ne vont pas au-delà et meurent doucement sous forme de naines blanches. Seules les étoiles les plus massives ont une température centrale suffisante pour que les réactions suivantes s'allument et produisent du sodium, du magnésium, du silicium, du phosphore et du soufre. Au-delà, d'autres réactions permettent de passer du silicium au fer. Les astrophysiciens sont donc capables d'expliquer la formation des éléments allant de l'hélium au fer. Mais la chaîne s'arrête là, faute de températures suffisantes et, surtout, parce qu'il faut fournir de l'énergie pour continuer le processus au lieu d'en produire. Il faut trouver d'autres processus pour former les éléments les plus lourds de l'Univers.

Les étoiles les plus massives continuent leur vie en brûlant différents éléments dans une succession de couches concentriques. On peut imaginer ces étoiles massives comme de véritables oignons. À chaque pelure correspond la fusion d'un élément, tandis que l'enveloppe extérieure transmet l'énergie par rayonnement. L'étoile aboutit à un noyau de fer entouré d'une couche de silicium en fusion, puis d'oxygène, de néon, de carbone, d'hélium et enfin d'hydrogène en fusion.

Au-delà du fer, on ne peut plus extraire d'énergie par réaction thermonucléaire pour lutter contre la gravitation. Le noyau n'a plus d'autre choix que de se contracter et voit sa température croître de manière désastreuse. Quand elle atteint plusieurs milliards de degrés, le fer n'est plus stable, il commence à se désintégrer, défaisant en quelque sorte toute la construction qui a précédé. Cette désintégration dégage de la chaleur, ce qui accélère encore la contraction du noyau. L'effondrement du cœur devient catastrophique et implose littéralement ! L'enveloppe rebondit sur le cœur et est violemment éjectée. L'étoile explose. C'est une supernova, qui brille autant que des milliards d'étoiles réunies ! Leur éclat est si intense qu'on peut en observer jusqu'à sept milliards d'années-lumière... Celles-là ont explosé avant que la Terre et le Soleil ne se forment !

Il est clair que l'explosion des supernovae joue un rôle essentiel, non seulement pour libérer les éléments qui ont été produits en leur cœur, mais aussi pour déclencher de nouvelles réactions qui ne peuvent pas se produire dans

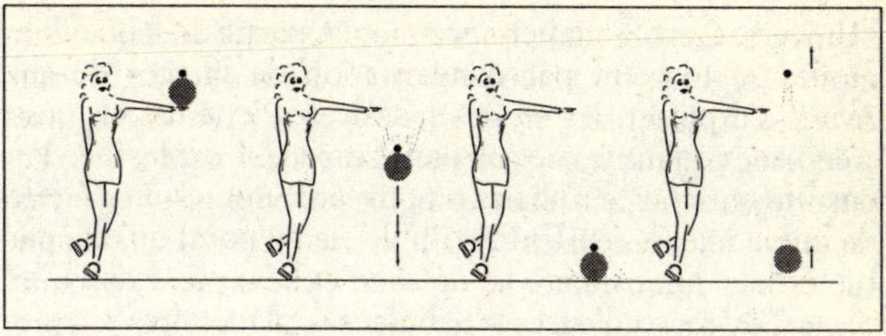

Figure 12 Le principe de l'explosion d'une supernova.
Il arrive qu'une étoile massive, en fin de vie, s'effondre sur elle-même. Ce phénomène, connu sous le nom de supernova, est souvent considéré comme une explosion de l'étoile. Il s'agit en fait d'une implosion. Le principe peut être simulé en tenant deux balles l'une sur l'autre et en les lâchant. Si on lâche un ballon de gymnastique et une balle de tennis, on observe que ces deux objets tombent en même temps en bon accord avec les travaux de Galilée. En touchant le sol, le premier ballon rebondit légèrement et transmet de l'énergie à la balle qui rebondit très haut. Il se passe un phénomène semblable dans une étoile qui s'effondre sur elle-même. Elle rebondit violemment sur le noyau, et les couches externes sont alors puissamment expulsées.

des zones plus calmes. Les neutrons accélérés par l'explosion peuvent fusionner avec les atomes éjectés pour fabriquer les noyaux les plus lourds. Tous les atomes de notre corps ont donc vécu soit l'explosion primordiale de l'Univers, soit l'explosion d'une étoile. Comparé à cette naissance agitée, quel calme extraordinaire règne aujourd'hui sur Terre !

Le milieu interstellaire

Après l'âge des différents corps célestes, la seconde contrainte observationnelle concerne la composition de ces corps célestes. L'existence de vastes quantités de matière entre les étoiles est une des grandes découvertes de l'astronomie du XXe siècle. Loin d'être vide ou simplement baigné de lumière, l'espace interstellaire est rempli de gaz, de poussières et de particules de haute énergie. Ce milieu interstellaire joue un rôle essentiel dans l'évolution de l'Univers. C'est la matière première à partir de laquelle les étoiles se forment par condensation de nuages de gaz. Avant d'exploser, les étoiles massives rejettent sans cesse d'énormes quantités de gaz dans l'espace. L'explosion vient ensuite enrichir le milieu en nouveaux atomes. Les étoiles de faible masse s'enflent en fin de vie au point qu'une partie de leur atmosphère se détache et se répand dans l'espace. Les merveilleuses « nébuleuses planétaires » qui se forment alors déversent des tonnes de poussières autour d'elles. Les astronomes du XXe siècle ont compris qu'il existait un cycle perpétuel de la matière : le milieu interstellaire est à la fois la matrice au sein de laquelle se forment les étoiles et le cimetière qui recueille les restes des étoiles mortes. À chaque cycle, le milieu interstellaire s'enrichit. On peut ainsi comprendre comment l'étude de ce milieu nous fournit quelques indices sur nos origines il y a quelque 4,57 milliards d'années et sur la matière première à partir de laquelle le Soleil et les planètes se sont formés.

Il y a une autre raison fondamentale d'étudier le milieu interstellaire : toute l'information qui nous parvient des confins de l'espace, et que les astronomes analysent pour mieux comprendre l'origine et la structure de l'Univers, se déplace à travers le milieu interstellaire et interagit avec lui. Il est donc nécessaire de soustraire l'information propre au milieu interstellaire et de corriger ses effets. Cela rappelle l'histoire du poisson qui voulait regarder le ciel du fond de son bassin, ou celle des astronomes de la fin du XIXe siècle qui, en observant les fluctuations de l'atmosphère terrestre dans leurs télescopes, avaient cru voir des canaux sur Mars !

Par rapport aux gaz qui nous entourent, le gaz interstellaire pourrait être considéré comme vide. La densité de matière y est bien inférieure à celle obtenue à l'intérieur du meilleur des caissons à vide terrestres. On ne trouverait en moyenne qu'un seul atome dans le volume d'une cuillère à café, alors que la même cuillerée, sur Terre, contient un volume d'air comprenant dix milliards de milliards d'atomes, soit 10^{19}. Les grains de poussières sont encore plus rares. De la taille du micron, on en compterait moins d'un millier par kilomètre cube. 99 % du matériau interstellaire existe sous forme de gaz constitué d'atomes et de molécules ; 1 % sous forme solide de grains et de poussières.

Mais les distances entre les étoiles sont tellement considérables et le volume disponible est si grand que la masse totale du gaz interstellaire dans notre Galaxie est de l'ordre de deux à cinq milliards de fois la masse du Soleil. Il y a là vraiment de quoi fabriquer beaucoup d'étoiles futures ! Cent fois moins, cependant, que toutes celles qui ont déjà été formées. Les réserves s'épuisent !

Ce milieu très ténu est loin d'être homogène. Les parties les plus denses sont appelées des « nuages », bien qu'elles n'aient pas grand-chose à voir avec les nuages de notre atmosphère terrestre. Le Soleil ayant été formé à partir de la condensation d'un nuage de matière interstellaire, il est important de comprendre non seulement la formation et l'évolution de ces nuages, mais aussi de trouver quels sont ceux qui sont susceptibles de donner naissance à des étoiles.

Les radiotélescopes utilisés par les astronomes depuis la fin des années 1940 ont révélé que le milieu interstellaire était composé pour l'essentiel d'hydrogène. Ils utilisent pour cela une émission de lumière caractéristique de l'électron à une longueur d'onde de 21 cm, provoquée par la collision entre les atomes. Vu la faible densité, la probabilité de rencontre est faible, mais il y a de telles quantités d'hydrogène dans la Galaxie que le rayonnement à 21 cm domine dans le domaine des ondes radioélectriques.

L'observation à des longueurs d'onde plus courtes que celles de la lumière visible, c'est-à-dire dans les domaines radio, millimétrique et infrarouge, fournit de nombreuses informations précieuses sur les conditions physiques qui règnent dans ce milieu. Aux températures, densités et pressions du milieu interstellaire, de nombreuses molécules émettent un rayonnement caractéristique à ces longueurs d'onde. Plus d'une centaine ont ainsi été découvertes, dont des chaînes carbonées très complexes.

Au début de l'histoire de l'Univers, le milieu interstellaire était composé d'hydrogène, d'hélium et de très faibles quantités de lithium, de béryllium et de bore. Génération après génération, les étoiles ont continûment enrichi ce milieu en atomes lourds. L'hydrogène reste tout de même de très loin l'élément le plus abondant. Un peu comme pour une soupe à laquelle on ajouterait sans cesse des épices, le milieu interstellaire a de plus en plus de goût au fur et à mesure que le temps passe. On trouve l'hydrogène sous forme atomique ou moléculaire (H_2). À proximité des étoiles brillantes, le gaz est chauffé, les atomes d'hydrogène perdent leur électron, et les nébuleuses se colorent joliment en rose sur les photographies. La lumière rose est produite lorsqu'un proton réussit à rattraper un électron ! L'hydrogène moléculaire est beaucoup plus difficile à détecter. On ne peut malheureusement l'observer directement que dans des régions assez chaudes où ces molécules émettent en lumière ultraviolette, en vibrant après collisions avec leurs voisines.

Une molécule peut vibrer ou tourner sur elle-même. Dans les deux cas, elle change d'état d'énergie et absorbe ou émet une lumière caractéristique. C'est ainsi qu'on la détecte. De la même manière qu'un atome laisse son « empreinte digitale » dans le spectre de la lumière visible, une molécule laisse son empreinte spectrale dans les domaines radio, millimétrique et infrarouge. Avec le développement des nouvelles techniques d'observation entre les années 1960 et 1990, beaucoup de molécules ont été découvertes dans l'espace interstellaire, y compris les molécules d'eau H_2O et d'alcool éthylique C_2H_5OH ! Certaines de ces molécules sont instables dans les laboratoires terrestres et pourtant abondantes dans le gaz interstellaire raréfié, où les collisions ne les détruisent pas aussi rapidement.

Ces molécules sont pour l'essentiel composées de combinaisons diverses d'atomes d'hydrogène, d'oxygène, de carbone, d'azote et de soufre. Quelques molécules relativement lourdes, telles que HC_9N ou $HC_{11}N$, possèdent de longues chaînes d'atomes de carbone. L'observation en infrarouge de certains nuages a permis de détecter dans leur spectre la signature de molécules encore plus complexes, comme les hydrocarbones polycycliques aromatiques, ainsi nommés parce que, sur Terre, plusieurs ont un arôme particulier. Certaines peuvent posséder jusqu'à cinquante atomes de carbone.

Les nuages moléculaires froids contiennent aussi du cyanoacétylène HC_3N et de l'acétaldéhyde CH_3CHO. Ces molécules sont considérées par les chimistes comme le point de départ de la formation des acides aminés qui sont les briques à partir desquelles les protéines sont formées. Autrement dit, on trouve dans le milieu interstellaire des éléments essentiels pour l'apparition et le développement de la vie. Cela ne veut évidemment pas dire que la vie existe dans l'espace ! Mais cela signifie que les éléments qui ont permis son apparition sur Terre peuvent être fabriqués dans des conditions très variées.

Avec la découverte des nuages moléculaires, les astronomes semblent enfin avoir trouvé le lieu de naissance des étoiles. On pourrait naïvement imaginer que la gravitation joue son rôle en permettant au nuage de se contracter jusqu'à devenir une étoile. Les choses ne sont, en fait, pas aussi simples, comme nous allons le voir un peu plus loin.

Malgré leur petite taille, les grains de poussière jouent un rôle important. Ils servent d'écran protecteur aux molécules dans les nuages contre les rayons ultraviolets destructeurs. Ils sont, de plus, d'excellents catalyseurs des réactions chimiques. En se fixant à la surface de ces grains, les atomes trouvent là un excellent refuge pour s'unir avec d'autres atomes.

Les astronomes ont réussi à obtenir quelques informations sur la taille et les caractéristiques de ces grains. Par exemple, le fait que la lumière bleue et la lumière rouge interagissent très différemment avec les grains interstellaires montre que la majorité d'entre eux ont des dimensions de l'ordre de la longueur d'onde de la lumière visible, soit 0,5 micron. Si les grains interstellaires étaient beaucoup plus petits, la lumière visible passerait à travers les nuages sans interagir. S'ils étaient beaucoup plus gros, la lumière des étoiles ne serait pas rougie. Ces grains ont un diamètre de l'ordre de un à dix millièmes de millimètre. Ils sont de la taille des fines particules nocives contenues dans la fumée d'une cigarette plutôt que de celle, plus grande, des grains de poussière qu'on trouve sous les meubles. Ils contiennent entre un million et un milliard d'atomes. Les informations spectrales indiquent que certains grains sont des silicates comme on en trouve dans les roches terrestres, et que d'autres sont faits de graphite. On y trouve aussi des glaces d'eau, de méthane et d'ammoniaque.

En plus du gaz et des grains, il existe un troisième type de particules dans l'espace interstellaire. Elles se caractérisent par leur vitesse proche de celle de la lumière et par leur grande énergie. Elles ont été découvertes en 1911 par le physicien autrichien Victor Hess. En emportant des instruments dans un ballon, il a montré que des particules arrivaient à grande vitesse de l'espace et bombardaient la Terre. Appelées « rayons cosmiques », ces particules sont des noyaux d'atome, des électrons et des positons qui sillonnent la Galaxie à des vitesses de l'ordre de 90 % de la vitesse de la lumière. La majorité est en fait constituée de protons, environ 9 % sont des noyaux d'hélium, et il y a seulement 2 % d'électrons, plus des particules d'antimatière comme les antiprotons et les positons, produits dans les collisions des rayons cosmiques avec le gaz interstellaire. En analysant la nature des rayons cosmiques, on retrouve les atomes qui composent le gaz interstellaire et les étoiles dans les mêmes proportions, à l'exception notable des éléments légers que sont le lithium, le béryllium et le bore, beaucoup plus abondants que dans le Soleil et les étoiles. On interprète cet excès au fait que les noyaux de carbone, d'oxygène ou d'azote qui se déplacent dans l'espace sont cassés quand ils entrent en collision avec des protons du milieu interstellaire. Le lithium, le béryllium et le bore sont des sous-produits de ces collisions.

Fort utiles aux hommes en les aidant à lever une partie du voile sur la structure intime de la matière, ils sont aussi très dangereux pour les astronautes. L'atmosphère terrestre est, heureusement pour nous, un bouclier efficace, mais ils représentent un véritable obstacle pour les voyages dans l'espace. Sans protection, un astronaute serait irradié et ne survivrait pas longtemps, un peu comme si on le plaçait au cœur d'une centrale nucléaire. Les voyages répétés en avion ou en Concorde exposent leurs équipages à des doses non négligeables.

Une partie des rayons cosmiques qui frappent la Terre provient du Soleil, mais la grande majorité vient d'au-delà du système solaire. La source des rayons cosmiques est l'objet de nombreux débats chez les astronomes. Ces particules étant chargées, leur mouvement est dévié par le champ magnétique interstellaire et par le champ magnétique terrestre à leur arrivée sur nos détecteurs. Contrairement à la lumière qui se propage en ligne droite, nous permettant ainsi de savoir d'où elle vient d'un simple coup d'œil, les rayons cosmiques ont des trajectoires incurvées qu'ils parcourent pendant des dizaines de millions d'années. Ils ont donc été récemment créés à l'échelle de notre calendrier cosmique.

Ils ont parcouru de vingt à cent millions d'années-lumière en tous sens dans la Galaxie, c'est-à-dire une centaine de fois le tour de la Galaxie, entre leur source et leur arrivée sur Terre. Les rayons cosmiques de très haute énergie proviennent probablement de galaxies lointaines, mais les autres ont été accélérés dans notre propre Voie lactée, peut-être par les ondes de choc qui accompagnent l'explosion des supernovae. Il est impressionnant de réaliser que du matériau provenant de lointaines galaxies situées à des centaines de millions d'années-lumière parvient directement sur Terre, nous apportant ainsi des informations sur des endroits fort éloignés dans l'espace et dans le temps, compte tenu du temps de trajet ! Ils nous confortent dans l'idée que les lois de la physique sont universelles.

La matière première a-t-elle été préservée ?

Après dix milliards d'années de mise en place de la matière première et la succession de plusieurs générations d'étoiles, tout était prêt pour que notre système solaire apparaisse. Subsiste-t-il des vestiges bien conservés de cette matière première ? Où les chercher ?

Deux pistes ont été particulièrement explorées par les scientifiques. La première consiste à trouver la composition chimique d'endroits du système solaire qui n'auraient pas été modifiés depuis l'origine. La seconde est l'analyse des petits corps.

La première piste consiste à rechercher si les rapports d'abondance de quelques éléments et de leurs isotopes ont été conservés ou modifiés depuis les premiers instants. Par exemple, si l'atmosphère des planètes géantes a été formée à partir du gaz de la nébuleuse primitive — ce qu'il faut vérifier —, la recherche des quantités relatives d'hydrogène, de deutérium et d'hélium devrait fournir des indications précieuses.

La seconde piste repose sur l'idée qu'un gros corps, comme Jupiter ou la Terre, a subi trop de transformations depuis sa naissance pour nous renseigner sur nos origines, tandis que les petits corps sont pratiquement intacts depuis le début. Leur masse est si faible qu'ils n'ont jamais développé d'activité interne et que beaucoup ont préservé pendant des milliards d'années les informations que nous cherchons. Ces petits corps sont les pierres de Rosette de nos origines. Leur analyse devrait nous révéler les conditions physiques et chimiques qui régnaient au moment de leur formation. Les météorites, les comètes, les astéroïdes, les petits satellites ou encore les anneaux des planètes contiennent une foule d'informations sur nos premiers instants. Malheureusement, nous ne sommes pas encore capables de lire tous les messages, soit parce que ces objets sont encore hors de portée, soit parce que l'analyse en laboratoire demande à être perfectionnée. Cependant, nous ne pouvons pas nous plaindre. La quantité d'informations recueillies au cours du XXe siècle est impressionnante.

Parmi les petits corps, les météorites occupent une place de choix. Nous avons vu au chapitre précédent que ces petits cailloux ont permis de trouver l'âge du système solaire. Selon le joli mot d'un astronome, les météorites sont les « sondes spatiales du pauvre ». Puisque nous recevons gratuitement sur Terre des fragments de matière extraterrestre, on pourrait croire qu'il n'est pas nécessaire d'envoyer à grands frais des robots visiter les corps du système solaire. On pourrait naïvement penser qu'il suffit de se baisser pour ramasser une météorite et que l'analyse en laboratoire nous fournira toute l'information dont nous avons besoin. Les choses ne sont pas si simples. Il y a en fait une grande diversité parmi les météorites, et surtout, nous n'avons aucune idée de la nature du corps dont est issue une météorite donnée. Nous avons perdu son contexte géologique. Tout se passe comme si le facteur nous apportait une lettre passionnante sur les mœurs et les coutumes d'une population, mais que nous ne sachions ni qui est l'envoyeur ni d'où elle vient.

Dans la reconstitution de cet immense puzzle qu'est la compréhension de nos origines, l'analyse des météorites nous fournit des pièces importantes et complémentaires des autres approches. Grâce à elles, nous obtenons beaucoup de détails sur certains épisodes de notre histoire, mais il nous manque une vue générale. Nous avons ici un très bel exemple de la diversité des approches. Quoi de commun *a priori* entre l'analyse en laboratoire de quelques fractions de milligrammes d'une météorite, l'envoi d'une sonde spatiale, l'observation télescopique du sommet d'une montagne et l'utilisation d'un ordinateur pour faire une simulation ? Toutes ces approches tendent au même but et s'avèrent parfaitement complémentaires.

Des pierres tombées du ciel

L'étude scientifique des météorites a commencé dans l'après-midi du 26 avril 1803, dans le village normand de L'Aigle, quand les habitants observèrent une averse de plus de trois mille fragments. Dans les jours qui suivirent, des spécimens furent colportés dans les rues de Paris, et l'Académie des sciences envoya une mission dirigée par Jean-Baptiste Biot pour étudier sur place le phénomène, questionner les témoins, recueillir et analyser les fragments.

Depuis l'Antiquité, des hommes avaient observé des chutes célestes de pierres étranges. Pline l'Ancien rapporte même certains témoignages. Une météorite tombée en 861 dans un monastère japonais est toujours conservée. Le 7 novembre 1492, à 11 h 30 du matin, une météorite est tombée sur le village d'Ensisheim, en Alsace. Une pierre de 150 kg fut retrouvée dans un trou de deux mètres de profondeur après une explosion entendue des kilomètres à la ronde et après que le seul témoin de la chute, un jeune garçon, eut alerté les voisins. Un fragment de 56 kg est toujours exposé dans l'église du village. Mais l'origine de ces aérolithes a donné lieu à des débats passionnés jusqu'à la fin du XVIIIe siècle, la majorité des scientifiques de l'époque ne pouvant se résoudre à ce que des pierres tombent du ciel. Le débat fut définitivement tranché par le rapport de Biot.

Certains se demandèrent alors si ces pierres provenaient d'éruptions volcaniques qui se seraient produites sur la Lune. Ce n'est qu'à la fin du XIXe siècle que l'étude des météorites fut reliée à celle de la nébuleuse primitive, ancêtre de notre système solaire. Mais, jusqu'aux années 1960, beaucoup de scientifiques croyaient que les météorites provenaient d'une petite planète qui aurait été différenciée comme la Terre, Mars ou la Lune, et qu'elles ne nous apprenaient pas grand-chose sur nos origines. L'hypothèse que ces cailloux provenaient de corps parents suffisamment petits pour avoir conservé la mémoire des premiers instants n'a été vérifiée qu'à la fin des années 1960.

Un nouvel appareil de laboratoire, la sonde ionique, sorte de microscope ultraperfectionné, permet d'obtenir avec précision les compositions élémentaires et isotopiques de cristaux de moins de un millième de millimètre, et de lire les messages inscrits dans ces pierres du ciel. Il est frappant de constater que deux instruments, le télescope et le microscope, dédiés à deux infinis — l'infiniment grand et l'infiniment petit —, se rejoignent pour étudier la même chose. La science des météorites est au carrefour de l'astronomie, de la chimie, de la géologie et de la physique, illustrant si besoin était combien chaque science est nécessaire et complémentaire de ses voisines dans la quête de nos origines.

Où trouve-t-on des météorites ?

Environ cent tonnes de débris frappent la Terre chaque jour. La plupart sont vaporisés à la traversée de l'atmosphère, et on estime que seulement 600 kg parviennent à atteindre le sol, essentiellement sous forme de grains microscopiques. On retrouve chaque année une dizaine de météorites. Ce sont celles qui sont tombées à proximité des zones peuplées. Les zones balayées et dépoussiérées par les vents des déserts chauds sont des endroits favorables à la préservation de météorites. Il doit en exister un beaucoup plus grand nombre au fond des océans ou des lacs, dans les régions montagneuses, dans la jungle ou dans les sables du désert. Quelques milliers sont actuellement conservés dans les musées.

La collection des météorites a brusquement crû d'un facteur deux quand plusieurs milliers ont été récupérés dans les glaces de l'Antarctique. Il est en effet aisé de repérer un point noir sur la glace blanche. Ces météorites ont été piégées dans la glace qui recouvre l'Antarctique et qui se déplace par rapport au sol. Les mouvements de la glace transportent les météorites enfouies vers la surface, et on les retrouve plus particulièrement près des barrières montagneuses qui arrêtent le mouvement de la glace. Les vents violents qui soufflent à la surface décapent la glace et exposent les météorites. Ces météorites sont entrées en collision avec la Terre il y a environ un demi-million d'années, alors que celles retrouvées en d'autres lieux sont tombées, pour la plupart, au cours des deux derniers siècles.

Une météorite tombée dans une zone de climat tempéré ne survit pas plus de quelques centaines d'années. Elle devient vite méconnaissable. Fossilisée comme un vulgaire morceau de bois, elle ne se distingue plus des roches terrestres des alentours. Les zones polaires, où la pollution est moindre, ou les déserts sont des endroits plus favorables pour trouver des météorites. La corrosion par l'eau ou par les micro-organismes y est en effet moindre. Il faut cependant éviter, dans les déserts, les zones proches d'un massif volcanique ou au voisinage de régions contenant des roches à forte teneur en fer, car les cailloux subissent une lente altération, qui les recouvre d'une patine sombre et les fait souvent ressembler à une météorite sombre. Il faut arpenter les zones désertiques claires loin des volcans et des mines de fer pour avoir une chance de trouver quelques météorites.

Plusieurs scientifiques ont eu l'idée d'aller chercher des micrométéorites, c'est-à-dire des grains d'une fraction de millimètres, à des endroits où elles n'ont pas été polluées par des processus géologiques. Par exemple, en allant gratter le fond des lacs bleus du Groenland, ils ont trouvé des micrométéorites tombées sur la glace, puis emportées par les torrents qui se déversent l'été dans des bassins de petite dimension. Au fond de ces lacs se déposent toutes les poussières initialement piégées dans la glace. En faisant fondre la glace de l'Antarctique, puis en filtrant l'eau, on recueille un sable où près de un grain sur dix est une micrométéorite. Il tombe beaucoup plus de micrométéorites que de météorites. On estime que la Terre en recueille plus de dix millions de milliards par an, soit près de mille milliards de fois plus que de météorites. Lorsque nous marchons une demi-heure à allure normale, il en tombe au moins une sur nos vêtements, mais elle est perdue au milieu de la foule de grains de poussières terrestres qui voltigent en permanence autour de nous.

D'autres scientifiques utilisent des avions stratosphériques ou des satellites pour recueillir des poussières interplanétaires. Ils commencent à rencontrer une pollution importante due à tous les débris lancés par l'homme dans l'espace.

Le petit nombre de météorites recueillies et leur importance devraient les réserver aux scientifiques. Il existe malheureusement une contrebande active qui alimente quelques milliers de collectionneurs privés et fortunés. Trouver soi-même une météorite n'est pas chose aisée. Si l'on possède un jardin de mille mètres carrés et qu'on le surveille en permanence, on verra tomber une météorite tous les cent millions d'années. Bien qu'il tombe environ trente mille météorites de plus de 100 g par an sur Terre, la probabilité d'un accident est pratiquement nulle. Au XIXe siècle, on rapporte la mort d'un chien et une personne légèrement blessée. Un divan sur lequel personne ne se reposait a été défoncé. Le 8 novembre 1982, une météorite de 3 kg a percé le toit d'une maison et a fini sous la table de la salle à manger pendant que les propriétaires regardaient la télévision. Le 9 octobre 1992, le coffre d'une voiture a été enfoncé et percé par la chute d'une météorite de 13 kg dans la banlieue de New York. Cette voiture est devenue un objet d'exposition. La propriétaire en propose un prix de dix mille dollars pour un véhicule qui en valait moins de neuf cents avant l'accident !

Le frottement avec l'atmosphère terrestre fait fondre la partie extérieure d'une météorite au point que 90 % de la masse initiale peut disparaître. À l'arrivée sur le sol, le résidu de cette fusion est une couche superficielle sombre de moins de un millimètre d'épaisseur. Ce vernis noir qui entoure la météorite se dégrade avec le temps. On pourrait donc chercher les cailloux sombres, mais on risquerait de ramasser essentiellement des cailloux d'origine terrestre. On pourrait chercher les cailloux un peu plus lourds que les autres, mais certaines météorites sont légères. En fait, le meilleur moyen de trouver une météorite est de bien connaître la nature des cailloux de la région explorée. Si l'un d'entre eux est très différent des autres, il y a une grande chance qu'il soit d'origine météoritique. Seule l'analyse en laboratoire permet de dire sans aucun doute si le caillou est d'origine extraterrestre ou non.

Les météorites ne se ressemblent pas toutes

Un simple coup d'œil à une collection de météorites dans un musée nous permet de voir immédiatement qu'il y a une grande diversité d'objets parmi les météorites. On peut en première approximation les classer en deux catégories. Les premières n'ont pas d'équivalent sur Terre. Les secondes se subdivisent elles-mêmes en deux sortes, soit des météorites de fer et de nickel, soit des pierres qui ressemblent beaucoup aux basaltes qui sont sur Terre les produits de l'activité volcanique. Ces dernières sont constituées d'un matériau qui a été différencié comme l'a été la Terre au début de son histoire quand les constituants les plus denses, comme le fer et le nickel métallique, sont tombés au centre pour former le noyau, et quand le matériau moins dense a formé l'enveloppe silicatée de la Terre dans le manteau. Des constituants encore moins denses comme le matériau des continents sont venus flotter à la surface. Les premières sont constituées d'un matériau qui n'a pas été différencié.

Sur cent météorites qui tombent sur Terre, quatre-vingts appartiennent à la même catégorie qu'on appelle les « chondrites ». Ces roches contiennent en leur sein de petites sphérules silicatées nommées des « chondres ». Ce mot vient du grec *chondrion* qui signifie « petit grain ». De telles structures sont inconnues sur Terre. Leur analyse montre que les chondres ont été formés par un phénomène de trempe, c'est-à-dire une fusion suivie d'un refroidissement rapide. On trouve aussi des cristaux formés d'alliages de fer et de nickel dans ces roches. La proportion de silicates et de métal au sein de ces chondrites est très semblable à celle qui existe entre le manteau et le noyau terrestre. L'idée que le matériau qui constitue ces chondrites est identique à celui à partir duquel la Terre s'est formée puis différenciée est particulièrement tentante et s'est avérée correcte. Les éléments non volatils contenus dans ces météorites sont dans la même proportion que dans le Soleil. Tout se passe comme si on avait pris un morceau de Soleil, qu'on ait éliminé l'hydrogène, l'hélium et quelques autres éléments légers tout en gardant les autres éléments dans leur proportion initiale, et qu'on l'ait solidifié. Ces chondrites sont un morceau de matériau primitif transmis intact à travers le temps. Leur étude contribue à nous faire mieux connaître l'histoire de la genèse de la Terre.

Parmi les chondrites, certaines ont un déficit en éléments volatils moindre que d'autres. On les appelle des « chondrites carbonées ». Parmi toute la matière du système solaire disponible pour être analysée dans un laboratoire terrestre, ce matériau a été formé à basse température et a subi relativement peu d'altérations thermiques ou chimiques.

Il existe une seconde catégorie de météorites qui ne sont pas des chondrites. Certaines sont constituées de silicates et ne contiennent pas de chondres. Leur composition chimique est très différente de celle du Soleil. Elles ont une apparence fondue et homogène. On les appelle les « achondrites ». Ces roches se sont solidifiées à partir de laves en fusion il y a quatre milliards et demi d'années. D'autres sont des météorites de fer. Elles sont, en fait, faites d'un alliage de fer et de nickel.

Il est frappant de constater que les peuples primitifs ou, plus près de nous, les esquimaux ont utilisé des météorites de fer pour leurs armes. Après l'âge de la pierre et l'âge du bronze, les météorites ont aidé les hommes à passer à l'âge du fer. Les Hittites découvrirent, il y a environ trois mille quatre cents ans, que le fer pouvait être fondu et travaillé, mais on trouve plusieurs outils de l'âge du bronze dont la matière première provient d'une météorite. En langage hittite, sumérien, assyrien ou égyptien, ce matériau est appelé « métal du ciel, feu du ciel ou tonnerre du ciel ». Dans la tombe du pharaon Toutankhamon, mort depuis trois mille quatre cents ans, il y avait une dague en fer et en nickel dont le métal venait d'une météorite. Les premières civilisations qui ont utilisé les métaux ont pris du matériau météoritique comme matière première. Non seulement ces cailloux nous racontent notre passé, mais ils ont joué un rôle dans l'évolution des civilisations.

D'autres classifications plus fines que les deux catégories ci-dessus peuvent être faites en utilisant des critères comme la composition chimique, le degré d'oxydation, la minéralogie ou la pétrographie.

L'histoire des météorites

Quand on cherche à déterminer l'âge d'une météorite, on peut trouver la date d'une série d'événements correspondant à plusieurs étapes dans son histoire. Tout d'abord, les météorites ont été formées aux tout débuts de l'histoire du système solaire. Elles sont des centaines de millions d'années plus vieilles que les plus anciennes roches terrestres. Les chondrites sont des échantillons des premiers objets planétaires qui ont été formés, à partir d'une nébuleuse primitive, en même temps que les planètes.

Les météorites non différenciées nous renforcent dans l'idée que les planètes ont été formées par accrétion homogène de matériau chondritique. Les météorites différenciées nous apprennent que les phénomènes de fusion ont joué un grand rôle dans les processus de différenciation des corps planétaires. La différenciation est un phénomène qui est intervenu très tôt dans l'histoire du système solaire. Les premiers embryons, semblables à ceux qui allaient former la Terre, se sont différenciés sous l'effet de la chaleur. Un noyau de fer s'est formé, et une activité interne importante a provoqué des coulées volcaniques en surface.

La datation des météorites par radioactivité permet de mettre en évidence un second phénomène, le bombardement par des rayons cosmiques au cours de la vie de la météorite dans le système solaire. Comme nous l'avons vu plus haut, ces rayons cosmiques sont des particules de haute énergie, protons, noyaux d'hélium, etc. Ils bombardent la surface des météorites et la pénètrent sur de courtes distances. Ce bombardement transforme quelques atomes en noyaux radioactifs qui se désintègrent lentement en noyaux fils. Ces derniers sont d'autant plus abondants que la météorite a été exposée plus longtemps aux rayons cosmiques. Il est donc possible d'estimer le temps pendant lequel une météorite donnée a été exposée à l'espace.

Les scientifiques ont eu la surprise de constater que les

météorites récoltées sur Terre ont été exposées entre cinq et soixante millions d'années, alors qu'elles ont été formées il y a 4,6 milliards d'années. Elles ont donc passé la majeure partie de leur vie protégées des rayons cosmiques. Elles ont vécu à l'intérieur d'un corps beaucoup plus petit que la Terre, mais beaucoup plus gros qu'une météorite typique avant que ce corps ne soit fragmenté, probablement à l'issue d'une collision. On peut mesurer le temps qui s'est écoulé depuis la fragmentation.

Quand une météorite heurte la Terre, l'atmosphère terrestre la met à l'abri du rayonnement cosmique. Il n'y a plus de production d'atomes radioactifs. Ceux qui existent déjà à l'intérieur se désintègrent lentement. On peut ainsi mesurer le temps qui s'est écoulé depuis la chute de la météorite.

D'où viennent-elles ?

Sur les milliers de météorites disponibles pour l'analyse en laboratoire, seules trois ont été observées avec suffisamment de précision durant leur entrée dans l'atmosphère terrestre pour que leur orbite ait pu être retrouvée. Il s'agissait de trois chondrites ordinaires en provenance de la ceinture des astéroïdes.

L'interprétation la plus simple de l'origine des météorites consiste à imaginer que ce sont des fragments résultant des collisions et des fragmentations des astéroïdes, d'autant plus que les météorites de fer ressemblent à la surface des astéroïdes de type M, et les chondrites carbonées à celle des astéroïdes de type C. Une preuve supplémentaire est apportée par les météorites de fer. Elles contiennent des cristaux de fer dont la forme et la taille indiquent que leur croissance a été très lente. Pour cela, il faut que le matériau de la météorite ait fondu et qu'il se soit refroidi lentement pendant des dizaines de millions d'années, et donc qu'il ait été enfoui au sein d'un corps parent d'une taille de l'ordre de 50 à 200 km. Sinon, ce matériau métallique, exposé dans l'espace alors qu'il était encore chaud, se serait refroidi en quelques jours sans avoir eu le temps de développer de gros cristaux.

Il y a tout de même une difficulté dans la mesure où les proportions de météorites et d'astéroïdes, dans leurs classifications respectives, ne correspondent pas. Tout se passe comme si un sous-ensemble des astéroïdes nous envoyait préférentiellement des météorites, mais on ne sait pas lequel ni pourquoi. Les astronomes ont développé des modèles numériques pour étudier les mouvements et l'évolution des orbites sous l'effet de différentes perturbations dans le système solaire. Ces modèles montrent qu'une grande partie des météorites provient bien des astéroïdes, et que certaines peuvent avoir une comète comme origine. Il faudra développer ces modèles pour en savoir un peu plus.

Certaines météorites sont bien particulières. Par exemple, l'une d'entre elles, d'une couleur brun verdâtre, ramassée dans l'Antarctique, a une composition différente de celle des autres météorites et semblable à celle des roches lunaires. Il semble bien que ce caillou ait été arraché à la Lune, il y a cent mille ans, vraisemblablement à la suite de l'impact d'un astéroïde.

Quelques achondrites, trouvées en Antarctique, aux Indes, en Égypte et en France — près de Chassigny —, ont une histoire bien particulière. Les datations par radioactivité montrent qu'elles se sont solidifiées à partir de laves fondues il y a 1,3 milliard d'années, bien après la formation du système solaire, et qu'elles ont subi un choc violent il y a cent quatre-vingts millions d'années.

L'histoire de ces cailloux paraît donc simple. L'impact d'un projectile a arraché des morceaux de lave à la surface d'un astre voisin, mais lequel ? Ce n'était pas un astéroïde puisque les astéroïdes se sont solidifiés, pour la plupart, il y a quatre milliards et demi d'années. Ce n'était pas la Lune car les laves lunaires ont cessé de couler il y a 3,1 milliards d'années. Ce n'était probablement pas Vénus car il paraît bien difficile d'arracher un caillou à partir de la surface d'un corps aussi massif que la Terre, de lui faire traverser une atmosphère cent fois plus épaisse que celle de la Terre, et de le retrouver dans l'espace interplanétaire. Il ne reste qu'un suspect, la planète Mars, qui était volcaniquement active il y a 1,3 milliard d'années et dont les échantillons analysés par les sondes *Viking* ont une composition proche de ces météorites.

Il semble bien que nous ayons reçu quelques échantillons en direct de Mars ou de la Lune. Nous ne connaissons pour l'instant — au 1er janvier 1999 — que quatorze météorites lunaires et treize météorites martiennes. En 1998, dans le désert du Dar al Gani au Sahara, une météorite martienne et une météorite lunaire ont été trouvées. La première a une forme de melon de 15 cm de long, et la seconde pèse 1,4 kg. Les déserts et l'Antarctique sont bien les meilleurs terrains de chasse des météorites !

Ce qu'elles nous ont appris

Les météorites ne se contentent pas de nous donner l'âge du système solaire, comme nous l'avons vu au chapitre précédent, elles nous informent de la présence d'une nébuleuse à partir de laquelle les planètes se sont formées par accrétion, et elles nous indiquent que la différenciation des corps planétaires a eu lieu très tôt dans l'histoire du système solaire.

Deux informations majeures nous ont été apportées par l'analyse des météorites. D'une part, elles nous ont fourni une estimation de l'intervalle de temps qui a séparé l'isolement de la nébuleuse solaire de la formation et du refroidissement du matériau planétaire, c'est-à-dire le temps qui s'est écoulé entre la naissance du Soleil et celle des planètes. D'autre part, elles nous ont donné la durée de la fabrication des corps parents des météorites et des planètes, c'est-à-dire le temps qu'il a fallu pour fabriquer les planètes et les petits corps du système solaire.

Tant que le nuage qui a donné naissance au système solaire est resté sous forme de matière interstellaire, il a été constamment alimenté par les produits éjectés par les étoiles, dont un certain nombre d'atomes radioactifs.

Quand ce nuage a commencé à se contracter, il s'est isolé du milieu ambiant et il n'a pratiquement plus reçu d'éléments radioactifs. Si le temps qui s'est écoulé entre l'isolement de la nébuleuse et l'apparition des premiers corps planétaires est court à l'échelle astronomique, ces corps ont incorporé des éléments radioactifs à courte période qui se sont désintégrés en leur sein. La quantité d'atomes fils au sein d'une météorite indique le temps qui s'est écoulé entre le début de l'isolement de la nébuleuse et la formation du corps parent. Il n'est évidemment pas possible de connaître ainsi la date absolue de la naissance de ces corps, mais on peut aisément distinguer les météorites qui contiennent beaucoup d'atomes fils, formées en premier, de celles qui en contiennent moins, formées plus tard, en supposant que la quantité d'atomes pères était la même.

En 1961, on détectait pour la première fois dans une météorite du xénon 129 issu de la désintégration de l'iode 129, élément radioactif à courte période. Depuis, le xénon 129 a été trouvé dans la plupart des météorites. Cette découverte nous a appris que les corps parents des météorites ont été formés en moins de vingt millions d'années, ce qui est un temps court à l'échelle astronomique. De plus, ce résultat signifie qu'il s'est écoulé moins de cent cinquante millions d'années entre la dernière injection d'iode radioactif, alors que le nuage n'était pas encore isolé, et la formation des corps parents. Ces deux durées sont très courtes à l'échelle astronomique.

D'autres radioactivités de période encore plus courte nous donnent des informations sur les tout premiers instants du système solaire, et même sur les moments qui ont précédé l'apparition du Soleil et des planètes.

La découverte en 1976 d'un excès de magnésium 26, élément fils de l'aluminium 26, qui est un élément radioactif de courte période — 700 000 ans —, nous apprend qu'il s'est écoulé moins de trois millions d'années entre l'injection de l'aluminium 26 provenant de l'explosion d'une supernova voisine et la condensation de la météorite. La découverte en 1995 d'un excès de potassium 41, élément fils du calcium 41, a réduit cet intervalle à moins de un million d'années.

Les planètes auraient pu apparaître des milliards d'années après le Soleil. L'analyse des météorites nous révèle que ce n'est pas le cas, et tous les modèles qui font naître le Soleil et les planètes indépendamment et à des instants bien séparés doivent être rejetés.

L'utilisation de l'horloge uranium-plomb dans les chondrites carbonées nous apprend que le système solaire est né il y a 4,566 milliards d'années avec une précision de plus ou moins deux millions d'années. Le réchauffement dû aux collisions ou aux transformations dans les corps parents des météorites a duré environ cent millions d'années. Le volcanisme qui est à l'origine des achondrites et qui est intervenu sur ces corps très anciens a eu lieu au cours d'une période comprise entre 4,53 et 4,56 milliards d'années. L'activité thermique des corps différenciés, parents des météorites différenciées, a été contemporaine de la formation des chondrites. La formation de la Terre s'est étalée sur moins de cent vingt millions d'années, et la Lune, dont les plus vieilles roches ont 4,42 milliards d'années, a été formée il y a vraisemblablement 4,50 milliards d'années.

La météorite d'Allende

Cette météorite, tombée en 1969 au Mexique, contient un excès de l'isotope 26 du magnésium. Cet isotope est un sous-produit de la désintégration radioactive de l'isotope 26 de l'aluminium qui lui-même est produit au moment de l'explosion d'une supernova. Au moment où cette météorite se solidifiait, il y a environ quatre milliards et demi d'années, elle emprisonnait en son sein des résidus de l'explosion d'une supernova au voisinage immédiat du jeune Soleil. Les scientifiques ont tout d'abord cru que l'onde de choc produite par l'explosion de la supernova était responsable de la formation du système solaire, pour se rendre compte finalement que la supernova provenait d'une étoile

Figure 13 La météorite d'Allende.
Trouvée en 1969 au Mexique, elle a conservé en son sein des informations précieuses sur ce qui se passait il y a plus de 4,5 milliards d'années dans le système solaire naissant. (Document A. Brahic.)

massive, voisine du Soleil au sein de l'amas d'étoiles auquel il appartenait. Cette étoile massive était déjà en fin de vie alors que le Soleil était encore dans la plus tendre enfance. La météorite d'Allende a conservé en son sein des informations sur ce qui s'est passé près du protosoleil il y a plus de quatre milliards et demi d'années.

On trouve, en quantités infimes, des grains de poussières interstellaires formés par des générations d'étoiles antérieures au Soleil dans des phases très réfractaires de certaines météorites.

Des éléments organiques dans les météorites

La présence de molécules organiques dans les météorites a été longtemps suspectée, et quelquefois annoncée, au point que certains ont cru que la vie avait été apportée de l'espace. Dans la plupart des cas, on découvrit qu'une contamination terrestre était responsable de cette contamination. La dernière annonce en date a été faite par le président des États-Unis en personne qui, quelques semaines avant sa réélection en 1996, a révélé la présence de fossiles dans une météorite trouvée dans l'Antarctique et provenant de Mars, et s'est félicité de cette « découverte » américaine. La provenance martienne de cette météorite fut bien confirmée, mais celle de matériau organique extraterrestre dut être démentie.

Plusieurs dizaines d'acides aminés ont été trouvés dans les chondrites carbonées récoltées en Antarctique, là où la contamination terrestre est la plus faible. Les acides aminés sont les briques de construction de la vie, mais leur présence dans les météorites ne signifie pas qu'une vie primitive existait avant l'apparition de la vie sur Terre. On pense que ces molécules trouvées dans les chondrites carbonées sont d'origine non biologique. Il y a en effet de multiples manières de produire de telles molécules. Par exemple, en envoyant des étincelles électriques sur un échantillon de laboratoire contenant de l'ammoniac, ou bien en combinant de l'oxyde de carbone avec de l'hydrogène, avec du fer comme catalyseur, on peut produire des molécules organiques.

Pour l'instant, aucun modèle n'explique de manière satisfaisante la diversité des composants organiques dans les météorites, mais rien ne permet d'affirmer que ces molécules venues de l'espace aient joué un rôle dans l'apparition de la vie.

Ces molécules organiques ont pu être formées, par exemple, pendant la condensation de la nébuleuse solaire, ou encore en présence de décharges électriques dans des atmosphères primitives autour de corps parents des météorites.

Ce qu'il reste à faire

Malgré toutes les informations que les météorites nous ont déjà livrées, de nombreux messages sont encore enfouis en leur sein et n'attendent que l'intelligence et l'astuce des chercheurs pour être déchiffrés. Les analyses en laboratoire qui viennent de faire des progrès spectaculaires doivent être continuées et améliorées. Les anomalies isotopiques n'ont pas fini de nous livrer tous leurs secrets. Les différences de composition et de minéralogie d'une météorite à une autre doivent être comparées encore plus finement à des modèles des processus de condensation, d'accrétion et de différenciation aux premiers instants de la naissance du système solaire. Les gaz piégés dans certaines météorites devraient nous permettre de mieux connaître l'état du Soleil dans sa jeunesse. Enfin, les relations entre les météorites, les astéroïdes, les comètes et la poussière interstellaire devraient être mieux comprises.

Les météorites ne contiennent pas uniquement des informations précieuses sur la naissance du système solaire car les chercheurs ont découvert, depuis les années 1970, qu'elles contenaient des informations sur les étoiles et le milieu interstellaire qui existaient avant la naissance du Soleil. Des grains solides d'origine interstellaire ont survécu aux processus de destruction et de reconstruction intervenus lors de la formation du système solaire. Ils ont été détectés grâce aux anomalies isotopiques[1].

---

1. Sur Terre, comme dans les météorites, il existe moins d'une centaine d'atomes dont la masse croît quand on va de l'hydrogène, le plus léger, au fer, au plomb, à l'uranium, en passant par tous les atomes intermédiaires. En fait, pour un même élément chimique, il existe plusieurs atomes de masse différente, qui ont les mêmes propriétés chimiques, mais dont les noyaux sont différents. Les isotopes d'un élément sont les différents atomes qui ont les mêmes propriétés chimiques, qui contiennent le même nombre de protons, mais qui ont un nombre différent de neutrons et donc une masse différente. On passe d'un isotope à un autre en changeant le nombre de neutrons dans le noyau à condition que le nouvel atome obtenu soit stable.

Par exemple, l'élément hydrogène possède trois isotopes l'hydrogène, qui est formé d'un proton et d'un électron, le deutérium et le tritium. Le noyau d'hydrogène ne contient qu'un proton, il n'a pas de neutrons. Le deutérium possède un proton et un neutron. Le tritium possède un proton et deux neutrons. C'est avec du deutérium qu'on fabrique de l'eau lourde. Le tritium, qui est un élément radioactif dont la durée de vie est très courte, de l'ordre de douze ans, n'a pas d'intérêt astrophysique.

Quand on isole n'importe quel élément par une succession de purifi-

Le premier échantillon contenant des informations prénatales a été extrait de la méréorite d'Allende. Les inclusions carbonées de cette chondritc contiennent des anomalies isotopiques du calcium et du titane, produits près du cœur d'étoiles massives, et des éléments plus lourds comme le baryum, fabriqué lors de l'explosion d'une supernova.

À la fin des années 1980, les premiers grains présolaires

---

cations, on n'obtient en fait qu'un mélange d'isotopes de cet élément, et on ne peut pas séparer deux isotopes par une méthode chimique puisque leurs propriétés chimiques sont parfaitement identiques. À l'état naturel, on trouve les mêmes proportions entre les différents isotopes d'un élément. Par exemple, l'uranium possède deux isotopes, l'uranium 235 et l'uranium 238. Le premier a trois neutrons de moins que le second et est un bien meilleur combustible pour les centrales nucléaires. Après un traitement chimique pour obtenir de l'uranium aussi pur que possible, on trouve environ 2 % d'uranium 235. Différentes techniques physiques, par exemple la centrifugation qui sépare les noyaux les plus lourds des plus légers, permettent d'enrichir l'uranium naturel en uranium 235 pour l'utiliser comme combustible nucléaire. Si l'on fait une analyse isotopique de cet uranium enrichi avant de le brûler dans un réacteur nucléaire, on trouve bien entendu un rapport anormalement élevé comparé à l'uranium naturel. La même analyse après la combustion nucléaire fournira un rapport anormalement bas.

La composition isotopique raconte donc non seulement comment un élément a été fabriqué, mais aussi quelle a été sa vie. Si l'analyse isotopique permet de trouver une anomalie, c'est la preuve qu'un événement s'est produit lors de la formation ou de la vie d'un échantillon. Cette analyse isotopique, c'est-à-dire la mesure de la proportion de chaque isotope dans un échantillon donné, est l'outil majeur des météoriticiens. Elle nous raconte l'histoire de la matière.

À la fin des années 1970, ils se sont dotés d'un outil qui allait révolutionner l'analyse des météorites, la sonde ionique mise au point par des physiciens français. Le principe en est simple. Un faisceau d'ions bombarde la surface à analyser et en arrache les atomes. Ces atomes sont triés à travers un spectromètre de masse et l'on obtient aussi bien la composition chimique qu'isotopique. Cette technique très sensible permet de travailler sur des échantillons de quelques millièmes de millimètres. Après plusieurs progrès techniques qui ont amélioré la sensibilité de ces instruments, les découvertes affluent depuis la fin des années 1980.

ont été isolés. Ces poussières d'étoiles ont été condensées dans les vents stellaires d'étoiles géantes rouges ou encore dans le gaz éjecté lors des explosions de supernovae. Les compositions chimiques et isotopiques de ces grains diffèrent de celles de la matière solaire et nous racontent les processus physiques qui gouvernent l'évolution de ces étoiles. Les scientifiques peuvent analyser en laboratoire des échantillons d'étoiles loin de nous et formées dans un passé lointain.

La variété des rapports isotopiques d'oxygène, de silicium ou de titane d'un grain à l'autre indique que le système solaire a été alimenté en grains de poussière provenant d'un grand nombre d'étoiles différentes.

La poussière interplanétaire et les météores

La poussière interplanétaire provient des débris des collisions entre astéroïdes, du matériau perdu par les comètes, des particules éjectées de la surface des planètes et des satellites dépourvus d'atmosphère. Ces particules sont collectées par des sondes spatiales, par des avions stratosphériques, par des fusées, et étudiées en laboratoire. Ces particules se rassemblent dans un immense disque dans le plan de l'écliptique, plan de l'orbite des planètes, et sont responsables de la lumière zodiacale. Le système solaire nous apparaît comme un disque vu de l'intérieur par la tranche, un peu comme la Voie lactée. Des télescopes, munis de spectrographes ou de détecteurs de lumière polarisée, sont utilisés pour étudier ces poussières. Des modèles essaient de relier la quantité de poussières observées aux taux de production et de destruction de ces poussières.

Le terme météore se rapporte à la traînée lumineuse que fait un corps quand il rencontre l'atmosphère terrestre. Le public appelle cela une « étoile filante ». L'immense majorité des météores provient de poussières détruites quand elles heurtent l'atmosphère terrestre. Seuls les corps les plus gros ne sont pas totalement détruits par le frottement de l'atmosphère et produisent une météorite qui parvient à la surface terrestre. L'observation des météores permet de savoir d'où ils viennent. De temps en temps, une pluie de météores heurte la Terre. On peut alors calculer leur orbite et on trouve que ces pluies sont associées à des comètes précises, certaines ayant été détruites, leur matériau continuant à tourner autour du Soleil.

L'étude de ces météores devrait nous permettre non seulement de trouver leur source, mais aussi de mieux comprendre l'entrée dans l'atmosphère terrestre du matériau extraterrestre.

Plus gros que les poussières et plus petits que les planètes, une multitude de petits corps, anneaux, petits satellites, comètes ou astéroïdes, gravitent dans le système solaire. Il est clair que ces petits corps ont conservé de nombreuses informations sur nos origines, contrairement aux planètes qui ont subi trop de transformations depuis leur naissance. Comme nous venons de le voir, seules les météorites nous permettent d'analyser des échantillons de ces petits corps. À l'exception de la Lune, il n'est pas encore possible d'aller recueillir sur place des échantillons, de noter dans quel environnement ils se trouvent et de les analyser en laboratoire. De telles missions devraient partir dès le début du XXIe siècle, en particulier vers Mars et vers une comète. En attendant, les études spectrographiques nous fournissent des informations précieuses. Nous reparlerons des anneaux au chapitre suivant.

Les astéroïdes

De la même manière que les scientifiques ont besoin de fossiles aussi anciens que possible pour comprendre l'apparition de la vie sur Terre et son évolution, les astronomes recherchent des corps qui se sont formés au début de l'histoire du système solaire et qui ont conservé quelques informations sur ces premiers instants. Pour des raisons historiques et de circonstances de leur découverte, les astronomes divisent ces corps en deux catégories : les astéroïdes et les comètes.

Les astéroïdes sont de petits corps rocheux contenant très peu d'éléments volatils, formés relativement près du Soleil, là où la température est élevée. Les comètes sont de petits corps glacés contenant de l'eau et d'autres éléments volatils, elles ont été formées plus loin du Soleil. Quand elles s'approchent du Soleil, une atmosphère temporaire apparaît et une queue étendue de gaz et de poussières se développe. Quand elles passent près de la Terre, leur aspect peut être très spectaculaire. Il y a en fait continuité entre les astéroïdes et les comètes, et les astronomes découvrent actuellement de nombreux corps intermédiaires.

Depuis la découverte de Cérès par Piazzi en janvier 1801, plus de dix mille astéroïdes ont été identifiés, leur orbite déterminée, et des noms leur ont été attribués. Après avoir utilisé les noms des déesses des mythologies grecque et latine, puis de nombreux prénoms féminins (femmes, maîtresses, personnalités...), les astronomes utilisent maintenant les noms de collègues qui ont eu la chance d'apporter une contribution à ce domaine. Par exemple, l'astéroïde 4838, situé à quatre cent vingt millions de kilomètres du Soleil, porte le nom de l'auteur de ce livre.

La majorité des astéroïdes se trouve entre les orbites de Mars et de Jupiter, mais beaucoup d'entre eux coupent les orbites des planètes et finiront probablement leur vie le jour où ils rentreront en collision avec l'une d'entre elles. Les astronomes pensent qu'il existe plusieurs centaines de milliers d'astéroïdes. Un certain nombre se trouve au-delà de l'orbite de Neptune au sein de ce qui est appelé maintenant la « ceinture d'Edgeworth-Kuiper », du nom des astronomes pionniers de ce domaine. L'utilisation de détecteurs de plus en plus sensibles permet d'en découvrir chaque mois de nouveaux.

Pour la première fois, au cours des années 1990, des astéroïdes ont été survolés par une sonde spatiale. Gaspra, Ida et Mathilde qui, vus de la Terre, ne sont que des points de lumière, ont pu être observés en détail. Ils ont des formes irrégulières et sont criblés de cratères qui racontent leur histoire collisionnelle. Ida possède un petit satellite, Dactyl.

Les astéroïdes correspondent à du matériau qui ne s'est jamais rassemblé sous forme d'une planète, tout simplement parce qu'ils ont subi des collisions à des vitesses relatives élevées conduisant à des phénomènes de fragmentation et non d'accrétion. Les astronomes pensent que les planètes ont été formées à partir de corps semblables aux astéroïdes.

La visite de plusieurs astéroïdes et surtout le retour d'échantillons devraient permettre de mieux comprendre leur diversité. Contrairement à ce que certains avaient cru lors de leur découverte, les astéroïdes ne sont pas les restes d'une planète qui aurait explosé, mais des exemplaires du matériau à partir duquel les planètes se sont formées. Un peu comme des pierres qui seraient restées sur le chantier de construction d'une maison après les travaux, les astéroïdes et les comètes observés aujourd'hui nous fournissent des exemplaires du « matériau de construction » des planètes. Il reste à comprendre pourquoi ils n'ont pas été « utilisés ».

L'extraordinaire diversité des astéroïdes reste à expliquer. L'essentiel des informations que nous possédons provient de l'analyse de la lumière réfléchie par leur surface. Si leur intérieur était très différent de leur surface, il faudrait revoir nos idées sur les astéroïdes. Les missions spatiales prévues vers les astéroïdes ont pour but de déterminer leur composition, leur densité, de trouver trace des processus qui ont modelé leur surface et leur intérieur, de trouver s'ils possèdent un champ magnétique et de comprendre leur histoire collisionnelle.

Les comètes

L'apparition inattendue de comètes aux longues queues spectaculaires a toujours excité l'imagination des hommes. Elles ont souvent été considérées comme effrayantes ou de mauvais augure. Leur étude est exemplaire, elle illustre comment les hommes sont passés de superstitions ridicules à un examen rationnel. Le noyau de la comète de Halley a été survolé au mois de mars 1986. Les astronomes ont maintenant compris que des milliards de comètes tournent autour du Soleil et que chacune est un morceau de la nébuleuse primitive qui s'est condensée il y a quatre milliards et demi d'années.

Le noyau de la comète de Halley a un volume d'environ 600 km^3. Deux éruptions sont visibles sur la face éclairée, du gaz chauffé par la lumière solaire est éjecté. Avec une densité de l'ordre de 1, sa masse est donc de l'ordre 6×10^{14} kg, soit 10^{-10} masse terrestre. Si ce noyau est typique, la masse totale du nuage d'Oort qui rassemble toutes les comètes de notre système solaire devrait être de l'ordre de mille fois la masse de la Terre, soit supérieure à la masse de toutes les planètes.

Au cours de la première moitié du XXIe siècle, plusieurs sondes spatiales devraient avoir rendez-vous avec des noyaux cométaires, les analyser et rapporter sur Terre des échantillons. Nous pourrons alors étudier à loisir ce que les astronomes considèrent comme des morceaux intacts de la nébuleuse primitive.

Les comètes sont composées à 80 % d'eau et contiennent des molécules volatiles comme l'oxyde de carbone, CO, ou le sulfure d'hydrogène, H_2S. Ceci indiquent qu'elles se sont condensées à des températures très basses de quelques dizaines de degrés au-dessus du zéro absolu. Les astronomes discutent actuellement pour savoir si ces comètes ont conservé des grains présolaires, ou bien si le matériau a été profondément transformé et a perdu la mémoire de ses origines interstellaires. Il semble que la première hypothèse soit la bonne. Les analogies entre la composition des glaces cométaires et des glaces interstellaires semblent plaider dans cette direction. La composition gazeuse des comètes et celle des régions chaudes du milieu interstellaire sont très similaires. Les grains cométaires semblent eux aussi avoir une composition semblable à celle des grains interstellaires. Les glaces qui composent les comètes observées, comme Hyakutake en 1996, semblent avoir été formées dans le nuage protosolaire avant l'apparition de la nébuleuse.

Par contre, les silicates cométaires, observés en infrarouge par un satellite européen, sont constitués d'olivine cristalline, riche en magnésium, comme on en trouve dans les volcans terrestres. De tels silicates cristallins sont aussi observés dans des disques circumstellaires où l'on soupçonne la présence de systèmes planétaires jeunes. Ces silicates cristallins sont formés à des températures supérieures à mille degrés. Les comètes contiendraient donc à la fois des matériaux synthétisés dans le milieu interstellaire froid et d'autres provenant des parties internes chaudes de la nébuleuse primitive. Il faudra attendre le retour d'échantillons prélevés directement dans des noyaux cométaires par les missions spatiales qui se préparent pour savoir si ces noyaux cométaires sont bien des morceaux demeurés intacts de la nébuleuse primitive ou bien s'ils ont connu une histoire compliquée.

La composition chimique du système solaire

Alors qu'il y a un peu moins d'une centaine d'éléments dans l'Univers, une dizaine jouent un rôle essentiel. Ce sont l'hydrogène, l'hélium, l'oxygène, le silicium, le fer, le magnésium, le carbone, l'azote, le sodium, le potassium, le soufre et le phosphore. Que l'on décrive les planètes, les étoiles ou la vie, on retrouve ces mêmes éléments. Leurs combinaisons multiples sont responsables d'une grande variété de molécules, de formes, de cristaux, etc. Aucune planète n'est faite d'uranium pur, d'or massif ou de platine. La manière dont les atomes sont fabriqués permet d'expliquer pourquoi une dizaine d'entre eux jouent un rôle majeur. Les autres ont des composants mineurs dont l'abondance se mesure en partie par millions, voire par milliards.

Jupiter et Saturne sont composées pour l'essentiel d'hydrogène et d'hélium. Ces planètes ont approximativement la même composition que le Soleil et les étoiles. Tous les autres membres du système solaire présentent, à un degré ou un autre, un déficit en éléments légers. Un examen de la composition des corps solides du système solaire montre une variation régulière des corps rocheux riches en métaux des planètes internes jusqu'aux corps riches en glaces du système solaire externe. Les comètes et les corps de la ceinture de Kuiper sont des corps glacés, tandis que les astéroïdes sont des corps intermédiaires qui contiennent des roches et des matériaux sombres, riches en carbone.

La variation de composition chimique d'un objet à l'autre du système solaire est interprétée comme une séquence dépendant de la température, les éléments volatils ne pouvant pas se condenser en corps solides près du Soleil, là où la température est élevée. Certains se demandent même si l'eau présente sur Terre et sur Mars n'a pas été apportée de l'extérieur du système solaire, la température au niveau de la Terre étant trop élevée pour que la glace d'eau se condense.

L'efficacité des réactions chimiques dépendant fortement de la température, l'analyse de la composition précise des corps du système solaire donne des contraintes observationnelles précieuses sur leur température initiale et la distance au Soleil au moment de leur formation.

On distingue trois groupes d'éléments dominants : tout d'abord l'hydrogène et l'hélium, puis le quatuor carbone, azote, oxygène et néon et huit autres éléments : le sodium, le magnésium, l'aluminium, le silicium, le soufre, le calcium, le fer et le nickel. Tous les autres éléments sont beaucoup moins abondants.

Hormis l'hydrogène et l'hélium qu'on trouve en abondance dans les planètes géantes et qui sont en faible quantité dans les planètes telluriques, on pourrait penser que les autres éléments sont dans des proportions voisines au sein de toutes les planètes. En fait, il n'en est rien et les planètes telluriques et géantes se distinguent aussi par les proportions relatives des éléments autres que l'hydrogène et l'hélium.

La composition chimique globale des planètes peut être connue grâce à la mesure de la densité moyenne. Cette composition semble fonction de la distance au Soleil et donc de la température. Au voisinage du Soleil, là où il fait le plus chaud, les éléments les plus légers tels que l'hydrogène et l'hélium n'ont pu subsister. Ils manquent effectivement dans les planètes terrestres tandis qu'ils constituent l'essentiel de Jupiter et de Saturne qui ont, en première approximation, une composition semblable à celle du Soleil. Les planètes terrestres contiennent essentiellement du fer, des silicates et de l'oxygène tandis qu'Uranus et Neptune ont une légère déficience en hydrogène et en hélium.

Si les planètes s'étaient condensées directement à partir de la nébuleuse protosolaire, elles auraient la même composition chimique que celle de cette nébuleuse, c'est-à-dire la même composition chimique que le Soleil. Elles contiendraient essentiellement de l'hydrogène et de l'hélium. Derrière ces deux éléments, les éléments les plus abondants seraient le carbone, l'oxygène, surtout sous forme d'eau, et l'azote.

Les atmosphères des planètes géantes

Si les atmosphères des planètes géantes ont été formées à partir du gaz de la nébuleuse protosolaire, elles ont peut-être conservé des informations sur les conditions initiales. Les chercheurs analysent la proportion relative dans ces atmosphères, d'une part, d'hydrogène et de deutérium et, d'autre part, d'hydrogène et d'hélium.

Certains se demandent si les planètes géantes sont issues de la contraction d'une immense masse gazeuse ou bien si elles ont capturé du gaz de la nébuleuse primitive après la formation d'un noyau. Les modèles prédisent un excès de carbone, d'azote et d'oxygène par rapport à la composition de la nébuleuse dans le cas du second scénario. C'est ce que semblent indiquer les observations.

La composition des atmosphères des planètes géantes diffère, par certains côtés, de celle de la nébuleuse protosolaire. Elles présentent toutes un excès de carbone. Jupiter et Saturne contiennent relativement plus d'azote que la nébuleuse, Saturne plus de phosphore et Uranus plus de deutérium. L'abondance d'hélium est égale à la valeur solaire dans la haute atmosphère d'Uranus, mais présente un déficit dans celle de Saturne et de Jupiter.

Pour l'instant, toutes ces observations sont compatibles avec le modèle de formation par accrétion d'un noyau qui aurait ultérieurement capturé du gaz de la nébuleuse primitive, ou avec un modèle d'effondrement direct d'une protoplanète géante qui aurait été, par la suite, bombardée par des petits corps semblables à ceux qui semblent responsables de la formation de la Terre et des planètes internes.

La mesure des rapports isotopiques lithium-silicium et deutérium-hydrogène a permis de comprendre que les planètes avaient été formées à partir d'un milieu froid et non d'un milieu chaud comme l'intérieur d'une étoile, et a permis de rejeter la théorie de formation du système à partir d'un filament arraché au Soleil lors du passage proche d'une étoile. L'observation du deutérium donne aussi des informations précieuses grâce à la réaction : $HD + H_2O \rightarrow HDO + H_2$. Quand la température diminue, l'efficacité de cette réaction diminue, c'est-à-dire que le rapport de la quantité de HDO/H_2O diminue. L'enrichissement en deutérium de différents objets nous renseigne donc sur leur température de formation.

Certains auteurs ont imaginé que le Soleil aurait capturé de la matière interstellaire au cours de son voyage dans la Galaxie pour former une nébuleuse après la formation du Soleil lui-même. En fait, d'une part, l'estimation de l'âge du cortège planétaire est la même que celle du Soleil, d'autre part, ce mécanisme paraît peu efficace. Tout cela semble bien indiquer que le Soleil et les planètes ont été formés à partir du même nuage primitif, les planètes correspondant à la condensation des zones extérieures les plus froides de la nébuleuse.

La présence d'aluminium radioactif au tout début de l'histoire du système solaire, telle qu'elle a été révélée par l'analyse de météorite comme celle d'Allende, fournit une source de chaleur importante dans le système solaire primitif et permet probablement d'expliquer pourquoi la différenciation est intervenue aussi rapidement.

CHAPITRE V

Le ballet des astres

Valse lente dans un monde plat

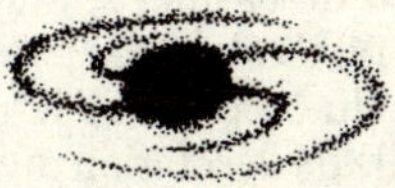

« [...] sous un ciel toujours nébuleux et privé d'astres, la Terre elle-même eût été pour nous éternellement inintelligible ; [...] ne connaissant pas le monde, nous n'aurions pu l'asservir. »

Henri POINCARÉ.

« Le plus grand phénomène de la Nature, le plus merveilleux, est le mouvement. »

Pierre MOREAU DE MAUPERTUIS.

Après avoir discouru pendant des siècles pour savoir si la Terre était au centre du monde ou bien si elle tournait autour du Soleil, les hommes savent maintenant que tous les astres du système solaire, planètes, astéroïdes ou comètes, font la ronde autour du Soleil. Ce ballet bien ordonné semble éternel et compris une fois pour toutes depuis que Newton a dévoilé les lois de la gravitation universelle. En y regardant de plus près, nous réalisons que nous sommes loin d'avoir parfaitement compris les mouvements de tous ces corps et que leur étude peut nous apporter beaucoup d'informations sur nos origines. Malgré plusieurs siècles d'efforts, la mécanique céleste traditionnelle ne nous a en effet pas tout révélé.

Dans leur mouvement, certains astres ont conservé des informations sur l'endroit où ils ont été formés et sur les conditions qui régnaient alors. Le développement des moyens modernes d'observation et le lancement de robots aux quatre coins du système solaire nous ont permis d'acquérir des informations si précises sur le mouvement des corps célestes que des phénomènes nouveaux ont été découverts au cours des années 1980 et 1990.

Si la position des planètes et de tous les astres du système solaire avait été initialement tirée au sort un peu comme dans un jeu de casino, le système solaire ne ressemblerait pas à ce qu'il est de nos jours. Les planètes tournent toutes autour du Soleil dans la même direction, qui est la même que celle de la rotation du Soleil sur lui-même. Elles tournent toutes pratiquement dans le même plan qui est confondu avec le plan de l'équateur du Soleil.

Passer en revue tous ces mouvements et tous les indices qu'ils recèlent serait vite fastidieux, et, comme dans les chapitres précédents, nous nous contenterons de quelques exemples. Trois d'entre eux sont particulièrement frappants :

— Les planètes se déplacent toutes dans un même plan.

— Le Soleil tourne lentement sur lui-même, et les planètes très vite autour de lui.

— Certains corps sont condamnés à se déplacer dans un espace restreint comme s'ils étaient confinés dans un petit territoire.

Si les planètes avaient été formées indépendamment les unes des autres en différents endroits autour du Soleil ou bien si elles avaient été capturées par le Soleil dans sa course autour du centre de la Galaxie, nous observerions un nuage de planètes autour du Soleil un peu comme il existe un nuage d'électrons autour d'un atome. En fait, le cortège des électrons autour du noyau d'un atome ne ressemble pas du tout au système solaire, contrairement à ce qui est souvent dit. Le système solaire est plat ! Les planètes tournent dans un disque autour du Soleil. C'est une information précieuse sur nos origines !

Si le Soleil était directement issu d'un morceau de matière interstellaire qui se serait effondré sur lui-même, il devrait faire un tour en quelques heures, soit des centaines de fois plus vite que de nos jours. Il faut près d'un mois au Soleil pour tourner sur lui-même au point où plus de 99 % de la « quantité de rotation [1] » du système solaire se trouve dans les planètes alors que plus de 99 % de la masse est dans le Soleil. Cette répartition étonnante a fait rejeter pendant plus de cent cinquante ans à l'école anglaise d'astronomie l'idée que le Soleil et les planètes étaient issus d'une même nébulosité, et adopter la théorie d'une formation catastrophique où un morceau de matière aurait été arraché au Soleil par une étoile qui l'aurait frôlé.

Les découvertes des années 1880 d'arcs et d'annelets minces au sein des anneaux des planètes ont beaucoup surpris les spécialistes de l'étude des mouvements des corps célestes. Le seul moyen d'expliquer ces structures est d'imaginer que des forces de confinement sont à l'œuvre et que ces arcs et annelets sont repoussés de chaque côté par des satellites voisins. Si de tels phénomènes de confinement et de répulsion existent vraiment, ce que les astronomes espèrent bien vérifier dans les vingt ans qui viennent grâce aux sondes spatiales qu'ils ont programmées, il paraît fort probable qu'ils ont joué un rôle majeur lors de la formation des planètes.

Voyons tout cela d'un peu plus près.

Le disque des planètes

De Vénus à Neptune, toutes les planètes sont pratiquement situées dans le plan équatorial du Soleil. Leurs plans orbitaux sont inclinés de moins de 3,5° par rapport au plan de l'écliptique défini comme étant le plan de l'orbite de la Terre autour du Soleil. L'inclinaison des deux planètes extrêmes, Mercure et Pluton, est plus importante. Elle est respectivement de 7° et de 17,2° par rapport au plan de l'écliptique. Pour beaucoup d'astrophysiciens, Pluton est

1. Les physiciens utilisent la notion de moment cinétique qui est le produit de la masse par la vitesse et par la distance d'un corps au centre. Le moment cinétique est, pour un mouvement de rotation, l'équivalent de la quantité de mouvement pour un mouvement de translation.

un gros astéroïde, membre de la ceinture d'Edgeworth-Kuiper, plutôt qu'une petite planète.

Toutes les planètes tournent autour du Soleil dans le même sens que le Soleil tourne sur lui-même et, à l'exception de Pluton, elles se déplacent toutes dans le même plan, qui est le plan de l'équateur du Soleil. Cette contrainte, connue depuis Copernic, peut être aisément vérifiée par chacun d'entre nous. Les planètes ne sont pas visibles n'importe où dans le ciel. Sur la sphère céleste, elles sont toujours situées dans l'écliptique, intersection entre le plan de leur orbite et la sphère céleste. Ces planètes tournent « rond », elles ont des trajectoires bien régulières : ce sont, en première approximation, des cercles centrés sur le Soleil et situés dans le plan équatorial du Soleil.

Tous ceux qui ont joué avec une fronde dans leur jeunesse savent que la pierre part bien dans le plan de rotation de la fronde. Tous ceux qui s'intéressent à l'astronautique savent qu'il faut se placer aussi près que possible de l'équateur pour lancer une fusée avec le minimum d'énergie et profiter du mouvement de rotation de la Terre. Cela demande énormément d'énergie de changer de direction dans un mouvement de rotation.

Changer le plan de l'orbite d'un astre n'est pas chose aisée. Les planètes tournent probablement dans le même plan depuis leur formation.

Le fait que les planètes soient dans le même plan signifie que, juste avant leur formation, un disque continu de matière s'est formé autour du Soleil, aucun mécanisme n'étant en effet assez efficace pour les ramener toutes dans le même plan. Cette régularité des orbites planétaires nous indique que les planètes sont nées par condensation de matière dans un disque protoplanétaire qui a existé avant leur formation. Il nous reste à comprendre comment ce disque s'est formé et comment le matériau en son sein s'est fragmenté en planètes. Nous y reviendrons au chapitre VIII.

Les disques dans l'Univers

Cette structure en forme de disque est commune dans l'Univers. Les satellites autour des planètes géantes forment aussi un système plat. Les anneaux des planètes sont un remarquable exemple de disque. Notre Voie lactée et 70 % des galaxies sont des disques avec un renflement central. Les trous noirs, les étoiles à neutrons, les noyaux des galaxies et d'autres objets compacts sont entourés de disques de matière, appelés par les astronomes « disques d'accrétion ». Depuis les années 1980, les observateurs ont découvert que les étoiles en formation et les étoiles les plus jeunes étaient entourées d'un disque de matière.

Hormis quelques objets de forme irrégulière, pratiquement tous les astres sont soit sphériques, c'est le cas des étoiles ou des amas globulaires, soit aplatis, c'est le cas de tous les autres. Pourquoi les disques sont-ils aussi nombreux dans l'Univers ? La réponse a probablement été apportée par Henri Poincaré, au début du XXe siècle, bien avant que tous ces disques ne soient connus. Le secret de fabrication d'un disque réside dans un mot : le frottement que les physiciens appellent « viscosité » ou « collisions ».

Pour comprendre comment un disque peut être formé, reprenons une image développée par Poincaré. Imaginons un ensemble à trois dimensions de « boules de billard » tournant autour d'une masse centrale et soumises à la seule loi de la gravitation. De temps en temps, ces boules de billard se cognent et rebondissent les unes contre les autres. À chaque collision, les boules perdent un peu d'énergie, c'est-à-dire que l'énergie de leur mouvement est utilisée pour déformer les boules ou bien est transformée en chaleur.

Ce système, comme tous les systèmes physiques, est initialement animé d'un mouvement de rotation, si faible soit-il, sinon il s'effondrerait sur lui-même ou bien il exploserait. L'ensemble étant supposé isolé, son axe de rotation, qui n'est autre que la moyenne de tous les axes de rotation de chaque boule de billard dans son mouvement autour de la masse centrale, est fixe dans l'espace. Deux boules de billard, qui se déplacent dans un plan perpendiculaire à cet axe, vont avoir tendance à être animées de mouvements semblables, et leur vitesse relative sera en général faible. Deux boules de billard, qui se déplacent dans un plan contenant l'axe de rotation moyen, vont avoir des mouvements relatifs plus désordonnés, et leur vitesse relative sera en général élevée. La collision entre les deux premières sera douce, et peu d'énergie sera perdue. La collision entre les deux autres sera plus violente, et une grande quantité d'énergie sera perdue. Selon l'inclinaison des plans orbitaux des deux boules de billard subissant une collision par rapport à l'axe moyen de rotation, plus ou moins d'énergie sera perdue dans une collision.

Appelons « plan vertical » tout plan contenant l'axe de rotation du système et « plan horizontal » le plan perpendiculaire. Le fait de perdre de l'énergie dans une collision a tendance à rapprocher les corps concernés du centre. La perte d'énergie étant beaucoup plus forte dans la direction verticale que dans la direction horizontale, le système de boules de billard va s'aplatir beaucoup plus qu'il ne va se contracter. Ce raisonnement qualitatif est bien vérifié quand on entreprend une simulation numérique.

Cet ensemble de boules de billard est une excellente représentation de systèmes physiques variés, qu'il s'agisse de corps distincts les uns des autres se cognant au gré de leur mouvement ou bien d'immenses nuages de gaz frottant les uns contre les autres. Quand on observe un système aplati, on peut en déduire que le frottement ou les collisions ont été responsables de l'aplatissement. Malgré les énormes différences d'échelle, la comparaison des divers disques dans l'Univers nous permet de mieux comprendre leur structure et leur évolution.

Les disques de satellites des planètes géantes

Les quatre planètes géantes sont toutes entourées d'un système régulier de satellites en orbite dans le plan équatorial de ces planètes, tournant sur une trajectoire circulaire dans le même sens que la planète sur elle-même. Chacun de ces systèmes réguliers de satellites ressemble beaucoup à un système solaire en réduction. On peut imaginer qu'un disque continu de matière dans le plan équatorial des jeunes planètes géantes a été le prélude aux systèmes de satellites observés de nos jours.

On peut se demander si les systèmes de satellites des planètes géantes sont de petits systèmes solaires en réduction. La majorité des satellites de Jupiter, de Saturne, d'Uranus et de Neptune tournent en effet dans le même sens et dans le plan équatorial de la planète. La densité des planètes terrestres décroît avec la distance au Soleil. De même, la densité des gros satellites de Jupiter, appelés « satellites galiléens » du nom de leur découvreur, décroît avec la distance à Jupiter. Cela évoque le fait que le disque primitif était plus chaud au centre qu'à la périphérie et que les éléments les plus légers, plus volatils, se sont évadés au moment de la formation. En fait, la température joue un rôle moins important dans le cas des satellites. En effet, la différence de température d'un satellite à l'autre est moindre que d'une planète à l'autre.

L'existence d'un disque de satellites réguliers suggère qu'une nébuleuse protoplanétaire a existé avant la formation de la planète et des satellites. Le centre a donné naissance à une planète géante, et la périphérie aux satellites. Nous reviendrons sur les autres satellites au chapitre IX.

Les anneaux des planètes

Les quatre planètes géantes du système solaire sont toutes entourées d'anneaux. Ceux de Saturne sont les plus spectaculaires et ont été observés pour la première fois en 1610 par Galilée. Ceux d'Uranus, de Jupiter et de Neptune n'ont été découverts respectivement qu'en 1977, 1979 et 1984. Ces quatre systèmes d'anneaux présentent eux aussi une grande diversité. Leur existence est une conséquence directe des effets de marée, qui interdisent à un gros satellite d'exister au voisinage immédiat d'une planète sinon il serait brisé, et des collisions qui conduisent à la formation d'un disque dans le plan équatorial de la planète.

Nul ne sait si les anneaux ont le même âge que le système solaire ou bien s'ils ont été formés plus récemment. Dans le premier cas, les anneaux contiendraient le matériau qui était proche de la planète et qui n'a pas pu se rassembler en un satellite. Dans le second cas, un satellite aurait été brisé en s'approchant de la planète ou du matériau météoritique aurait alimenté les anneaux. Mais, quelles que soient les conditions de leur formation, les anneaux ressemblent par beaucoup de côtés au disque protoplanétaire avant la formation des planètes. Les particules des anneaux sont probablement différentes du matériau qui constituait le disque protoplanétaire, mais, en observant les anneaux, les astronomes ont l'occasion d'étudier des phénomènes qui ont dû jouer un rôle important au moment de la formation des planètes.

De la même manière que les collisions et le frottement ont formé le disque des planètes, les mêmes phénomènes sont à l'origine de l'apparition des disques des anneaux. Contrairement à ce qu'on imaginait avant de survoler les anneaux des planètes au cours des années 1980, ils présentent un grand nombre de structures complexes qui sont loin d'être expliquées. En particulier, l'observation de milliers d'annelets à bords nets ainsi que d'arcs de matière au sein des anneaux suggère fortement l'existence de mécanismes de répulsion et de confinement. Nous y revenons un peu plus loin.

Les disques galactiques

On observe que les trois quarts des galaxies ont une forme de disque. Le meilleur exemple est celui de notre propre Galaxie. Les collisions entre les nuages de gaz de la Galaxie ont aplati un système qui, dans son enfance, avait une forme irrégulière et ressemblait à ce que les physiciens appellent par dérision un « patatoïde », une sorte d'immense patate. Il reste des traces de ce passé lointain de notre Galaxie. Des amas globulaires, ensembles de plusieurs centaines de milliers d'étoiles, se sont formés dès le début de l'existence de la Galaxie à partir de la condensation de nuages de gaz interstellaire. À partir du moment où la matière est sous forme d'étoile et non plus sous forme de nuages de gaz, elle est rassemblée sous un faible volume, et ses chances de collision avec le milieu environnant sont quasiment nulles. Les amas d'étoiles formés au début de l'histoire de la Galaxie conservent la trajectoire qu'ils avaient au moment de leur formation, alors que le matériau resté sous forme de gaz continue à heurter d'autres nuages de gaz et à frotter avec le milieu environnant, et donc à s'aplatir. Ces amas sont un peu les buttes témoins de l'histoire passée de notre Galaxie, comme on en trouve dans le canyon du Colorado ou dans les gorges du Verdon. Le disque de notre Galaxie et sa cour d'amas d'étoiles formant un sous-système à trois dimensions aux alentours nous racontent l'histoire de l'aplatissement de la Voie lactée.

Sans faire preuve d'une imagination débordante, on ne peut s'empêcher de faire un parallèle entre l'aplatissement de la Voie lactée et la nébuleuse protosolaire. De la même manière que les collisions entre les nuages de gaz de la Galaxie dans son enfance ont formé ce disque, le frottement du gaz et des poussières, les collisions, la viscosité ont probablement formé le disque de la nébuleuse protosolaire au sein de laquelle, plus tard, les planètes allaient être formées. Il est frappant de constater qu'à des échelles bien différentes une galaxie, qui est un milliard de fois plus grande que le système solaire, est soumise aux mêmes phénomènes physiques. C'est une belle illustration de l'universalité des lois de la physique. Quelle que soit l'échelle d'un système, le frottement, la viscosité, les collisions sont à l'origine de la formation des disques. Ces disques ont joué un rôle important à plusieurs moments dans l'histoire de nos origines.

Les disques d'accrétion

Une des découvertes majeures de l'astrophysique de la fin du XXe siècle est celle d'objets compacts, trous noirs, étoiles à neutrons, noyaux de galaxies, etc., où la matière atteint des densités totalement inimaginables sur Terre. Par exemple, dans un trou noir, un volume de la taille d'une cuillerée à café peut atteindre une masse supérieure à plusieurs millions de milliards de tonnes. Ces objets, dont les astronomes soupçonnaient l'existence depuis longtemps, sont particulièrement difficiles à observer. Par définition, rien ne peut sortir d'un trou noir, même pas la lumière. Il serait troublant de voir un tel objet !

Pour étudier ces objets compacts, les observateurs ont trouvé une méthode indirecte qui consiste à observer leurs alentours immédiats. Leur masse est si importante qu'ils attirent toute la matière qui se trouve dans leur voisinage. La quantité de matière attirée est si grande qu'elle ne tombe pas directement sur l'objet central. De la même manière que l'eau qui s'écoule dans une baignoire ou dans un lavabo ne tombe pas directement dans la bonde, mais tourbillonne autour du trou d'évacuation avant de disparaître, le matériau capturé par un trou noir se rassemble en un disque avant de tomber dans le trou noir. Le frottement du matériau attiré par le trou noir conduit, là aussi, à la formation d'un disque. Le comportement de ce disque donne beaucoup d'informations sur l'objet central autour duquel il tourne. Les trous noirs sont de véritables Gargantuas. On ne peut pas les voir directement, mais on assiste à leur repas, et chacun sait que les habitudes alimentaires donnent beaucoup de renseignements sur les convives !

Le frottement au sein de ces disques d'accrétion est si intense que des sources de chaleur apparaissent au sein de ces disques, émettant un puissant rayonnement dans le domaine des rayons X. Le développement de l'astronomie X a permis de découvrir et d'étudier une multitude de disques d'accrétion autour d'objets aussi variés que des trous noirs, des étoiles à neutrons ou encore des noyaux de galaxies. Les dimensions et les caractéristiques physiques de ces disques sont évidemment très différentes d'un objet à l'autre, mais tous ces disques ont quelques points communs, et quelques phénomènes physiques fondamentaux, comme la viscosité, commandent leur comportement.

Du disque protoplanétaire aux disques d'accrétion en passant par les anneaux des planètes, on retrouve l'universalité des lois de la physique à des échelles bien différentes.

Le disque de l'étoile β Pictoris

En 1983, le satellite *IRAS*[1] d'observation dans le domaine infrarouge avait détecté des excès de brillance autour de plus de 10 % des étoiles observées. Ces excès de luminosité infrarouge ont été immédiatement attribués à la présence de nuages de poussières autour de ces étoiles. Parmi celles-ci, il y avait l'étoile β de la constellation du Chevalet du peintre (*β Pictoris* en latin), qui est une étoile brillante, visible à l'œil nu dans l'hémisphère Sud. En 1984, les astronomes Smith et Terrile ont, pour la première fois, photographié un disque autour de cette étoile. Ce disque apparaît vu par la tranche, c'est pourquoi on peut le voir aisément. Il ressemble aux anneaux de Saturne vus de profil au moment où la Terre passe à travers le plan de ces anneaux, ce qui se produit environ tous les quinze ans. Ce disque est-il un système solaire en formation ? Est-il au contraire un disque qui n'a jamais donné naissance à un système de planètes ? Ou bien n'a-t-il rien à voir avec notre système ?

Depuis, ce disque a été intensivement observé dans toutes les longueurs d'onde. Il s'étend à plus de mille cinq cents unités astronomiques de l'étoile, il est composé de

1. Ce « satellite astronomique infrarouge » (*Infra Red Astronomical Satellite*, en anglais, d'où le sigle *IRAS*), construit par les États-Unis, l'Angleterre et la Hollande, a effectué au début des années 1980 une première exploration du ciel infrarouge. Le satellite européen *ISO* (pour *Infra Red Satellite Observatory*) a observé le ciel infrarouge avec une précision cent fois meilleure entre 1996 et 1998.

gaz et de poussières, et sa masse est de l'ordre de deux cents fois celle de la Terre. Sa structure est telle que les astronomes soupçonnent la présence de planètes autour de cette étoile β Pictoris et tentent d'observer leurs éventuelles perturbations sur le disque. Certains ont même proposé qu'une nuée de comètes perturbées par la présence de planètes géantes tombait sans cesse sur l'étoile en se volatilisant. Ce modèle testé par de multiples simulations numériques est actuellement confronté aux observations afin d'être renforcé ou rejeté. Des poussières, d'une taille typique de quelques dizaines de microns, ont été détectées. Comme les physiciens Poynting et Robertson l'ont démontré dans la première moitié du XXe siècle à propos du système solaire, le rayonnement de l'étoile centrale élimine rapidement une population de si petites particules. Puisqu'un grand nombre est actuellement observé, il doit exister une population de gros corps qui produit toutes ces poussières.

Certains, dans leur enthousiasme, ont même imaginé que des planètes étaient actuellement en train de se former au sein de ce disque. Ce n'est pas impossible, mais cela paraît hautement spéculatif. En effet, comme nous le verrons dans le prochain chapitre, la formation des planètes est un processus très rapide. Compte tenu de l'âge de l'étoile β Pictoris, ce processus, s'il a eu lieu, devrait être terminé. Il apparaît peu probable que les planètes aient attendu que les hommes observent cette étoile pour commencer à se former !

Même si β Pictoris n'est pas la copie conforme de notre système solaire dans son enfance, les astronomes caressent toujours l'espoir d'observer en direct la formation des planètes et des étoiles. Compte tenu des nouvelles techniques mises récemment au point, il semble bien que ce qui n'était jusqu'alors qu'un rêve soit en passe de devenir une réalité.

Les disques circumstellaires

Pendant plusieurs années, le disque β Pictoris a fait figure d'exception. Le fait qu'il soit vu par la tranche le rend en effet particulièrement bien visible. Depuis le début des années 1990, des disques ont été observés autour de plusieurs étoiles. Des disques circumstellaires, qui semblent proches de celui de l'étoile β Pictoris, ont été détectés en particulier autour de trois autres étoiles : α Lyre, c'est-à-dire Véga, ε Eridani et α de la constellation du Poisson, c'est-à-dire Fomalhaut. Pour l'instant, on ne sait pas si ces disques ont quelque chose à voir avec le disque protoplanétaire qui semble avoir existé autour du jeune Soleil. Ces étoiles ont en effet un âge de l'ordre de quelques centaines de millions à quelques milliards d'années, et il est probable que leurs planètes, si elles existent, ont été formées au tout début de leur histoire. Les disques protoplanétaires, s'ils ont été présents dans le passé, devraient donc avoir disparu depuis longtemps.

Par contre, un cas beaucoup plus intéressant a été trouvé dans la quête de nos origines. L'étoile HL de la constellation du Taureau, HL Tauri, a moins de trois millions d'années, ce qui est très jeune pour une étoile, et elle est entourée d'un disque de gaz et de poussières. L'analyse spectrographique fait apparaître la présence des molécules d'oxyde de carbone CO, d'ammoniac NH_3 et d'eau H_2O, ainsi que celle de silicates. Le gaz situé dans ce disque a une forme allongée et il tourne autour de l'étoile en suivant les lois de Kepler. La masse de ce disque est de l'ordre d'un dixième de celle du Soleil. Ce disque-là ressemble peut-être beaucoup à celui qui a existé juste avant l'apparition des planètes autour du Soleil. Peut-être devrions-nous chercher nos origines du côté de HL Tauri plutôt que de β Pictoris.

Il semble bien que plus de la moitié des étoiles qui ont un âge inférieur à trois millions d'années sont entourées d'un disque de poussières et de gaz dont la taille est du même ordre de grandeur que celle du système solaire, et dont la masse est de l'ordre d'un centième à un dixième de la masse du Soleil. Par contre, l'excès d'émission infrarouge des étoiles plus âgées est nettement moindre, un peu comme si ces disques disparaissaient au-delà de quelques millions d'années. Ont-ils formé des planètes ? C'est la question à laquelle les astronomes espèrent répondre dans les années qui viennent.

Disques et jets autour des étoiles en formation

Au cours des années 1990, les astronomes sont en train de réaliser un vieux rêve, celui d'observer des étoiles en formation. Jusqu'à une époque récente, cela n'était pas possible, d'une part, parce que la période de formation d'une étoile et ce qui se passe dans son voisinage à ce moment-là sont d'une durée très courte par rapport à sa durée de vie, et, d'autre part, parce qu'une étoile naît au sein d'un nuage très poussiéreux et donc opaque au rayonnement visible. Le premier obstacle est dû au fait que la probabilité qu'une étoile soit dans sa tendre enfance au moment où on l'observe est faible, mais il peut être surmonté en observant plus particulièrement les endroits où de la matière interstellaire se condense pour former des étoiles, endroits qui sont de véritables maternités stellaires. Le second obstacle peut lui aussi être surmonté grâce à l'observation dans le domaine infrarouge qui vient de connaître un bond spectaculaire grâce en particulier au satellite européen *ISO*. Ce rayonnement n'est pas arrêté par des poussières de quelques microns de dimension et permet d'observer ce qui se passe aux premiers instants de la vie d'une étoile.

Parmi toutes les découvertes faites depuis la fin des années 1980 en ce domaine, deux ont bouleversé nos idées sur l'effondrement d'une étoile. Il semble bien qu'à la naissance d'une étoile soient associées, d'une part, la formation d'un disque et, d'autre part, l'éjection de jets. Jets et disques paraissent les compléments naturels des bébés étoiles. Nous en reparlerons dans le chapitre suivant. Contentons-nous pour l'instant de quelques remarques.

La présence de disques est de première importance. D'une part, ils jouent un rôle essentiel dans l'équilibre d'ensemble de la jeune étoile, un peu comme le balancier est nécessaire au funambule pour garder son équilibre. D'autre part, la présence d'un tel disque amène immédiatement à se poser la question de savoir s'il va systématiquement donner naissance à un cortège de planètes ou bien s'il faut rassembler un ensemble de conditions bien particulières pour former des planètes. En d'autres termes, un système de planètes est-il un sous-produit naturel de la formation d'une étoile ou bien est-il un monstre, sorte de raté de la nature ?

Il semble bien qu'un disque de poussières et de gaz apparaisse dans le plan équatorial de l'étoile en formation dès le début de l'effondrement. Chaque fois que le pouvoir de résolution des instruments est suffisant pour observer l'environnement de jeunes étoiles, on a découvert la présence de disques équatoriaux. Au cours de l'effondrement, la taille de la protoétoile diminue, le moment cinétique du système est conservé, et la vitesse de rotation de l'étoile augmente. La rotation rapide des régions équatoriales et le frottement au sein de la nébulosité en contraction provoquent la formation d'un disque. La présence de tels disques est un bon argument pour imaginer que les conditions nécessaires à l'apparition d'un système de planètes autour d'une étoile sont réunies dès la naissance de l'étoile. Il reste à savoir si ces conditions sont suffisantes !

Les observations dans les domaines infrarouge et millimétrique montrent qu'un flot de matière est éjecté des régions polaires des protoétoiles. Ces jets bipolaires et perpendiculaires au disque équatorial sont constitués essentiellement de protons et d'électrons s'évadant à des vitesses supersoniques de l'ordre de 200 km/s. La contraction gravitationnelle s'accompagne d'une puissante éjection. Dans le plan équatorial, la présence d'un disque bloque les vents stellaires, et il paraît donc naturel que la matière puisse s'évader plus facilement des régions polaires. Certains jets sont larges, d'autres sont relativement bien focalisés.

La présence de jets de matière peut paraître paradoxale

puisqu'une étoile se forme à partir d'un morceau dilué de matière interstellaire en s'effondrant sur elle-même. En fait, effondrement et explosion semblent aller de concert. Un peu comme il n'y a pas d'amour sans haine, il n'y a pas d'implosion sans explosion.

Même si une vision d'ensemble des premiers instants des étoiles semble émerger, beaucoup d'inconnues demeurent, et plusieurs étapes sont encore mal comprises. Par exemple, nous savons que près de 80 % des étoiles de la Galaxie sont doubles et non isolées. Les processus de formation des étoiles doivent donc prendre en compte le fait que la formation des binaires est favorisée.

Nous vivons dans un monde plat

Que le système solaire soit plat est loin d'être anecdotique. C'est une contrainte majeure dans toute tentative de reconstituer l'histoire de notre passé. Cette contrainte est connue depuis des siècles, mais ce n'est que depuis quelques années que les astronomes ont compris que les disques étaient si importants dans l'Univers. Bien que l'étude des disques soit effectuée par des communautés scientifiques qui diffèrent aussi bien par les techniques de calcul employées que par les instruments d'observation, la compréhension des mécanismes physiques de base est de toute première importance pour aborder des sujets aussi divers que l'évolution des galaxies ou la recherche de l'origine de la Terre. Les mouvements au sein de ces disques sont riches d'informations. Voyons cela.

Le fait que les planètes tournent dans un disque renforce l'idée qu'une nébuleuse a été le prélude à leur formation et que son effondrement a conduit au système solaire que nous connaissons aujourd'hui. Dans ce cas-là, on pourrait s'attendre à ce que les mouvements de rotation soient bien répartis entre les différents constituants de notre système. Or c'est le contraire qui se produit. Le Soleil tourne lentement sur lui-même, et les planètes ont un mouvement rapide autour de lui. Ce fait a conduit beaucoup d'astronomes à rejeter pendant longtemps l'idée de la nébuleuse.

La rotation lente du Soleil

Le Soleil, qui est une boule de gaz incandescente, ne tourne pas comme un corps solide. Avec une période de rotation d'environ vingt-cinq jours, les zones équatoriales tournent plus vite que les zones de latitude plus élevée qui, elles, font un tour en ving-sept jours et demi. Nous avons vu que le Soleil qui représente plus de 99 % de la masse du système solaire possède moins de 1 % de son moment cinétique.

Cette répartition étonnante des quantités de rotation a fait l'objet de nombreux débats pendant près de deux siècles. C'est la raison pour laquelle la théorie de la nébuleuse primitive de Kant et de Laplace a été rejetée pendant de nombreuses années, en particulier par l'école anglaise. Ceux qui préféraient une origine catastrophique pour le système solaire attaquaient l'idée qu'une nébuleuse ait pu être à l'origine du système solaire. Dans ce cas-là, disaient-ils, l'essentiel de l'énergie de rotation du système solaire devrait être là où est l'essentiel de la masse, c'est-à-dire dans le Soleil. Les astronomes se demandaient comment le Soleil aurait pu être ralenti et avoir cédé une grande partie de son moment cinétique aux planètes.

Si le Soleil était directement issu de la contraction gravitationnelle d'un nuage interstellaire, on pourrait s'attendre à une rotation plus rapide au point même où une instabilité de rotation aurait dû apparaître. Laplace avait bien remarqué cela, c'est pourquoi il proposait de former les planètes à partir d'anneaux qui se détachaient à l'équateur du Soleil au fur et à mesure que celui-ci se contractait.

Quand les analyses des météorites ont révélé que les planètes et le Soleil étaient nés pratiquement en même temps et quand la mesure des rapports isotopiques a montré que la théorie catastrophique n'était pas la bonne explication, les astronomes se sont mis à rechercher activement l'explication de cette rotation lente du Soleil. Ils ont trouvé deux mécanismes susceptibles de jouer un rôle important : le ralentissement de la rotation grâce au champ magnétique et le vent solaire. En effet, si le matériau proche du Soleil est ionisé, le champ magnétique solaire rencontre une forte résistance quand le Soleil tourne sur lui-même et ralentit sa rotation. Cela ressemble à un élastique qu'on essaierait de tordre plusieurs fois. Au bout de quelques torsions, l'élastique commence à opposer une forte résistance. Par ailleurs, si le jeune Soleil est le siège d'un fort vent solaire, d'énormes quantités de matière sont emportées loin de l'étoile, transportant avec elles une partie du moment cinétique.

La découverte récente de jets de matière autour des jeunes étoiles renforce l'idée que le Soleil a perdu une grande partie de l'énergie de rotation qu'il avait au début. Même si le mécanisme exact est encore l'objet de discussions, les astronomes sont maintenant convaincus que le jeune Soleil a perdu une grande partie de son moment cinétique lors de sa formation sans pour autant le céder aux planètes.

Pendant de nombreuses années, les astronomes ont cru que le Soleil avait cédé une grande partie de son énergie de rotation aux planètes. Ils avaient en effet remarqué que les étoiles dont la masse est plus élevée que celle du Soleil ont en général une vitesse de rotation sur elles-mêmes relativement élevée, tandis que celles dont la masse est plus faible tournent assez lentement. Certains en ont déduit que les étoiles les plus massives ne possédaient pas de planètes, tandis que les étoiles de masse plus faible possédaient un cortège de planètes auxquelles elles avaient cédé une grande partie de leur moment cinétique. Après examen, cette idée, qui avait été à la mode quelques années, s'est avérée en fait sans fondement.

La rotation des planètes

Les axes de rotation des planètes et des satellites ne sont pas du tout répartis au hasard. En première approximation, les axes de rotation des planètes sont, comme celui du Soleil, perpendiculaires au plan de l'écliptique, à l'ex-

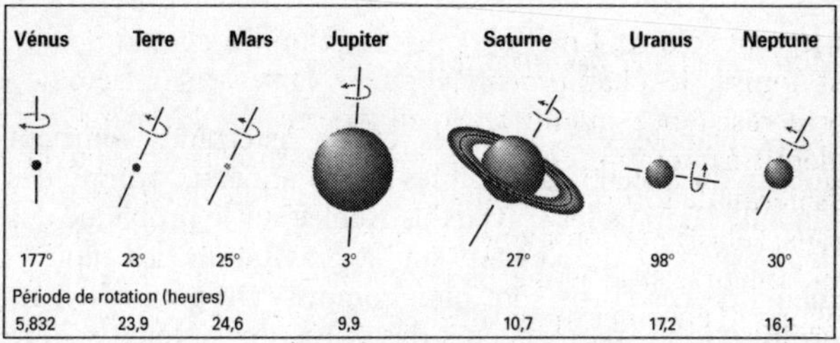

Figure 14 Les axes de rotation des planètes.

Les axes de rotation des planètes font des angles compris entre 3° et 30° avec l'axe du Soleil. Vénus, qui tourne dans le sens rétrograde, et Uranus, dont l'axe est dans le plan de l'écliptique, sont des exceptions notables. Les planètes géantes tournent plus vite sur elles-mêmes que les planètes telluriques qui ont probablement été ralenties par les effets de marée.

ception de celui d'Uranus. De la même manière, les axes de rotation des satellites réguliers, ceux qui sont animés d'un mouvement circulaire dans le sens direct et dans le plan équatorial de la planète, sont préférentiellement orientés dans des directions semblables, perpendiculaires à leur plan orbital.

Si on suppose que des collisions entre des corps plus petits ont eu lieu pour former les planètes, les directions des axes de rotation traduisent la géométrie des collisions et surtout sont le reflet des dernières collisions entre les corps les plus gros qui ont engendré la planète. Les corps qui auraient ainsi été à l'origine de la formation des planètes ayant un mouvement d'ensemble autour du jeune Soleil, leurs directions relatives d'arrivée sont préférentiellement dans le plan de son équateur. Le basculement de l'axe de rotation d'Uranus est expliqué, dans ce contexte, comme le résultat d'une des dernières collisions avec un gros corps qui avait une orbite inclinée ou excentrique.

Mouvements et perturbations

Les planètes, les comètes et les astéroïdes tournent autour du Soleil, les satellites et les anneaux autour des planètes. Depuis les travaux de Kepler sur le problème des deux corps et de Newton sur la gravitation, les mouvements de ces corps sont bien compris. On pourrait donc croire que les mouvements des corps du système solaire ne recèlent plus de secrets pour nous, surtout après les trois siècles d'étude et de progrès de la mécanique céleste. En fait, chaque corps du système solaire obéit, en première approximation, aux lois de Kepler sous l'influence du corps central autour duquel il tourne, mais il est perturbé par les autres corps. Par exemple, le mouvement de la Lune autour de la Terre est perturbé par la présence du Soleil, celui de la Terre autour du Soleil par Jupiter, etc. La mécanique céleste a mis au point les méthodes d'étude de ces perturbations et a permis de comprendre la plupart des mouvements étudiés. Au XXe siècle, un pas supplémentaire a été franchi. Le mouvement du grand axe de l'orbite de Mercure a été compris grâce à la théorie de la relativité générale. À la fin du XXe siècle, les astronomes ont compris que deux phénomènes jouent un rôle essentiel : les effets de marée et les phénomènes de résonance.

En raison des effets de marée, la distance des satellites à leur planète varie sans cesse. La Lune s'éloigne actuellement de quelques mètres par siècle de la Terre. Cet éloignement continuera tant que la durée du jour ne sera pas égale à celle du mois. À ce moment-là, le jour futur sera égal au mois futur, soit à cinquante de nos jours actuels. La Lune sera trois fois plus loin de la Terre. La Terre présentera toujours la même face à la Lune, qui présente déjà le même hémisphère à la Terre. Tous les autres satellites du système solaire s'éloignent de leur planète en raison du même effet, à l'exception de ceux qui sont très proches de leur planète. En effet, dans ce cas-là, c'est-à-dire quand un satellite est situé en deçà de l'orbite synchrone de la planète, le satellite, qui tourne plus vite autour de la planète qu'elle ne tourne sur elle-même, se rapproche de la planète pour finalement tomber à sa surface. C'est le cas de Phobos autour de Mars ou encore de Triton autour de Neptune. Le premier s'écrasera sur Mars dans environ trois millions d'années, et le second tombera sur Neptune dans environ cent millions d'années.

Quand les périodes de révolution de deux corps autour d'un corps central sont commensurables, c'est-à-dire quand le rapport de leur période est une fraction rationnelle simple, ils se retrouvent alignés à des intervalles réguliers aux mêmes endroits de leur orbite, par exemple quand ils s'éloignent du corps central entre le péricentre et l'apocentre de leur ellipse trajectoire. Leur perturbation mutuelle a beau être faible, elle a lieu toujours dans la même configuration. À la longue, cet effet petit mais cumulatif devient le plus important. Un peu comme un enfant qui pousse une balançoire par petites impulsions, mais toujours au même moment, l'amplitude du mouvement peut alors devenir très grande. Ces résonances permettent quelquefois de rassembler du matériau au même endroit et quelquefois de le chasser de certaines zones. On peut en fournir deux exemples avec les perturbations de Jupiter sur le mouvement des astéroïdes autour du Soleil. Soixante degrés en avant et soixante degrés en arrière de Jupiter dans son mouvement autour du Soleil et sur la même orbite, il existe deux zones où sont piégés les astéroïdes troyens. Ces corps, ainsi nommés parce qu'ils portent le nom des héros de la guerre de Troie, sont en résonance avec Jupiter en deux endroits appelés « les points de Lagrange stables », du nom du mathématicien français qui a, le premier, étudié ce cas particulier du problème des trois corps. Par contre, sur l'orbite correspondant à une période dont le rapport avec la période de Jupiter est 1/2, c'est-à-dire une orbite qui est elle aussi en résonance avec celle de Jupiter, les astéroïdes sont chassés.

Les effets de marée, les résonances et les perturbations font de l'étude des mouvements des corps du système solaire un problème très complexe qui est loin d'être résolu. Les astronomes essaient de mettre en évidence, d'une part, de nouveaux mécanismes et, d'autre part, des traces des conditions initiales. Prenons, à titre d'exemple, un cas, celui du confinement.

Les arcs et les annelets

Avant l'exploration des planètes géantes par les sondes spatiales, c'est-à-dire avant les années 1980, les anneaux de Saturne étaient vus de la Terre comme un système relativement homogène à bords très doux. Cette structure correspondait bien à l'explication qu'on en donnait alors. En raison des chocs entre les particules des anneaux, ce système perdait de l'énergie et s'étalait lentement au rythme des collisions. Ces anneaux avaient été étudiés en particulier par Galilée, Huygens, Cassini, Laplace, Maxwell, Poincaré, et, à l'époque moderne, l'utilisation des ordinateurs, en particulier par l'auteur de ces lignes, avait permis de simuler leur comportement. Quelle ne fut pas la surprise des astronomes de découvrir que les anneaux de Saturne, photographiés par les sondes *Voyager* en 1980 et en 1981, possédaient des dizaines de milliers de structures et des annelets à bords nets. Entre-temps, la découverte des anneaux d'Uranus en 1977 et leur survol par la sonde *Voyager 2* en 1986 révélaient dix anneaux minces à bords très nets. Le survol de Jupiter par les sondes *Voyager* en 1979 révélait aussi la présence d'anneaux à bords nets. En 1984, j'ai eu la chance de découvrir, avec mon collègue William Hubbard, des arcs et des anneaux minces autour de Neptune en profitant de l'occultation d'une étoile par Neptune et ses anneaux. Ces arcs, appelés depuis « Liberté, Égalité, Fraternité », et ces annelets ont été photographiés par la sonde *Voyager 2* en 1989 (figure 16).

Si les anneaux étaient isolés, les arcs, les annelets et les bords nets seraient instables, comme l'ont montré plus de trois siècles d'étude de ces anneaux. Pour les maintenir, il faut apporter de l'énergie de l'extérieur. Les petits satellites proches des anneaux semblent jouer ce rôle.

L'existence des arcs a rendu, *a priori*, les astronomes per-

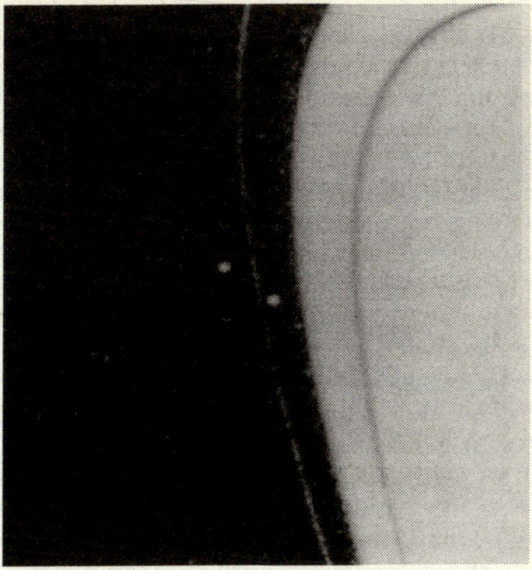

Figures 15a et 15b Les satellites gardiens.

Deux satellites peuvent confiner un anneau comme on le voit pour l'anneau F de Saturne (ci-dessus) et l'anneau ε d'Uranus (ci-dessous). [Documents NASA/JPL-Caltech]

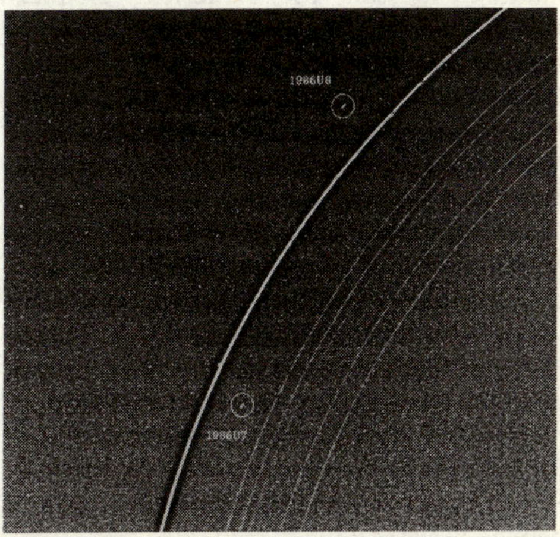

plexes. En effet, la simple application des lois de Kepler montre que la partie interne des arcs tourne plus vite que la partie externe. Ces arcs devraient donc s'étaler en un anneau complet en moins d'une année. L'idée que de tels arcs aient été créés juste au moment de leur observation pour disparaître dès que les astronomes ont le dos tourné ne paraît pas raisonnable. Le fait qu'ils aient été vus en 1984 du sol, en 1989 par la sonde *Voyager 2*, à quatre autres reprises au cours d'autres occultations d'étoiles et en 1998 par le télescope spatial fait penser qu'ils sont ou bien stables, ou bien sans cesse créés et détruits, un peu comme les vagues au bord du rivage.

L'existence de ces arcs et des anneaux minces met en évidence un phénomène étonnant. Il semble bien qu'un anneau de particules en collision et un satellite proche se repoussent ! Les collisions entre les particules et les interactions gravitationnelles entre des anneaux minces et des petits satellites conduisent à un échange d'énergie et de moment cinétique tel qu'ils se repoussent mutuellement. C'est ainsi que deux petits satellites, appelés « satellites gardiens », peuvent confiner un annelet, le satellite extérieur repoussant l'anneau vers l'intérieur, et le satellite intérieur le repoussant vers l'extérieur. L'anneau F de Saturne et l'anneau ε d'Uranus fournissent deux exemples frappants de telles situations. La force de gravitation, qui est une force d'attraction, se révèle comme un moteur de la répulsion quand elle est combinée avec d'autres mécanismes comme les collisions et les résonances.

Les astronomes se demandent actuellement si des mécanismes de confinement de même nature entre les premiers embryons de planètes formés et de plus petites particules n'ont pas joué un rôle important pour former des planètes comme la Terre.

Quelle que soit l'origine des anneaux, leur structure actuelle est un laboratoire de premier choix pour étudier les phénomènes dynamiques qui ont joué un rôle important dans le disque des protoplanètes.

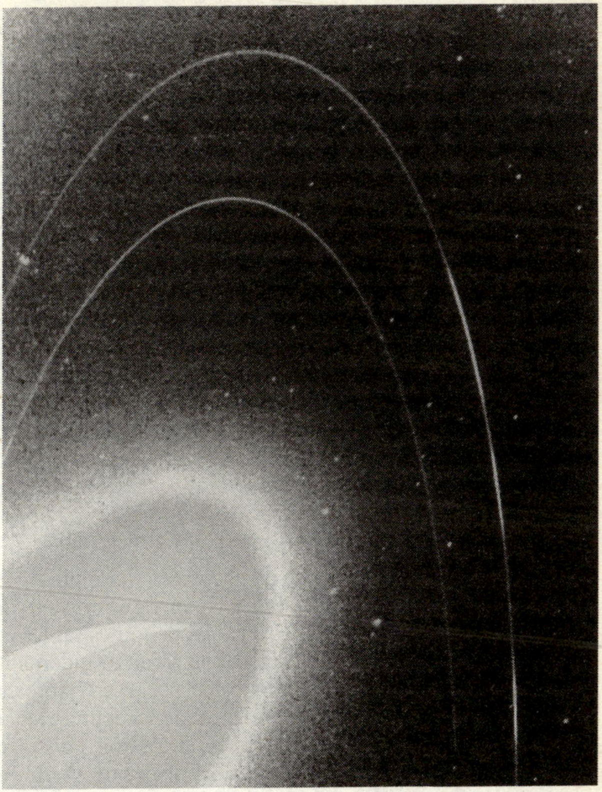

Figure 16 Les arcs de Neptune.

Découverts en 1984 par A. Brahic et W. Hubbard, ils ont été photographiés en août 1989 par la sonde Voyager 2. *Les deux anneaux visibles sur ce document ont été baptisés Le Verrier (anneau intérieur) et Adams (anneau extérieur). Les trois arcs visibles à droite ont été baptisés de bas en haut Liberté, Égalité et Fraternité. Ces arcs semblent confinés non seulement dans la direction radiale, mais aussi en azimut. On distingue en bas à gauche la planète Neptune fortement surexposée pour permettre de voir les anneaux. La lumière solaire vient de la gauche.*

CHAPITRE VI

D'autres étoiles ? D'autres planètes ? D'autres pistes ?

Les nurseries stellaires, les planètes extrasolaires et quelques fausses pistes

« Un état bien dangereux : croire comprendre. »

Paul VALÉRY.

« Ce qui a été cru par tous, et toujours, et partout, a toutes les chances d'être faux. »

Paul VALÉRY.

Toute la difficulté de l'étude du système solaire provient du fait qu'il est le seul connu. Si nous pouvions observer à loisir des centaines de systèmes solaires de toutes tailles et de tous âges, la quête de nos origines en serait grandement facilitée. Il suffirait de discerner leurs caractéristiques communes et les points particuliers de chacun. De la même manière que, sur Terre, les propriétés et l'histoire d'une espèce sont mieux comprises en disposant de nombreux individus, l'observation de plusieurs systèmes solaires à divers stades de leur histoire permettrait de mieux comprendre leur évolution. Malheureusement, nous en sommes bien loin !

Pour l'instant, élargissons notre champ de recherche et voyons s'il est possible d'observer la naissance d'une étoile en direct ou encore si d'autres planètes ne pourraient pas être détectées hors du système solaire. Heureusement pour nous, ce qui n'était jusqu'alors qu'un rêve d'astronome est en train de se réaliser. Depuis le début des années 1990, on a trouvé le moyen d'observer ce qui se passait au cœur de véritables nurseries stellaires et on est en train de découvrir des planètes autour d'autres étoiles. Le jour approche où d'autres systèmes solaires complets seront observés autour d'autres étoiles. La compréhension de nos origines aura alors fait un pas de géant.

Comme nous venons de le voir, le voisinage immédiat de la Terre contient de nombreuses traces de notre passé. La pêche aux indices a été bonne, mais elle serait évidemment encore meilleure en allant chercher un peu plus loin. Les autres étoiles peuvent-elles nous apprendre comment le Soleil est né ? Pouvons-nous directement observer la formation d'une étoile ? Y a-t-il des planètes autour d'autres étoiles ? Y a-t-il d'autres systèmes solaires ? Pourrions-nous assister à la formation d'un système solaire ? Les planètes sont-elles des sous-produits naturels et banals de la formation des étoiles ou bien n'apparaissent-elles qu'exceptionnellement autour d'un soleil ?

Ce qui était jusqu'alors inaccessible aux hommes est maintenant à leur portée. Les astronomes observent actuellement des nuages de matière interstellaire beaucoup plus denses que leur environnement immédiat. Il semble bien que leur effondrement conduise à la formation d'étoiles. Par ailleurs, des disques de poussières de gaz ont été découverts autour de très jeunes étoiles. La question qui se pose immédiatement est de savoir si des planètes sont en train d'apparaître dans de tels disques.

De plus, au cours des années 1990, en moins de quatre ans, une vingtaine de grosses planètes ont été détectées dans le voisinage immédiat de quelques étoiles proches. Ces planètes ont, dans leur majorité, une masse comparable ou supérieure à celle de Jupiter. Les astronomes aimeraient bien savoir si, comme dans le système solaire, elles sont accompagnées d'un cortège de plus petites planètes comparables à la Terre ou à Vénus.

Il y a deux mille quatre cents ans, Démocrite avait déjà compris que les étoiles étaient des soleils lointains. Les astronomes savent maintenant que cette intuition était bonne. Le Soleil n'est qu'une étoile banale. Il serait bien étonnant que son origine et son évolution soient totalement différentes de celles des autres étoiles. Le système solaire est à portée de la main, mais il est unique. Les étoiles sont loin, mais nous en avons des millions de milliards de milliards à notre disposition. Après tout, il est beaucoup plus facile de comprendre la naissance et l'enfance d'un homme en observant une population de nombreux individus, même s'ils sont tous différents, qu'en interrogeant un grand-père amnésique !

N'est pas étoile qui veut

Il y a quelques années, j'ai beaucoup déçu une petite fille en lui disant que le Soleil était une boule de gaz : elle le croyait solide. Il est essentiellement composé d'hydrogène, élément le plus abondant dans l'Univers. Au cours de sa vie, une étoile est le siège de réactions thermonucléaires créant un équilibre temporaire avec la gravitation qui tend à provoquer son effondrement. L'énergie dégagée par les réactions thermonucléaires de ces véritables bombes atomiques contrôlées se fraie un chemin à travers l'étoile pour finalement être rayonnée tout autour et réchauffer la surface d'éventuelles planètes.

La source d'énergie des étoiles n'est qu'une conséquence de la gravitation universelle. Quand un globule de matière interstellaire s'est isolé du milieu ambiant, il tend à s'effondrer sur lui-même, et sa densité, sa pression et sa température augmentent d'autant plus que sa masse est plus importante. Un astre comme le Soleil a une masse de l'ordre de 10^{30} kg, soit environ un million de fois celle de la Terre. Au moment de sa formation, il s'est effondré sur lui-même, et sa température centrale a atteint une valeur suffisante, de l'ordre de dix millions de degrés, pour que les barrières entre les atomes se brisent et que ceux-ci fusionnent. Les réactions thermonucléaires se sont alors allumées, et sa vie d'étoile a pu commencer.

Mais une étoile ne peut pas avoir n'importe quelle masse. Si cette dernière est trop faible, la température et la pression n'atteignent jamais une valeur suffisamment élevée au centre pour que les réactions thermonucléaires puissent s'allumer. Si, au contraire, elle est trop forte, le flux de chaleur rayonné serait tellement important que l'astre serait instable.

Pour une masse inférieure à un dixième de la masse du Soleil, on n'atteint jamais une pression et une température suffisantes au centre. Les réactions thermonucléaires ne s'allument pas. Pour une masse supérieure à cinquante ou cent fois celle du Soleil, l'astre est instable.

La formation des étoiles

Tous les corps célestes naissent, vivent et meurent. Les étoiles n'échappent pas à cette règle. La formation d'une étoile paraît naturelle. Dès qu'un excès de densité se manifeste dans la soupe d'hydrogène et d'hélium qui remplit l'Univers, la gravitation conduit à l'effondrement du globule qui vient de se former. Les mouvements de la matière interstellaire dans une galaxie provoquent naturellement de tels excès de densité en de nombreux endroits. Par exemple, le passage d'une onde de densité spirale provoque une concentration momentanée de gaz et la formation de nombreuses étoiles, un peu comme le mouvement des vagues au bord du rivage peut concentrer des algues ou des bouts de bois en certains endroits. Par exemple, dans notre Galaxie et dans les autres, les parties avant des bras spiraux sont de véritables maternités ! Les jeunes étoiles pullulent.

En général, les étoiles ne se forment pas dans l'isolement, elles apparaissent dans un amas qui s'est fragmenté en de nombreux globules dont chacun donne naissance à une jeune étoile. Cela explique pourquoi l'immense majorité des étoiles ne vit pas en célibataire, mais en groupes ou en couples. Il y a de fortes chances que le Soleil ait pris naissance dans un amas qu'il a quitté plus tardivement à la suite probablement des perturbations gravitationnelles d'étoiles qu'il a frôlées dans sa jeunesse. Mais il a maintenant perdu la trace de ses frères et sœurs.

On peut essayer d'imaginer comment former une étoile à partir du milieu dilué qui occupe l'espace interstellaire. On pourrait même naïvement penser que cela ne pose pas de problème, la loi de la gravitation permettant de rassembler du matériau à partir d'un excès local de densité. L'effondrement qui s'ensuit permet d'atteindre de telles températures et de telles densités que les réactions thermonucléaires s'allument et qu'une étoile naît. Les choses ne sont en fait pas si simples, et il est bien difficile de former une étoile par le pur exercice de la pensée. Nous avons besoin d'un minimum d'aide. L'observation de très jeunes étoiles devrait nous mettre sur la bonne voie, mais là aussi ce n'est pas très facile.

Essayons tout d'abord de comprendre la formation d'une étoile en appliquant les lois de la physique afin de recenser les difficultés. Puis, soyons pratiques, et regardons autour de nous pour essayer d'apercevoir ici ou là des étoiles en train de se former, voire de deviner si des planètes ont l'air d'apparaître autour de ces bébés étoiles.

La fragmentation de la matière interstellaire

Une fois que la nature du Soleil a été comprise, c'est-à-dire seulement vers le milieu du XXe siècle, quelques idées de bon sens sont venues aux astronomes. Ils se sont rendu compte que les étoiles n'étaient pas autre chose que de la matière interstellaire condensée grâce aux forces de gravitation.

Il est en effet naturel de penser que le milieu interstellaire est animé de mouvements divers dans la Galaxie et qu'ici ou là un peu plus de matériau se trouve disponible, et donc que la densité est, en certains endroits, un peu plus forte. Ces sur-densités peuvent jouer le rôle d'un germe attirant la matière dans son voisinage. Si un tel globule de matière a pu s'isoler du milieu ambiant et si sa masse a la bonne valeur, il peut alors former une étoile.

Pour l'instant, les astronomes ne comprennent toujours pas comment la matière interstellaire se fragmente en protoétoiles. Ils ne sont pas arrivés à modéliser correctement ce processus de fragmentation. Ils ignorent ce qui détermine la masse de la future étoile et pourquoi certaines régions du ciel semblent fertiles en nouvelles étoiles tandis que d'autres semblent totalement stériles. Quel est l'engrais ?

Comme la masse d'une étoile détermine totalement son avenir et comme les étoiles les plus massives sont les plus efficaces pour produire des atomes au-delà de l'hydrogène et de l'hélium, nous aimerions bien comprendre ce qui déclenche la naissance d'un globule et ce qui détermine sa masse.

Comment déclencher la formation d'une étoile ?

Pour qu'une étoile puisse naître, il faut que le nuage de matière interstellaire dont elle est issue ait une densité suffisante. Autrement dit, il faut trouver des processus capables d'augmenter la densité d'un nuage au point où il commence à s'effondrer.

Il existe en fait plusieurs moyens de comprimer un nuage interstellaire. Par exemple, les bras spiraux des galaxies, l'explosion des supernovae ou encore une collision entre deux galaxies sont des moyens très efficaces de provoquer des naissances d'étoiles.

Soixante-dix pour cent des galaxies possèdent de magnifiques bras spiraux. De tels bras sont en fait des ondes de densité tout à fait semblables à ce qui se passe lors d'un embouteillage de voitures sur une autoroute ou sur le boulevard périphérique à Paris. Quand le nombre de voitures augmente sur une route, elles doivent s'arrêter quand leur densité atteint une certaine valeur critique. À cet endroit, la densité de voitures est maximale, et elles sont serrées les unes contre les autres. Quand elles redémarrent, elles sont un peu plus éloignées les unes des autres, et leur densité décroît. La succession d'arrêts et de redémarrages est responsable de l'apparition d'une onde. En observant ce qui se passe d'un pont situé au-dessus du trafic et en ne restant pas trop longtemps en raison de la pollution, on voit des ondes se propager à une vitesse différente de celle des voitures.

Il se passe un phénomène semblable dans une galaxie, les étoiles et la matière interstellaire se déplaçant à une vitesse différente de l'onde spirale. Quand un nuage interstellaire est traversé par une onde spirale, sa densité peut devenir suffisamment élevée pour que des instabilités se créent et que des globules préstellaires commencent à s'effondrer sur eux-mêmes. Les observations sont en bon accord avec cette description. Les bras spiraux contiennent de très grosses quantités de gaz et de poussières, matières premières des futures étoiles. Par ailleurs, de nombreuses étoiles très jeunes sont situées au voisinage immédiat des bras spiraux.

Une autre manière de former des nuages de gaz dense est l'explosion d'une supernova. Quand une étoile explose, une onde de choc se répand autour d'elle. Cette onde correspond à un excès de densité de la matière se déplaçant à la vitesse du son dans le milieu ambiant et elle peut déclencher la formation d'un nuage dense et son effondrement. On a même cru un moment, après la découverte d'anomalies isotopiques provenant de l'explosion d'une supernova dans la météorite d'Allende, que le système solaire avait été formé par l'explosion d'une étoile en son voisinage jusqu'à ce qu'on s'aperçoive que cette étoile était une voisine qui avait connu un sort funeste peu après notre naissance et non la maman de notre système.

La collision de deux galaxies favorise la formation de protoétoiles. Des collisions ont lieu sans cesse dans l'Univers, des galaxies aux petits corps du système solaire. Notre propre Galaxie devrait entrer prochainement, c'est-à-dire dans quelques centaines de millions d'années, en collision avec les nuages de Magellan avant de les absorber et plus tard, dans un ou deux milliards d'années, heurter la galaxie d'Andromède. Quand deux galaxies entrent en collision, leur densité est si faible qu'elles se traversent et que les étoiles qui les constituent ont des orbites très perturbées sans pour autant entrer en contact, mais les nuages interstellaires ont une taille si importante qu'ils se pénètrent. Cela provoque des excès de densité dans la zone de contact des nuages en collision et favorise la formation d'étoiles. Ce phénomène est bien observé dans des objets issus de collisions galactiques.

L'effondrement d'un globule et les barrières à franchir

On pourrait naïvement penser que la seule inconnue est la manière dont un globule, précurseur d'une protoétoile, apparaît alors que la suite de l'histoire, c'est-à-dire successivement l'effondrement du bébé étoile, l'allumage des réactions thermonucléaires et le début de la vie de l'étoile, est mieux comprise. Rien n'est moins vrai.

Un globule attire d'autant plus de matière qu'il est plus gros. Par un effet de boule de neige, il grossit de plus en plus, et on peut alors penser qu'un effondrement catastrophique démarre et s'accélère jusqu'à ce qu'une étoile naisse !

Tout n'est pas si simple ! Cette présentation masque en fait un certain nombre de difficultés quand on regarde le problème de plus près. L'application des équations de la physique à l'étude quantitative de la concentration d'un globule de matière interstellaire montre qu'il ne peut pas s'effondrer directement en étoile. En effet, il est trop chaud, il tourne trop vite, et son champ magnétique est trop important. Tous ces effets devraient empêcher les étoiles de se former et, pourtant, elles existent. Elles sont même très nombreuses !

L'application des lois de la physique à l'effondrement d'un nuage de gaz et le calcul quantitatif des paramètres tels que la température, la densité, l'énergie de rotation, l'intensité du champ magnétique, etc., montrent que l'étoile tourne beaucoup trop vite bien avant d'atteindre sa taille adulte. Elle devrait se disloquer un peu comme un manège qui se serait emballé et qui partirait en morceaux dans un film catastrophe. Si l'on considère un nuage interstellaire classique dont la masse est égale à celle du Soleil et qu'on étudie sa contraction, on observe que, tel un patineur repliant ses bras, il tourne de plus en plus vite. Un Soleil, directement issu d'un nuage interstellaire, devrait faire un tour sur lui-même en moins d'une demi-heure alors qu'il met actuellement un peu plus de vingt-cinq jours. En fait, cet objet serait instable et n'existerait pas. Il se serait cassé en morceaux au moment où son rayon eût été près de cent fois plus grand que celui du Soleil actuel.

De même, l'effondrement du nuage s'accompagne d'une telle élévation de température que l'étoile qui devrait en résulter serait beaucoup trop chaude, de sorte que la matière qui la constitue devrait s'évaporer, comme la vapeur dans une chaudière mal fermée.

De plus, le champ magnétique, dont l'intensité est relativement faible dans le milieu interstellaire dilué, devrait atteindre une densité élevée dans la matière condensée de l'étoile. Ce champ magnétique, qui canalise toutes les particules électrisées de l'étoile, s'opposerait à la rotation et à la contraction, un peu comme un élastique qu'on ne peut pas tordre indéfiniment.

Trois barrières s'opposent donc à la formation d'une étoile : une barrière de rotation, une barrière thermique et une barrière magnétique. Les astronomes se sont demandé pendant plusieurs dizaines d'années comment les étoiles pouvaient franchir ces trois barrières. Depuis le début des années 1990, ils pensent avoir trouvé la solution grâce à l'observation de très jeunes étoiles et la mise au point de modèles théoriques sophistiqués.

Les nurseries stellaires

Depuis les années 1970, les astronomes ont essayé d'observer les régions du ciel contenant un grand nombre d'étoiles jeunes. L'idée était de regarder dans la cour de récréation des écoles maternelles dans l'espoir d'apercevoir la maternité voisine. Cette approche « microscopique », pour ainsi dire, consistant à analyser les endroits où des étoiles se sont récemment formées dans notre Voie lactée, s'est avérée très féconde et continue d'apporter de nombreux fruits. Une autre approche plus « macroscopique » consiste à observer à grande échelle la formation des étoiles dans les autres galaxies. Ces galaxies sont alors pour nous de véritables laboratoires au sein desquels nous observons comment la formation des étoiles est orchestrée. Nous tentons alors de déterminer le rôle de plusieurs facteurs tels que la densité du gaz ou encore l'abondance des éléments lourds. Nous pouvons aussi tester l'efficacité de quelques mécanismes de déclenchement de la formation d'étoiles.

Jusqu'à présent, les astronomes n'avaient pas été capables d'observer directement la formation d'une étoile. Il y avait au moins trois raisons à cela : d'une part, la brièveté du phénomène, d'autre part, le manque de pouvoir séparateur des instruments pour observer en détail des objets aussi lointains, et enfin la présence de poussières dans l'environnement immédiat d'une protoétoile.

Pour un astronome qui compte en milliards d'années quand il mesure l'âge de l'Univers ou celui du système solaire, la formation d'une étoile est un processus extrêmement rapide. Une fois commencé, l'effondrement d'un globule s'accélère et ne dure que quelques dizaines de millions d'années. En observant une étoile au hasard, on n'a donc pratiquement aucune chance de tomber juste au moment de sa naissance. Dans ces conditions, cela signifie que, statistiquement, il va y avoir relativement peu de régions proches de nous où des étoiles sont en train de se former.

Les étoiles sont si éloignées que leur environnement immédiat n'est visible que sous un angle bien inférieur à une seconde d'arc, à la limite du pouvoir de résolution des télescopes terrestres. Apercevoir des détails sur les étoiles les plus proches revient à être capable de lire ce qui est écrit sur une pièce de monnaie située à des centaines de kilomètres de distance.

Quand une protoétoile commence à se contracter, l'effondrement a lieu dans un nuage de poussières et de gaz de sorte que l'environnement immédiat devient de plus en plus opaque. La quantité de poussières est telle que l'observation en lumière visible est impossible. L'énergie émise par les régions centrales ne peut pas s'échapper directement.

Cette description pessimiste pourrait nous faire croire que nous ne pourrons jamais assister aux premiers vagissements d'un bébé étoile. Nous l'avons craint jusqu'au milieu des années 1980. Tout s'est éclairci depuis.

D'une part, l'utilisation de satellites d'observation en orbite autour de la Terre comme le télescope spatial, ou encore de techniques élaborées comme l'optique adaptative mise au point sur des télescopes terrestres, permet de s'affranchir des turbulences de l'atmosphère terrestre et d'utiliser les télescopes au maximum de leur pouvoir de résolution. D'autre part, le rayonnement infrarouge, de plus grande longueur d'onde que le rayonnement visible, passe à travers un milieu poussiéreux. L'observation à ces longueurs d'onde permet de voir ce qui se passe au sein des nuages de poussières et de pénétrer directement dans les chambres des maternités stellaires.

L'astronomie infrarouge

Les poussières du milieu interstellaire sont de petites particules solides de quelques microns à quelques millimètres de dimension. Une grande partie s'est échappée de la haute atmosphère d'étoiles géantes. Le rayonnement infrarouge ayant des longueurs d'onde supérieures au micron, il n'est pas arrêté par ce qui est une grosse particule pour un rayonnement optique, à savoir un grain de poussière, et il passe à travers, nous permettant ainsi de voir ce qui se passe au sein d'un nuage de poussières. De plus, quelques considérations théoriques simples montrent que la poussière entourant l'embryon stellaire qu'est une protoétoile absorbe une grande partie du rayonnement émis. Elle est alors chauffée à des températures telles que ces grains rayonnent essentiellement dans le domaine infrarouge.

Le rayonnement infrarouge du ciel étant absorbé par la vapeur d'eau de l'atmosphère, il faut se placer au sommet de très hautes montagnes ou bien observer à bord de ballons ou d'avions, ou encore lancer des satellites hors de l'atmosphère terrestre : c'est pourquoi l'astronomie infrarouge ne s'est développée que récemment. De tels satellites doivent avoir des détecteurs refroidis à quelques degrés au-dessus du zéro absolu sous peine d'observer uniquement le rayonnement des instruments de mesure, ce qui ne serait pas très intéressant. L'hélium liquide nécessaire pour obtenir des températures si basses s'évapore lentement, et de tels satellites ont une durée de vie inférieure à une vingtaine de mois. L'astronomie infrarouge a connu au cours de ces trente dernières années un développement spectaculaire, mais seule une partie du ciel a été observée avec une sensibilité suffisante.

L'observation du rayonnement infrarouge du ciel nous a récemment révélé des sources brillantes qui n'ont pas de contrepartie optique. Les astronomes en ont immédiatement déduit qu'ils observaient des cocons de poussières au sein desquels de jeunes étoiles étaient en train d'apparaître. Le fait que de tels objets ont été trouvés dans des régions contenant de fortes quantités de gaz et de poussières et où brillent de nombreuses étoiles adolescentes renforce l'idée que nous sommes enfin en train d'observer en direct la naissance des étoiles ! De telles sources infrarouges ont été trouvées en si grand nombre que les astronomes pensent qu'il naît actuellement une étoile chaque année dans la Voie lactée !

Grâce aux satellites infrarouges *IRAS* et *ISO*, grâce au télescope spatial et grâce à de nouvelles techniques d'observation au sol développées récemment, le rêve des astronomes paraît enfin devenir réalité. À cet égard, la nébuleuse d'Orion est un paradis pour les astronomes !

La nébuleuse d'Orion

Il se trouve qu'une des nurseries stellaires les plus proches de la Terre est située dans une des plus fameuses constellations du ciel, celle d'Orion, ce qui signifie « le chasseur ». On peut y distinguer, à environ 1 500 années-lumière de nous, une tâche de lumière diffuse, connue sous le nom de « nébuleuse d'Orion », que tous les astronomes amateurs connaissent bien comme un des plus beaux objets du ciel visible avec une petite lunette. Cette nébuleuse s'étend sur une centaine d'années-lumière et contient environ deux cent mille fois la masse du Soleil sous forme de gaz moléculaire.

Du point de vue qui nous intéresse ici, celui de la formation des étoiles, la nébuleuse d'Orion est particulièrement intéressante non seulement parce qu'elle est belle, mais parce que nous savons qu'à cet endroit-là des étoiles viennent de se former au cours du dernier million d'années. Quelques-uns de ces bébés, les plus gros, sont très faciles à identifier.

Les quatre étoiles bleues très brillantes situées dans la partie la plus éclairée de la nébuleuse, connues comme « les étoiles du trapèze », ont à peine un million d'années. Elles sont responsables de la très belle illumination des structures filamentaires situées alentour qui donne un si bel aspect à la nébuleuse d'Orion.

Mais, bien que ces étoiles soient jeunes par rapport à l'âge de notre Galaxie, elles ont déjà été formées. Ce sont des adolescentes, et nous sommes surtout intéressés par des bébés encore plus jeunes. Idéalement, nous aimerions étudier les étoiles quand elles s'effondrent, juste avant que les réactions thermonucléaires ne s'allument. Dans ces conditions, l'environnement des étoiles est très poussiéreux. On observe d'ailleurs dans la nébuleuse d'Orion beaucoup de poussières, ce qui est normal dans une nurserie stellaire. Cette poussière cache les premiers moments de la naissance aux astronomes qui utilisent les instruments traditionnels de l'optique astronomique.

Par contre, les images infrarouges sont extrêmement brillantes, et on observe un nuage de jeunes étoiles approximativement centré sur les quatre étoiles du trapèze d'Orion. L'émission infrarouge de forte intensité s'explique aisément. Les étoiles très jeunes, à peine formées, sont ensevelies dans un nuage relativement dense de poussières. Elles émettent un rayonnement extrêmement intense dans les domaines optique et ultraviolet. Les grains de poussières absorbent ce rayonnement et sont donc chauffés. Au lieu d'être à une température de quelque 20 ou 30 degrés au-dessus du zéro absolu, il sont portés à une température de l'ordre de 300 degrés au-dessus du zéro absolu, c'est-à-dire d'une vingtaine de degrés Celsius.

Une bouffée de formations d'étoiles a commencé il y a environ 12 millions d'années au bord du nuage interstellaire, c'est-à-dire dans la partie ouest de la nébuleuse d'Orion telle que nous la voyons de la Terre, et cette formation s'est lentement déplacée à l'intérieur du nuage un peu comme une onde laissant derrière elle, au fur et à mesure de son déplacement, des groupes d'étoiles nouvellement formés.

Des étoiles âgées d'environ 8 millions d'années sont observées à la périphérie de la nébuleuse. Près du trapèze d'Orion, on détecte des étoiles ayant un âge s'étendant entre trois cent mille ans et un million d'années. Une grande quantité de matériau interstellaire reste dans l'environnement immédiat du trapèze, ce qui semblerait montrer que le processus de formation d'une étoile n'est pas très efficace, seulement une partie du gaz d'un nuage étant utilisée à cet effet. Le matériau inutilisé est chauffé par le rayonnement d'une étoile chaude ou bien par l'explosion des étoiles les plus massives qui ont une durée de vie extrêmement courte ; mais que ce soit gentiment ou violemment, il est expulsé du voisinage immédiat de la jeune étoile. Ces étoiles adolescentes peuvent être aisément observées en lumière visible parce qu'elles ne sont plus masquées par la poussière et le gaz qui environnent les étoiles les plus jeunes.

L'astronomie infrarouge nous permet donc de voir le rayonnement créé par la poussière chauffée. Ces régions où il y a beaucoup de poussière agissent un peu comme un transformateur et permettent à la jeune étoile de se débarrasser de son rayonnement très intense dans les domaines optique et ultraviolet en l'absorbant et en réémettant une énorme quantité d'énergie et de lumière dans la longueur d'onde infrarouge.

L'image infrarouge de notre Galaxie permet donc de détecter les nurseries stellaires et d'obtenir directement une information sur les régions où de jeunes étoiles sont en train de se former. Au-delà, à quelquefois plusieurs milliards d'années-lumière, certaines galaxies sont extrêmement brillantes en infrarouge, un peu comme s'il y avait en quelque sorte une explosion de naissances, pire que le *baby-boom* de 1945. Des bouffées de formation d'étoiles sont ainsi observées dans certaines galaxies. Nous ne savons pas pour l'instant ce qui les provoque.

Les nuages moléculaires

La présence de poussières dans un nuage de gaz le refroidit jusqu'à une température de l'ordre de 10 à 30 degrés au-dessus du zéro absolu. À cette température, le gaz se présente sous forme moléculaire plutôt que sous forme atomique. De telles molécules sont observées à des longueurs d'onde de l'ordre du millimètre ou d'une fraction de millimètre. Ce rayonnement millimétrique, intermédiaire entre l'infrarouge et le rayonnement radio, n'est observé par les astronomes que depuis la mise au point des techniques nécessaires pour capter ces ondes vers la fin des années 1970.

Les instruments millimétriques ont permis la découverte de nuages moléculaires géants, endroits idéaux pour former des étoiles. Dans ces nuages, le monoxyde de carbone CO, composé d'un atome de carbone et d'un atome d'oxygène, émet un rayonnement très fort dans les longueurs d'onde millimétriques.

La distribution d'hydrogène a été observée dans notre Galaxie et ailleurs en radioastronomie depuis les années 1950. On voit donc bien, à ce propos, la complémentarité des observations à différentes longueurs d'onde. À chaque longueur d'onde est associé un phénomène. Si nous n'apercevions sur Terre qu'une seule couleur, le rouge par exem-

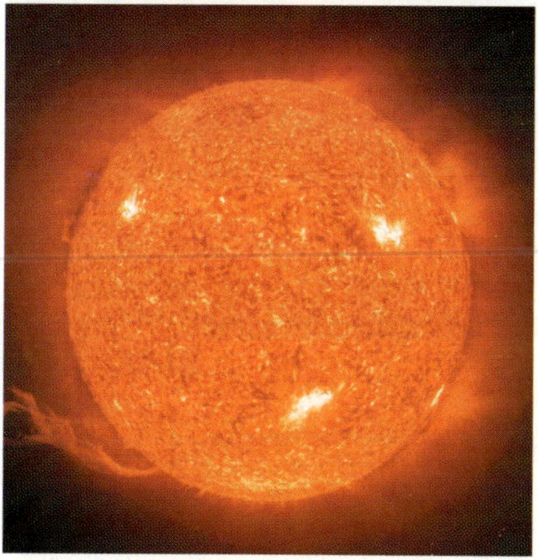

Le Soleil photographié en lumière ultraviolette le 18 mai 1996 (en haut) et le 14 septembre 1997 (en bas) par le satellite européen SOHO. Son aspect change sans cesse. Des protubérances de toutes tailles sont observées sur le bord du disque solaire. Une éruption s'étendant sur une distance comparable au rayon du Soleil est visible sur la photographie du bas. [© ESA]

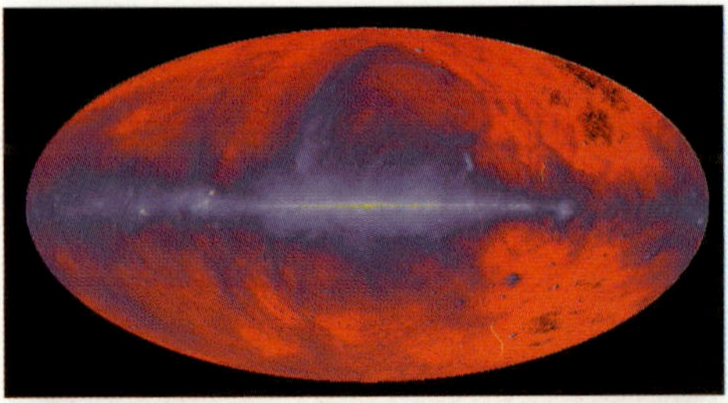

[a]

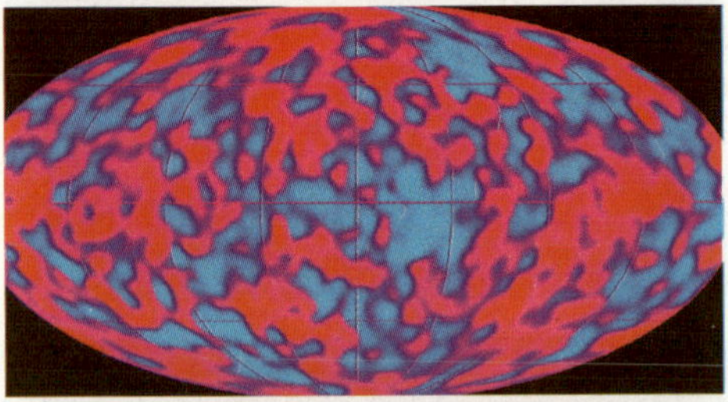

[b]

[c]

[c']

La sphère céleste à différentes longueurs d'onde projetée sur un plan comme pour une carte de la surface de la Terre. L'ensemble du ciel est ici représenté dans les longueurs d'onde du rayonnement radio (a), sub-millimétrique (b), visible (c), infrarouge (d), X (e) et γ (f). Les fausses couleurs nous permettent de bien distinguer les zones d'émission intense des zones plus sombres. La partie horizontale au centre de chaque image est la Voie lactée. La nébuleuse d'Orion est située à l'extrémité droite. L'image radio nous montre les nuages d'hydrogène. L'image infrarouge nous permet de distinguer les nuages de poussières, le « S renversé »

[d]
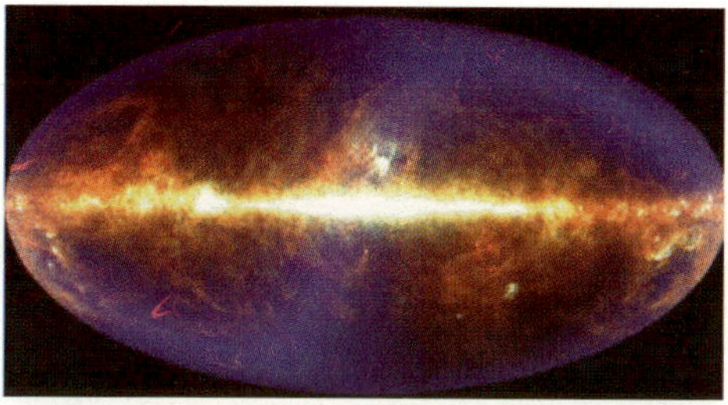

[e]
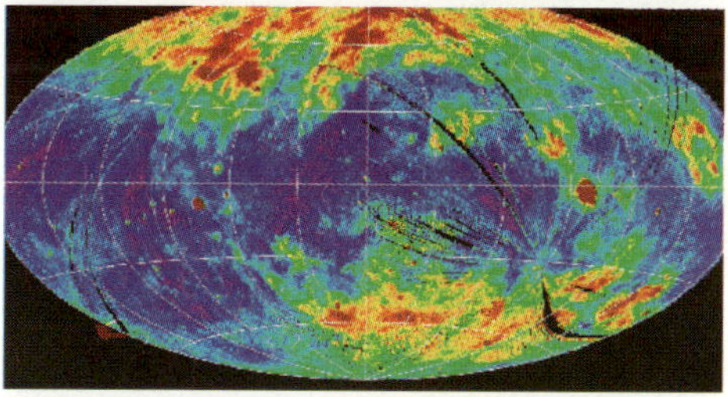

[f]
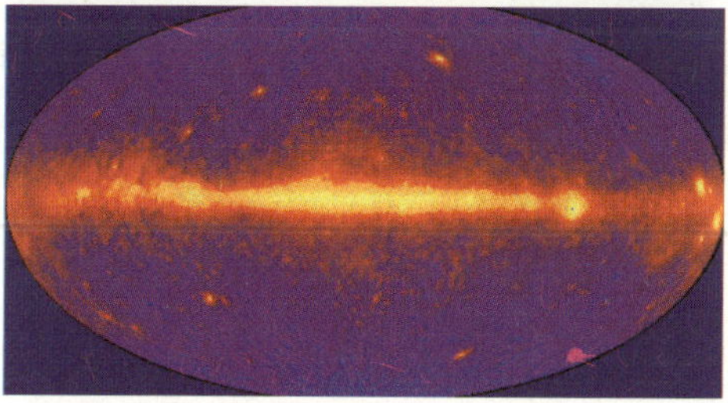

de couleur bleuâtre est la lumière zodiacale diffusée par les poussières interplanétaires. Les sources γ visibles à droite sont les pulsars de Vela, du Crabe et Geminga.

Le rayonnement X étant arrêté par la matière interstellaire abondante dans le plan galactique, la carte X est complémentaire de la carte radio. La carte (b) montre les fluctuations du rayonnement fossile. On se demande si ces fluctuations sont à l'origine de la formation des galaxies. En dessous de la carte (c), on aperçoit un détail agrandi de la Voie lactée dans les longueurs d'onde du rayonnement visible.

[a, © Haslam, Bonn - b, © COBE / NASA - c, © Lund observatory - c', © Gleason - d, © ESA - e, © ROSAT / NASA - f, © GRO / NASA]

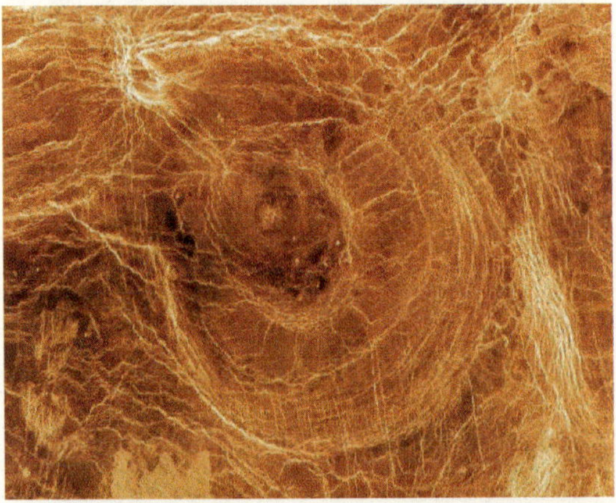

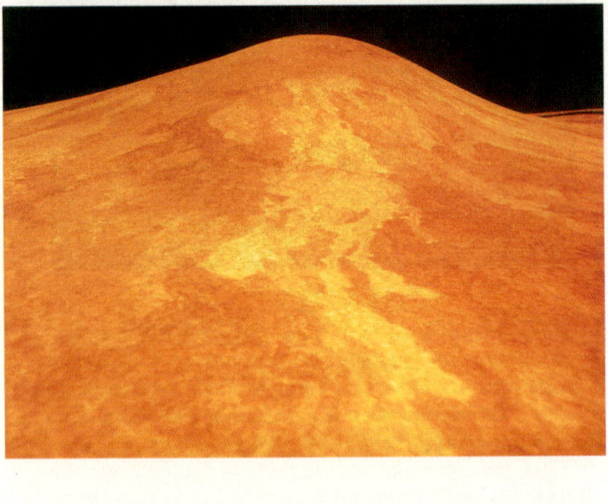

La surface de Vénus reconstituée grâce à la sonde Magellan. On aperçoit sur l'image du haut un cratère d'impact et sur l'image du bas le volcan Sif Mons. [© JPL-Caltech]

Le couple Terre-Lune vu de l'espace. [© NASA]

La planète Pluton et son satellite Charon sont, avec la Terre et la Lune, deux exemples de couples dans le système solaire. Dans les deux cas, le satellite et la planète ont une taille voisine, contrairement aux autres satellites du système solaire. [© NASA / ST ScI]

L'empreinte du pied du premier homme sur la Lune est le symbole de l'exploration du système solaire. Elle nous renseigne aussi sur la consistance du sol lunaire. [© NASA]

L'atmosphère de la Terre (en bas), comme celle de Titan (en haut), forment une mince pellicule autour de l'astre. Ces deux atmosphères sont, pour l'essentiel, composées d'azote et ont une pression au sol voisine. Par contre, la température est d'environ 80 K sur Titan. Sur Terre, cette mince couche abrite la vie. [© NASA / JPL-Caltech]

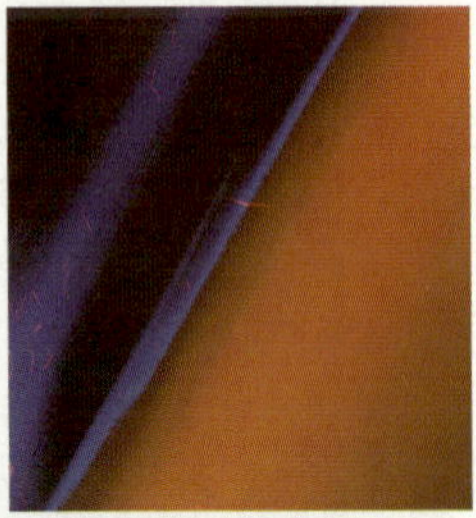

Les sondes américano-européennes Cassini-Huygens sont en route pour explorer Titan et le système de Saturne entre 2004 et 2008. Lancée avec succès le 15 octobre 1997, la fusée a traversé un nuage situé juste au-dessus de l'aire de lancement. [© NASA / JPL-Caltech]

La surface de la Lune est criblée de cratères d'impact, témoignages du bombardement permanent des corps du système solaire. Ces collisions ont joué un rôle majeur dans la formation des planètes et des satellites. [© NASA / JPL-Caltech]

La planète Mars, photographiée par la sonde Mars Global Surveyor, est un corps intermédiaire par sa taille et sa surface entre la Terre et la Lune. [© NASA / JPL-Caltech]

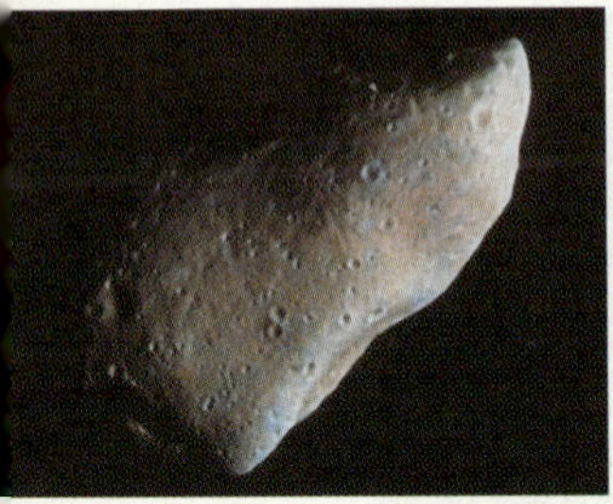

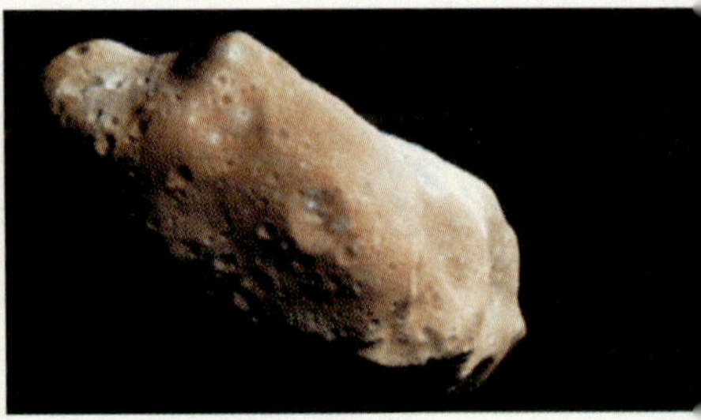

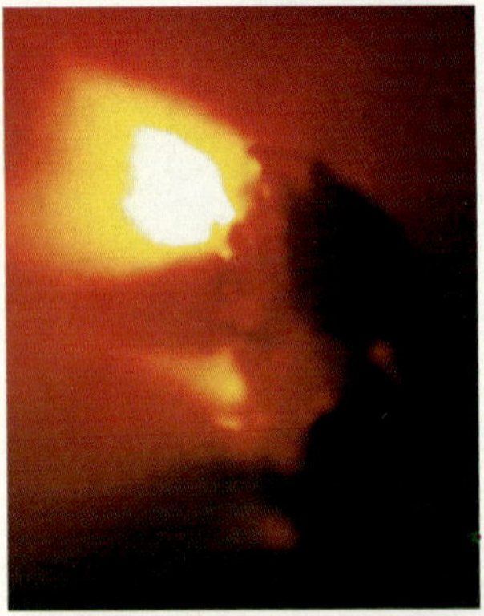

Les petits corps du système solaire sont les résidus de sa formation. Les astéroïdes Gaspra (en haut à gauche) et Ida (en haut à droite) ont été photographiés par la sonde Galileo en route vers Jupiter. Ida est accompagné d'un petit satellite, Dactyl. [© NASA / JPL-Caltech] Le noyau de la comète de Halley (au milieu) a été photographié par la sonde européenne Giotto en mars 1986. [© ESA] Vue de la Terre, une comète (en bas) exhibe une magnifique queue de plasma (partie bleue) et de poussières (partie jaune). [© Wally Pacholka]

La planète Jupiter est entourée d'une famille de satellites. Les quatre plus gros ont été découverts en 1610 par Galilée et survolés en 1979 par les sondes Voyager. *Leur richesse et leur diversité sont remarquables. Ils furent au* XVIIe *siècle les premiers corps célestes dont l'observation montrait directement qu'ils ne tournaient pas autour de la Terre. Les jours du géocentrisme étaient comptés ! [© NASA / JPL-Caltech]*

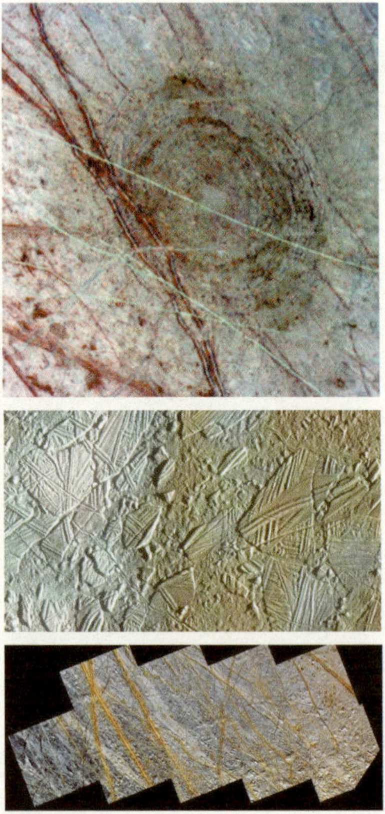

Le satellite Europe est couvert de glaces. Les étonnantes formations géologiques sont dues aux mouvements des glaces probablement situées immédiatement au-dessus d'un océan liquide. Sur l'image du haut, on peut distinguer un cratère d'impact. [© NASA / JPL-Caltech]

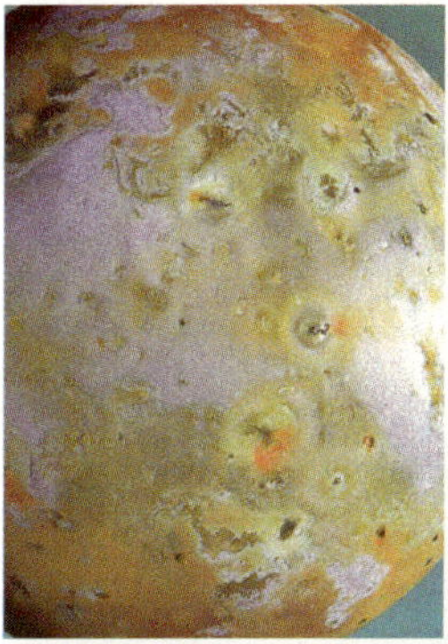

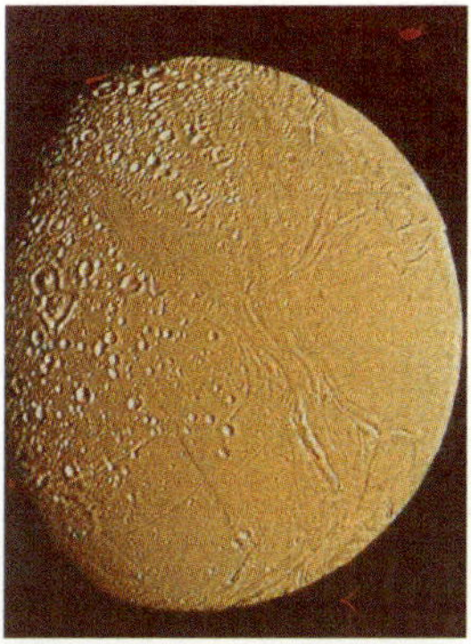

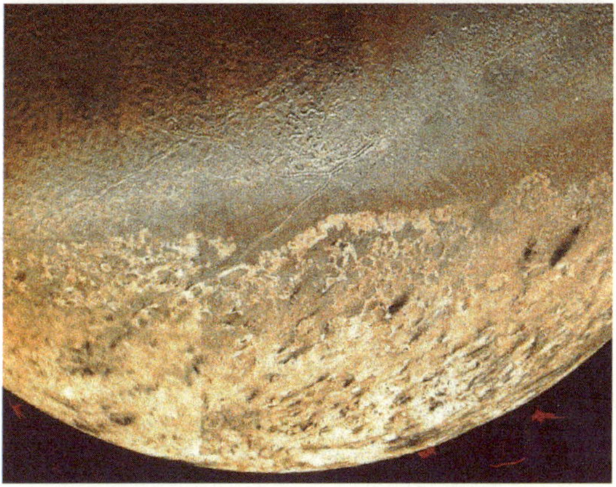

La diversité des satellites du système solaire ; Io, satellite de Jupiter, est couvert de volcans actifs (en haut à gauche). Encelade, satellite de Saturne, a une surface criblée de cratères d'impact et couverte de coulées de glace et de fractures (en haut à droite). Triton, satellite de Neptune, l'objet le plus lointain et le plus froid (environ – 240 °) jamais approché par une sonde humaine, est couvert de volcans, de geysers et de formations géologiques originales (en bas). [© NASA / JPL-Caltech]

Les atmosphères des planètes géantes sont très actives. La tache rouge de Jupiter (en haut), deux fois plus grosse que la Terre, est le plus spectaculaire cyclone du système solaire. Elle est ici montrée en fausses couleurs pour accentuer les contrastes. Neptune possède aussi un immense tourbillon (en bas) qui a la taille de la Terre. [© NASA/JPL-Caltech]

La planète Saturne et ses anneaux photographiée en novembre 1981 par la sonde Voyager 2 *avant (en haut) et après (au milieu) la rencontre. La photographie du haut est prise avec le Soleil « dans le dos » et celle du milieu avec le Soleil « dans les yeux ». L'observation du même objet avec deux angles d'éclairage différents est précieuse pour comprendre sa nature. On observe au milieu l'ombre des anneaux sur la planète et l'ombre de la planète sur les anneaux. Trois satellites et l'ombre de l'un d'entre eux sur la planète sont visibles sur la photographie du haut. En bas, la photographie des anneaux en fausses couleurs montre la variété des structures en leur sein.*
[© NASA/JPL-Caltech]

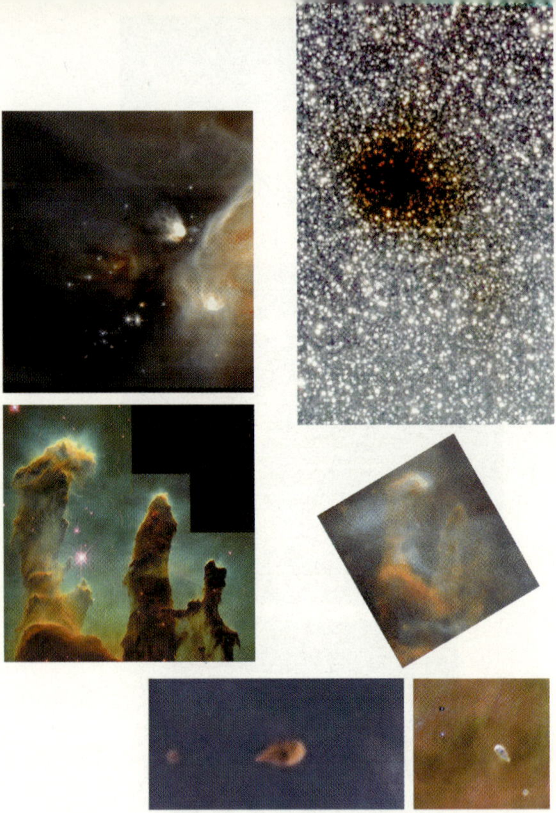

Des étoiles se forment sans cesse dans le milieu interstellaire, où se trouve la matière première pour les fabriquer. On aperçoit en haut à gauche une centaine d'étoiles qui viennent juste de naître (points brillants) au milieu de grandes quantités de poussières au sein d'un nuage, situé à 750 années-lumière du Soleil dans la direction de la constellation d'Ophiucus et photographié en infrarouge par le satellite européen ISO [© ESA].
En haut à droite, on voit un nuage de poussières, situé à moins de mille années-lumière de nous, qui bloque toute la lumière émise par les étoiles situées derrière. Les observations à différentes longueurs d'onde apportent des renseignements précieux sur les conditions qui règnent dans ces milieux.
Au milieu, la nébuleuse de l'Aigle, maternité d'étoiles, est vue en lumière visible (à gauche) et en infrarouge (à droite). En bas, deux « cocons » de la taille de notre système solaire, véritables nurseries, sont des disques de poussière et de gaz à l'intérieur desquels des systèmes de planètes sont peut-être en train de se former. [© NASA / ST ScI]

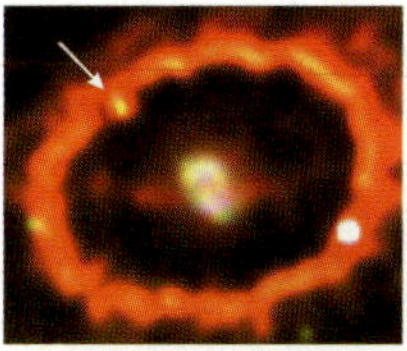

[a]

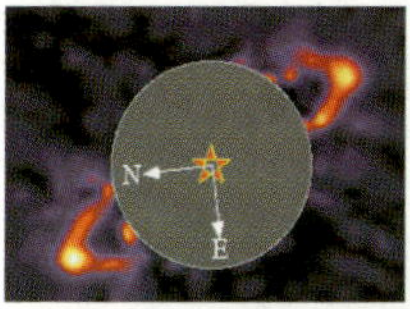

[c]

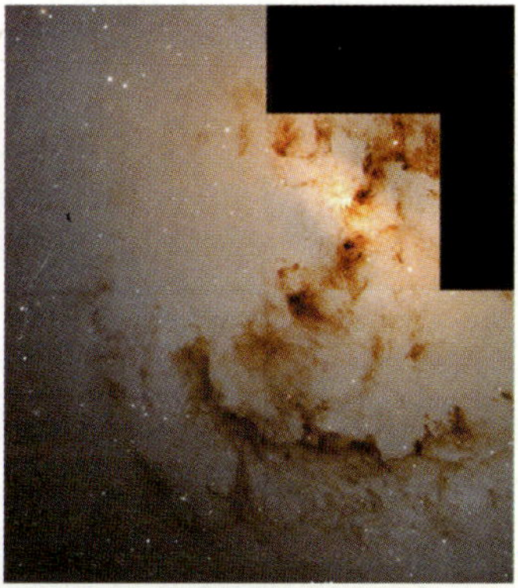

[b]

[d]

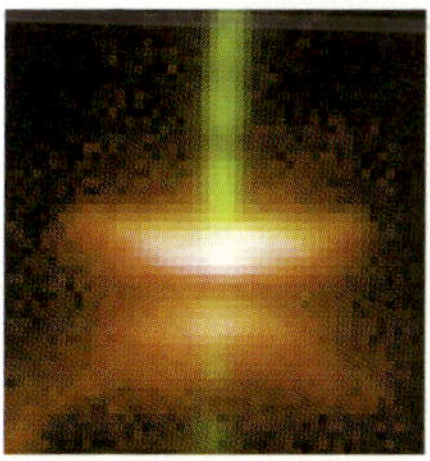

[e]

L'explosion d'une supernova (a) ou la collision de deux galaxies (b) provoquent des excès de densité favorables à la formation d'étoiles. Des disques (c et e) et des jets de matière (d et e) sont observés dans l'environnement immédiat des jeunes étoiles. Ces disques, situés dans le plan équatorial, forment un milieu favorable à l'apparition de planètes. Le document (c) montre un véritable anneau autour de la jeune étoile HR 4796 A. Cet anneau, deux fois plus gros que l'orbite de Neptune autour du Soleil et large de moins de 17 unités astronomiques, est probablement stabilisé par la présence de planètes non encore détectées. L'effondrement qui prélude à la formation d'une étoile s'accompagne d'expulsion de matière sous forme de jets polaires [(d) et partie verte du document (e)]. [© NASA]

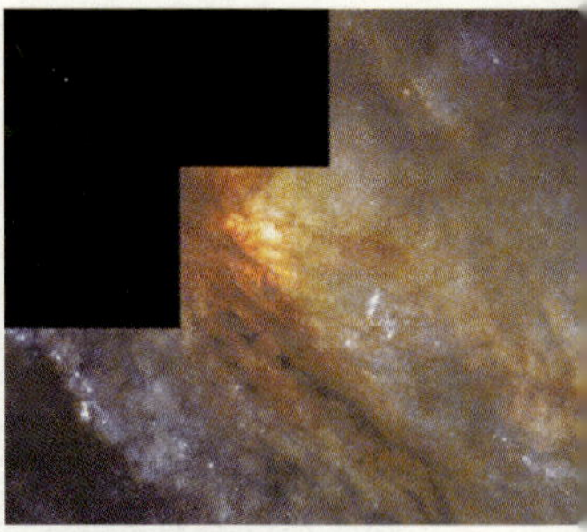

La fameuse galaxie de la « roue de charrette » (en haut à gauche) est le résultat de la collision de deux galaxies. Les structures complexes de la galaxie spirale NGC 253 (en haut à droite) sont des nuages de gaz et de poussières favorables à la formation d'étoiles. La galaxie NGC 891, vue par la tranche, montre une accumulation de poussières dans son plan médian.
[© NASA]

ple, à l'exclusion des autres, nous serions pratiquement aveugles. C'est le fait de voir toutes les couleurs ensemble qui nous apporte une information complète sur le monde qui nous entoure. Les astronomes font exactement la même chose mais l'étendent à tout le rayonnement électromagnétique et ne se contentent pas du simple rayonnement visible. Les longueurs d'onde visibles nous ont révélé les étoiles, les longueurs d'onde infrarouges, les étoiles en train de naître, les longueurs d'onde millimétriques, les précurseurs de ces futurs bébés et les longueurs d'onde radio, la matière première et le milieu dans lequel ont évolué les parents.

On observe des nuages moléculaires dans la nébuleuse d'Orion. La poussière joue un rôle essentiel en protégeant les molécules du rayonnement optique et ultraviolet des étoiles proches. En effet, si ce rayonnement atteignait directement ces molécules, les liaisons relativement fragiles entre les atomes qui les constituent seraient cassées, et les molécules détruites.

Pour former une étoile, il faut donc fabriquer un cocon et protéger les jeunes enfants d'un milieu extérieur hostile. En protégeant ces molécules, la poussière joue dans ce cas le rôle de l'œuf ou du ventre de la mère. Les nuages moléculaires réunissent tous les ingrédients nécessaires pour permettre la naissance d'une étoile. Leur découverte et le fait qu'on a compris qu'ils en étaient les précurseurs ne permettent pas de résoudre complètement le problème de la formation des étoiles. Le mécanisme par lequel un nuage moléculaire va devenir une étoile est encore mal compris. Il faut en particulier franchir les trois barrières thermique, magnétique et rotationnelle.

Les nuages moléculaires sont relativement homogènes, mais ils recèlent des grumeaux ou des noyaux très denses de matière à des températures très basses et à des densités fortes, de l'ordre de dix à cent mille atomes par centimètre cube. De telles densités, importantes pour le milieu interstellaire, sont faibles par rapport à celle des atomes dans l'atmosphère terrestre. Ces deux conditions — une faible température et une forte densité — sont exactement ce qu'il faut pour faire une nouvelle étoile. Former une étoile, c'est-à-dire une boule de matière dense et chaude, capable de soutenir des réactions thermonucléaires en son centre, requiert un effondrement tel que la densité croisse d'un facteur 10^{20}. L'énergie nécessaire pour cet effondrement est apportée par la gravitation.

Avant la naissance ?

Le processus de formation d'étoiles semble se déplacer lentement à travers les nuages moléculaires d'Orion, mais nous ne savons pas ce qui l'a déclenché. Quelques idées sont actuellement testées. Par exemple, quand une étoile massive est formée, une grande quantité de rayonnement ultraviolet qui chauffe le milieu interstellaire est immédiatement émise, la pression du gaz de l'étoile augmente, et elle se dilate. Quand une telle étoile massive a épuisé sa réserve d'énergie interne, elle explose, et l'énergie de l'explosion chauffe considérablement le gaz. Les régions de gaz froid sont brutalement portées à une température élevée. C'est ainsi que l'on peut avoir une variation de densité dans un nuage moléculaire de l'ordre de cent à mille. Une telle discontinuité de densité peut déclencher un effondrement et une espèce de réaction en chaîne. À partir du moment où l'on a pu former une étoile massive, l'énergie communiquée dans le voisinage immédiat fait apparaître un phénomène de contagion des naissances. Dès qu'un bébé naît, beaucoup d'autres ont envie de naître.

Nous aimerions remonter encore plus loin dans la vie des étoiles en observant ce qui se passe bien avant leur jeunesse que nous apercevons dans le nuage d'Orion. Jusqu'à présent, nous n'avons pas d'informations directes sur ce qui se passe au tout premier moment, lorsqu'un nuage commence à s'effondrer sous l'action de la force de gravitation. L'observation de ces tout premiers instants est pratiquement impossible. La quantité de poussières est telle que même les nouvelles techniques infrarouge et millimétrique qui nous ont permis de remonter très en arrière dans la formation des étoiles sont inefficaces. L'effondrement initial ne dure que quelques milliers d'années, et ce phénomène est si bref à l'échelle astronomique qu'il a très peu de chance d'être observé à moins qu'il ne se produise dans notre voisinage immédiat. Par ailleurs, le démarrage de l'effondrement se produit dans une région si petite, de l'ordre d'un tiers d'année-lumière, que nos instruments n'ont pas encore la résolution suffisante pour y distinguer les moindres détails quand les régions sont situées un peu loin de nous.

Histoire de naissances

La distribution de la masse des étoiles nouvellement formées dans les nuages moléculaires est une des clés fondamentales pour comprendre comment se forment les étoiles. Celles-ci ont des masses allant d'un dixième à cent fois celle du Soleil environ. Aujourd'hui, on observe, dans les zones de formation, la naissance de relativement peu d'étoiles massives. La grande majorité de celles qui se forment actuellement dans notre Galaxie ont en effet une masse et une luminosité relativement faibles. Ce sont des étoiles qui auront une durée de vie très longue, de l'ordre de plusieurs milliards à plusieurs dizaines de milliards d'années. Il n'en a pas toujours été ainsi. Les premières générations ont été faites d'étoiles massives, lumineuses et de très courte durée de vie. Les débris provenant des explosions de type supernova, qui marquèrent la mort de ces étoiles, ont augmenté l'abondance moyenne des éléments lourds, c'est-à-dire des éléments autres que l'hydrogène et l'hélium, jusqu'une valeur d'environ 1 %, proche de l'abondance que l'on trouve dans le Soleil.

Il semble bien qu'après cette première phase durant laquelle de nombreuses étoiles massives ont été formées un nouveau processus de formation, dominé par le refroidissement des grains de poussières, prenne place. Un changement spectaculaire dans la distribution des masses stellaires en train de se former en a résulté. Si ces premières étoiles avaient été moins massives, elles auraient eu des durées de vie beaucoup plus longues. Ce sont les étoiles qui ont survécu qui forment la population stellaire du halo de la Galaxie que nous connaissons aujourd'hui. La matière perdue au cours de l'évolution de ces étoiles s'est accumulée dans ce qui est actuellement le disque de notre Galaxie et a été recyclée par des générations successives d'étoiles.

Les astronomes en viennent donc à penser que le premier milliard d'années de notre Galaxie s'est accompagné, d'une part, d'un taux de formation stellaire très élevé et, d'autre part, de l'apparition d'un grand nombre d'étoiles massives, et donc d'un enrichissement en éléments lourds très important au début de l'histoire de l'Univers. Il semble que, depuis, la formation stellaire a continué à un taux relativement plus faible. Cette situation est intermédiaire entre deux situations extrêmes que l'on observe aujourd'hui. Dans les galaxies elliptiques, pratiquement tout le gaz interstellaire a disparu, et la formation d'étoiles a pratiquement cessé. Dans une telle galaxie, nous ne serions peut-être jamais nés. Par contre, on observe de nos jours quelques galaxies spirales beaucoup plus fécondes que notre Galaxie. On peut évidemment se demander pourquoi ces différences des taux de fécondité stellaire, mais nous ne sommes pas capables pour l'instant de répondre à cette question.

La distribution des masses stellaires est un paramètre essentiel puisque les étoiles massives évoluent très vite et fournissent les éléments lourds, tandis que les moins massives évoluent beaucoup plus lentement et sont moins productives. On ignore pour l'instant ce qui détermine la distribution initiale des masses des globules dans un nuage moléculaire. Même si nous avions compris les mécanismes qui déterminent la distribution initiale des protoétoiles au sein d'un nuage moléculaire, les collisions entre celles-ci pourraient modifier significativement cette distribution aux premiers instants de la vie de ce nuage. Le fonctionnement des mécanismes de formation stellaire dans les galaxies est encore loin d'être complètement compris ; c'est pourtant essentiel afin de connaître le taux de production des atomes dans l'Univers.

La formation des étoiles est un processus continu. Nous observons de-ci et de-là, dans notre Galaxie, des étoiles de tous âges dans toutes les directions : il y a des bébés, de jeunes enfants, des adolescents, des adultes et des vieillards. La théorie et l'observation se sont conjuguées pour nous permettre de conclure que les étoiles se forment par fragmentation continue du milieu interstellaire, un nuage interstellaire se fragmentant en sous-nuages. Quand un nuage a environ cent mille fois la masse du Soleil, il est le berceau de la formation de quelques dizaines de milliers d'étoiles.

On ne peut que s'émerveiller des progrès fantastiques réalisés au cours des deux dernières décennies du XXe siècle dans notre compréhension de la formation des étoiles. Pour la première fois, nous avons pénétré au cœur d'une maternité stellaire. Nous sommes pourtant encore loin d'avoir tout compris. C'est une excellente illustration de la vitalité de la science. Chaque fois qu'un progrès est accompli, chaque fois qu'un pas nouveau est franchi, une foule de questions nouvelles apparaît.

Les jets et les disques

Nous avons vu au chapitre précédent qu'à la fin des années 1980, deux découvertes ont bouleversé nos idées sur la formation des étoiles : celle de puissants jets de matière aux pôles d'une étoile en formation et celle de disques autour des jeunes étoiles. L'effondrement gravitationnel et la contraction violente des débuts d'une étoile s'accompagnent de l'évacuation de matière le long de jets bipolaires, en sens inverse l'un de l'autre à partir des pôles de l'étoile. Il n'y a pas d'effondrement sans expulsion. À chaque fois que les conditions le permettent, un disque est observé dans le voisinage immédiat d'une jeune étoile. Ces observations nous ont probablement fourni la clé qui nous manquait pour comprendre comment une étoile franchissait les barrières qui s'opposaient à sa formation. Ces jets de matière et ces disques permettent d'évacuer une partie de l'énergie et du champ magnétique de l'étoile, et de faire tomber les barrières qui s'opposaient à l'effondrement complet d'une protoétoile.

La résolution atteinte par le télescope spatial ou par les techniques d'optique adaptative au sol permet aux astronomes d'observer un luxe de détails dans le voisinage immédiat des étoiles jeunes. Nous sommes loin de l'époque pourtant récente où les étoiles n'étaient que des points de lumière dans le ciel. Nous apercevons des jets de matière violents comme si la tendre enfance s'accompagnait de crises de colère ; nous apercevons aussi des condensations de poussières et de gaz sans comprendre encore s'il s'agit de phénomènes transitoires ou de mécanismes plus fondamentaux ; nous apercevons des disques de matière qui sont peut-être des lieux de formation de planètes.

Par exemple, une étoile comme l'étoile T de la constellation du Taureau présente de fortes variations de luminosité de plusieurs ordres de grandeur. De nombreuses étoiles présentent un tel comportement, on les a nommées « T-Tauri » par analogie à la plus connue d'entre elles. On s'est aperçu depuis longtemps qu'elles éjectaient dans l'espace d'énormes quantités de matière. Ce ne sont plus des vents stellaires, mais de vraies tempêtes. Il est intéressant de constater que le Soleil est passé par le stade d'étoile T-Tauri dans sa prime jeunesse. L'observation de ces étoiles est ainsi pour nous une manière de plonger dans notre passé.

Il est encore plus remarquable d'observer l'éjection de la matière dans deux directions opposées. Cette éjection bipolaire est parfaitement compatible avec la présence d'un disque de matériau dans le plan équatorial de l'étoile. Un tel disque bloquerait l'éjection de matière dans les directions équatoriales. Le gaz serait alors éjecté dans deux directions opposées le long des pôles. De temps en temps, des agglomérations ou des grumeaux de gaz deviennent visibles. On peut suivre pendant quelques années leur éloignement de l'étoile centrale. De tels objets étaient connus depuis les années 1950 et appelés « objets d'Herbig-Haro », du nom de leurs découvreurs. Récemment, on a enfin compris que ces objets pouvaient être identifiés à des étoiles jeunes expulsant une partie de leur matériau primitif.

La naissance d'une étoile

Nos connaissances sur les premiers instants d'une étoile viennent d'être bouleversées. L'image de la contraction directe d'un nuage interstellaire en étoile nous paraît maintenant bien naïve. Deux phénomènes essentiels semblent associés à la formation d'une étoile : l'apparition de disques d'accrétion dans le plan équatorial et celle de puissants jets bipolaires de matière. Paradoxalement, l'expulsion violente de la matière semble tout aussi nécessaire que la contraction. Le scénario qui émerge maintenant était difficilement prévisible par de simples considérations théoriques. Les observations à différentes longueurs d'onde nous ont été nécessaires pour dégager ces idées.

Deux modes de formation semblent prédominer dans notre Galaxie : le mode « bien serré » et le mode « dilué ». Il ne s'agit pas ici de café, mais de la manière dont les étoiles se forment à partir du milieu interstellaire. Dans le premier cas, on observe la formation plus ou moins simul-

Figure 17 Schéma de la formation d'une étoile : jets et disques.
Ce schéma résume la vision actuelle des astronomes sur la formation des étoiles. Dès la fragmentation d'un nuage interstellaire (A), un « globule » de matière s'effondre et, s'il a une masse ni trop grande (inférieure à cent fois la masse du Soleil) ni trop petite (supérieure à un dixième de la masse du Soleil), les réactions thermonucléaires peuvent s'allumer au centre, il devient une étoile, et un disque se forme dans le plan équatorial (B). La contraction s'accompagne d'éjection de matière dans les régions polaires perpendiculairement au disque (C). Ces jets bipolaires ont des vitesses d'évasion de la protoétoile de l'ordre de 250 km/s. Quand les réactions thermonucléaires ont démarré, l'étoile commence sa vie d'adulte, et on peut se demander ce que devient le disque primitif (D). Des planètes se forment-elles systématiquement en son sein ou bien évolue-t-il différemment ?

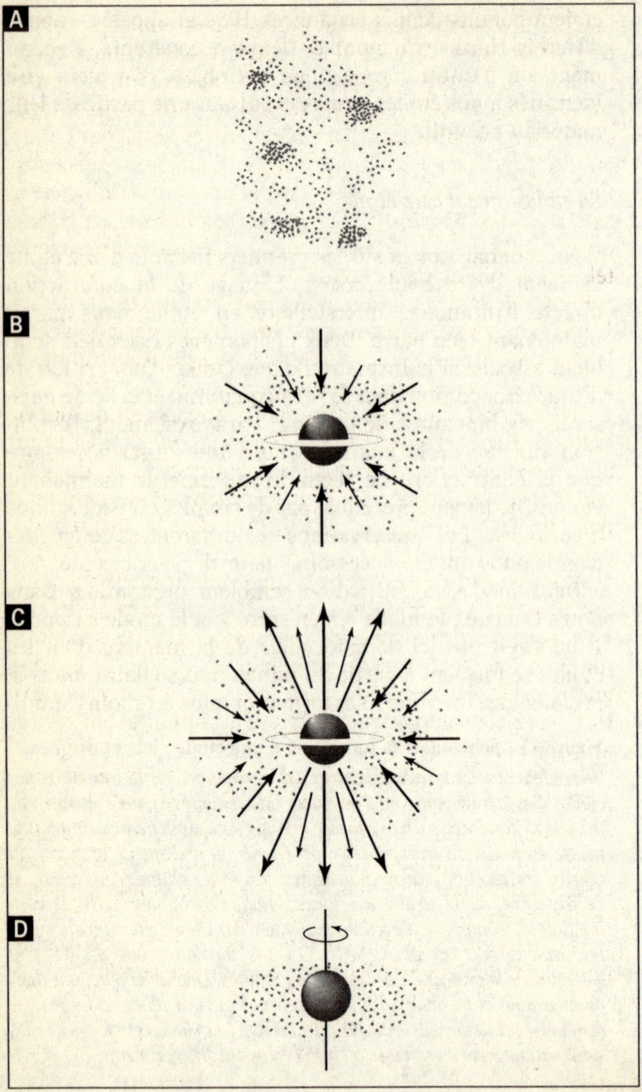
A
B
C
D

tanée d'un groupe dense de nombreuses étoiles à partir d'agglomérations de gros globules de gaz moléculaire et de poussières. Dans le second cas, on observe un système isolé, quelquefois double, se former à partir d'un nuage dense bien séparé de l'environnement et situé dans une enveloppe de matériau plus raréfié contenant plusieurs nuages semblables distincts les uns des autres. Plusieurs astronomes pensent que les étoiles semblables au Soleil ont été formées par le second mécanisme dans des nuages tels que la région du Taureau.

Plusieurs étapes marquent la formation de ces étoiles.

1) Un « noyau » apparaît au sein d'un nuage moléculaire. La turbulence et le champ magnétique n'arrivent pas à s'opposer à l'effondrement gravitationnel.

2) Une protoétoile se forme au centre de ce noyau et s'effondre sous l'effet de la gravitation. Sa température augmente, et une enveloppe de poussières et de gaz entoure ce bébé étoile. La poussière absorbe le rayonnement de haute énergie et le transforme en rayonnement de plus basse énergie.

3) L'énergie de rotation de l'étoile étant trop élevée pour que le matériau tombe directement sur le noyau central, un disque se forme autour de la protoétoile. De la même manière que l'eau tourne autour de la bonde de la baignoire avant de s'écouler dans les tuyaux, le matériau protostellaire tourne dans un disque d'accrétion avant d'être absorbé par l'étoile.

4) L'étoile tournant de plus en plus vite, elle perd une partie de son énergie de rotation. Un puissant vent stellaire se développe alors le long de l'axe de rotation de l'étoile dans deux directions opposées, et un flux bipolaire est créé. La découverte de tels flux a été une grande surprise pour les astronomes des années 1980.

5) L'effondrement se termine par l'émergence d'une nouvelle étoile entourée d'un disque circumstellaire.

L'étoile β Pictoris et les disques circumstellaires

Comme nous l'avons vu ci-dessus, au cours des années 1980, la découverte d'un disque de gaz et de poussières vu par la tranche autour de l'étoile β de la constellation du Peintre (β Pictoris) a défrayé la chronique.

Depuis, des nuages de poussières de la taille du système solaire ont été détectés autour de quelques étoiles. Ils sont allongés en forme de disque, et la masse de poussières et de gaz mesurée est du même ordre de grandeur que celle de notre système solaire. De là à penser que nous sommes en train d'assister à la naissance d'autres systèmes solaires, il y a un pas que beaucoup sont en train de franchir ! La découverte et l'observation des disques circumstellaires paraissent donc très prometteuses. Il faut tout de même être prudent. Tous les disques ne donnent peut-être pas naissance à un système solaire !

À la fin de l'année 1998, des anneaux ont été découverts autour de plusieurs étoiles. Les photographies de ces objets (voir les photographies en couleurs) ressemblent aux anneaux de Saturne vus à travers une lunette de qualité médiocre. Un disque de matière composé de poussières, de gaz et de petits corps de quelques mètres à quelques centaines de mètres de dimension devrait être plus ou moins homogène avec des bords très doux, comme nous l'avons vu au chapitre précédent. Le fait qu'on observe des bords nets à l'intérieur et à l'extérieur du disque fait penser à la présence de planètes plus ou moins massives qui, par effet gravitationnel, empêchent le disque de s'étendre aussi bien vers l'extérieur que vers l'intérieur. Ces « anneaux » seraient donc la preuve indirecte de la présence de planètes. Il est clair que des instruments encore plus élaborés doivent être pointés vers ces systèmes afin de savoir s'ils peuvent nous apporter des informations précieuses sur nos origines.

D'autres planètes ?

Pour l'instant, nous ne connaissons qu'un seul système solaire, le nôtre, et, depuis des siècles, les hommes se demandent si les autres étoiles sont entourées de planètes, si d'autres Terres existent, si elles sont habitées... La découverte d'autres systèmes solaires serait une étape majeure dans l'histoire de l'humanité. Une telle recherche est au centre de questions fondamentales comme celles de nos origines ou celles de la vie dans l'Univers. Sommes-nous seuls ? Sinon, rencontrerons-nous les « autres » un jour ?

Nous ne pouvons pas encore répondre à ces questions, mais les progrès scientifiques nécessaires pour recueillir des informations sur ce sujet s'accomplissent sous nos yeux. Les scientifiques procèdent par étapes, cherchant tout d'abord de grosses planètes comme Jupiter, puis de petites Terres avant de partir en quête de traces de vie ailleurs.

Nous savons depuis les années 1970 et 1980 que la vie n'existe que sur Terre dans le système solaire. Nous sommes seuls autour du Soleil. Nous pourrons probablement dire au cours des siècles prochains s'il y a des traces de vie autour des étoiles proches.

Les planètes sont non seulement toutes petites par rapport à l'étoile autour de laquelle elles tournent, mais elles n'émettent aucune lumière, se contentant de réfléchir celle de leur soleil, si bien que détecter un autre système solaire est loin d'être aisé. Cela paraissait même, il y a peu, un rêve fou d'astronome illuminé. Ce rêve est pourtant en train de devenir réalité grâce au développement de nouveaux détecteurs et à la mise au point de nouvelles techniques d'observation.

La découverte de planètes extrasolaires

Il est encore plus difficile de découvrir une planète autour d'une étoile que de distinguer une bougie contre un phare de marine allumé. En effet, l'étoile la plus proche est à environ 4 années-lumière. Vue du Soleil, une éventuelle planète comme la Terre serait à moins d'une seconde d'arc de l'étoile. La séparation angulaire entre une planète et son étoile est donc inférieure à la résolution des télescopes terrestres, qui est limitée par la turbulence de l'atmosphère terrestre. Il n'est donc pas possible pour l'instant de recevoir l'image d'un système extrasolaire même en utilisant les plus grands télescopes et les meilleurs détecteurs. Pour détecter des planètes extrasolaires, il faut donc soit se placer dans l'espace, soit utiliser des méthodes indirectes.

Si, dans son mouvement autour de son étoile, une planète, vue de la Terre, passe devant cette étoile, un observateur peut détecter la diminution de luminosité de celle-ci. Cette variation de luminosité est très faible (de l'ordre de 1 % pour une planète semblable à Jupiter et de 0,001 % pour une planète semblable à la Terre), éphémère (elle ne dure que quelques heures) et rare (si elle a lieu, elle se reproduit à des intervalles de temps égaux à la période de révolution de la planète). Si les planètes extraterrestres sont très nombreuses, un télescope utilisé pour cette seule tâche en détecterait quelques-unes au bout d'une dizaine d'années. La précision photométrique serait encore meilleure dans l'espace que sur Terre. Cette méthode, qui consiste à observer le transit d'une planète devant le disque d'une étoile, est prometteuse, mais doit être améliorée pour donner des résultats de qualité.

Une autre manière indirecte de détecter la présence d'une planète autour d'une étoile consiste à observer son mouvement sous l'effet gravitationnel d'un compagnon invisible. En effet, une planète et une étoile tournent autour de leur centre de gravité commun. Si la planète est suffisamment massive et proche de l'étoile, on peut espérer détecter le mouvement de l'étoile perturbée gravitationnellement par ce compagnon invisible à nos yeux (voir schéma ci-après). Cette méthode vient de donner des résultats prodigieux puisqu'en moins de quatre ans une vingtaine de planètes en général plus massives que Jupiter et très proches de l'étoile ont été détectées.

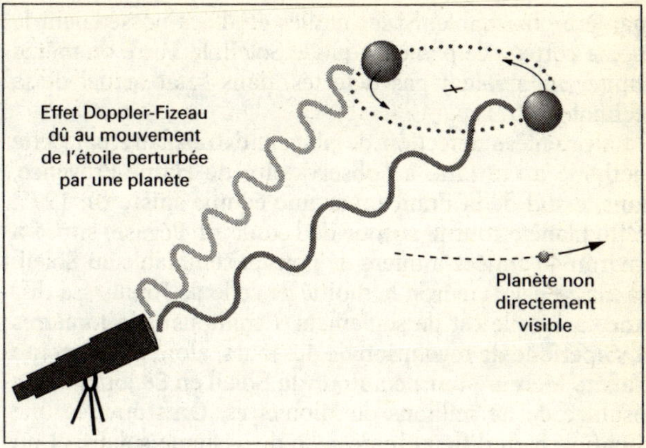

Figure 18 Méthode spectroscopique de détection de planètes extrasolaires.

Le mouvement d'une étoile et d'une planète autour de leur centre de gravité commun peut être détecté grâce à l'effet Doppler-Fizeau. Cet effet nous est familier dans le domaine des ondes sonores et explique pourquoi la hauteur du son d'une voiture varie quand on la regarde passer au bord d'une route. Quand l'étoile se rapproche de nous, la longueur d'onde de son rayonnement diminue légèrement, et sa lumière, ou plus exactement les raies de son spectre, est légèrement bleuie. Quand elle s'éloigne, on observe au contraire un décalage vers le rouge et une augmentation de la longueur d'onde. Le changement cyclique permet de reconstituer les mouvements et d'obtenir quelques informations sur la planète invisible qui perturbe le déplacement de l'étoile. Sur ce schéma, l'effet a été considérablement exagéré. Dans la réalité, les mouvements sont à peine perceptibles et demandent un équipement sophistiqué pour être détectés.

Le mouvement de l'étoile peut être détecté grâce à l'effet Doppler-Fizeau. De la même manière que la hauteur du son varie selon qu'un objet s'approche ou s'éloigne de nous, les raies du spectre d'une étoile sont déplacées vers le rouge ou vers le bleu selon qu'elle s'éloigne ou se rapproche de nous. Le principe de cette méthode est simple, mais cet effet est si petit que la mesure en est difficile. Cette méthode ne permet de découvrir que des objets suffisamment massifs et proches de l'étoile pour la perturber de manière observable. Si les étoiles étudiées possédaient le même cortège de planètes que le Soleil, la Terre ou même Jupiter ne seraient pas détectés, dans l'état actuel de la technologie.

La première détection de planète extrasolaire par cette méthode a été faite à l'observatoire de Haute-Provence, dans le sud de la France, par une équipe suisse fin 1995. Cette planète tourne autour de l'étoile 51 Pégase, située à environ 40 années-lumière de nous et semblable au Soleil. Sa masse est d'environ la moitié de celle de Jupiter, sa distance à l'étoile est de seulement 7 millions de kilomètres et sa période de révolution de 4,2 jours, alors que la petite planète Mercure tourne autour du Soleil en 88 jours à une distance de 60 millions de kilomètres. On trouve là une situation bien différente de celle du système solaire et on peut se demander si une telle configuration dans laquelle une planète massive est très proche de l'étoile centrale est fréquente ou non. Plusieurs centaines d'étoiles proches ont été observées depuis une dizaine d'années grâce à cette méthode par les astronomes américains et européens, et, à la fin de 1998, l'existence d'une vingtaine de planètes extrasolaires était confirmée.

Cette méthode spectroscopique a permis de détecter de nombreux compagnons stellaires qui ne sont pas des planètes. Certaines étoiles sont en fait des systèmes doubles dont l'un des membres est une étoile peu lumineuse et de faible masse, de l'ordre d'un dixième de masse solaire, soit juste assez pour que des réactions thermonucléaires s'allument en son centre. D'autres étoiles sont entourées de corps qui ne sont ni des étoiles ni des planètes. De tels corps, dont la masse est comprise entre 1 % et 10 % de celle du Soleil, sont des naines brunes. Elles ont une masse insuffisante pour que des réactions thermonucléaires puissent s'allumer en leur centre et une structure bien différente de celle des planètes. En leur centre, la matière est à l'état dégénéré. Ces détections indirectes confirment l'existence des naines brunes, prédite par des considérations théoriques.

En 1992, des planètes avaient été détectées autour d'étoi-

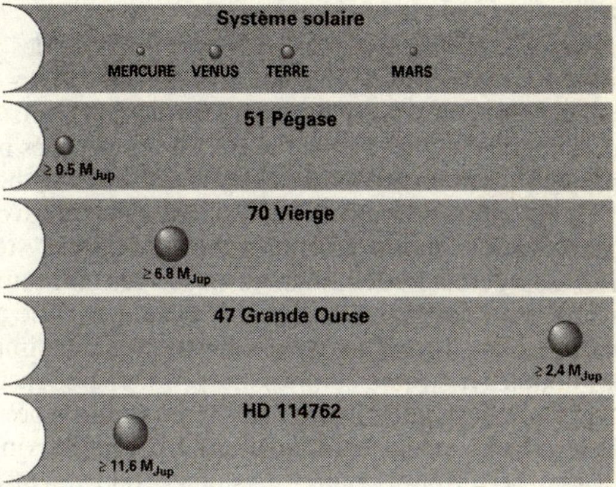

Figure 19 Les planètes extrasolaires.

Quatre exemples de planètes extrasolaires découvertes au voisinage immédiat d'une étoile grâce à la méthode spectroscopique. Les dimensions de ces systèmes sont représentées par comparaison avec notre système solaire. On ne possède pour l'instant aucune information détaillée sur les conditions qui règnent à la surface et à l'intérieur de tels objets. Autour de l'étoile 51 Pégase, une planète de masse comparable à celle de Jupiter orbite à une distance bien inférieure à la distance Soleil-Mercure. Les étoiles 70 de la Vierge, 47 de la Grande Ourse et HD 114762 sont entourées dans leur voisinage immédiat d'astres nettement plus massifs que Jupiter. Ces systèmes ne ressemblent pas du tout au système solaire et, pour l'instant, ils nous donnent peu d'informations sur nos origines, mais ils nous apprennent que l'environnement immédiat des étoiles est beaucoup plus riche que prévu et qu'une grande diversité règne dans l'Univers.

les à neutrons grâce aux perturbations des ondes radio. De telles étoiles, résidus de l'explosion d'une supernova, sont des objets bien différents du Soleil, les « planètes » détectées dans leur voisinage sont probablement des restes de l'explosion et non des objets formés à la naissance de l'étoile. Si jamais des planètes avaient survécu au souffle de l'explosion, leur aspect physique devrait être bien différent, et ces objets nous fourniraient plus d'informations sur les supernovae que sur les planètes.

La présence de disques circumstellaires autour des jeunes étoiles, l'observation de structures au sein de ces disques, le disque de l'étoile β Pictoris et la découverte de planètes massives autour de plusieurs étoiles proches indiquent que l'environnement immédiat des étoiles est beaucoup plus riche que prévu. Mais il faut faire preuve de prudence. Nous n'avons pas encore trouvé d'autre système solaire. Les planètes extrasolaires observées nous montrent une situation bien différente de celle qui règne près de la Terre. Ces objets pourraient s'apparenter à de simples étoiles doubles dont une composante a une masse insuffisante pour donner naissance à une étoile. Comme près de 80 % des étoiles vivent en couple, ces observations n'auraient rien de révolutionnaire ! Ces objets pourraient être aussi le prélude à la découverte de planètes semblables à la Terre ou à Vénus. Comme toujours en science, le seul moyen d'en savoir plus est de continuer les observations et d'améliorer nos techniques de détection. Le moment approche où d'autres systèmes solaires seront découverts. De la même manière que les astronomes du XXe siècle ont été frappés par la diversité des planètes et des satellites, ceux du XXIe siècle découvriront probablement une grande diversité de systèmes planétaires.

À partir du moment où sont découvertes des planètes autour d'autres étoiles, plusieurs questions viennent immédiatement à l'esprit : y a-t-il aussi des planètes de type tellurique susceptibles d'abriter une forme de vie ? La vie est-elle commune dans l'Univers ou bien extrêmement rare ? Sommes-nous seuls dans l'Univers ou bien y a-t-il une quantité innombrable de planètes habitées ? Y a-t-il des formes de vie « intelligente » ? Si oui, pourrons-nous un jour communiquer avec elles ?... Toutes ces questions nous conduisent à nous interroger sur la définition de la vie et sur son origine. Nous y reviendrons dans la dernière partie.

Les fausses pistes

La description de la foule d'indices laissés par la formation des planètes pourrait nous faire croire naïvement que cette quête de nos origines est finalement assez aisée et que nous n'avons pas grand mérite à remonter le temps. En fait, il a fallu des siècles et les progrès de la science moderne pour accumuler tous ces indices ; et surtout, de nombreuses fausses pistes ont sérieusement compliqué la tâche des astronomes. L'énumération de toutes ces confusions et de tous ces tâtonnements serait bien fastidieuse, aussi nous en dispenserons-nous. Cependant, ne serait-ce que pour garder quelque modestie et faire preuve d'une élémentaire prudence, il n'est pas inutile de se remémorer quelques-unes de ces impasses. Il n'est après tout pas impossible que des faits considérés aujourd'hui comme une contrainte importante sur les conditions de formation du système solaire soient interprétés demain de manière totalement différente.

Il est souvent bien difficile de distinguer dans toutes les observations sur le système solaire celles qui nous racontent son évolution au cours du temps de celles qui sont une conséquence directe des conditions initiales. Il faut donc être particulièrement prudent dans l'interprétation des observations. De la même manière que mélanger les empreintes digitales du meurtrier avec celles d'un familier de la victime de passage le jour du drame peut apporter beaucoup de confusion dans l'enquête policière, l'adjonction d'une contrainte qui n'en est pas une peut mener à une impasse dans la tentative de reconstituer l'histoire de nos origines.

Newton, qui peut être considéré comme un des génies de la recherche scientifique pour avoir mis en évidence la loi de la gravitation, était beaucoup plus malheureux quand il se livrait à des spéculations. Il expliquait, par exemple, le phénomène des novae, ces étoiles « nouvelles » que les astronomes voient quelquefois apparaître dans le ciel, par la collision d'une comète avec une étoile qui se trouvait ainsi régénérée. On sait maintenant qu'il s'agit d'une bouffée de lumière émise par un système d'étoiles doubles échangeant de la matière et que les comètes ne régénèrent pas le système solaire !

Au XIXe siècle, certains croyaient avoir observé des canaux sur Mars tandis que d'autres pensaient que Vénus ressemblait à la Terre à l'ère secondaire. Il est amusant de lire les livres de la première moitié du XXe siècle sur le système solaire et d'admirer les merveilleux dessins de Lucien Rudaux, le système solaire imaginé à cette époque était en effet bien différent de celui que les sondes spatiales nous ont révélé cinquante ans plus tard.

La prédiction de l'existence de Neptune grâce aux calculs des perturbations du mouvement d'Uranus et sa découverte en 1846 ont profondément marqué les esprits. « Monsieur Le Verrier a trouvé une nouvelle planète au bout de sa plume », disait Arago. La théorie de la gravitation universelle connaissait alors son apogée, et les astronomes se sont mis à rechercher activement de nouvelles planètes en étudiant les perturbations du mouvement des planètes connues. Mais il n'y a pas loin du Capitole à la roche Tarpéienne !

En effet, la planète Mercure présente des particularités dans son mouvement : l'axe de l'ellipse qui représente sa trajectoire tourne dans le sens direct autour du Soleil. Ce mouvement a été initialement interprété comme la preuve de la présence d'une nouvelle planète, située entre Mercure et le Soleil et immédiatement appelée Vulcain, compte tenu de la chaleur intense qui devait y régner. Les livres d'astronomie de la fin du XIXe siècle mentionnent tous cette planète. Les auteurs les plus prudents remarquent qu'elle n'a pas encore été découverte, mais que cela ne saurait tarder. D'autres se laissent emporter par leur enthousiasme et dissertent pendant des dizaines de pages sur les conditions qui règnent à la surface d'un tel corps. Bel exercice d'imagination pour un astre qui n'existe pas ! Ce mouvement de Mercure illustre les insuffisances de la théorie de Newton au voisinage immédiat d'un corps massif comme le Soleil. Il ne peut être expliqué que grâce à la théorie de la relativité générale d'Einstein.

Cette mésaventure devrait nous encourager à faire preuve de prudence avant d'annoncer une nouvelle découverte, mais la leçon n'a apparemment pas été retenue, un siècle plus tard. Au cours des quinze dernières années, le nombre de planètes extrasolaires annoncées à grand fracas et qui se sont finalement révélées être une fausse nouvelle est largement supérieur au nombre d'objets effectivement découverts. Ce qui est très ennuyeux pour le public intéressé, c'est que le démenti n'est jamais publié.

Henri Poincaré, l'un des astronomes les plus féconds du début du XXe siècle et qui a défriché le terrain permettant ainsi à Albert Einstein de découvrir la relativité générale, croyait que les nébuleuses spirales étaient des systèmes solaires en formation. À cette époque, les astronomes étaient incapables de mesurer la distance de ces objets, ils ne comprendront qu'à partir des années 1930 que ces nébuleuses étaient en fait des galaxies semblables à la nôtre et que leurs dimensions sont un milliard de fois plus grandes que la distance Soleil-Jupiter. La structure spirale de ces astres évoquait pour Poincaré un mouvement de révolution autour d'une masse centrale dont la période dépendait de la distance au centre comme au sein d'une nébuleuse protosolaire telle que l'avait imaginée Laplace.

La « loi » de Bode-Titius

Parmi ces fausses pistes, l'une d'entre elles a fait l'objet de nombreuses discussions pendant plus de deux siècles et repose pourtant sur une idée fausse, elle est connue sous le nom de « loi » de Bode-Titius. Les guillemets s'imposent ici car cette « loi » n'en est pas une. En effet, les lois de physique, contrairement aux lois de grammaire, ne souffrent aucune exception. Si on trouve un seul phénomène dans la nature qui contredit une loi de physique, celle-ci doit être immédiatement abandonnée ou modifiée. Dans le cas de la « loi » de Bode-Titius, il y a quatre exceptions pour six vérifications ! Et pourtant, cette relation a joué un rôle historique important.

En 1766, un professeur de mathématiques allemand, Titius, découvrait que les distances des planètes au Soleil formaient une série : 4, 4 + 3, 4 + 6, 4 + 12... Il publiait très discrètement cette idée dans la traduction allemande d'un livre de vulgarisation français qui avait connu un grand succès à l'époque. Quelques années plus tard, Bode, astronome allemand, reprenait cette proposition sans prendre la peine de citer Titius. Il proposait une loi donnant la distance d_n d'une planète au Soleil exprimée en unités astronomiques en fonction de l'ordre n de cette planète. Cette loi s'écrivait :

$$d_n = 0{,}4 + 0{,}3 \times 2^{n-2}.$$

Pour que cette relation s'applique à Mercure, il faut prendre $n = -\infty$. Il n'y a pas de planète correspondant aux ordres n = 1 et n = 4. Cette relation n'est vérifiée ni pour Neptune (n = 9) ni pour Pluton (n = 10). Cela fait tout de même beaucoup d'exceptions pour neuf planètes !

Elle est relativement bien vérifiée par les cinq planètes connues au XVIIIe siècle. Son succès est dû à la découverte d'Uranus en 1781 par William Herschell. Le mathématicien allemand Gauss a calculé les paramètres de l'orbite de cette planète et a trouvé que sa distance au Soleil vérifiait bien la relation de Bode-Titius. Les astronomes se sont immédiatement mis à la recherche de la planète manquante, celle d'ordre 4. Ils ont cru l'avoir trouvée le 1er janvier 1801 quand Giuseppe Piazzi découvrit Cérès, mais ils furent immédiatement déçus par la petite taille de cet astre, des milliers de fois moins massif que la Terre, et intrigués par la découverte dans les années qui suivirent de Pallas, Vesta et Junon, plus gros objets d'une famille de dizaines de milliers d'astéroïdes qui allaient être découverts au cours des deux siècles qui suivirent. Là où l'on cherchait une planète, on trouvait une foule de petits corps !

Même si la planète d'ordre 4 n'existe pas, cette relation a joué un rôle important dans la découverte des astéroïdes en stimulant les recherches des astronomes. Mais elle est à l'origine d'une idée fausse. En effet, certains ont cru que la planète d'ordre 4 avait explosé et que les astéroïdes en représentaient les débris. Nous savons maintenant que c'est le contraire qui s'est produit. Aucune planète n'a été formée entre Mars et Jupiter. Les milliers d'astéroïdes observés dans cette région sont les descendants des planétésimaux qui peuplaient le système solaire au tout début de son histoire. Ceux-là ne se sont jamais agglomérés en une planète probablement parce que la planète Jupiter est apparue relativement tôt dans l'histoire du système solaire et a profondément perturbé leurs mouvements. Les perturbations gravitationnelles du gros Jupiter ont augmenté les vitesses relatives de tous ces petits corps au point où leurs collisions mutuelles ont eu pour résultat de les casser plutôt que de les agglomérer. Contrairement à une étoile, une planète n'a pas de source d'énergie interne importante, et aucun phénomène physique connu ne paraît capable de la briser en morceaux. On trouve pourtant encore de nos jours, dans des livres de cinquième main, la mention de la planète qui aurait explosé entre Jupiter et Mars. Certaines idées reçues ont la vie dure !

La relation de Bode-Titius a joué un rôle lors de la découverte de la planète Neptune. Quand Le Verrier et Adams ont cherché quel était le corps responsable des perturbations du mouvement d'Uranus, ils ne connaissaient naturellement pas la distance et la masse de cet astre. Ces deux quantités sont évidemment liées, un corps léger et proche produisant le même effet gravitationnel qu'un corps massif et plus lointain. Afin d'éliminer une inconnue dans leurs équations et de pouvoir les résoudre, ils ont supposé que la distance était donnée par la relation de Bode-Titius. Malgré l'erreur introduite par cette hypothèse, la planète Neptune a bien été découverte.

Pour toutes ces raisons, cette relation apparaît comme magique. Elle plaît particulièrement aux amateurs de numérologie. Pendant une vingtaine d'années, je recevais chaque mois, à l'observatoire de Paris, des lettres d'amateurs, par ailleurs bien sympathiques, qui cherchaient à améliorer cette loi de Bode, à l'appliquer aux satellites, à imaginer l'environnement des autres étoiles, etc. Il m'était bien difficile de convaincre ces amoureux de la loi de Bode que les astronomes essaient de trouver les causes de ce qu'ils observent et de tester leurs théories par des observations contraignantes et non de découvrir des relations magiques sans signification physique.

Au début des années 1970, au moment où les ordinateurs sont devenus les outils quotidiens des astronomes, certains se sont amusés à former des systèmes solaires par des simulations numériques, l'approche la plus simple consistant à lancer des particules autour d'un Soleil fictif et à considérer qu'elles s'agglomèrent chaque fois qu'elles se touchent. Chaque simulation fournit un cortège de planètes autour de ce Soleil fictif. Au prix de l'heure de calcul à l'époque, il en coûtait un dollar pour former une planète par ce procédé. Il est amusant de constater que les planètes de tous ces systèmes solaires virtuels vérifient, elles aussi, une relation du type loi de Bode avec des exceptions. Cela ne veut pas dire pour autant que la relation de Bode-Titius ait tout de même un sens physique !

En fait, cette relation signifie simplement que deux planètes ne peuvent pas être trop proches l'une de l'autre, sinon elles auraient été en compétition pour capturer le matériau environnant, et leur formation aurait probablement avorté. Elle signifie que, quel que soit le processus de formation des planètes, elles ont aggloméré le matériau situé en leur voisinage. À partir du moment où l'on admet que l'espacement de deux planètes doit être suffisamment grand, on peut toujours trouver une relation mathématique simple entre leurs distances. Contrairement à ce qu'on trouve dans plusieurs livres anciens, la relation de Bode-Titius n'est pas une contrainte rigide à laquelle tout système planétaire doit obéir.

Deuxième partie

UN SCÉNARIO DE NOS ORIGINES

Dessin aimablement communiqué par G. Durand.

« Croire tout découvert est une erreur profonde,
C'est prendre l'horizon pour les bornes du monde. »

Camille FLAMMARION.

Munis de tous les indices qu'ils ont patiemment récoltés, les astronomes ont élaboré un scénario qui rend compte de tous les faits d'observation. Il est hors de question ici de décrire par quels chemins et après combien de tâtonnements les scientifiques en sont arrivés à raconter l'histoire de nos origines. Il faut bien comprendre que le scénario qu'ils ont construit n'a rien à voir avec un texte sacré que les fidèles répètent sans cesse, il est au contraire destiné à être sans cesse attaqué, vérifié, testé et remis en cause. S'il résiste à toutes les offensives, on peut alors commencer à lui accorder quelque foi. Si une seule observation ou un seul argument logique le met en difficulté, alors il doit être irrémédiablement abandonné. Même dans ce cas, le modèle abandonné aura eu deux mérites, celui d'éviter aux futurs scientifiques de s'égarer dans cette direction et celui de faire avancer nos connaissances en suscitant de nouvelles observations qui constitueront de nouvelles contraintes pour les modèles futurs.

À ce point de notre récit, il n'est pas inutile de rappeler, dans le chapitre VII, quelques scénarios abandonnés, c'est-à-dire comment le système solaire ne s'est pas formé. Il est remarquable de constater à ce propos qu'il est souvent resté quelque chose de ces pistes abandonnées. Elles ont permis de déblayer le terrain, d'éliminer les voies sans issue et d'apporter des concepts utiles. Cette méthode par essais et erreurs est particulièrement fructueuse. Il faut bien comprendre qu'en science il est des erreurs qui sont utiles et des modèles faux qui ont beaucoup apporté. Cela devrait encourager les étudiants qui n'ont pas réussi une épreuve !

Les faits rassemblés entre les années 1930 et 1960, et plus particulièrement la composition isotopique des planètes, nous permettent maintenant de rejeter la théorie catastrophiste si longtemps défendue par l'école anglaise. Les planètes ne sont pas issues de matériau solaire arraché par le passage proche d'une étoile, et la théorie de la nébuleuse primitive semble la bonne. Beaucoup de points restent pourtant à éclaircir sur la manière dont le disque de gaz et de poussières qui s'est formé autour du jeune Soleil s'est transformé en un disque de quelques planètes. Le scénario développé dans le chapitre VIII est un merveilleux outil pour ceux qui cherchent à comprendre nos origines. Plusieurs maillons restent obscurs. Un seul point est indubitable. La formation des planètes a eu lieu peu de temps, en termes astronomiques, après la formation du Soleil. Les planètes sont plutôt les petites sœurs du Soleil que ses enfants ! C'est particulièrement important pour nous, puisqu'il s'est écoulé beaucoup de temps depuis la naissance des planètes, leur laissant ainsi la possibilité d'évoluer, de réunir des conditions favorables à l'apparition de la vie sur Terre et finalement de conduire à l'avènement des hommes.

Il est frappant de constater que la formation des planètes est un processus rapide, mais relativement inefficace. Il y a en effet des milliers de milliards de petits corps de toute nature, satellites, astéroïdes, comètes, anneaux, sans compter les innombrables poussières. Beaucoup de ces petits corps sont considérés comme des briques semblables à celles qui ont formé la Terre et les planètes, mais qui ont été laissées en chantier. Nous en reparlerons au chapitre IX.

CHAPITRE VII

Comment le système solaire ne s'est pas formé

Le cimetière des idées fausses

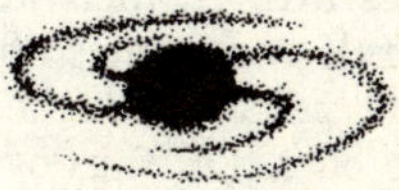

« Tous les systèmes sur la manière dont nous venons au monde ont été détruits les uns par les autres : il n'y a que la manière dont on fait l'amour qui n'a jamais changé. »

VOLTAIRE.

« Si tous ceux qui croient avoir raison n'avaient pas tort, la vérité ne serait pas loin. »

Pierre DAC.

Compte tenu de tous les faits d'observation accumulés, on peut maintenant décrire dans les grandes lignes l'histoire de la formation du système solaire. Même si certaines étapes sont encore bien mal comprises, un scénario est accepté par la grande majorité des astronomes, mais ce n'est pas pour autant qu'il est vrai ! Il n'est que de se souvenir de toutes les tentatives d'explication depuis des siècles pour être obligé à un peu de modestie.

L'exploration du système solaire, l'inventaire des objets qui le constituent, l'observation des bébés étoiles dans notre voisinage, la détermination des âges des corps célestes, l'analyse en laboratoire des météorites et des roches lunaires, et bien d'autres approches scientifiques nous ont permis de parvenir, en cette fin de XXe siècle, à un certain consensus entre astronomes sur les premiers instants de la formation du système solaire. La grande majorité s'accorde en effet sur un scénario même si l'on se dispute toujours à propos de quelques étapes encore peu claires. Mais, si nous ne savons pas entièrement comment le système solaire s'est formé, nous pouvons au moins dire comment il ne s'est pas formé.

Au cours du XIXe siècle et au début du XXe siècle, l'approche scientifique de la formation du système solaire avait enfin prévalu sur les mythes, mais les astronomes manquaient cruellement de contraintes observationnelles. On a vu se développer des centaines de théories complètement incompatibles entre elles. Les raisons pour lesquelles un astronome en choisissait une plutôt qu'une autre n'étaient pas toujours scientifiques. Par exemple, les tenants d'une origine catastrophique du système solaire se recrutaient souvent parmi ceux qui pensaient que la Terre et les planètes, tournant autour du Soleil, étaient pratiquement uniques dans la Galaxie. En effet, la probabilité qu'une étoile passe suffisamment près du Soleil et lui arrache du matériau est extrêmement faible ; donc la plupart des autres étoiles ne seraient pas entourées d'un cortège planétaire. C'était en accord avec la doctrine de l'Église qui n'admettait pas l'idée de la pluralité des mondes. À l'inverse, ceux qui pensaient qu'il y avait de nombreuses étoiles entourées de planètes, qui admettaient donc la pluralité des mondes, s'accommodaient fort bien de la théorie de la nébuleuse primitive. Mais le problème de la rotation lente du soleil (voir chapitre V) était si sérieux que la théorie catastrophique parut plus convaincante et fut plus développée.

La place manque pour faire le bilan de toutes les fausses théories. Contentons-nous d'en citer quelques-unes. Mais avant d'enterrer les scénarios qui ne sont pas les bons, rendons-leur un dernier hommage. Ils le méritent. Chacun nous a en effet légué des idées qui font partie du scénario adopté de nos jours. Commençons par les continuateurs de la théorie cartésienne des tourbillons.

Les successeurs de Descartes

Dans de nombreuses théories cosmogoniques récentes, la turbulence joue un rôle essentiel. En 1943, von Weizsäcker introduisit le premier du matériau turbulent dans un disque entourant un protosoleil. D'après lui, le Soleil aurait été entouré à l'origine par un ensemble quasi stable de tourbillons se touchant mutuellement et formant une série d'anneaux. Dans chaque anneau, un seul tourbillon survit et provoque une condensation. L'échange d'énergie et de moment cinétique entre les anneaux conduit à la chute des éléments les plus lourds vers le Soleil, tandis que les plus légers sont transportés vers l'extérieur. Toutefois, les nombreuses hypothèses de cette théorie ne résistent pas à un calcul hydrodynamique précis, par exemple celui de la stabilité d'un disque képlérien non perturbé ou de l'échelle de temps de la dissipation d'une telle structure.

En 1948 et en 1950, Ter Haar a remplacé les tourbillons réguliers par des turbulences réparties au hasard, au sein desquelles les planètes auraient crû par collisions. En 1949 et en 1951, Kuiper pensa que de grandes instabilités gravitationnelles s'étaient formées dans une nébuleuse protosolaire et que les planètes en étaient issues. En 1960, Mc Crea réunit les notions de turbulence et de protoplanète. Il imagina un protonuage composé pour l'essentiel d'hydrogène moléculaire et contenant un grand nombre de flocules répartis au hasard. Un tel nuage étant le siège de turbulences supersoniques, il s'est fragmenté en un amas chaotique de flocules. D'après Mc Crea, les collisions auraient conduit à la formation d'une condensation stable qui aurait capturé la masse alentour et formé un Soleil en rotation lente. Les flocules restants se seraient rassemblés grâce aux collisions et auraient formé une dizaine de protoplanètes.

Toutes ces vues un peu naïves sur la turbulence ont été abandonnées, mais, depuis les années 1980, un nombre de plus en plus grand de scientifiques est persuadé que le disque qui a donné naissance aux planètes a connu une étape intermédiaire au cours de laquelle la turbulence jouait un rôle essentiel. S'ils ont raison, cette turbulence primitive est responsable d'une partie des conditions physiques qui règnent aujourd'hui dans le système solaire.

Les successeurs de Buffon

Au cours du XIXe siècle, plusieurs objections ont été soulevées contre la théorie de la nébuleuse primitive. En particulier, le Soleil tourne trop lentement sur lui-même, en plus de vingt-cinq jours, pour être directement issu de la contraction d'une nébuleuse. De plus, alors qu'il contient plus de 99 % de la masse du système solaire, il ne renferme que moins de 1 % de la quantité de rotation ou, en termes plus corrects, du moment cinétique.

En 1897, Chamberlain montrait qu'il y avait une contradiction entre l'histoire géologique de la Terre (sédimentation, alternance des périodes chaudes et glaciaires) et l'image d'une planète qui serait directement passée d'un gaz chaud à un liquide puis à un solide froid. Le temps de refroidissement aurait été trop court pour permettre de comprendre l'histoire de la Terre. En 1910, Moulton montrait que des planètes condensées à partir d'une succession d'anneaux devraient être de composition plus homogène. Il pensait que de la matière séparée du Soleil par instabilité de rotation formerait un disque continu plutôt qu'une série d'anneaux. Entre 1901 et 1905, Chamberlain et Moulton ont été les premiers à introduire la notion de planétésimal. Ils pensaient que des petits corps s'étaient solidifiés à partir de gaz éjectés du Soleil par une étoile de passage et que les planètes s'étaient formées par collisions entre ces corps. Cette idée a été rejetée par Jeffreys qui considérait que de tels planétésimaux seraient vaporisés au cours de leurs collisions mutuelles, mais elle a été reprise beaucoup plus tard dans le cadre de la nouvelle théorie de la nébuleuse primitive.

Ce problème de la répartition de la rotation entre les planètes et le Soleil a conduit la majorité des astronomes à préférer, pendant plus de cent cinquante ans, le modèle de formation par passage d'une étoile dans le voisinage immédiat du Soleil. Entre 1915 et 1929, en Angleterre, Jeans et Jeffreys développèrent un modèle quantitatif complet de cette théorie catastrophique. En raison de sa simplicité, cette théorie était particulièrement attrayante : il suffisait de substituer à la comète de Buffon une étoile qui, frôlant le Soleil, lui aurait arraché par effet de marée un filament de matière qui se serait ensuite refroidi et condensé pour donner les planètes que nous connaissons aujourd'hui.

Le texte suivant de Jeans résume bien ce scénario en 1931, juste avant la publication des travaux qui allaient la faire abandonner.

> Alors que nous observons le panorama changeant du ciel il y a quelque deux à trois mille millions d'années, nous remarquons une étoile dont l'éclat croît graduellement jusqu'à devenir plus brillante que toutes les autres et finalement beaucoup plus que Sirius ne l'est actuellement. Cette étoile semble brillante non pas parce qu'elle l'est intrinsèquement beaucoup mais tout simplement parce qu'elle est très proche de nous ; en effet, elle s'est approchée de manière tout à fait inhabituelle du Soleil. Au fur et à mesure que nous l'observons, elle devient de plus en plus proche, et semble se diriger directement sur le Soleil. Ce n'est plus un point de lumière mais un disque large, et maintenant cette étoile est si près que ses effets mécaniques commencent à se faire sentir. De la même manière que la Lune soulève des marées dans nos océans en raison de sa proximité, ce corps massif provoque des marées dans l'atmosphère du Soleil. Parce qu'il est beaucoup plus massif que la Lune, ses marées sont

Figure 20 La théorie catastrophique.

L'école anglaise a repris l'idée de Buffon en remplaçant la comète par une étoile qui serait passée au voisinage du Soleil (A) et lui aurait arraché un filament de matière (B). En se refroidissant, ce filament aurait donné naissance aux planètes. Adopté pendant près de cent cinquante ans, ce scénario, en contradiction avec les observations, est abandonné depuis les années 1930. Certains ont essayé de faire revivre ce modèle en proposant une variante : le filament de matière aurait été arraché, non pas au Soleil, mais à une étoile géante relativement froide passant au voisinage (B').

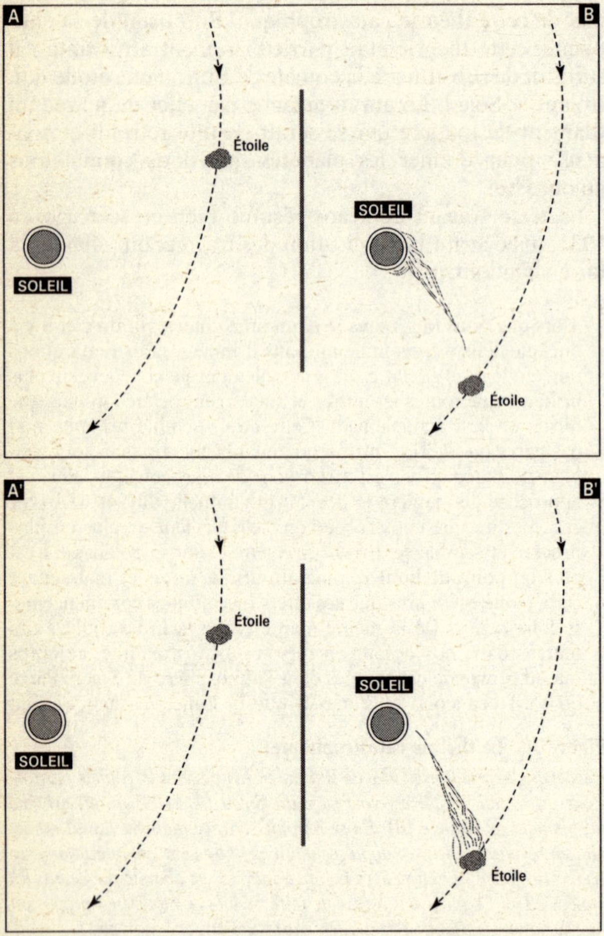
A
B
Étoile
SOLEIL
SOLEIL
Étoile
A'
B'
Étoile
SOLEIL
SOLEIL
Étoile

incomparablement plus grandes. Elles deviennent si grandes qu'en un point situé juste en dessous de l'étoile l'atmosphère du Soleil commence à former une montagne immense de plusieurs milliers de kilomètres de hauteur. Cette montagne se déplace à la surface du Soleil, une autre montagne un peu plus petite se formant dans la direction diamétralement opposée. Au fur et à mesure que l'étoile s'approche du Soleil, ces montagnes formées par effet de marées continuent de croître jusqu'au moment où elle emplit une grande partie du ciel et fait apparaître un nouveau phénomène. Jusqu'à présent, l'attraction gravitationnelle de l'étoile a tiré le sommet de la plus grande montagne en opposition à l'attraction gravitationnelle du Soleil, mais cette dernière l'a toujours emporté. Mais la seconde étoile approche si près que le rapport des forces bascule tout à coup, son attraction gravitationnelle l'emporte sur celle du Soleil si bien que le sommet de la montagne se sépare de celui-ci. Comme cela diminue la pression sur les parties plus basses de la montagne, elles aussi sont propulsées en haut, puis les parties encore plus basses, et ainsi de suite, tout un flot de matière s'échappant du Soleil en direction de l'autre étoile. Si cette étoile approchait continuellement du Soleil, ce jet de matière l'atteindrait et ferait une sorte de pont entre les deux étoiles un peu comme la barre d'un haltère.

En fait, la seconde étoile ne se dirige pas exactement vers le Soleil. Après l'avoir frôlé, elle continue son chemin sans collision. Au fur et à mesure qu'elle s'éloigne, l'effet de marée diminue. Il n'y a plus de matière expulsée du Soleil, et le jet qui s'en est échappé constitue maintenant un long filament de gaz chaud suspendu dans l'espace. Sa forme ressemble à celle d'un cigare. Le point qui est maintenant le plus loin du Soleil était initialement le sommet de la montagne formé par effet de marée ; le milieu épais du cigare est composé de matière qui s'est échappée quand la seconde étoile était la plus proche et l'effet de marée maximal ; l'autre extrémité est un mince filament de matière qui s'est échappé juste avant que l'effet de marée ne devienne trop faible pour arracher d'autre matière supplémentaire au Soleil.

Au fur et à mesure que nous observons ce filament en forme de cigare, il se refroidit petit à petit et se condense en gouttes séparées les unes des autres un peu comme un nuage de vapeur en gouttes d'eau. Toutefois, ces gouttes, comme le filament lui-même, sont des structures colossales. Leur taille est à l'échelle astronomique. Évidemment, elles sont beaucoup plus grosses près du centre rebondi du cigare, là où la matière du filament est la plus abondante, et sont plus petites aux deux extrémités. Finalement, ces gouttes de matière qui se sont détachées commencent à se déplacer dans l'espace comme des corps séparés. Elles ne retournent pas au Soleil tout simplement parce que l'attraction de l'autre étoile, qui est maintenant de plus en plus éloignée, les a mises en mouvement. À moins qu'elles ne se déplacent directement vers le Soleil, elles ne tomberont pas sur lui mais décriront des orbites autour de lui. C'est une conséquence immédiate de la loi de la gravitation qui était la même il y a des milliers de millions d'années qu'aujourd'hui. Quelques-unes de ces orbites peuvent être pratiquement circulaires tandis que d'autres sont fortement allongées. Au fur et à mesure que nous observons les orbites pendant des millions et des millions d'années, nous les voyons graduellement et très lentement changer de forme. Les gouttes de matière condensées tracent leur sillon au milieu du gaz environnant, de sorte que leurs orbites changent progressivement, jusqu'à ce qu'enfin, après des milliers de millions d'années, elles se meuvent autour du Soleil sur des orbites pratiquement circulaires, exactement comme les planètes actuelles. Et, en effet, ces corps sont bien les planètes. Le spectacle auquel nous venons d'assister doit inévitablement se produire dans la nature chaque fois qu'une étoile s'approche suffisamment près d'une autre, et le tableau final est tellement semblable au système solaire que nous avons de bonnes raisons de penser que c'est effectivement la manière dont les planètes sont apparues. Autant que nous pouvons en juger à partir de leur position et de leur mouvement actuel, il semble très vraisemblable qu'elles ont été arrachées de la surface du Soleil par l'effet de marée d'une étoile qui est passée exceptionnellement près du Soleil il y a quelques milliers de millions d'années.

Quand on est au Capitole, la roche Tarpéienne n'est pas loin. Alors qu'à la fin des années 1920 les théories catastrophistes développées de manière quantitative semblaient triompher, plusieurs arguments, entre 1929 et 1959, ont obligé les astronomes à les abandonner. En 1929, Nolke a démontré qu'un « globule » de matière arraché au Soleil devait, pour des raisons dynamiques, être rapidement dissipé et non se condenser en planètes.

En 1935, Russell a remarqué que, si on évitait la dispersion du globule, ce mécanisme ne donnait pas des planètes situées assez loin du Soleil. En 1939, Spitzer a montré, en utilisant des arguments de nature thermodynamique, que la perte d'énergie d'un filament chaud issu du Soleil était beaucoup trop lente pour permettre toute condensation. En d'autres termes, le filament n'a pas le temps de se refroidir suffisamment, il est très agité et se disperse avant même d'avoir pu se condenser. La perte d'énergie est beaucoup trop lente. En effet, la vitesse maximale à laquelle l'information peut se déplacer dans un tel filament est donnée par la vitesse du son qui dépend de la pression, de la température et de la densité du filament. La présence probable de turbulences accentuerait encore plus le taux de dissipation. Des calculs hydrodynamiques modernes montrent que la situation résultant de la rencontre d'une étoile avec le Soleil serait probablement une atmosphère étendue entourant le Soleil plutôt qu'un filament arraché.

Enfin, au cours des années 1950, plusieurs observations ont complètement ruiné la théorie catastrophiste. En effet, l'abondance de deutérium sur Terre montre qu'elle a été formée à une température relativement basse, en tout cas inférieure au million de degrés. L'hydrogène et le deutérium ont été formés au tout début de l'Univers, immédiatement après le big bang. On trouve, dans un milieu froid comme le milieu interstellaire, ou sur Terre, ou sur d'autres planètes, qu'il y a environ un atome de deutérium pour cent mille atomes d'hydrogène. Mais le deutérium est un élément fragile qui disparaît au sein des étoiles. On trouve moins d'un atome de deutérium pour dix millions d'atomes d'hydrogène dans le Soleil ou dans les étoiles. La Terre a donc été formée à partir d'un milieu froid.

Cet argument a définitivement ruiné les théories catastrophistes. Il existe bien encore quelques astronomes qui ont tenté de proposer, dans les années 1960, un modèle dans lequel le Soleil aurait perturbé une protoétoile et lui aurait arraché un filament de matière froide qu'il aurait finalement capturé (figure 20 A' et B'). Ce modèle construit de manière à répondre aux objections de nature dynamique, thermodynamique ou chimique adressées aux théories catastrophistes paraît bien *ad hoc* et pose beaucoup plus de problèmes qu'il n'en résout.

À partir des années 1950 et 1960, l'idée de la nébuleuse primitive a donc été reprise sous une forme moderne : nous en reparlerons dans le prochain chapitre.

Les théories de l'accrétion

On peut imaginer que le Soleil capture du matériau au cours de son voyage dans l'espace interstellaire et se demander si un tel matériau peut se condenser et former des planètes. Williams, en 1975, a fait un calcul d'ordre de grandeur qui montre que la masse des planètes pourrait être capturée en un temps relativement court, de l'ordre d'un million d'années. Mais une telle masse tendrait plus probablement à tomber sur le Soleil plutôt qu'à se condenser en planètes, à moins que l'on fasse intervenir des mécanismes additionnels pour lui transférer l'énergie et le moment cinétique nécessaires.

Alfvén, prix Nobel de physique, et son collaborateur Arrhenius ont montré entre 1942 et 1976 que le champ magnétique solaire et les effets électromagnétiques dans les plasmas pouvaient être importants aussi bien pour transférer le moment cinétique que pour séparer des grains de poussière et du gaz. Les processus électromagnétiques avaient été introduits par Birkeland dès 1912 et par Berlage en 1927, mais Alfvén fut le premier à faire une étude quantitative de ce problème.

Alfvén considéra la rencontre du Soleil avec un nuage interstellaire et calcula le mouvement des atomes ionisés par collisions. Il a imaginé que les planètes avaient été formées après la rencontre du Soleil avec deux nébuleuses dont une est essentiellement composée de grains non volatils, responsables de la formation des planètes terrestres, tandis que la seconde, composée essentiellement d'hydrogène, aurait formé la région des planètes extérieures. Alfvén pensait que les collisions entre particules conduisaient à la formation de courants de particules à partir desquels se sont formées les planètes. En fait, ce mécanisme ne fonctionne pas. En 1974, Lynden-Bell et Pringle en Angleterre et, en 1975, l'auteur de ces lignes et Michel Hénon[1] en France, ont montré indépendamment que les collisions conduisaient à l'étalement d'un disque et non à la focalisation d'un courant de particules.

Les successeurs de Kant et de Laplace

Dans ses mémoires, Kant ne conservait pas le moment cinétique, erreur qui ferait échouer, de nos jours, un étudiant de première année à l'Université. Laplace, lui, était un trop brillant mathématicien pour faire cette erreur, mais la répartition du moment cinétique entre les planètes et le Soleil posait de graves problèmes. Les difficultés rencontrées par les théories catastrophistes et le fait que plusieurs auteurs ont proposé un mécanisme de transfert de moment cinétique ont amené une renaissance de la théorie de la nébuleuse.

Entre 1955 et 1960, Hoyle a proposé une théorie de type laplacien dans laquelle le protosoleil en contraction était couplé *via* son champ magnétique au gaz alentour pendant la première partie de la contraction. Quand l'instabilité de rotation a été atteinte, alors que le Soleil avait à peu près la taille de l'orbite actuelle de Mercure, un anneau a été éjecté et a transporté du moment cinétique vers l'extérieur en raison de la présence du champ magnétique. Cet anneau en expansion a balayé un grand nombre de grains, déjà condensés, et finalement un tore de grains a été fabriqué dans la partie interne du système solaire, là où les planètes telluriques se sont formées ; tandis que des condensations de gaz et de grains apparaissaient dans les parties externes du système solaire, là où les planètes géantes se sont formées.

---

1. Je tiens à rendre hommage à Michel Hénon, mon maître et un pionnier inégalé depuis Henri Poincaré de l'étude de la dynamique des corps célestes. Sa rigueur, son enthousiasme et sa chaleur humaine ont marqué mes débuts dans le métier d'astrophysicien.

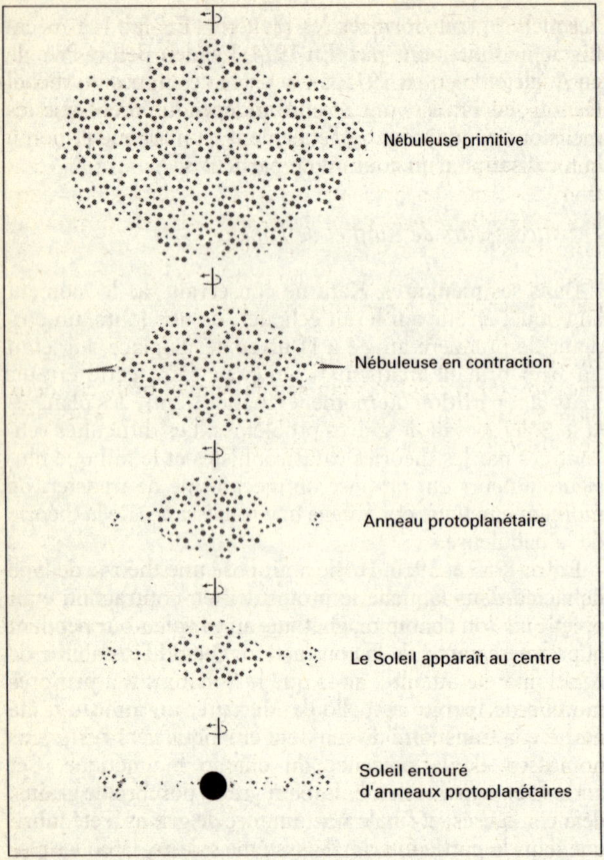

Figure 21 La nébuleuse de Laplace.

En se contractant, la nébuleuse primitive tourne de plus en plus vite sur elle-même et devient instable. Selon Laplace, une série d'anneaux de matière se seraient ainsi détachés du Soleil dans le plan équatorial. Par la suite, chaque anneau aurait formé une planète. Les étapes successives de ce scénario sont maintenant abandonnées, mais les astronomes modernes ont retenu l'idée de l'effondrement d'une nébuleuse et de la formation d'un disque qui ont été le prélude à l'apparition des planètes.

En 1967, l'astrophysicien Evry Schatzman[1], le père de l'astrophysique en France, a suggéré un mécanisme de perte du moment cinétique *via* le vent solaire et les éruptions solaires. Ce mécanisme résolvait le problème du mouvement cinétique pour le système solaire et il expliquait aussi pourquoi de nombreuses étoiles ont une rotation très lente. La présence de zones de convection dans leur atmosphère extérieure est responsable de la production de vents solaires, lesquels transportent du moment cinétique vers l'extérieur, ce qui conduit évidemment à un ralentissement de la rotation de l'étoile.

Nous savons maintenant que le mécanisme de Fred Hoyle ne marche pas. Nous ne sommes pas sûrs que l'explication d'Evry Schatzman soit la bonne, mais ces deux pionniers ont ouvert, avec d'autres, la voie à la renaissance de la théorie de la nébuleuse primitive.

La théorie des protoplanètes géantes

Si l'on veut fabriquer un astre, il ne semble y avoir que deux manières d'y parvenir : ou bien on part d'un gros objet que l'on condense, ou bien on prend des morceaux que l'on assemble en objets plus gros. Nous savons maintenant que les étoiles se forment suivant la première méthode, à partir de l'effondrement d'un gros nuage de matière interstellaire. Qu'en est-il des planètes ? Les astronomes ont essayé les deux approches.

La première méthode, appelée celle des protoplanètes géantes, consiste à imaginer une nébulosité géante qui se condense en une planète. Elle a été modélisée par Kuiper en 1951, puis par Cameron entre 1970 et 1990. Cette approche a été poursuivie par plusieurs astronomes américains. Elle a été quelque peu négligée ces dernières années, mais il ne serait pas surprenant qu'elle renaisse,

---

1. Je voudrais rendre ici hommage à Evry Schatzman, mon professeur, dont l'enthousiasme et la passion m'ont définitivement fait tomber amoureux de l'astrophysique.

notamment si l'autre approche rencontrait de sérieuses difficultés.

La seconde manière de construire des objets en rassemblant des objets plus petits a été essentiellement développée par l'école soviétique : Schmidt en 1940 et Safronov en 1969. On peut trouver des précurseurs de cette approche, tel Chladni dès 1874, 1898 et 1904. L'école japonaise ainsi que l'école française suivent cette ligne de pensée. Nous en reparlerons dans le prochain chapitre.

De nos jours, la masse des planètes et de tout le matériau qui tourne autour du Soleil représente moins d'un millième de la masse du Soleil. Mais on ne sait pas s'il en a toujours été ainsi. Certains astronomes pensent que le disque de matière qui allait donner naissance aux planètes était initialement beaucoup plus massif que la condensation centrale qui allait donner naissance au Soleil. Si cela est vrai, ce disque était instable. Il s'est donc fragmenté, et chacun des fragments a pu donner naissance aux planètes que nous connaissons aujourd'hui.

L'un des avocats de cette théorie est l'astronome américain Cameron qui, avec ses étudiants et ses collaborateurs, a développé plusieurs aspects de cette théorie, notamment l'apparition de protoplanètes géantes, prélude à la formation des planètes, entre les années 1960 et 1990.

On peut penser que d'importantes variations de pression, à l'origine de la contraction rapide du nuage interstellaire originel qui allait donner naissance au système solaire, ont dû provoquer de violentes turbulences au sein des gaz de ce nuage. Des tourbillons de différentes tailles ont pu apparaître, et des mouvements de cisaillement à grande échelle s'établir. L'action de tous ces mouvements et de tous ces tourbillons a communiqué des mouvements de rotation à chacun des fragments de disques. Lorsqu'un tel fragment se contractait sous l'effet de la gravitation, pour des raisons de conservation du moment cinétique, il devait tourner de plus en plus vite, comme un patineur lorsqu'il ramène ses bras le long de son corps. Si le Soleil était directement issu de la contraction d'un nuage interstellaire, sa vitesse de rotation sur lui-même devrait être beaucoup plus grande qu'elle n'est actuellement. Il tourne sur lui-même relativement lentement, en environ vingt-cinq jours à l'équateur. Cela signifie qu'au cours de la contraction il a perdu de l'énergie et du moment cinétique. On peut donc imaginer qu'aux premiers instants de cette nébuleuse primitive de grandes quantités de gaz, et donc de matière, ont été transportées vers l'extérieur du système, participant ainsi au transfert d'énergie de rotation.

Une autre observation peut inciter à postuler l'existence d'une nébuleuse solaire très massive. En effet, on observe qu'un certain nombre d'étoiles jeunes ont tendance à perdre beaucoup de matière au tout début de leur vie. Cette perte de masse survient au cours d'une étape de l'évolution appelée « phase T-Tauri », du nom de l'étoile T de la constellation du Taureau, une jeune étoile en train de perdre beaucoup de matériau. L'étude du Soleil nous révèle qu'il a traversé une telle phase dans sa jeunesse et donc qu'il a perdu une partie de sa masse dès le début.

Si l'on imagine, comme l'ont fait Cameron et ses collaborateurs, que le disque primitif avait une masse au moins égale à deux ou trois masses solaires, alors des instabilités à grande échelle sont apparues en son sein. Le Soleil, au centre relativement moins massif que les parties extérieures, ne suffisait pas à stabiliser ce disque, et les fragments nés de cette instabilité ont été à l'origine de la formation de « gros globules », chacun donnant naissance à une planète.

Cette approche rencontre tout de suite des difficultés relatives aux échelles de temps. D'une part, le temps de refroidissement d'un disque massif et, d'autre part, le temps de transport du moment cinétique apparaissent trop petits par rapport au temps requis pour la formation par accrétion de la nébuleuse solaire. Les calculs montrent qu'après la séparation d'un fragment de nuage interstellaire la région centrale plus dense s'effondrera plus rapidement que les autres régions et qu'une nébuleuse solaire en miniature se formera. Puis, par accrétion du reste du fragment, du gaz et des poussières aux alentours, cette nébulosité grossira pendant un temps de l'ordre de dix mille à cent mille ans, temps beaucoup plus long que le temps de refroidissement et de transport du moment cinétique.

Pour surmonter cette difficulté, au lieu d'imaginer une nébuleuse isolée du reste du monde à l'origine, Cameron supposa que ce n'est pas au début de la période d'accrétion que l'essentiel de la matière se rassemblait au centre pour former le Soleil, mais tout au long de cette période de formation. Dans ces conditions, la masse de la nébuleuse qui se trouve dans la région des planètes reste relativement petite par rapport à la masse solaire, et les difficultés rencontrées sont surmontées. Mais on voit qu'il faut introduire des hypothèse *ad hoc* pour surmonter les premières difficultés du modèle.

Le processus de Cameron semble pertinent, surtout pour la formation des planètes géantes. Lorsqu'un gros noyau planétaire est en train de croître, au fur et à mesure que sa masse augmente, le gaz de la nébuleuse solaire se concentre de plus en plus autour du noyau. Ce noyau continuant à croître, la masse de gaz concentrée augmente encore plus rapidement que celle du noyau lui-même. À un certain moment, le noyau atteint une taille critique, et le gaz devient alors hydrodynamiquement instable et s'effondre sur le noyau.

Jupiter et Saturne se seraient ainsi formées par concentration et effondrement, et c'est pourquoi l'hydrogène et l'hélium en sont les constituants principaux. Dans le cas d'Uranus et de Neptune, l'hydrogène et l'hélium représentent une plus petite partie de la fraction de leur masse, ce qui semblerait indiquer que leur noyau n'a jamais atteint la taille critique provoquant l'effondrement hydrodynamique mais qu'elles ont néanmoins atteint une taille suffisante pour retenir une grande partie de l'hydrogène et de l'hélium concentrés autour de leur noyau. On voit donc que, dans ce processus, les proto-Jupiter et proto-Saturne étaient en quelque sorte de petits systèmes solaires en miniature, et que la nébulosité qui leur a donné naissance a formé dans sa périphérie un système complet de satellites. Par ailleurs, les planètes telluriques, de Mercure à Mars en passant par la Terre, étaient beaucoup trop petites pour avoir provoqué la concentration d'une grande partie du gaz nébulaire.

Un des problèmes posés par cette théorie est celui de l'élimination, en quelque sorte du nettoyage, du gaz et des poussières qui restent en excès quand les planètes ont été formées. En effet, si l'on part d'un disque de deux ou trois masses solaires et qu'on aboutit à un ensemble de planètes et de matériau aujourd'hui à moins d'un millième de masse solaire, on peut se demander où est passé l'essentiel du disque entre-temps. Il faut une entreprise de nettoyage efficace et soigneuse pour éliminer 999 millièmes de la masse du disque sans toucher au millième restant sous forme de planètes, satellites, anneaux, comètes, astéroïdes, etc. Après la formation des planètes par ce processus, une bonne partie du gaz de la nébuleuse solaire a dû en effet rester en orbite autour du Soleil, en compagnie d'une multitude de petits corps et d'une grande quantité de poussières. De nos jours, il ne reste en orbite que les planètes et les astéroïdes avec très peu de poussières et pratiquement pas de gaz. Comment le système a-t-il été nettoyé ?

Un premier mécanisme qui vient tout de suite à l'esprit est celui de la phase T-Tauri, durant laquelle de la matière est éjectée à grande vitesse. On observe dans quelques étoiles voisines vivant actuellement cette phase qu'une masse solaire est ainsi éliminée en moins d'un million d'années. Ce vent solaire originel aurait donc débarrassé les planètes internes de tous les résidus d'une éventuelle atmosphère primitive d'hydrogène et d'hélium, et les planètes externes auraient été formées suffisamment tôt pour avoir capturé leur hydrogène et leur hélium avant que ce vent n'ait commencé à souffler.

L'élimination des poussières pose beaucoup moins de problèmes. En effet, si une particule de quelques microns se déplace autour du Soleil, elle interagit avec la lumière solaire. En d'autres termes, les photons de la lumière solaire échangent de l'énergie et du moment avec les particules. Un petit grain se déplaçant autour du Soleil reçoit beaucoup plus de grains de lumière, ou photons, sur la partie avant que sur la partie arrière, de la même manière que votre figure est plus mouillée que votre nuque quand vous courez sous la pluie. L'effet de cette interaction matière-rayonnement est de freiner ces particules qui tombent en spiralant sur le corps autour duquel elles tournent. C'est ainsi que la poussière émise actuellement par les noyaux des comètes qui passent près du Soleil ou par les astéroïdes entrant en collision est éliminée en quelques millions d'années. Ce mécanisme n'est efficace que pour des corps de petites tailles. Il est évident qu'un corps de plusieurs kilomètres de dimension n'est pas perturbé par l'action du rayonnement solaire. Pour donner un exemple, un corps de quelques centimètres de dimension situé dans les environs de Saturne est éliminé en quatre milliards d'années. Un corps de quelques microns de dimension est, lui, éliminé en un temps beaucoup plus court de quelques milliers d'années.

La difficulté essentielle de la théorie des protoplanètes géantes réside dans l'hypothèse de départ d'un disque massif et dans le mécanisme d'élimination du matériau qui n'a pas été utilisé pour former les planètes. Par ailleurs, beaucoup de phases de l'évolution des protoplanètes géantes n'ont pas encore été étudiées. Après des discussions dans les années 1960, 1970 et 1980, cette théorie est pour l'instant mise de côté, mais il n'est pas impossible qu'elle revienne à la mode, surtout si la théorie concurrente rencontre de sérieuses difficultés.

La masse actuelle de tout le matériau qui tourne autour du Soleil est, nous l'avons vu, de moins d'un millième de la masse du Soleil. Si l'on ajoute à cette masse l'hydrogène et l'hélium qui ont été probablement perdus dès le début dans les environnements immédiats du Soleil, en d'autres termes, si l'on ajoute à Mercure, à Vénus, à la Terre et à Mars la quantité d'hydrogène et d'hélium qu'il leur faudrait pour avoir la même composition que le Soleil ou la nébuleuse primitive, on trouve que l'ensemble du disque circumsolaire a une masse égale à 3 % de celle du Soleil.

Ce phénomène a conduit la majorité des astronomes à imaginer que le disque primitif était de faible masse par rapport au protosoleil, et donc parfaitement stable, et à rejeter ainsi la théorie des protoplanètes géantes. Dans ces conditions, on peut se demander comment former les planètes que nous connaissons aujourd'hui à partir d'un disque de poussière et de gaz.

L'accumulation de planétésimaux

La seconde méthode de fabrication, à savoir le rassemblement et l'accumulation de petits corps pour former une planète, a, de nos jours, la faveur des astronomes. Pour développer cette théorie, on a fait appel, d'une part, aux planétésimaux inventés par Chamberlain et Moulton dans le cadre d'une théorie aujourd'hui abandonnée et, d'autre part, aux travaux pourtant académiques de l'école soviétique.

En effet, si l'on envisage la formation des planètes par accumulation et par accrétion de petits corps comme les planétésimaux, la question se pose de savoir si deux corps en collision peuvent fusionner pour en former un plus gros. Il est clair qu'une collision ne conduit pas toujours à une accrétion. Par exemple, si deux blocs rocheux de 1 m de diamètre entrent en collision à une vitesse relative de l'ordre de 1 000 km/h, ils volent en éclats. Pour que des objets puissent fusionner, il faut évidemment que leur vitesse relative soit beaucoup plus faible. On voit immédiatement intervenir une notion essentielle, celle de vitesse de libération. On appelle « vitesse de libération gravitationnelle » la vitesse relative minimale nécessaire pour que deux objets échappent à leur attraction gravitationnelle mutuelle. Nous savons tous que, pour vaincre l'attraction terrestre, il faut lancer à partir de la surface de la Terre une fusée à une vitesse supérieure à 11,2 km/s. Alors qu'à la surface de la Lune une vitesse de 2,4 km/s est suffisante. Si l'on applique cette notion à deux planétésimaux, le problème est alors de savoir si, au moment de leur collision, leur vitesse relative est inférieure ou supérieure à leur vitesse de libération. Dans le premier cas, ils peuvent fusionner, dans le second, ils possèdent juste assez d'énergie pour rebondir et repartir vers d'autres horizons. Par ailleurs, il ne faut pas oublier que, lorsque deux corps célestes se cognent, leur collision conduit à une perte d'énergie. Tout le problème est donc de savoir comment vont évoluer une série de corps subissant des collisions inélastiques mutuelles au cours du temps.

Chamberlain et Moulton avaient imaginé l'existence des planétésimaux au début de ce siècle. Un peu plus tard, dans les années 1940, Schmidt, puis, dans les années 1950, Gurevich et Levedinski, puis, dans les années 1960, Safronov et ses collaborateurs ont étudié de manière analytique l'évolution de la vitesse relative moyenne des objets composant un essaim de planétésimaux. Les vitesses relatives des planétésimaux dépendent d'un équilibre entre deux effets antagonistes : les passages proches de deux corps qui se frôlent et les collisions.

Lorsque deux astres se frôlent, ils passent à proximité l'un de l'autre sans entrer en collision, mais l'attraction gravitationnelle perturbe leur orbite. Cette perturbation modifie leur vitesse relative, les deux corps ont échangé de l'énergie, et l'on n'a perdu aucune énergie dans cette rencontre. On peut appeler cela une « collision élastique ». La vitesse relative après un passage proche est quelquefois supérieure à ce qu'elle aurait été sans cette rencontre, quelquefois elle est inférieure. Quand on fait la moyenne sur toutes les rencontres, le résultat global se traduit par une augmentation de la valeur moyenne des vitesses relatives.

Mais, quand deux objets se heurtent, de l'énergie est perdue, elle est soit transformée en chaleur, soit elle fracture les corps, soit elle les casse : le bilan est une perte d'énergie. Sous l'effet de ces collisions inélastiques, les orbites des planétésimaux deviennent de plus en plus circulaires, donc de plus en plus semblables, et les vitesses relatives de ces corps tendent à diminuer.

À tout instant, l'accroissement des vitesses qui résulte des passages proches est contrebalancé par la diminution des vitesses qui est due aux collisions. Les travaux de l'école soviétique ont montré qu'au bout du compte les vitesses relatives étaient proches de la vitesse de libération.

Seuls des objets ayant des orbites proches semblables peuvent entrer en collision et fusionner. Au fur et à mesure que les planétésimaux croissent en taille et en masse, leur vitesse de libération augmente, et le processus d'accrétion se poursuit puisque les vitesses relatives restent proches des vitesses de libération. L'accroissement des vitesses relatives engendre donc une augmentation de l'excentricité des orbites en bon accord avec les lois de Kepler, autrement dit chaque orbite devient un peu plus elliptique. À partir de ces quelques idées simples, un scénario peut être développé pour expliquer la formation des planètes par accumulation. Nous reviendrons dans le chapitre suivant sur ce scénario.

Avec le modèle des protoplanètes géantes et celui des planétésimaux, et les polémiques qui ont existé au cours des années 1950 à 1980 se termine la période où chaque auteur imaginait un scénario pour former le système solaire. Chaque scénario n'avait pas grand-chose à voir avec le scénario concurrent, et surtout les faits d'observation indubitables étaient en trop petit nombre pour contraindre tous ces scénarios. Tout a changé depuis que nous explorons en détail le système solaire. Le temps des écrivains de scénario est passé. On assiste actuellement à un effort de synthèse de la part des astronomes.

À la fin du XXe siècle, le problème de l'origine du système solaire est totalement renouvelé. Tout d'abord, les astronomes s'accordent sur un certain nombre de points. Une nébuleuse primitive a bien été, semble-t-il, notre ancêtre commun. Le Soleil s'est bien formé par contraction d'une immense masse de gaz. Au cours de cette contraction, il a perdu une partie de son énergie de rotation. Les planètes internes que sont Mercure, Vénus, la Terre et Mars se sont formées, semble-t-il, par accumulation de planétésimaux en quelques millions d'années. Les planètes externes, ou au moins Jupiter et Saturne, se sont formées relativement rapidement par une combinaison de collision de planétésimaux, d'accumulation de gaz et d'instabilité des parties externes de la nébuleuse protosolaire. De façon à bien comprendre la succession des étapes qui ont marqué notre jeunesse, les astronomes accumulent les observations, les témoignages, les indices sur nos premiers instants. Nous allons y revenir.

On peut de nos jours apprécier combien les deux mille six cents ans d'efforts pour comprendre nos origines ont porté leurs fruits. Les Grecs nous ont apporté le rationalisme. Le Moyen Âge nous a montré que l'expérimentation et l'observation sont essentielles. Descartes et Buffon nous ont suggéré un processus unique qui était à la base de la formation du système solaire. Kant et Laplace nous ont apporté l'idée de la nébuleuse primitive. Deux siècles de recherches actives avec toutes les nouvelles découvertes et les nouveaux outils de la physique, des mathématiques, de la minéralogie, de la chimie et de toutes les sciences qui se sont développées au XIXe et au XXe siècle nous ont permis de présenter un scénario que nous testons maintenant chaque jour. Quelle merveilleuse aventure ! Quel merveilleux accomplissement de l'esprit humain !

CHAPITRE VIII

Un scénario des premiers instants

De la nébuleuse aux planètes

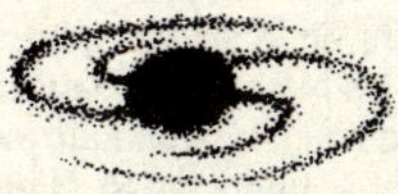

« Il a répandu sur cet Univers une profusion de variétés, avec une espèce d'uniformité admirable. »

VOLTAIRE.

Après avoir évoqué les mythes de nos ancêtres, après avoir patiemment rassemblé des indices et des témoignages sur les premiers instants de la Terre et des planètes, après avoir écarté les fausses pistes, après avoir compris ce qui ne s'est pas passé, il est grand temps d'aller à l'essentiel et de répondre enfin à la question de savoir comment s'est formé le système solaire. J'ai pourtant envie de répondre « Encore un instant, monsieur le bourreau ! » En toute rigueur, il serait bon de tester quelques hypothèses, d'attendre le résultat d'expériences en cours, de résoudre les dernières contradictions et de faire preuve de la plus grande prudence avant de présenter la solution des astronomes à l'aube du XXIe siècle. Nous allons pourtant nous jeter à l'eau et présenter le scénario qui recueille actuellement la majorité des suffrages des scientifiques, mais majorité n'est pas vérité ! Auparavant, je ne résiste pas au plaisir de citer ces quelques mots d'Henri Poincaré extraits de ses *Leçons sur les hypothèses cosmogoniques* qu'il présentait à ses étudiants en 1911.

Il est impossible de contempler le spectacle de l'Univers étoilé sans se demander comment il s'est formé : nous devrions peut-

> être attendre pour chercher une solution que nous ayons patiemment rassemblé les éléments et que nous ayons acquis par là quelque espoir de la trouver ; mais si nous étions aussi raisonnables, si nous étions curieux sans impatience, il est probable que nous n'aurions jamais créé la Science et que nous nous serions toujours contentés de vivre notre petite vie. Notre esprit a donc réclamé impérieusement cette solution bien avant qu'elle ne fût mûre et alors qu'il ne possédait que de vagues lueurs lui permettant de la deviner plutôt que de l'attendre. Et c'est pour cela que les hypothèses cosmogoniques sont si nombreuses, si variées, qu'il en naît chaque jour de nouvelles, toutes aussi incertaines, mais toutes aussi plausibles que les théories plus anciennes, au milieu desquelles elles viennent prendre place sans parvenir à les faire oublier.

Ces phrases sont plus vraies que jamais !

En mettant bout à bout tous les indices, il semble bien qu'une histoire cohérente se dégage. Pourtant, de nombreux points restent encore obscurs, plusieurs maillons de la série d'événements qui ont donné lieu à la naissance de la Terre sont encore incompris, et parfois deux chemins parallèles semblent mener à la solution. Le fait d'écrire noir sur blanc le scénario permet aux scientifiques de le tester sous toutes les coutures, de le modifier, de l'améliorer ou de le rejeter, de la même manière que les mythes anciens ou les livres « sacrés » ont pu être critiqués à partir du moment où ils ont été couchés sur le papier ou sur le papyrus. Le fait de les avoir démantibulés a permis à la science moderne de naître. De même, le fait d'examiner sous toutes les coutures le scénario de nos origines nous permettra de progresser même au prix de la mort de ce scénario. Pour comprendre le monde qui les entoure, les astronomes écrivent des scénarios qu'ils améliorent d'observations en observations.

Bien que nombreuses, les contraintes observationnelles ne sont pas encore suffisantes pour lever toutes les ambiguïtés et nous permettre d'écrire le scénario définitif. Ce mot est ici employé à dessein. Il faut, en effet, bien distinguer ce qui est certain de ce qui est une tentative d'explication ou une spéculation. Par exemple, le fait que la Terre possède un satellite et que Neptune a au moins huit lunes est un fait acquis. Par contre, un modèle d'explication peut comporter beaucoup d'incertitudes qu'il faut sans cesse confronter à de nouvelles observations. L'astronome est en effet dans une position difficile par rapport au physicien : il ne peut pas expérimenter sur les objets qu'il étudie. Il doit donc rassembler toutes ses observations de façon cohérente à la manière de celui qui reconstitue un immense puzzle. L'histoire de toute cette évolution d'un scénario à l'autre nous donne une extraordinaire leçon de modestie.

En cette fin de XXe siècle, les astronomes s'accordent enfin sur les grandes lignes de la formation du système solaire même s'ils divergent sur la manière de franchir quelques étapes. Les trois mille ans de recherches qui précèdent nous permettent enfin de présenter un scénario convaincant.

Il semble admis qu'une nébuleuse primitive est l'ancêtre commun du Soleil, des planètes et des satellites. Comme la plupart des étoiles, le Soleil est probablement né au sein d'un amas d'étoiles aujourd'hui dispersées. Il semble bien que le Soleil ait vécu une histoire finalement bien commune qui se produit actuellement en de nombreux endroits dans l'Univers, comme, par exemple, au sein de la nébuleuse d'Orion.

Pour en arriver là où nous en sommes aujourd'hui, il a fallu former successivement notre Galaxie, puis, quelque part en son sein, notre Soleil et, enfin, autour de lui un cortège de planètes avec notre Terre à la bonne place. Reprenons chaque étape.

La formation de la Galaxie et les premières générations d'étoiles

Dans l'Univers, la matière est rassemblée en galaxies, immenses ensembles d'étoiles, de gaz et de poussières s'étendant sur des centaines de milliers d'années-lumière. Ces galaxies sont initialement d'immenses nébuleuses.

Environ 70 % d'entre elles s'aplatissent pour former un disque. Avec un peu d'imagination, on peut comparer la nébuleuse protosolaire avec une protogalaxie. En fait, il y a d'énormes différences à tous égards.

Dans les dimensions : une galaxie est plus de deux cents milliards de fois plus grande que le système solaire !

Dans le comportement : il y a un cycle de la matière dans une galaxie, une création incessante d'étoiles qui naissent, vivent et meurent. Au contraire, dans le système solaire, les planètes sont mises en place dès le début et pour toute la durée de vie du Soleil.

Dans l'histoire : on pense que toutes les galaxies sont nées en même temps peu après le découplage rayonnement-matière. Il n'apparaît pas de galaxies actuellement. Par contre, il est très probable que des systèmes solaires apparaissent sans cesse dans notre Galaxie et dans les autres.

Les astronomes pensent que de très petites fluctuations de densité existaient au début de l'histoire de l'Univers. Ces petits excès de densité se sont développés au point de donner naissance aux galaxies. Des projets d'observation à partir du sol et de l'espace pour explorer cette piste sont actuellement étudiés. Par contre, les tentatives de former les galaxies par explosion d'un noyau ou par effondrement d'immenses ensembles n'ont pas été couronnées de succès.

Nous pensons que notre Galaxie est née il y a environ douze à quinze milliards d'années. Cet objet avait une masse gazeuse gigantesque de l'ordre de cent milliards de fois la masse du Soleil et était composé essentiellement d'hydrogène et d'hélium. Dès que cette Galaxie s'est isolée de son environnement, les premières générations d'étoiles sont apparues.

En moins de quelques millions d'années, les plus massives de ces premières étoiles avaient fini d'évoluer, et ont commencé à exploser et à déverser dans l'espace les produits de la fusion qui avait eu lieu en leur centre. Ainsi, le long processus d'enrichissement du gaz interstellaire en atomes de plus en plus lourds commence dès le début de l'histoire de la Galaxie. Il semble bien que les premières générations d'étoiles ont été particulièrement actives et efficaces pour enrichir, dès le début, le milieu interstellaire en atomes lourds à un rythme beaucoup plus élevé que de nos jours, un peu comme si une flambée d'étoiles énergétiques avait accompagné la toute jeune Galaxie.

Notre Galaxie avait initialement une forme quelconque. Elle s'est lentement effondrée, essentiellement en raison du frottement des nuages de gaz les uns sur les autres, et elle a pris la forme d'un disque aplati que nous lui connaissons aujourd'hui pour la même raison que les anneaux de Saturne ont la forme d'un disque. Un bulbe central s'est peu à peu formé, entouré du disque dans lequel le Soleil tourne de nos jours. Des nuages interstellaires plus ou moins massifs, plus ou moins chauds, plus ou moins réguliers sont apparus et, au hasard de leurs collisions mutuelles, ont échangé du rayonnement, de la matière, de l'énergie et du moment cinétique. Même si, à très grande échelle, on peut imaginer que la matière est répartie de manière homogène, il est facile de comprendre que toute cette activité est responsable d'inhomogénéités à plus petite échelle. En effet, les mouvements des nuages interstellaires, leurs perturbations mutuelles, les effets de marée entre eux, les collisions entre eux sont autant de facteurs qui provoquent de multiples variations de densité. Par exemple, des ondes spectaculaires, souvent de forme spirale, se propagent dans les galaxies plates.

L'apparition d'excès de densité au sein du gaz interstellaire est un facteur qui favorise la formation des étoiles. En effet, un globule de matière qui se serait isolé du milieu ambiant va commencer à s'effondrer sur lui-même en raison de la gravitation. Si ce globule possède une masse ni trop faible ni trop grande, il a les plus grandes chances de devenir une étoile. En effet, trop petit, il ne permettrait jamais aux réactions thermonucléaires de s'allumer. Trop gros, il serait instable.

Les mouvements complexes de rotation autour du centre de la Galaxie ont donné naissance à d'immenses ondes de densité, ce sont les bras spiraux que l'on observe au sein des galaxies voisines et que nous avons déjà décrit au chapitre IV.

Chaque fois qu'un nuage interstellaire passe dans un bras spiral, la densité est évidemment un peu plus forte, et le nuage subit une succession d'accélérations et de décélérations au fur et à mesure qu'il traverse un bras spiral et qu'il va d'un bras à l'autre. Ces variations brutales à chaque traversée d'un bras s'accompagnent d'une fragmentation du nuage, et les fragments ainsi formés peuvent s'effondrer sur eux-mêmes pour former des étoiles. C'est ainsi qu'on imagine la formation d'amas d'étoiles comprenant des milliers ou même des millions de fragments, chacun donnant naissance à une protoétoile. On peut en admirer le résultat en observant ces splendides amas d'étoiles de-ci de-là dans la Galaxie, le meilleur exemple étant l'amas d'Hercule.

Les étoiles les plus massives ont eu une vie fort active mais courte et ont explosé en communiquant au milieu interstellaire les environnant des éléments lourds qu'elles avaient fabriqués au cours de leur vie, tandis que les étoiles les moins massives avaient une vie beaucoup moins active mais beaucoup plus longue, comme nous l'avons vu au chapitre IV. On a vu ainsi apparaître une succession de générations d'étoiles. Générations après générations, le milieu interstellaire s'est enrichi en atomes de plus en plus lourds. C'est ainsi qu'après environ dix milliards d'années la teneur du gaz galactique en éléments plus lourds que l'hydrogène et l'hélium avait atteint environ 3 % de la masse totale du milieu interstellaire.

Il faut bien être conscient que le système solaire n'aurait pas pu apparaître au tout début de l'histoire de la Galaxie. Il y avait alors trop peu d'éléments lourds pour former la Terre que nous connaissons et ses habitants ! La dizaine de milliards d'années qui s'est écoulée entre la formation de la Voie lactée et celle du Soleil a été mise à profit pour patiemment apporter au milieu interstellaire les atomes nécessaires.

Il était autrefois, quelque part dans la Galaxie... la naissance d'une nébuleuse

À ce moment-là, un nuage bien banal dans l'Univers mais essentiel pour nous, puisqu'il est notre géniteur, a donné naissance à un amas d'étoiles dont le Soleil était l'un des éléments. La maternité qui a donné naissance au Soleil était en place. Quelque part dans la Galaxie, dans un bras spiral, il y a environ quatre milliards et demi d'années, un nuage interstellaire, comprimé dans ce bras, s'est fragmenté en condensations qui se sont effondrées sous leur propre poids. Chacune de ces condensations a donné naissance à une étoile, l'une d'entre elles était la nébuleuse protosolaire. À partir du moment où un « globule » de matière s'est isolé du monde environnant, il s'effondre sur lui-même à cause de la loi de la gravitation. Cet effondrement dure typiquement vingt millions d'années, ce qui est un temps très court pour un astronome. Pendant cet effondrement, la pression, la densité et la température augmentent au centre du globule. Quand la température atteint dix millions de degrés, les réactions thermonucléaires s'allument, l'objet est alors en équilibre entre les forces thermonucléaires qui tendent à le faire exploser et les forces gravitationnelles qui tendent à le faire imploser : une étoile est née !

La jeune étoile Soleil était alors bien quelconque. Il y avait des bébés beaucoup plus gros qui criaient très fort, c'étaient les supernovae qui explosaient au voisinage, d'autres étaient au contraire plus petits. Le bébé Soleil, qu'*a priori* rien ne distinguait des autres, a commencé une vie semblable à celle de centaines de milliards d'autres étoiles dans notre Galaxie. Mais nous aimons cette étoile *a priori* bien ordinaire parce que c'est notre maman ou plus exactement notre grande sœur. Nous ne sommes pas les enfants du Soleil, mais plutôt l'une de ses sœurs, moins grosse, moins brillante, mais si chaleureuse !

À un moment, le Soleil a quitté l'amas d'étoiles au sein duquel il est né et a commencé une vie de célibataire entouré

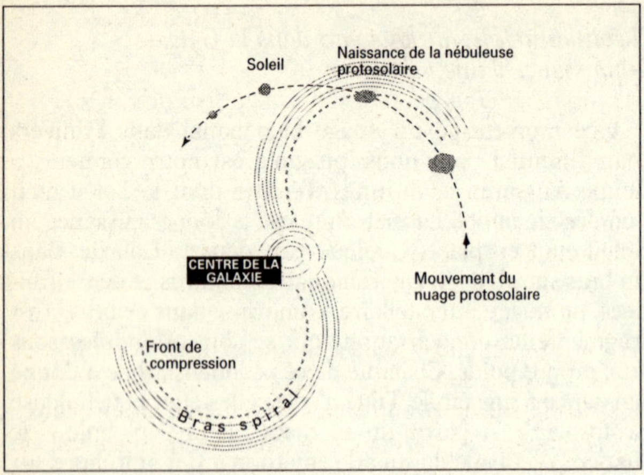

Figure 22 La traversée d'un bras spiral et la naissance de la nébuleuse primitive.

En rencontrant, il y a 4,57 milliards d'années, un bras spiral et le front de compression qui le précède, un nuage interstellaire a subi une forte compression qui a déclenché sa fragmentation et la formation d'étoiles. L'une d'entre elles allait devenir notre Soleil.

de son cortège de planètes. Rappelons que la grande majorité des étoiles, environ 80 % d'entre elles, vivent en couple. On peut d'ailleurs se demander si ces couples ont été fertiles en cortèges de planètes autour d'eux. Mais c'est une autre question. Revenons au Soleil. Grâce à l'existence des bras spiraux, grâce à l'existence de la matière interstellaire dans la Galaxie, grâce aux générations d'étoiles qui ont apporté les éléments nécessaires à la formation des planètes, tout était en place pour que le système naquît.

Il semble donc maintenant admis que la nébuleuse primitive est l'ancêtre commun du Soleil et des planètes. Comme la plupart des étoiles, le Soleil est probablement né au sein d'un amas d'étoiles maintenant dispersées. Il semble bien que ce qui s'est passé pour lui, il y a bien longtemps, a toujours lieu de nos jours, par exemple dans la nébuleuse d'Orion.

Naissance d'une nébuleuse

A priori, nous avons vu qu'il semblait difficile de transformer un nuage interstellaire en étoile. Un nuage ne peut se contracter et s'isoler de son environnement que si un certain nombre d'obstacles sont franchis. Les nuages sont en effet trop chauds (ils devraient donc se disperser), leur champ magnétique est trop fort (et devrait donc s'opposer à la contraction) et ils tournent trop vite (ils devraient donc se casser), et pourtant les étoiles existent !

Au moment où le nuage aborde un front de compression, par exemple dans un bras spiral, il se fragmente en sous-structures. L'une d'entre elles est le milieu protosolaire.

Le nuage hérite du champ magnétique général de la Galaxie. Ce champ intimement lié au gaz se contracte avec lui, ce qui engendre une grande quantité d'énergie magnétique qui s'oppose à la contraction. Il faut trouver un moyen de « démagnétiser » les nuages. Plusieurs mécanismes trop complexes pour être décrits ici ont été proposés récemment.

Entraînés par la rotation différentielle de la Galaxie, les nuages tournent lentement sur eux-mêmes. En se contractant, la rotation s'accélère. Si la force centrifuge devient égale à la force gravitationnelle, la contraction ne peut plus se poursuivre. On montre que les nuages tournent trop vite pour se contracter en étoiles. Là aussi, plusieurs auteurs ont proposé divers mécanismes pour franchir cet obstacle. Par exemple, les lignes de champ magnétique s'enroulant sur elles-mêmes au cours de la contraction permettent de freiner la rotation. Cela explique peut-être la rotation lente du Soleil.

La nébuleuse au sein de laquelle le Soleil est né devait ressembler à celle d'Orion, qui est actuellement « la maternité stellaire » la plus proche de nous. Nous avons vu que l'observation de très jeunes étoiles au sein de cette nébuleuse et le développement de nouveaux modèles théoriques ont permis aux astronomes de comprendre que la contraction gravitationnelle d'une étoile s'accompagne de violents jets bipolaires de matière et de la formation d'un disque équatorial. L'éjection de matière et le champ magnétique contribuent à des pertes de moment cinétique de la jeune étoile et lui permettent de se contracter sans être instable. Ces jets et ces disques jouent un rôle essentiel pour franchir les obstacles qui s'opposent à la contraction d'une étoile.

Les premières lueurs du Soleil

Le protosoleil tirait son énergie de sa contraction, un peu comme dans le cas d'une chute d'eau à partir de laquelle on récupère de l'énergie sous forme électrique. L'effondrement du protosoleil s'est arrêté dès que la pression, la température et la densité ont atteint, au centre du Soleil, des valeurs si élevées que les protons ont fusionné pour former des noyaux d'hélium et que les réactions thermonucléaires ont démarré.

L'effondrement du protosoleil dégage beaucoup plus d'énergie que les réactions thermonucléaires actuelles, mais dure beaucoup moins longtemps puisqu'on estime que, en environ vingt-cinq millions d'années, le Soleil a atteint sa taille actuelle à partir d'un nuage interstellaire.

La partie centrale s'effondrant sous son propre poids a été fortement chauffée par la contraction gravitationnelle. On peut calculer qu'une nébuleuse s'effondrant sur elle-même pour atteindre la taille du Soleil devient des dizaines de fois plus lumineuse que le Soleil actuel. De plus, cette nébuleuse était si opaque en son centre que le rayonnement infrarouge ne pouvait pas s'en évader. Près du centre lumineux, la température était donc très élevée, tandis qu'à l'extérieur du disque protoplanétaire elle ne dépassait pas quelques dizaines de degrés au-dessus du zéro absolu. Au fur et à mesure de l'effondrement, la densité, la pression et la température augmentaient au sein du protosoleil. Quand la température atteignit au centre dix millions de degrés, les réactions thermonucléaires de transformation de l'hydrogène en hélium démarrèrent. L'existence d'une source d'énergie au sein du Soleil arrêta l'effondrement, et, depuis, le Soleil est en équilibre sous l'effet des réactions de gravitation qui tendent à le faire s'effondrer sur lui-même et des réactions thermonucléaires qui tendent à le faire exploser. Cet équilibre dure depuis quatre milliards et demi d'années et durera tant qu'il y aura du carburant hydrogène au centre, soit environ cinq milliards d'années de plus. La suite de l'histoire est fort désagréable pour la Terre, mais cela est un autre sujet.

Tandis que la nébuleuse protosolaire était en rotation et s'effondrait sous son propre poids, la force centrifuge ainsi que des phénomènes de viscosité freinaient la contraction perpendiculairement à l'axe de rotation initial, et un disque s'est formé dans les parties externes.

À ce point-là, on peut imaginer deux scénarios possibles selon que la masse de ce disque était plus petite ou plus grande que le Soleil initial. En effet, un disque de matière isolé dans l'espace n'est pas stable, il se fragmente en objets plus petits.

Le seul moyen de stabiliser un disque dans l'espace est soit de placer une masse importante en son centre, soit de le plonger dans un immense halo massif. Notre système solaire ou encore les anneaux de Saturne sont dans le premier cas, notre Galaxie est dans le second cas.

Si le disque primitif avait été beaucoup plus massif que le protosoleil, il se serait fragmenté en morceaux, dont chacun d'entre eux aurait pu être une protoplanète géante, prélude à nos planètes actuelles. Nous avons vu au chapitre précédent que ce scénario, développé en particulier aux États-Unis, n'était pas retenu pour l'instant par la majorité des scientifiques.

Il y a 4,6 milliards d'années, le protosoleil, en s'effondrant sur lui-même, a dégagé une quantité d'énergie considérable pendant quelques dizaines de millions d'années. C'est en effet le temps qu'il faut pour accumuler du matériau dispersé jusqu'à la taille actuelle du Soleil. Le disque autour de lui était extrêmement chaud puisque le Soleil primitif avait une luminosité plusieurs dizaines de fois

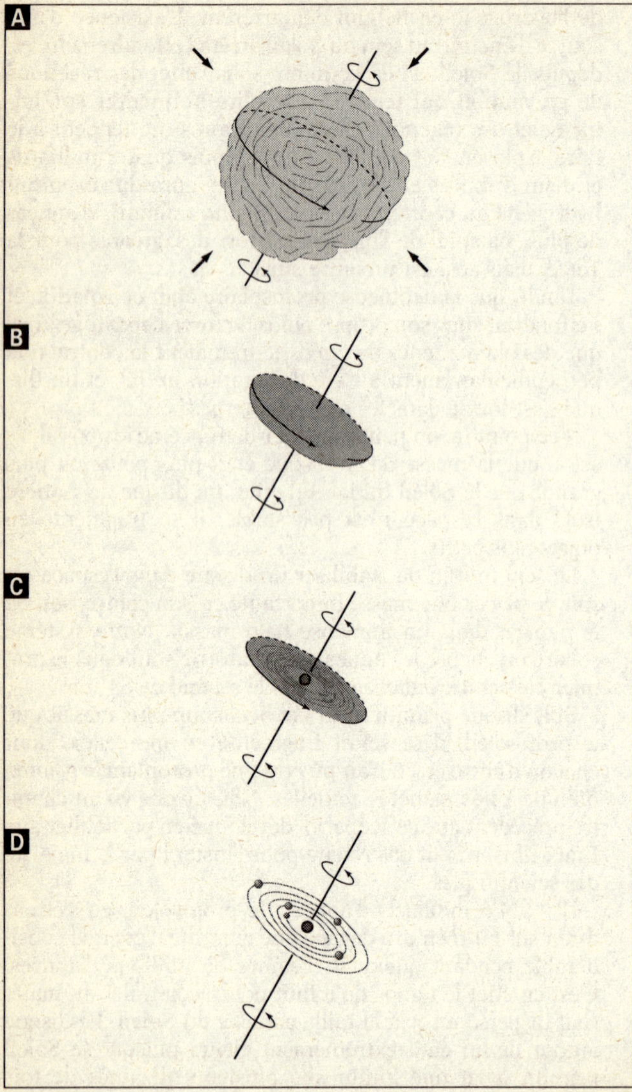
A
B
C
D

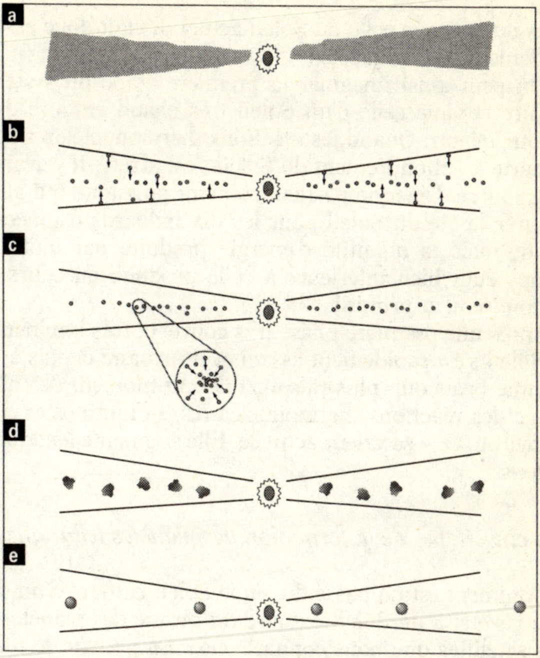

Figure 24 Les cinq principales étapes de la formation des planètes.
Ce schéma résume notre conception actuelle de la formation des planètes, à savoir la formation d'un disque de gaz (a), suivie de celle d'un disque de grains qui migrent dans le plan équatorial (b), puis d'un disque de planétésimaux (c). Ces petits corps, d'une taille de quelques centaines de mètres à quelques kilomètres, forment un disque d'embryons de planètes (d) et finalement les planètes qui nous sont familières (e).

◀ **Figure 23 La formation du système solaire.**
La nébuleuse primitive (A), formée de gaz et de poussières, s'effondre sur elle-même et, tel un patineur ramenant les bras le long du corps, tourne de plus en plus vite sur elle-même. Elle forme un disque de plus en plus plat (B). Des grains apparaissent dans ce disque (C), puis des planétésimaux, puis des embryons, puis des planètes pour donner le système que nous connaissons aujourd'hui (D). Le passage du disque (C) au système (D) est détaillé sur la figure suivante.

plus intense que celle du Soleil actuel. Il était donc essentiellement à l'état gazeux.

On peut ainsi imaginer la première étape du système solaire comme celle d'un Soleil très chaud entouré d'un disque de gaz. Quand les réactions thermonucléaires sont apparues, l'effondrement du Soleil s'est arrêté. Il y avait là une source d'énergie particulièrement puissante qui allait assurer la vie du Soleil pour les dix milliards d'années à venir, mais la quantité d'énergie produite par unité de temps était bien inférieure à celle produite au cours de l'effondrement primitif.

Après une première phase très courte et très lumineuse, le Soleil s'est rapidement assagi et il rayonne depuis à un rythme beaucoup plus raisonnable. Au moment de l'allumage des réactions thermonucléaires, sa luminosité était d'environ 70 % sa valeur actuelle. Elle augmente lentement depuis.

Les cinq étapes de la formation des planètes telluriques

Comment est-on passé du jeune Soleil entouré d'un disque gazeux à un Soleil entouré du disque des planètes et des satellites que nous connaissons ? En prenant le meilleur des théories passées et en synthétisant les observations variées, les astronomes ont réussi à imaginer un scénario en cinq étapes où une série de mécanismes physiques se succèdent, chacun prenant le relais du précédent, pour fabriquer des corps de plus en plus gros et aboutir aux planètes que nous connaissons. On peut donc distinguer cinq actes :

1) La formation d'un disque protoplanétaire à partir de la condensation d'une nébuleuse.

2) La condensation chimique de grains dont la composition dépend de la distance au Soleil quand la nébuleuse se refroidit.

3) La formation de planétésimaux par instabilités gravitationnelles dans le disque de grains.

4) La formation d'embryons planétaires par accrétion de planétésimaux.

5) La formation des planètes et des satellites par collisions et agglomérations d'embryons.

Ces cinq étapes semblent avoir duré moins de quelques centaines de millions d'années, ce qui est très court par rapport à l'âge du système solaire. Peu de temps après sa formation, le système solaire ressemblait probablement déjà à ce qu'il est actuellement. Ce modèle de formation des planètes à partir de gaz, puis de grains, puis de planétésimaux, puis d'embryons fait actuellement l'objet de nombreuses études théoriques essentiellement en Europe, aux États-Unis, en Russie et au Japon, et semble satisfaisant pour rendre compte de la formation des planètes terrestres.

Un disque de gaz

Tandis que le protosoleil apparaissait au centre de la nébuleuse et jetait ses premiers feux, les forces centrifuges et les phénomènes de viscosité freinaient la contraction de celle-ci et conduisaient à la formation d'un disque de gaz.

Le fait que les planètes tournent dans le même plan est une survivance de cette étape primitive où les forces de frottement ont formé un superbe disque qui allait être notre berceau. Tant que le Soleil, s'effondrant sur lui-même, était très chaud, le disque est demeuré à l'état gazeux, et des réactions chimiques variées ont pu avoir lieu en son sein. Mais, en un temps relativement court à l'échelle astronomique, un refroidissement brutal, correspondant à une forte baisse de luminosité du Soleil achevant sa phase de contraction, est arrivé. Le gaz s'est donc solidifié en grains, et, en quelques millions d'années, une population de grains est apparue. Tout le gaz n'a évidemment pas disparu d'un coup, et, à un certain moment, le disque était composé d'un mélange de gaz et de grains.

Un disque de grains

Le refroidissement du protosoleil a donc provoqué la solidification du gaz en petits grains de quelques microns à quelques millimètres de dimension. Les scientifiques qui étudient la cinétique des réactions chimiques ont analysé, à partir de conditions initiales données d'hydrogène, d'hélium et de quelques pour-cent d'autres atomes, les réactions chimiques qui allaient intervenir pour former ces grains. Ils ont compris que ce refroidissement allait conduire à la formation de grains de matériaux relativement réfractaires près du protosoleil et de grains formés de matériaux plus volatils dans les parties extérieures de la nébuleuse solaire.

Loin du Soleil, il faisait froid, des glaces d'eau, de méthane, d'ammoniaque, d'oxyde de carbone se sont formées à une température de quelques dizaines de degrés au-dessus du zéro absolu. Près du Soleil, il faisait plus chaud, des éléments plus réfractaires comme l'alumine ou certains composés réfractaires du calcium, du magnésium ou du titane ont dû apparaître à une température de l'ordre de 2 000°. Vers 1 000°, des silicates et des oxydes métalliques ont dû être formés. Différentes réactions chimiques ont eu lieu pour produire les minéraux qui peuplent actuellement le système solaire. Ainsi, la densité et la composition chimique du système solaire s'expliquent comme une conséquence directe des variations de température dans le disque protoplanétaire.

En frottant contre le gaz, les grains ont perdu un peu d'énergie et ils se sont rassemblés en un disque extrêmement étroit dans le plan équatorial de la nébuleuse. Le Soleil était alors entouré d'un disque de gaz relativement épais au sein duquel existait un sous-disque de grains beaucoup plus mince. C'est la deuxième étape de la formation du système solaire. Cette étape pose encore de nombreux problèmes.

On comprend bien que le refroidissement brutal d'un gaz donne naissance à des grains, mais l'étude de la composition chimique de ces grains n'est pas si simple. En effet, selon la composition initiale de la nébuleuse, selon la présence de turbulence ou non, selon la pression initiale, selon la densité initiale, les réactions chimiques qui interviennent en premier ne sont pas les mêmes, et la composition du protosystème solaire n'est pas tout à fait la même. Les chercheurs, évidemment, ont étudié les différentes conditions initiales, mais les résultats de leur simulation, les résultats de leur modèle, comparés au système solaire actuel, n'ont pas permis encore de conclure définitivement. Si nous avons bien compris dans les grandes lignes comment un matériau relativement réfractaire s'est rassemblé dans les parties les plus proches du Soleil et un matériau plus volatil dans les parties extérieures, le détail des processus est encore l'objet de nombreuses discussions.

Un disque de « planétésimaux »

Après l'allumage des réactions thermonucléaires au cœur du Soleil et la condensation chimique de grains à partir du refroidissement de la nébuleuse, on peut se demander comment sont nées les planètes dans ce disque de grains. La condensation chimique directe ne peut pas produire d'objets d'une taille supérieure à quelques centimètres. La croissance de gros objets tels que planètes ou satellites à partir d'aussi petits corps a longtemps été une question non résolue. En effet, il faudrait un temps bien supérieur à l'âge du système solaire pour que des grains s'agglomérant par le jeu de leurs collisions mutuelles atteignent la taille actuelle des planètes. Il a été montré, il y a une dizaine d'années, que des instabilités se développaient dans un disque mince de grains et que ce processus conduisait en quelques années à la formation d'objets ou « planétésimaux[1] » de quelques centaines de mètres à quelques

1. Certains appellent ces petits corps « planétoïdes ». Étymologiquement, « oïde » signifie « qui a la forme de », le géoïde est un objet qui a la forme de la Terre (géo en grec). Un planétoïde, étymologiquement, devrait être un corps qui a la forme d'une planète. Or ces petits

kilomètres de dimension. Les collisions mutuelles entre ces planétésimaux ont finalement conduit, après des agglomérations et des fragmentations, à la formation des planètes.

Ce disque formé d'un mélange de gaz et de grains était évidemment, dans son ensemble, extrêmement stable autour du protosoleil. Mais, à l'échelle locale, de petites instabilités pouvaient apparaître. On a compris, il y a une vingtaine d'années, que ce disque de grains n'était pas très stable à petite échelle. Des instabilités locales ont conduit à la formation de conglomérats de grains de 500 m à 1 km de dimension. Ce processus a permis d'accumuler en seulement quelques dizaines d'années des « planétésimaux » de quelques centaines de mètres de dimension.

Si, au contraire, on suppose que le disque est très agité, qu'une turbulence extrêmement violente s'y développe, on constate qu'au centre des turbulences le milieu est un peu plus froid et que cela favorise la formation de corps. Si l'on calcule la dimension de ces corps, on trouve, là aussi, une taille d'environ 500 m à 1 km. Donc, que le milieu soit calme ou perturbé, dans les deux cas, des corps primitifs de quelques centaines de mètres à 1 km se forment très rapidement, c'est-à-dire en quelques siècles, au sein de ce disque de grains par deux processus physiques très différents.

Entre les deux cas extrêmes d'un milieu parfaitement calme et d'un milieu très turbulent, il existe une foule de situations intermédiaires dont le comportement est encore très mal connu. Y avait-il une grande variété de planétésimaux, avaient-ils des masses et des tailles différentes les uns des autres, ou au contraire avaient-ils tous pratiquement la même dimension ? Ces planétésimaux sont-ils apparus tous partout en même temps ou bien, au contraire, y a-t-il eu différentes étapes au cours desquelles les parties internes du système solaire ou les parties externes

---

corps, s'ils sont les précurseurs des planètes, n'en ont pas la forme. Nous préférons donc le mot « planétésimaux » qui désigne des petits corps qui ont plus tard formé les planètes.

n'ont pas eu tout à fait le même comportement ? Là aussi nous n'avons pas de réponses claires à ces questions simples.

On a vu ainsi apparaître la troisième phase du processus de formation, à un disque de gaz avait succédé un disque de grains et maintenant un disque de petits corps, de « planétésimaux ».

Ces planétésimaux sont un peu nos grands-parents. Lorsqu'ils subissent une collision violente, ils sont cassés, fragmentés et fissurés. Du matériau est éjecté sous forme de poussières. Lorsque la collision est plus douce, les deux corps s'agglomèrent un peu comme dans un mariage harmonieux. Cette succession de « mariages » et de « ruptures » va conduire à la formation de « germes » un peu plus gros que les autres qui vont attirer le matériau environnant et former les planètes par accrétion.

Un disque d'embryons

Les collisions ont joué un rôle essentiel dans la formation des planètes. Certaines collisions violentes ont conduit à des cassures et à la fragmentation des protagonistes. D'autres ont eu lieu à des vitesses relatives plus faibles et ont conduit à l'accrétion des deux petits corps. Le calcul des vitesses relatives et de l'état dynamique du système solaire primitif est essentiel pour comprendre le rôle relatif des collisions violentes et des collisions douces. Mais le passage des planétésimaux aux planètes n'est pas complètement compris et fait actuellement l'objet de nombreux débats.

Quelques difficultés apparaissent rapidement. Les simulations conduites par les astronomes ne conduisent pas aisément d'un disque de planétésimaux de quelques centaines de mètres de dimension à des planètes de quelques milliers de kilomètres de rayon. En particulier, il semble plus facile de former quelques dizaines de petites planètes plutôt que neuf grosses. En effet, si les planétésimaux ont des orbites bien régulières quasi circulaires et situées dans le même plan, tout est réuni pour que leurs collisions mutuelles soient douces et conduisent à l'agglomération de corps de plus en plus gros, mais la zone balayée par chaque planétésimal est relativement étroite, et, très vite, tout le matériau disponible dans le voisinage immédiat aura été capturé. Pour accumuler de beaucoup plus grandes quantités de matière, il faudrait que les corps aient des trajectoires beaucoup plus excentriques, mais leurs vitesses relatives seraient alors suffisamment importantes pour que la majorité des collisions conduisent à des cassures plutôt qu'à des agglomérations.

Un mécanisme de confinement pourrait être invoqué pour agglomérer de grandes quantités de matière au sein d'un embryon planétaire. Les arcs de matière observés autour de Saturne, d'Uranus et de Neptune nous fournissent peut-être un nouveau processus. On étudie actuellement si les mécanismes qui confinent les anneaux sont les mêmes que ceux qui ont confiné le matériau protoplanétaire. Les premiers résultats sont encourageants : les forces de gravitation exercées par de petits satellites voisins permettent de confiner un ensemble de particules subissant des collisions mutuelles au sein d'un anneau.

En fait, deux écoles s'opposent pour passer des planétésimaux aux embryons. Entre 1950 et 1990, elles sont nées en Union soviétique et aux États-Unis. Pour la première, tous les planétésimaux croissent au même rythme, et leur grand nombre permet de fabriquer les embryons planétaires. Pour la seconde, un corps l'emporte immédiatement sur tous les autres et s'adjoint tout le matériau du voisinage, croissant par un effet de boule de neige. Entre cette approche égalitaire et cette approche plus élitiste, je vous laisse deviner où est née chaque école !

À partir du moment où les premiers embryons d'environ mille kilomètres de diamètre apparaissent, il reste une cinquième et dernière étape à franchir, la formation des planètes que nous connaissons.

Un disque de planètes

La formation de planètes de plusieurs milliers de kilomètres de rayon à partir d'embryons grands comme la France ne peut être étudiée qu'à l'aide d'expériences numériques simulées sur ordinateur. Un embryon a une masse suffisante pour perturber le mouvement de tout le matériau situé au voisinage et attirer de grandes quantités de matière. Plus l'accrétion est importante, plus la zone d'influence de l'embryon est étendue. Les dernières collisions déterminent les directions des axes de rotation des planètes et leur période initiale de rotation.

On comprend très bien qu'une succession de collisions puisse donner naissance aux planètes actuelles et qu'à partir du moment où un germe est formé il va grossir par accumulations successives et former la Terre, Mercure, Jupiter, Neptune, etc. Mais il y a une difficulté. Si les collisions sont extrêmement violentes, elles aboutissent non pas à l'accumulation des corps en un corps de plus en plus gros, mais au contraire à la fracture des corps. On a donc besoin de collisions relativement douces pour que le matériau s'accumule progressivement et donne naissance aux planètes.

Pour que les collisions soient douces, il faut que la vitesse des corps soit relativement faible, autrement dit que leurs orbites soient presque semblables, idéalement, qu'elles forment des ellipses concentriques. Si tel est bien le cas, cela veut dire qu'un corps ne peut rassembler que le matériau qui se trouve dans son voisinage immédiat. Pour que le corps puisse rassembler beaucoup de matériaux, il faudrait des orbites très excentriques, balayant une grande partie du système, mais on aboutit à une contradiction.

Des orbites excentriques conduisent à des vitesses relatives très importantes et à la cassure des corps. On est donc en face d'un dilemme. Ou bien les vitesses relatives sont suffisamment petites pour que le matériau ait pu se rassembler paisiblement, mais alors la zone d'influence des germes est beaucoup trop petite pour que l'on ait pu rassembler des planètes de la taille de celles que nous connaissons, ou bien l'excursion des corps est suffisamment grande pour rassembler beaucoup de matériaux, mais alors les collisions conduisent à des cassures et non pas à une lente accrétion.

Les phénomènes de résonance, que nous avons abordés au chapitre v, jouent un rôle primordial. Un embryon massif peut ainsi commander le mouvement d'un ensemble de corps plus petits et, *in fine*, les capturer.

On peut se demander à combien de corps conduit ce processus d'accumulation lente des planètes. Plusieurs chercheurs ont effectué différentes simulations en faisant varier les conditions initiales, l'excentricité initiale des corps ou bien la distribution des tailles relatives, et, dans certains cas, ils montrent que l'on peut former six planètes dans la partie interne du système solaire, ou trois, ou dix dans d'autres cas. Tous ces travaux sont en cours, et personne n'est encore capable d'introduire simultanément tous les phénomènes physiques impliqués.

D'autres facteurs jouent un rôle important. Par exemple, le gaz de la nébuleuse primitive était présent aux premiers instants de la formation du système solaire. Près du Soleil, là où il faisait très chaud, l'agitation des atomes était telle que les éléments les plus légers, comme l'hydrogène et l'hélium, se sont évadés du système solaire. Seuls les atomes plus lourds ont pu rester. C'est pourquoi les planètes internes comme Mercure, Vénus, la Terre ou Mars, composées pour l'essentiel d'atomes lourds, ont une densité de l'ordre de 5. Alors que les planètes géantes comme Jupiter, Saturne, Uranus ou Neptune sont composées pour l'essentiel d'hydrogène et d'hélium qui à cette distance-là du Soleil ne se sont pas évadés. Au tout début de la formation du système solaire et en tout cas dans les zones extérieures, le gaz était donc présent.

Ce gaz interplanétaire a un effet important sur la population des planétésimaux. En effet, ils vont frotter contre ce gaz dans leur mouvement autour du Soleil, ce qui rendra leur orbite de plus en plus circulaire tout simplement parce qu'un corps placé sur une orbite circulaire rencontre un minimum de résistance de la part du gaz. En outre, le freinage dû à ce gaz fait que le planétésimal se rapproche lentement du Soleil, de la même manière qu'un satellite artificiel autour de la Terre, quand il frotte dans les très hautes couches de l'atmosphère, va retomber à terme sur la Terre. On peut donc imaginer que le frottement du gaz a pour effet de freiner les planétésimaux et de les placer sur une orbite qui va lentement spiraler vers l'intérieur du Soleil. Ces orbites de faible excentricité sont isolées les unes des autres, mais, puisque ces objets se rapprochent du Soleil, ils vont balayer un certain volume et pourront donc plus facilement se rencontrer.

Tous les planétésimaux n'ont pas été utilisés pour former les planètes et les satellites. Il reste de nombreux « débris ». Par exemple, les comètes et les astéroïdes sont des restes de ces corps primitifs. Dans ce scénario, les comètes apparaissent naturellement comme « les planétésimaux du froid » aux confins extérieurs du système solaire, tandis que les astéroïdes seraient « les planétésimaux du chaud » plus près du Soleil.

Personne n'est pour l'instant capable de reproduire le nombre et la position des planètes que nous connaissons à partir d'un groupe d'embryons. Personne ne sait non plus si le processus décrit ci-dessus est générique et joue un rôle majeur autour d'autres étoiles, ou bien s'il ne s'applique pour l'instant qu'aux planètes telluriques du système solaire.

La formation des planètes géantes

Ce scénario est très satisfaisant pour expliquer la formation de Mercure, de Vénus, de la Terre et de Mars. Il est par contre bien difficile de former les planètes géantes par accumulation de planétésimaux. Il n'est donc pas impossible qu'elles aient été formées selon un scénario différent. Certains pensent qu'elles se sont directement effondrées en protoplanètes géantes dans le disque de la nébuleuse primitive. D'autres imaginent que le gaz présent loin du protosoleil s'est rassemblé autour d'un noyau formé par accumulation de planétésimaux. Il est possible que seuls les noyaux des planètes géantes aient donc été formés de cette manière et qu'ils aient par la suite capturé le gaz d'hydrogène et d'hélium présent dans la nébuleuse loin du Soleil.

Comme toute la matière de l'Univers, la nébuleuse primitive était initialement composée de 99 % d'hydrogène et d'hélium. Près du Soleil, les atomes légers d'hydrogène et d'hélium sont très agités, parce qu'ils sont chauffés, et ils s'évaporent. Les atomes plus lourds sont un peu moins agités et peuvent rester pour former les planètes terrestres. Loin du Soleil, tous les atomes sont utilisés pour former les planètes. La partie interne du système solaire a donc, dès le début, perdu plus de 99 % de la matière : il ne reste plus que des débris pour former la Terre et ses voisines ! Des débris intéressants tout de même !

Compte tenu des échelles de temps requises pour accumuler tout le matériau d'une planète géante par accrétion de planétésimaux, les astronomes n'appliquent pas directement le même scénario à la formation des planètes au-delà de Jupiter. Ils pensent que les noyaux des planètes géantes ont crû régulièrement par le processus en cinq étapes décrit plus haut jusqu'à des masses de l'ordre de celle des planètes telluriques ou même une dizaine de fois plus grandes. Ces immenses noyaux auraient alors rapidement rassemblé tout le gaz présent loin du Soleil pour former les quatre volumineuses planètes géantes.

Certains, largement minoritaires, s'écartent encore plus de la théorie de la formation par accrétion pour revenir à l'idée de la formation de protoplanètes géantes dans un disque extérieur très massif. Ils forment les planètes, comme les étoiles, à partir d'une instabilité gravitationnelle, mais le calcul précis de ce processus reste à faire dans le cas des planètes.

Notre description de la formation des planètes nous conduit doucement vers l'idée qu'il a fallu un peu plus de temps pour former les planètes géantes qui sont les plus grosses que pour former la Terre et les planètes telluriques. Cette idée simple pose en fait un problème non résolu.

La planète Jupiter a-t-elle été formée avant ou après la Terre ?

Pour l'instant, nous avons imaginé que les planètes étaient formées indépendamment les unes des autres. Mais l'apparition d'une protoplanète géante, très tôt dans l'histoire du système solaire, pourrait bouleverser ce tableau. En perturbant le mouvement des planétésimaux et en modifiant leurs vitesses relatives, une telle planète prématurée changerait l'histoire de l'accrétion.

Une telle hypothèse n'est pas uniquement le fruit de l'imagination d'un astronome désœuvré. En effet, en observant la présence d'une multitude de petits corps et non d'une planète entre Mars et Jupiter, et en remarquant que la planète Mars, elle-même, était un véritable avorton comparée à Vénus ou à la Terre, il est devenu évident pour beaucoup qu'une perturbation extérieure majeure avait eu lieu au début de notre histoire.

C'est ainsi que plusieurs chercheurs ont exploré l'influence d'un proto-Jupiter prématuré, formé avant la fin du processus d'accrétion dans le système solaire interne. Un tel corps aurait considérablement modifié le mouvement des planétésimaux situés au voisinage des résonances, c'est-à-dire ceux dont la période de révolution autour du Soleil était commensurable avec celle du proto-Jupiter. Les rapports des périodes les plus affectées auraient été une fraction rationnelle simple telle que 1/2, 2/3, 4/5, etc. Ces planétésimaux en résonance auraient été tellement perturbés qu'ils en auraient heurté d'autres à grande vitesse, les excitant à leur tour, et que les vitesses relatives de tous ces petits corps auraient considérablement augmenté au point où leurs collisions auraient conduit à des fragmentations et non à des accrétions. La présence prématurée d'un proto-Jupiter massif aurait mis un tel désordre dans le disque des planétésimaux, en raison des perturbations gravitationnelles, des résonances et des collisions, qu'elle aurait inhibé la formation d'une planète au-delà de 1,7 unité astronomique et freiné la formation de Mars. Ce tableau est très séduisant parce que c'est précisément ce qui s'est passé. Cela signifie-t-il que Jupiter a été formé avant la Terre ? Nous n'en savons en fait rien, et, pourtant, cela arrangerait tellement les astronomes que Jupiter ait été en place très tôt. La présence de Mars et des astéroïdes serait alors immédiatement expliquée !

L'apparition précoce d'un proto-Jupiter a une première conséquence : son processus de formation doit être différent de celui des planètes telluriques, sinon nous tomberions sur un paradoxe : celui de la formation par le même mécanisme d'un « gros » Jupiter avant un « petit » Mars. Une seconde conséquence, non encore explorée, est l'ampleur des perturbations sur tout le système solaire interne dès le début de son histoire. De plus, la découverte de planètes géantes au voisinage immédiat d'autres étoiles (voir chapitre VI) conduit à se demander si de tels objets n'ont pas empêché la formation de planètes telluriques.

Ces quelques remarques à propos de la formation de Jupiter illustrent bien le fait que le scénario que nous venons de décrire, malgré tous les progrès qu'il représente, est encore fragile. Quelques points de détail pourraient mettre à bas tout l'édifice ! La place manque ici pour décrire tous les problèmes et pour revenir sur les points faibles et les points forts. Contentons-nous de mettre l'accent sur un paramètre essentiel : les vitesses relatives des planétésimaux. Trop fortes, l'accrétion ne pourrait pas avoir lieu. Trop faibles, elles ne permettraient pas de réunir suffisamment de matériau.

Égalité ou sélection ?

Le paramètre physique qui va déterminer tout le devenir de l'ensemble de planétésimaux autour du Soleil est la vitesse relative des corps. Il est donc essentiel de connaître le comportement dynamique d'un ensemble de planétésimaux situés dans un disque autour du protosoleil. Ces travaux ont été commencés au cours des années 1940 et 1950, en particulier par l'école soviétique, et ont été continués dans les années 1960. Avant de donner les principaux résultats, il est essentiel de revenir sur une notion importante, qui est celle de vitesse d'évasion.

Nous avons vu plus haut qu'à la surface d'un corps de masse donnée et de rayon donné, il existe une vitesse au-dessus de laquelle un corps s'évade et en dessous de laquelle un corps retombe à la surface si on le lance. La vitesse de libération, ou vitesse d'évasion, est la vitesse relative minimale nécessaire pour que deux objets passant au voisinage l'un de l'autre tombent l'un sur l'autre ou au contraire continuent leur route.

Si deux planétésimaux entrent en collision avec une vitesse correspondant exactement à leur vitesse de libération et si aucune énergie n'est perdue au moment de la collision, ces objets ont juste assez d'énergie pour rebondir et reprendre leur cours indépendamment l'un de l'autre. En réalité, au cours d'une collision, comme on peut l'imaginer aisément, une quantité énorme d'énergie est perdue. Sous l'effet de la collision, les objets se déforment, les cratères se forment à leur surface, ils éclatent même en morceaux quand la déformation est trop forte, et une grande partie de l'énergie perdue est dissipée sous forme de chaleur. Dans ces conditions, deux planétésimaux entrant en collision avec une vitesse relative égale à leur vitesse de libération ne peuvent pas reprendre leur route indépendamment l'un de l'autre, et leurs débris se combinent pour former un objet unique plus important, évidemment, que chacun des deux objets initiaux. Différentes expériences faites en laboratoire montrent que deux planétésimaux parviennent à fusionner même lorsque leur vitesse d'impact est trois fois supérieure à la vitesse de libération.

L'étude du mouvement d'un disque de planétésimaux autour du protosoleil montre que les vitesses relatives des planétésimaux dépendent d'un équilibre subtil entre deux effets antagonistes comme nous l'avons vu plus haut. Lorsque deux objets passent à proximité l'un de l'autre, sans entrer en collision, la perturbation gravitationnelle modifie leur orbite. Cette perturbation modifie la vitesse relative avec laquelle chaque planétésimal rencontre ensuite d'autres objets. Dans ces conditions, après un passage proche, la vitesse relative est quelquefois supérieure à ce qu'elle aurait été sans cette collision manquée. Quelquefois elle est inférieure. Cependant, le résultat global se traduit par une augmentation de la valeur moyenne des vitesses relatives. C'est exactement ce qui se passe dans un gaz enfermé dans une enceinte. Les rencontres proches ont pour effet d'augmenter l'agitation relative des molécules.

Les collisions physiques inélastiques entre les corps ont un effet inverse. Parce que les corps perdent de l'énergie à chaque impact, les collisions ont pour effet de diminuer en moyenne les vitesses relatives des corps. Sous les effets des impacts, les orbites des planétésimaux deviennent ainsi de plus en plus circulaires, et donc de plus en plus semblables les unes aux autres, et les vitesses relatives tendent à diminuer. On voit par conséquent que ces deux effets agissant simultanément en sens contraire vont conduire à un équilibre du système.

Au cours des années 1960, les mathématiciens soviétiques ont développé des modèles analytiques très complexes qui décrivent l'évolution de la vitesse relative moyenne des objets composant un essaim de planétésimaux. Ils ont étudié évidemment le modèle le plus simple en l'absence des frottements causés par le gaz de la nébuleuse primitive. Ils ont trouvé que, si tous les planétésimaux ont au début à peu près la même dimension et la même masse, un équilibre s'instaurait au sein de ce disque primitif et que les vitesses relatives des corps tendaient vers une valeur proche de la vitesse de libération de ces corps. Dans ces conditions, seuls des objets ayant des orbites semblables peuvent entrer en collision et fusionner, et il y a accrétion de matière dans la zone occupée de nos jours par les planètes internes du système solaire. Au fur et à mesure que ces planétésimaux croissent, leur vitesse de libération évidemment augmente. Le processus d'accré-

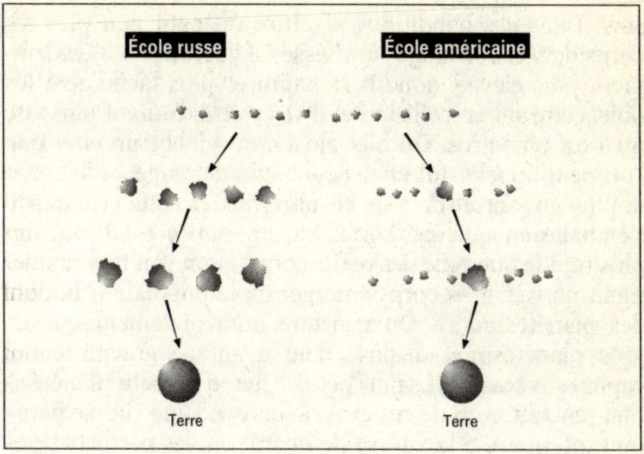

Figure 25 L'effet « boule de neige ».
La croissance au même rythme de tous les planétésimaux est illustrée sur la partie gauche (école russe). L'apparition d'un corps plus gros que ses voisins et sa croissance par un effet « boule de neige » sont illustrées sur la partie droite (école américaine).

tion se poursuit, mais on a toujours un équilibre entre les vitesses relatives et les vitesses de libération.

Conformément aux lois de Kepler, l'accroissement des vitesses relatives engendre une augmentation de l'excentricité des orbites, autrement dit chaque orbite devient un peu plus elliptique, et cette évolution accroît la zone d'influence de chaque planétésimal. De cette façon, on peut imaginer que le nombre de collisions possibles reste en gros constant et que, même si le nombre total d'objets diminue et que les objets sont de plus en plus espacés, les collisions continuent jusqu'à former les planètes qui existent de nos jours. On assiste là à une croissance régulière des objets de manière démocratique et soviétique : tout le monde croît au même rythme, à la même allure, aucune tête ne dépasse !

Certains astronomes américains et français ont montré que les choses n'étaient pas si simples. En effet, imaginons qu'initialement un corps est un peu plus gros que ses voisins. Dans ces conditions, il attire un petit peu plus les corps de son voisinage, sa vitesse de libération est évidemment plus élevée, donc il va capturer plus facilement les objets entrant en collision et il va croître d'autant plus vite qu'il est plus gros. On met ainsi en évidence un effet que l'on peut appeler un effet de « boule de neige » : le corps le plus gros croît de plus en plus vite, et cette croissance s'emballe en quelque sorte. Sa croissance est beaucoup plus rapide que celle des petits corps, et on voit très rapidement un très gros corps émerger de la population initiale des planétésimaux. On constate immédiatement que ce gros planétésimal dispose d'un avantage gravitationnel capital sur ses voisins plus petits. Quand un petit planétésimal rencontre un de ces gros objets avec une vitesse pourtant inférieure à la vitesse de libération, les perturbations qui sont subies par lui peuvent se révéler telles que la collision va conduire à sa capture, alors qu'initialement la géométrie des orbites ne le laissait pas prévoir. Non seulement la vitesse de libération est plus grande et favorise la capture, mais on assiste à un phénomène de focalisation gravitationnelle : le gros corps attire un certain nombre d'objets qui normalement n'auraient pas dû entrer en collision avec lui. On voit bien que la distribution de taille des planétésimaux présente alors deux pics très nets, l'un correspondant aux objets les plus gros qui croissent très rapidement, et l'autre aux petits corps qui n'ont pas été absorbés. Si ce phénomène continue, les gros planétésimaux vont piéger la plus grande partie de la masse du protosystème solaire. Les chercheurs ont montré que ce processus pouvait aboutir à la formation d'embryons d'une taille d'environ 1 000 km en un temps de l'ordre de cinquante mille ans.

Ces modèles simples présentent toutefois quelques difficultés. Dans cette première étude, les chercheurs ont utilisé des résultats de la théorie cinétique des gaz. Leurs planétésimaux se déplacent en ligne droite un peu comme les molécules d'un gaz lorsqu'elles se croisent. Il est évident que ce qui était une excellente approximation pour une première étude de ce phénomène s'avère un peu trop naïf dans le cas réel du système solaire. En effet, autour du

Soleil, d'après la loi de Kepler, la vitesse d'un corps dépend de sa distance au Soleil. Il y a donc une relation entre la distribution radiale des planétésimaux et leur vitesse relative, relation qui n'a aucun équivalent dans la théorie cinétique des gaz qui avait été développée à la fin du XIXe siècle.

À ce point-là, le seul moyen de progresser est d'effectuer des simulations numériques sur ordinateur. Chacune de ces simulations représente en quelque sorte une expérience de laboratoire où l'on forme sur commande un système solaire. La difficulté en est que la puissance actuelle des ordinateurs ne permet pas d'inclure simultanément tous les phénomènes de physique impliqués. On doit donc faire des simplifications qui peut-être changent les résultats. Dans ces simulations numériques, on ne peut étudier qu'un phénomène à la fois, alors que, dans la réalité, tous les phénomènes ont été couplés, ont lieu en même temps, et ce couplage des différents phénomènes change peut-être profondément les résultats.

La Terre primitive

Dans la mesure où les conditions initiales ont pu jouer un rôle fondamental pour la suite de l'histoire, nous souhaitons connaître l'état de la Terre primitive. Tous les scientifiques rêvent d'un modèle dans lequel, partant d'un gaz se solidifiant sous forme de grains, puis de grains se rassemblant sous forme de planétésimaux, puis de planétésimaux en collision, on aboutit directement à la Terre. Il est absolument impossible, de nos jours, de simuler d'un bout à l'autre l'évolution continue de la matière primitive vers la Terre. On se contente de modéliser différentes étapes qui, pense-t-on, ont eu lieu avant la formation de la Terre. On peut tout de même déjà tirer un certain nombre de conclusions. Si la Terre est bien apparue par ce processus de collision, le bombardement par ces planétésimaux, d'une part, et la contraction gravitationnelle de la Terre, d'autre part, ont été deux sources importantes de chaleur. On peut ainsi imaginer que la Terre primitive était extrêmement chaude.

Au début des années 1960, les astronomes discutaient du fait de savoir si la Terre s'était formée dans des conditions relativement froides ou relativement chaudes. L'exploration de la Lune a permis de constater qu'initialement la Lune était très chaude, et, comme la Lune est encore plus petite que la Terre, *a fortiori* la Terre primitive devait être elle aussi très chaude. Des considérations théoriques, comme le fait que les collisions ont joué un rôle important, et des observations nous conduisent à rejeter l'hypothèse d'une Terre relativement froide au début et à accepter l'idée que la Terre a été portée à une température d'environ un millier de degrés. La radioactivité naturelle du matériau a fait monter cette température d'un millier de degrés supplémentaires. À une température de deux mille degrés, le fer est fondu. Cette chaleur primitive due au bombardement, à la contraction et à la radioactivité doit évidemment être évacuée.

On peut donc imaginer la Terre primitive comme un magma en fusion permettant les échanges de matière en son sein. Les éléments les plus lourds sont tombés au centre, les éléments les plus légers sont montés à la surface, c'est ce que l'on appelle la « différenciation », qui est le phénomène majeur dans l'histoire primitive de la Terre. Les éléments les plus lourds, comme le fer ou le zinc, sont tombés au centre, les plus légers, constituant maintenant le matériau du manteau et des continents, sont montés à la surface, un peu comme dans un verre où l'on mélange de l'huile et du vinaigre. En attendant suffisamment longtemps, le vinaigre plus lourd tombe au fond, et l'huile flotte à la surface. La Terre, qui a une densité de 5,5, a une croûte de densité de 2,7. C'est bien la preuve que le centre doit être beaucoup plus dense pour atteindre une valeur moyenne de 5,5.

Deux sources d'énergie ont maintenant disparu. Le bombardement, même s'il en subsiste quelques traces beaucoup moins intenses, et la contraction initiale ont été stoppés. Seule la radioactivité assure une production continue de chaleur. Cette chaleur primitive est évacuée vers l'extérieur. Il y a trois manières de transférer de la chaleur : le rayonnement, la conduction et la convection.

Le rayonnement est un processus très efficace dans les étoiles constituées d'un milieu gazeux ; il est totalement inefficace au sein de planètes comme la Terre. Sous l'effet d'une élévation de température, les atomes se mettent à vibrer. Cette vibration se transmet de proche en proche par un effet mécanique, et la chaleur est ainsi transférée par conduction. C'est un processus efficace mais extrêmement lent. Il joue un rôle important à l'intérieur de la Terre. Il existe enfin un troisième processus, la convection, que l'on peut observer chaque matin en faisant chauffer de l'eau pour préparer un thé ou du café, ou dans la vie quotidienne, par exemple avec l'air qui monte au-dessus des radiateurs ou avec celui qui monte au sommet d'une cheminée d'usine. La convection consiste dans le déplacement physique de matière : de la matière chauffée plus légère monte au sein d'un matériau plus froid, et, quand ce matériau plus froid en montant se refroidit, il retombe, et l'on observe ainsi des cellules de convection. La convection est un processus efficace à l'intérieur de la Terre. On peut considérer que, sur une échelle de temps de quelques années, même de quelques siècles, l'intérieur de la Terre est parfaitement solide, mais, sur une durée de l'ordre de quelques millions d'années, c'est un fluide, comme un glacier. Quand on marche sur un glacier que l'on tape du pied, il paraît bien solide. Mais, quand on l'observe pendant une dizaine d'années, on voit qu'il s'écoule. La même chose se produit, mais à une échelle de temps beaucoup plus longue, au sein de la Terre où des mouvements de convection transmettent lentement la chaleur de l'intérieur vers la surface.

Ce transfert de chaleur est beaucoup plus lent qu'au sein des étoiles, et la croûte de la Terre ou d'une planète ne favorise pas vraiment l'évacuation de la chaleur, ce qui est heureux pour nous puisque la Terre est à une température beaucoup plus élevée que si elle était à l'état gazeux où elle aurait très vite perdu l'essentiel de son énergie. La vie a donc été favorisée par l'évacuation très lente de la chaleur primitive et par la radioactivité qui fournit une source d'énergie encore de nos jours. Nous reviendrons sur la suite de l'histoire au chapitre x.

Ordre et chaos

On aurait pu naïvement penser que les collisions incessantes ont provoqué un immense désordre dans tout le système solaire. C'est en fait le contraire qui est arrivé. Les collisions entre les planétésimaux ont conduit à un système de planètes tournant toutes dans le même plan sur des orbites quasi circulaires. Contrairement à ce qu'on pourrait croire *a priori*, un système initialement chaotique de particules atteint un état ordonné grâce aux collisions mutuelles [1]. Du chaos primitif est né un ordre d'horloger !

Non seulement le système solaire est bien ordonné, mais la place est bien occupée. On pourrait en effet se demander si d'autres planètes ne pourraient pas être rajoutées. De nombreuses expériences ont été tentées pour vérifier si une autre planète ne pourrait pas « se faufiler » dans un espace relativement libre. Elles ont toutes montré que, si une planète supplémentaire était apparue, alors les perturbations des autres planètes l'auraient chassée. Le seul endroit « où il y a de la place », entre Mars et Jupiter, est occupé par de multiples astéroïdes, preuve que le processus d'agglomération des planètes a été inhibé à cet endroit-là. On pourrait aussi se demander si d'autres planètes ne pourraient pas être rajoutées au-delà de Neptune. En fait, la découverte de tous les objets de la ceinture d'Edgeworth-Kuiper montre que des centaines sinon des milliers de corps ont été formés dans cette zone. Bien au-delà, la densité de matière était moindre dans la nébuleuse primitive au point où l'accrétion n'a probablement pas été efficace. Tous les corps, situés bien au-delà de Neptune, ont probablement été formés à moins d'une centaine d'unités astronomiques et projetés par la suite en raison de multiples perturbations à de grandes distances du Soleil.

---

1. Il y a environ vingt-cinq ans, j'ai pu, avec Michel Hénon, vérifier ce résultat pressenti par Poincaré au début du siècle.

CHAPITRE IX

La formation de la Lune et des petits corps

La formation des satellites, des comètes et des astéroïdes

« Bien qu'il ne s'agît encore que d'envoyer un boulet à l'astre des nuits, tous voyaient là le point de départ d'une série d'expériences ; tous espéraient qu'un jour l'Amérique pénétrerait les derniers secrets de ce disque mystérieux, et quelques-uns même semblèrent craindre que sa conquête ne dérangeât sensiblement l'équilibre européen. »

Jules VERNE.

« Et, à voir les apparitions de comètes, on serait tenté de croire que le ciel lui-même a besoin d'acteurs en représentation. »

Victor HUGO.

La formation des planètes a été à la fois un processus très efficace, puisque plus de 99 % de la masse actuellement en orbite autour du Soleil se retrouve rassemblée dans les planètes, mais pas complètement, puisque quatre systèmes d'anneaux, des dizaines de satellites, des millions d'astéroïdes et des milliards de comètes ont été aussi formés en plus des planètes, sans compter les innombrables poussières responsables de la superbe lumière zodiacale. Tout s'est passé comme si les maçons n'avaient pas nettoyé le chantier après avoir construit la maison. La présence de tous ces petits corps nous permet de retrouver quelles briques ont été utilisées pour bâtir les planètes et à quels essais la nature s'est livrée avant de construire le système solaire.

Tous ces petits corps représentent une masse totale relativement faible, mais ils sont particulièrement importants pour comprendre nos origines dans la mesure où ils ont été peu modifiés depuis leur formation. Dépourvus de source interne d'énergie, ils n'ont aucune activité par eux-mêmes. Certains d'entre eux ont conservé, soit dans leur composition, soit dans leur mouvement, des informations en provenance directe des premiers instants du système solaire. Toute théorie de la formation des planètes doit aussi expliquer comment tous ces petits corps ont été formés. Comme pour les planètes, les astronomes ont écrit des scénarios de leur formation. Mais nous sommes loin d'avoir compris comment la Lune ou les comètes sont apparues. Voyons où nous en sommes.

Notre compagne, la Lune

La Lune est le seul corps céleste qui ne nous apparaisse pas comme un point de lumière et sur lequel des détails peuvent être distingués à l'œil nu. Symbole des utopistes, elle a joué un rôle central dans l'histoire des hommes : présente dans toutes les mythologies terrestres, elle a constitué un appel de l'aventure et symbolisé « le désir d'aller au-delà ». Admirée par les poètes et par les amoureux, elle fut la première étape de la conquête spatiale. On peut imaginer quelle aurait été l'histoire des hommes si la Lune n'avait pas existé ou bien si elle n'avait pas été visible d'une Terre couverte de nuages !

L'observation de la Lune à travers un télescope en 1610 a révélé aux hommes que sa surface était couverte de montagnes, de cratères et de reliefs variés. Ces observations ont conforté les scientifiques dans l'idée que les autres planètes et satellites étaient des mondes à part entière. La proximité de la Lune a permis aux hommes de réaliser un premier pas dans l'espace dès la fin du XXe siècle, avant la prochaine étape : Mars.

Une des motivations de l'exploration lunaire était la quête de nos origines. En effet, sur Terre, tous les vestiges antérieurs à 3,8 milliards d'années ont été effacés. Les astronomes espéraient que des traces beaucoup plus anciennes et, pourquoi pas, des restes des premiers instants soient encore présents sur la Lune, qui a cessé d'évoluer. En fait, la découverte de roches vieilles de plus de 4,42 milliards d'années a permis de remonter un peu plus loin dans le passé sans pour autant remonter aussi loin que la Lune elle-même. En rapportant des échantillons de cailloux lunaires et en les analysant en laboratoire, les scientifiques ont pu étalonner différentes méthodes de datation, comme le décompte des cratères pour affiner les mesures d'âges. Ainsi, ils ont pu reconstituer l'histoire de la Lune. Mais la formation de l'astre lui-même reste l'objet de controverses.

On peut considérer que l'arrivée d'un homme sur la Lune représente un tournant dans l'histoire de l'humanité ! C'est la première fois que l'homme sort de son berceau : la Terre ! De la même manière que les voyages de Christophe Colomb, de Magellan et de quelques autres marquaient le début d'une ère nouvelle pour les hommes, le début de l'exploration spatiale correspond probablement à une nouvelle étape de l'histoire humaine.

L'importance de la Lune n'est pas proportionnelle à sa taille : avec un diamètre de 3 476 km, la surface totale de la Lune n'est qu'environ trois fois plus grande que celle de l'Europe. Un aller et retour Paris-Athènes couvre une distance supérieure au diamètre lunaire ! Sa masse est légèrement inférieure à 2 % de celle de la Terre. Elle est pourtant bien supérieure à la masse totale de tous les astéroïdes. Près de une fois et demie plus grosse que Pluton et à peine plus petite que Mercure (70 % de sa taille), la Lune peut être considérée comme une petite planète. Elle est pourtant plus petite que des satellites comme Ganymède, Callisto, Io, Titan ou Triton.

Tous les satellites du système solaire sont minuscules par rapport à leur planète, de vingt-cinq fois à des milliers de fois plus petits. Dans le système solaire, seul le couple

Pluton-Charon, formé de deux corps de taille semblable, peut être comparé à la Terre et à la Lune. Cela signifie peut-être qu'il faut chercher un processus commun de formation de la Lune et de Charon, différent de celui des autres satellites.

Que nous ont appris les missions Apollo ?

Après les grands moments des missions *Apollo* et l'émotion ressentie à la vue des premiers hommes qui foulaient le sol lunaire, les caméras de télévision et les journaux se sont tournés vers d'autres sujets. L'opinion publique ne sait pas si les buts scientifiques ont été atteints ou bien si les résultats de cette première étape de l'exploration lunaire ont été décevants. On observe là un excellent exemple du décalage entre, d'un côté, les titres accrocheurs d'une presse et d'une télévision qui ne s'occupent que du court terme et des événements apparemment spectaculaires et, de l'autre, la démarche scientifique qui demande beaucoup de temps, de patience et de réflexion. C'est ainsi que les résultats les plus importants sont souvent ignorés de la plupart de nos contemporains dans la mesure où ils ne sont connus qu'à la suite d'un travail patient et de manière non spectaculaire. Il est rare qu'une découverte scientifique soit obtenue en criant « Eurêka ! » dans sa baignoire et en courant tout nu dans la rue. Seules les nouvelles scientifiques qui ont un parfum de scandale ou qui sont annoncées à grand fracas parviennent aux oreilles du public.

On peut se demander pourquoi les hommes sont allés sur la Lune, quelles questions ils se posaient à l'époque et quelles réponses ils ont eues. Au milieu des années 1960, on espérait y trouver les toutes premières roches apparues dans le système solaire juste après sa formation : on ne les a pas trouvées ! On voulait savoir si la Lune primitive était froide ou chaude : elle était chaude ! On voulait savoir si les cratères étaient volcaniques ou le résultat d'impacts : l'opinion des scientifiques n'a pas changé, ce sont des cratères d'impact ! Avant 1960, l'intérieur, la face cachée, la composition chimique et l'histoire de la Lune étaient totalement inconnus. Nous en avons maintenant une bonne idée. On voulait savoir comment la Lune s'était formée : on ne le sait toujours pas ! Et pourtant, son exploration a été un formidable succès scientifique dont les bénéfices ont été immenses pour les physiciens et les géophysiciens. Des champs de recherche nouveaux ont été ouverts, des méthodes originales ont été inventées, et des milliers de scientifiques ont travaillé depuis plus de trente ans pour comprendre les observations *in situ* de la Lune. Les quelques questions que se posaient les astronomes il y a trente ans ont été remplacées par des dizaines de questions nouvelles.

Les techniques d'analyse des roches en laboratoire ont été considérablement améliorées depuis trente ans et ont permis d'extraire le maximum d'informations des roches lunaires. Les scientifiques sont cependant conscients qu'elles contiennent de nombreuses informations supplémentaires qui nous sont encore inaccessibles, faute d'avoir trouvé le moyen de les extraire. Ces roches sont un trésor dans lequel les scientifiques des siècles futurs puiseront de nouvelles informations. Ce trésor est conservé aux États-Unis et en Russie. Quiconque a une bonne idée peut en obtenir une pincée, de l'ordre de quelques milligrammes pour l'analyser.

L'histoire de l'orbite lunaire

Nous avons vu qu'en raison des effets de marée entre la Terre et la Lune celle-ci s'éloignait de la Terre de quelques mètres par siècle tandis que la rotation de la Terre sur elle-même était ralentie. La quantité d'énergie dissipée par les marées océaniques dépend fortement de la profondeur des océans, de la forme des continents et de leur répartition sur le globe. Avec la dérive des continents, l'énergie dissipée dans le phénomène de marée a fortement varié dans le passé, et il est bien difficile de reconstituer l'évolution de l'orbite lunaire en fonction du temps. Par exemple, le fait que tous les continents aient été regroupés en un seul il y a deux cent cinquante millions d'années a entraîné une dépense moindre d'énergie à cette époque. Si le taux d'énergie dissipée dans le passé avait été le même qu'actuellement, la Lune, située aujourd'hui à 384 000 km de la Terre, aurait dû être à moins de 60 000 km il y a un milliard et demi d'années. Un tel événement aurait dû laisser des traces géologiques catastrophiques qu'on ne voit pas de nos jours.

Même s'il est bien difficile de reconstituer l'évolution de l'orbite lunaire avec précision, il est clair que, dans le passé, la Terre tournait plus vite sur elle-même, et la Lune était plus proche. Les modèles d'évolution de son orbite nous indiquent que la Lune a été à un moment donné à une distance minimale de la Terre de l'ordre de deux à trois rayons terrestres. Avant cette période d'approche minimale, il semble que la Lune ait eu une excentricité et une inclinaison beaucoup plus grandes qu'aujourd'hui et qu'elle ait été située encore plus loin de la Terre que de nos jours. Cette étape, si elle a effectivement existé, suggère que la Lune a été formée ailleurs dans le système solaire avant d'être capturée dans le champ de gravitation terrestre, mais l'analyse des roches montre que la Lune n'a pas pu être formée trop loin de la Terre. En fait, l'origine de la Lune est toujours inconnue.

L'origine de la Lune

Avant les années 1960 et le début de l'exploration lunaire, l'origine de la Lune était l'objet de débats passionnés entre scientifiques. À l'aube du XXIe siècle, cette question est toujours non résolue. Le fait que la Lune est, par certains côtés, semblable à la Terre et, par d'autres, bien différente, ne leur facilite pas la tâche.

Par sa taille et par sa surface couverte de cratères, la Lune ressemble beaucoup plus à Mercure qu'à la Terre. Elle a une densité plus faible que celle de la Terre, ce qui correspond à l'absence d'un gros noyau métallique en son centre. Sa densité de 3,3 correspond à celle du manteau terrestre. La Terre et la Lune n'ont pas tout à fait la même composition. L'eau et les éléments volatils sont pratiquement absents de la Lune. Il y a cinq fois plus de potassium sur la Lune que sur la Terre, tandis que l'abondance d'uranium est la même sur les deux corps. Il y a plus de calcium, d'aluminium et de titanium sur la Lune que sur la Terre. Il est difficile d'expliquer ces différences si elles se sont formées ensemble. Par contre, les échantillons lunaires rapportés par les sondes spatiales ont révélé que les compositions isotopiques des roches terrestres et lunaires étaient semblables. Beaucoup de minéraux lunaires sont les mêmes que ceux trouvés sur Terre, et, de plus, les proportions relatives des isotopes de l'oxygène et des autres éléments sont aussi les mêmes. La situation est différente pour les météorites, ce qui permet de penser que la nébuleuse primitive n'était pas parfaitement homogène. Le matériau primitif n'était pas complètement mélangé, et la Lune et les météorites n'ont pas été formées au même endroit. La composition isotopique identique de la Terre et de la Lune est compatible avec le fait que ces deux corps se sont formés ensemble. La mesure de la quantité relative des isotopes 16, 17 et 18 de l'oxygène montre que la Lune

Figure 26 La formation de la Lune.

Plusieurs mécanismes ont été imaginés par les astronomes. Dans le scénario de la fission (A), une Terre tournant sur elle-même en moins de 2,6 heures serait devenue instable, s'allongeant de plus en plus pour finalement se scinder en morceaux dont l'un serait devenu la Lune. Dans le scénario de la capture (B), la Lune, s'approchant de la Terre, aurait été freinée en raison des phénomènes de marées, capturée dans le champ gravitationnel de la Terre et placée initialement sur une orbite elliptique. Son mouvement serait devenu circulaire en raison des effets de marée. Dans le scénario de l'accrétion (C), la Lune se serait formée en même temps que la Terre à partir de matériaux divers en orbite autour de la proto-Terre. Dans le scénario de la collision (D), qui a actuellement la faveur de nombreux astronomes, un corps de la taille de Mars (a) aurait violemment heurté la Terre (b), projeté des débris aux alentours (c), et ceux-ci se seraient rassemblés pour former la Lune (d).

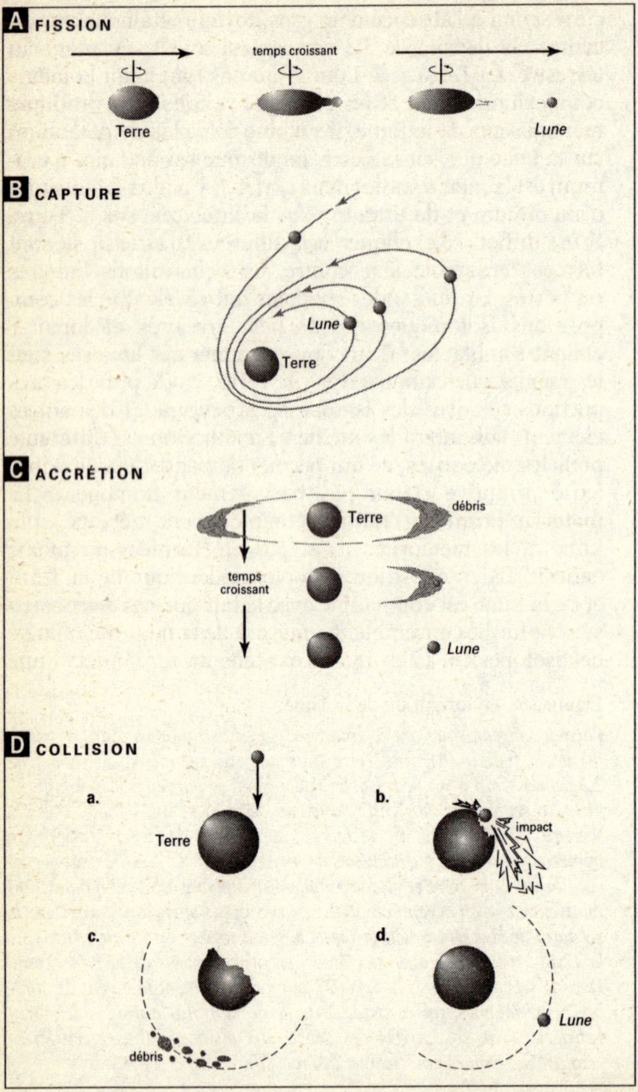
A FISSION
temps croissant
Terre
Lune
B CAPTURE
Lune
Terre
C ACCRÉTION
débris
Terre
temps
croissant
Lune
D COLLISION
a.
Terre
b.
impact
c.
débris
d.
Lune

a été formée, ou bien au même endroit que la Terre, ou bien dans une zone relativement proche. Il est donc exclu que la Lune soit venue de l'autre côté du système solaire.

Depuis plus d'un siècle, trois théories de la formation de la Lune s'affrontent sans qu'aucune ne paraisse totalement convaincante. Bien qu'elles ne permettent pas pour l'instant d'expliquer tous les faits observés, elles illustrent au moins la palette des possibilités. Ces théories sont quelquefois appelées « théorie de la fission », « théorie de la capture » et « théorie des jumelles ». En d'autres termes, la Lune est-elle une fille, une compagne capturée ou une sœur de la Terre ?

Il est tout de même frustrant de constater que la Lune, la compagne la plus proche de nous, est l'un des astres du système solaire dont nous comprenons le moins bien l'origine. Une des raisons de cette ignorance est la connaissance détaillée que nous avons de la Lune depuis quelques années, et en particulier de sa composition chimique et isotopique, ce qui fournit des contraintes sévères à toute théorie de formation de la Lune. Il peut paraître paradoxal d'incriminer le nombre de contraintes ! Ce fait illustre bien la nécessité d'accumuler beaucoup de faits d'observation avant de valider un scénario. Il ne faut jamais se contenter d'une explication qui semble vérifiée par un ou deux faits favorables. Il faut sans relâche tester tous les aspects d'une théorie. Pour progresser, il ne faut évidemment pas rejeter toutes ces observations bien embarrassantes, mais il faut en obtenir d'autres. Elles devraient non seulement nous fournir des contraintes supplémentaires, mais surtout nous mettre éventuellement sur la bonne voie. Tant qu'une masse critique d'informations n'a pas été recueillie, la quête de nos origines est loin d'être terminée. Qui sait si certains faits cruciaux pour notre compréhension ne sont pas soigneusement dissimulés loin de nous ?

La Lune, une fille de la Terre ?

La théorie de la fission suppose que la Lune s'est formée en arrachant un morceau de la Terre. Cette théorie a été proposée pour la première fois en 1880 par le fils du biologiste Charles Darwin : George Darwin. En raison des effets de marée, la Lune s'éloigne de la Terre de quelques mètres par siècle. En remontant le cours du temps, elle était de plus en plus proche de nous, et l'on peut imaginer qu'elle s'est détachée de la Terre. George Darwin avait calculé qu'une Terre tournant trop vite sur elle-même serait instable et se casserait pour former une planète double. Si la cassure s'est produite après le moment où la Terre s'est différenciée, c'est-à-dire où le noyau, le manteau et la croûte de la Terre se sont séparés en couches concentriques de moins en moins denses, alors la Lune serait formée de matériau semblable au manteau terrestre. George Darwin avait même trouvé l'endroit où la cassure s'était produite : dans l'océan Pacifique, là où il y a un large « trou » entre les continents.

Cette théorie *a priori* séduisante se heurte en fait à trop de difficultés : la présence de l'océan Pacifique est parfaitement expliquée par la théorie de la dérive des continents. De plus, une Lune ainsi arrachée à la Terre n'aurait pas une composition chimique aussi différente. Mais il existe un argument majeur contre cette hypothèse : si la Lune avait été arrachée à la Terre par instabilité de rotation, elle tournerait exactement dans le plan de l'équateur terrestre, ce qui n'est pas le cas : son orbite est inclinée de 5° par rapport à notre équateur ! Il aurait fallu dépenser une quantité considérable d'énergie pour faire ainsi sortir la Lune du plan de l'équateur. Quiconque a déjà joué avec une fronde sait très bien que la pierre part dans le plan de rotation de la fronde et non pas dans une autre direction.

De plus, une Lune arrachée à la Terre serait immédiatement brisée en morceaux en raison des effets de marée et formerait plus facilement un anneau qu'un satellite. Enfin, un calcul complet montre que la quantité de rotation, que les scientifiques appellent « le moment cinétique », de la Lune et de la Terre, qui se conserve au cours du temps, est beaucoup trop petite pour que la Terre primitive soit instable. Il faudrait alors supposer qu'un « second morceau » a été arraché lors de la cassure et nous a quittés à jamais. C'est évidemment possible, mais cela revient à introduire un joker dans le jeu.

La Lune, une compagne capturée ?

La théorie de la capture propose que la Lune ait été formée ailleurs dans le système solaire et capturée ultérieurement. Elle permet de comprendre certaines différences de composition avec la Terre, mais elle n'explique pas pourquoi il y a tellement de similitudes dans la composition de la Terre et de la Lune. Elle se heurte elle aussi à des difficultés majeures. La principale est le fait qu'un corps venant de loin et s'approchant de la Terre ne peut pas se mettre spontanément en orbite autour d'elle. Il repart au loin après avoir frôlé la Terre. Il lui faudrait perdre une énorme quantité d'énergie pour être capturé par la Terre. C'est la raison pour laquelle des sondes comme *Magellan*, *Viking* ou *Galileo*, pour ne citer qu'elles, qui ont visité respectivement Vénus, Mars et Jupiter, ont été équipées de rétrofusées sans lesquelles elles n'auraient pas pu être mises en orbite autour de ces planètes. Les lois de la dynamique nous enseignent qu'un couple ne peut pas se former spontanément, sans intervention extérieure !

Pour lever cette difficulté, on pourrait imaginer qu'un satellite aujourd'hui perdu tournait alors autour de la Terre et que l'arrivée de la Lune a provoqué un échange d'énergie entre ces trois corps de telle sorte que le satellite primitif s'est évadé et que la Lune a été capturée, l'énergie totale de ce système de trois corps étant conservée au cours de cette permutation. Quant à chercher comment la Terre a pu acquérir un tel satellite aujourd'hui disparu, nous ne sommes pas près d'y répondre puisque toute information sur ce satellite primitif est aujourd'hui perdue. Le fait d'invoquer un troisième larron illustre le principe qu'il faut toujours un troisième corps pour détruire ou pour consolider un couple. Je ne sais pas si cette loi s'applique bien aux humains, mais elle n'est jamais mise en défaut en astronomie.

On pourrait aussi imaginer que la Lune est arrivée sur une trajectoire presque tangente à celle de la Terre avec une énergie pratiquement nulle. Alors l'effet de marée entre elles, c'est-à-dire leurs déformations mutuelles, aurait fait perdre un peu d'énergie à la Lune au point où elle aurait été capturée.

On voit bien que ces deux dernières hypothèses sont *ad hoc*. De plus, il n'est pas vraiment nécessaire de former la Lune loin de la Terre pour expliquer les différences avec elle. Ces deux corps ne semblent pas avoir eu des origines totalement indépendantes, comme l'indiquent en particulier les fractions identiques des principaux isotopes de l'oxygène sur ces deux corps.

La Lune, une sœur de la Terre ?

On peut aussi imaginer une troisième approche, celle de la naissance de deux jumeaux. L'embryon qui a donné naissance à la Terre n'aurait pas été isolé, mais deux embryons seraient nés en même temps sans jamais fusionner pour former un seul corps. Une variante de cette théorie consiste à imaginer une Lune qui aurait été formée à partir de débris en orbite autour de la Terre primitive sans jamais en avoir fait partie.

Cette théorie ne fournit aucune explication des différences de composition entre la Terre et la Lune.

La Lune, résultat d'une gifle magistrale ?

Compte tenu de tous les arguments qui s'opposent à chacune des trois approches précédentes, les astronomes penchent vers un scénario plus complexe reprenant éventuellement certains des aspects de chacune des trois théories. Mais, ils ont, d'une part, rajouté un mécanisme qui a permis à la Lune, ou au matériau à partir duquel elle a été fabriquée, de se former dans la même région de la nébuleuse primitive que la Terre, et, d'autre part, invoqué des processus qui ont conduit l'essentiel des métaux et des éléments volatils à disparaître avant que la Lune ne se solidifie.

Les observateurs explorent actuellement la voie d'un impact catastrophique entre la proto-Terre et un corps de la taille de Mars, d'une masse de l'ordre d'un dixième de celle de la Terre. Un tel impact aurait pu casser une partie de la Terre, le corps projectile pénétrant jusqu'au noyau terrestre. Du matériau correspondant à plusieurs centièmes de masse terrestre aurait été éjecté à grande vitesse sous forme de vapeur pour former finalement la Lune. Ce matériau aurait été composé essentiellement de morceaux du manteau terrestre et du corps projectile. De nombreuses simulations numériques ont été entreprises pour tester cette théorie et elles montrent que ce scénario est plausible. De plus, plusieurs observations sont compatibles avec cette approche.

Le corps projectile ne pouvait être ni trop gros ni trop petit. Heurtée par un corps plus gros que Mars, la Terre elle-même aurait été brisée. La collision avec un corps plus petit n'aurait pas dégagé assez d'énergie pour arracher la Lune.

Beaucoup de points restent obscurs dans cette théorie. En particulier, le processus qui a permis au matériau éjecté de former la Lune est encore mal compris, mais cette approche a pour mérite d'expliquer une partie de la composition de la Lune. Comme le matériau de la Lune serait issu dans ce scénario du manteau terrestre et du corps projectile, il est naturel d'observer une absence relative de métaux dans la Lune. De plus, les hautes températures atteintes en raison de l'énergie dégagée par l'impact auraient conduit à l'évaporation des éléments volatils les plus légers. En fabriquant ainsi la Lune à partir du manteau terrestre, il est facile de comprendre les similarités et les différences de composition entre notre planète et son satellite.

Le succès de cette théorie de l'impact géant tient autant à ses côtés séduisants qu'aux insuffisances des autres théories. On peut considérer que cette approche est une variante de la théorie de la capture. Il faut maintenant attendre de recueillir des faits et des observations qui confirmeront ou qui infirmeront cette théorie. À nouveau, seule la confrontation avec le monde réel permettra d'en savoir un peu plus.

L'histoire du couple Terre-Lune

Il est maintenant connu que les effets de marée orchestrent l'histoire du couple Terre-Lune. Les jours ne cessent pas de s'allonger sur Terre, la durée des mois ne cesse d'augmenter. Dans quelques milliards d'années, la Terre devrait présenter la même face à la Lune, de la même manière que la Lune présente la même face vers la Terre. La synchronisation sera alors parfaite, et le jour futur sera égal au mois futur. Une journée durera sur Terre cinquante jours ! Quelles longues nuits en perspective, mais quelles dures journées ! Une moitié de la Terre verra toujours la Lune, et l'autre moitié ne la verra jamais. Les poètes habiteront peut-être sur cette première moitié, et les industriels sur l'autre. Cette belle synchronisation ne durera pas car les effets de marée du Soleil sur la Terre devraient faire tendre la durée du jour vers celle de l'année, mais le Soleil sera devenu une étoile supergéante rouge avant cela et la Terre et la Lune seront devenues des fournaises !

Il est moins connu que la présence de la Lune a probablement stabilisé l'inclinaison de l'axe de rotation de la Terre et semble avoir joué un rôle important dans l'apparition de la vie. En effet, plus l'axe de rotation de la Terre est incliné sur le plan de l'écliptique, plus les différences entre les saisons sont extrêmes. En l'absence de la Lune, il semble bien que les perturbations des autres planètes auraient pu faire largement varier l'inclinaison de la Terre au cours du temps, lui faisant successivement prendre presque toutes les valeurs. Si cela avait été le cas, les températures sur Terre auraient oscillé entre des valeurs extrêmes rendant le développement de la vie encore plus difficile.

Si la théorie de l'impact est vraie, nous devons peut-être notre existence à cette collision. Cela devrait plaire à ceux qui aiment les théories catastrophiques et qui regrettent que nous ayons dû renoncer à l'approche catastrophique pour expliquer la formation des planètes. Certains prétendent que la collision d'un gros astéroïde avec la Terre est responsable de l'extinction de nombreuses espèces vivantes, de la disparition des dinosaures et finalement de l'apparition de l'homme qui a eu le temps de prendre une place vide. Si cela est vrai, nous devons notre présence sur Terre à une deuxième collision. Les Gaulois avaient, paraît-il, peur que le ciel ne leur tombe sur la tête. C'est parce qu'il est tombé sur leur tête que les Gaulois ont existé.

L'origine des satellites

Mercure et Vénus n'ont pas de satellites. Mars possède deux satellites de petite taille. Les couples Terre-Lune et Pluton-Charon peuvent être considérés comme des planètes doubles. Les planètes géantes possèdent de nombreux satellites qui gravitent dans le plan de l'équateur de la planète sur des orbites circulaires et quelques satellites situés sur des orbites excentriques. Il semble bien que chaque groupe ait une origine différente.

En ce qui concerne Vénus et Mercure, on ignore si ces planètes possédaient à l'origine un ou plusieurs satellites, mais la proximité du Soleil et les effets de marée ont tendance à chasser tout satellite de ces planètes. Ayant été ralenties par les effets de marée du Soleil, elles tournent lentement sur elles-mêmes, et l'orbite synchrone de ces planètes, l'équivalent de l'orbite géostationnaire pour la

Terre, est située très loin, à plusieurs centaines de milliers de kilomètres de ces planètes. Tout satellite situé en deçà de cette orbite synchrone tombe sur la planète en raison des effets de marée au bout d'un temps d'autant plus court que ce satellite est plus gros. Tout satellite situé au-delà de cette orbite synchrone s'éloigne au contraire de la planète de la même manière que la Lune s'éloigne de la Terre. Mais, à une si grande distance de la planète, les perturbations gravitationnelles du Soleil sont telles que l'objet est capturé par le Soleil et quitte la sphère d'influence de la planète.

Le couple Pluton-Charon a peut-être une origine semblable à celle du couple Terre-Lune. Il faudra attendre les premières missions vers Pluton pour en savoir un peu plus.

Les satellites de Mars sont de tout petits corps de nature bien différente de celle de la planète. Beaucoup d'astronomes pensent qu'il s'agit de deux astéroïdes capturés par Mars. L'étude de l'évolution de leur orbite montre que Phobos, situé en deçà de l'orbite synchrone de Mars, est en train de tomber sur la planète. L'événement devrait avoir lieu dans trente millions d'années. Pour l'instant, Phobos tourne plus vite autour de Mars que la planète sur elle-même. Dans le ciel de Mars, tous les astres se lèvent à l'est et se couchent à l'ouest, comme sur Terre, sauf un corps, Phobos, qui se lève à l'est et se couche à l'ouest, ayant une marche inverse des autres. On peut imaginer quelle mythologie les martiens auraient inventée s'ils avaient existé !

À l'évidence, certains satellites des planètes géantes ont été capturés après la formation du système solaire. Leurs orbites quelquefois rétrogrades ou très inclinées sur le plan de l'équateur et très excentriques font penser à la capture d'un astéroïde autour de Jupiter ; Phœbé autour de Saturne et Triton autour de Neptune en sont d'excellents exemples. Les astronomes ont même mis en évidence un phénomène de capture temporaire. Un corps peut être capturé par Jupiter, par exemple, rester en orbite autour de cette planète pour quelques centaines ou même quelques milliers d'années et repartir ailleurs. Les mariages avec les planètes ne sont pas définitifs, et les unions temporaires sont apparemment tolérées dans le système solaire.

Mais les satellites des planètes géantes font, dans leur majorité, partie d'un système de corps animés de mouvements bien réguliers, circulaires et situés dans le plan de l'équateur. De tels systèmes font penser à un système solaire en réduction. Ils semblent bien avoir été formés pratiquement en même temps que la planète. Les astronomes imaginent que ces planètes étaient entourées, au moment de leur formation, par une nébuleuse semblable à une nébuleuse protosolaire en réduction.

Au tout début de leur histoire, Jupiter, Saturne et les autres planètes géantes étaient très chaudes et se contractaient sur elles-mêmes. Cette contraction a laissé la place à un disque de gaz, de glaces et de poussières, analogue à la nébuleuse solaire. Au fur et à mesure que ces planètes se refroidissaient, un système régulier de satellites et d'anneaux a émergé de la nébuleuse et a été formé par un processus analogue à celui de la formation des planètes et des astéroïdes. Ce scénario très tentant devrait être testé par des modèles qui restent à développer et par les observations que les sondes en route vers les planètes géantes, comme la mission américano-européenne *Cassini-Huygens*, devraient nous communiquer.

L'origine des anneaux des planètes

Nous avons vu que les anneaux de Saturne évoquaient le disque primitif qui a donné naissance aux planètes et que les anneaux planétaires sont d'excellents laboratoires pour étudier le comportement de la nébuleuse protosolaire. Mais comment ces anneaux ont-ils été formés ? Sont-ils jeunes ou vieux ? Nous ne le savons pas pour l'instant, et les discussions vont bon train entre astronomes.

Certains pensent que les anneaux rassemblent le matériau primitif qui n'a pas participé à la formation de la planète et qui était trop proche pour former un satellite. Au voisinage immédiat de la planète, les effets de marée ont empêché la formation d'un satellite, et les collisions mutuelles entre ces morceaux de matériau primitif ont conduit à la formation d'un disque qui subsiste encore de nos jours. D'autres font remarquer que de nombreux processus tendent à détruire ces anneaux et pensent qu'ils n'ont pas pu survivre pendant quatre milliards et demi d'années. Ils estiment donc que ces anneaux sont jeunes. Il ne serait pas impossible que ces anneaux soient constitués d'un mélange de matériau primitif ancien et de matériau capturé plus récemment.

Certains avancent que les anneaux sont constitués de matériau qui n'a pas pu s'agglomérer en un satellite. De la même manière que les comètes et les astéroïdes sont les descendants des planétésimaux non utilisés pour former des planètes, les anneaux seraient constitués de matériau non utilisé pour former des satellites. D'autres pensent au contraire qu'un satellite ou un astéroïde est passé si près de la planète qu'il a été brisé par effet de marée et que le matériau ainsi disponible s'est rassemblé dans un anneau autour de la planète.

Nous ne savons pas si la diversité des anneaux correspond à la diversité de leurs conditions de formation ou bien à des évolutions différentes. Les missions spatiales du XXIe siècle devraient nous en apprendre un peu plus à ce sujet.

L'origine des astéroïdes

L'absence de planète entre Mars et Jupiter trouble les astronomes depuis longtemps. La présence de la ceinture des astéroïdes suggère fortement que « quelque chose » a empêché la formation de cette planète. L'explication la plus simple consiste à imaginer que la planète Jupiter est apparue suffisamment tôt pour freiner la croissance de la planète Mars et pour perturber tellement les orbites des planétésimaux situés au-delà de Mars que leurs collisions relatives ont eu lieu à de grandes vitesses conduisant à les fragmenter plutôt qu'à les agglomérer. Il reste évidemment à expliquer pourquoi la planète Jupiter a été formée si rapidement, ce qui n'est pas chose simple, comme nous l'avons vu plus haut. Ces astéroïdes, qui ont été formés par le même matériau que les planètes terrestres, apparaissent naturellement comme les enfants de l'accrétion.

La ceinture d'Edgeworth-Kuiper

L'observation nous révèle qu'il n'y a aucune planète de la taille de Neptune dans le plan de l'écliptique jusqu'à 240 unités astronomiques, soit trente-six milliards de kilomètres, du Soleil. Les astronomes ont le sentiment qu'aucune planète géante n'a été formée au-delà de Neptune, située, elle, à 30 unités astronomiques, non pas parce qu'il n'y a pas de planétésimaux disponibles, mais parce qu'ils étaient trop dispersés à une telle distance du Soleil. Il y a une cinquantaine d'années, Kenneth Edgeworth et Gerard Kuiper ont prédit, indépendamment l'un de l'autre, qu'il devait exister un réservoir de planétésimaux non utilisés au-delà de Neptune. Les observations télescopiques des années 1990 ont permis d'en découvrir plusieurs dizaines. Pluton, son satellite Charon et Triton, satellite de Neptune, semblent avoir été formés dans cette ceinture d'Edgeworth-Kuiper. En extrapolant à partir des objets déjà trouvés, on peut estimer qu'il y a plus de deux cents millions de tels objets, restes de la nébuleuse primitive, aux confins de la zone des planètes.

Il n'est pas impossible non plus que des objets de la taille de la Lune ou même plus gros aient un jour existé dans la zone des astéroïdes et aient été chassés par les perturbations gravitationnelles de Jupiter. Les résonances, dont nous avons parlé au chapitre V, sont particulièrement efficaces. Cela se produit entre Jupiter et un astéroïde, par exemple, quand le rapport des périodes de révolution de ces deux astres autour du Soleil est une fraction rationnelle simple comme 2/3, 2/5 ou 1/3. Dans ce cas, les petites perturbations de Jupiter, appliquées systématiquement au même endroit de l'orbite de l'astéroïde à intervalles réguliers, quand Jupiter est au plus près de l'astéroïde, peuvent profondément modifier la trajectoire de l'astéroïde au point où il entre en collision avec un autre astéroïde pour être chassé vers le système solaire interne, et finir par heurter une planète ou au contraire partir au-delà de l'orbite de Jupiter.

L'origine des comètes

Les astronomes s'accordent à penser que les comètes sont des morceaux intacts de la nébuleuse primitive qui gravitent pour la plupart aux confins du système solaire. Des milliards de comètes sont rassemblées au sein d'un gigantesque réservoir centré sur le Soleil et qui s'étend des milliers de fois plus loin que l'orbite de Neptune. Ce nuage de comètes, appelé « nuage d'Oort », du nom de l'astronome hollandais qui a mis en évidence son existence en 1950, est surnommé « la Sibérie du système solaire » par les astronomes. Elle est peuplée d'exilés de l'Empire du Milieu séparés les uns des autres par plusieurs dizaines de millions de kilomètres. La température ne dépasse guère 4 K, soit – 269 °C, et le Soleil a à peu près la luminosité de Vénus dans notre ciel nocturne.

Certaines comètes de ce nuage d'Oort s'éloignent jusqu'à des distances de l'ordre du tiers de celles des étoiles les plus proches. À de telles distances du Soleil, les perturbations des étoiles et des nuages interstellaires les plus proches du Soleil sont loin d'être négligeables. Ces perturbations ont pour effet de chasser les comètes situées à la périphérie du nuage d'Oort soit dans l'espace interstellaire, soit vers le système solaire interne. Les premières quittent à jamais le système solaire. Les secondes s'approchent du Soleil.

Tel Icare brûlant ses ailes près du Soleil, les comètes qui s'approchent trop près de l'astre du jour courent à leur mort. Elles peuvent disparaître tout aussi soudainement qu'elles sont apparues [1]. Ce voyage vers le Soleil est un peu le chant du cygne d'une comète puisque son noyau ne survit pas à de trop nombreux passages près du Soleil. Une fois à l'intérieur de la zone des planètes, les comètes peuvent subir de nombreux accidents.

À cause des perturbations gravitationnelles des planètes, certaines comètes peuvent s'évader du système solaire. D'autres peuvent entrer en collision avec une planète et s'écraser à sa surface ou même encore « tomber dans » le Soleil, comme la comète Howard-Koomen-Michel le 31 août 1979. D'autres encore, à force de perdre du gaz et des poussières, voient leur noyau se désagréger, c'est ainsi que la comète West s'est cassée en quatre morceaux en mars 1976. Certaines finissent probablement leur vie sous forme de corps inertes après avoir perdu leurs éléments volatils. On ne sait pas très bien si les comètes finissent par se désintégrer après avoir perdu leurs glaces et leurs poussières ou bien si elles finissent leur vie sous forme de « rochers » inactifs plus ou moins semblables à un astéroïde.

Il y a continuité entre les comètes et les astéroïdes, et il existe des corps intermédiaires entre ces deux catégories. Certains astéroïdes sont probablement des comètes qui ont perdu presque tout leur gaz.

Les astronomes n'ont jamais observé directement le nuage d'Oort, de la même manière que les physiciens n'ont jamais « vu » un noyau d'atome ou un électron. C'est indirectement que l'existence du nuage d'Oort a été mise en évidence. L'étude des perturbations des étoiles proches, des nuages interstellaires voisins et des planètes permet de reconstituer la structure du nuage d'Oort et d'estimer le nombre total de comètes. Il semble qu'il y ait un cœur

1. La comète Biela n'a jamais été revue après s'être cassée en deux en 1845 et être réapparue sous forme de deux comètes en 1852. La comète Westphal vue en 1852 et en 1913 (elle était déjà moins lumineuse) n'a pas été retrouvée en 1975-1976 malgré de nombreuses recherches. La comète Perrine-Mkros, observée cinq fois de 1896 à 1968, n'a pas été retrouvée en 1975.

dense de comètes qui alimente lentement les parties périphériques du nuage.

En calculant, à l'aide de modèles, le pourcentage de comètes envoyées près du Soleil, là où les astronomes peuvent les observer, et en notant que six cent cinquante comètes différentes ont été observées en deux millénaires, les scientifiques trouvent aisément le nombre total des comètes. Ce nombre est actuellement estimé à plus de mille milliards. Moins d'un cinquième de ces comètes sont situées dans les parties externes du nuage d'Oort et sont susceptibles d'être notablement perturbées par les étoiles et les nuages interstellaires les plus proches.

Le jeu des perturbations des planètes sur les comètes proches du Soleil et des étoiles voisines sur celles qui sont aux confins du système solaire permet de comprendre que les planètes et les étoiles proches jouent au ping-pong avec les comètes. Mais, au milieu de ce jeu de ping-pong, il n'est pas aisé de retrouver les conditions initiales. Les astronomes discutent toujours des conditions de formation des comètes, et plusieurs modèles s'opposent encore de nos jours. Le lieu exact d'origine des comètes est l'objet de nombreux débats.

Quels sont les processus qui ont conduit à la formation d'une multitude de corps glacés aux confins du système solaire ? Durant près de deux siècles, la question de savoir si les comètes avaient été formées à l'intérieur du système solaire ou bien si elles venaient du milieu interstellaire a été longtemps débattue. Dès 1813, Laplace proposait que le Soleil avait capturé les comètes de faible vitesse relative en traversant un nuage interstellaire, tandis qu'à la même époque, en 1814, Lagrange imaginait que les comètes provenaient d'éruptions des planètes géantes. Ces idées, reprises plus tard sous différentes formes, se heurtent à beaucoup trop d'objections pour pouvoir être acceptées. La capture de matière interstellaire par le Soleil est un processus tellement inefficace que les comètes n'ont pas pu naître dans le milieu interstellaire, tandis que la composition chimique des comètes est en contradiction complète avec l'idée de Lagrange.

Les comètes n'ont pas pu se former là où elles sont aujourd'hui car, si loin du Soleil, la matière est beaucoup trop diluée pour se condenser. Il paraît difficile de former des comètes à 50 000 unités astronomiques du Soleil à un endroit où la densité de matière est extrêmement faible. Si, au contraire, les comètes avaient été formées au voisinage de Jupiter, un certain nombre de glaces n'auraient pas pu survivre. Encore plus près du Soleil, même la glace d'eau aurait été éliminée. C'est pourquoi plusieurs astronomes pensent que les comètes se sont formées au-delà de l'orbite de Saturne, quelque part du côté de Neptune ou d'Uranus ; les perturbations planétaires auraient alors graduellement conduit à la formation du nuage d'Oort duquel s'échapperait de temps en temps une comète pour s'approcher du Soleil et devenir visible de la Terre. Il est bien difficile de savoir si le nuage d'Oort s'est formé ainsi ou bien dès le début directement à partir de fragments de la nébuleuse, les comètes visibles de la Terre n'étant pas nécessairement caractéristiques de l'ensemble du nuage. De plus, plusieurs simulations numériques montrent que des conditions initiales très différentes conduisent toutes à la même distribution uniforme des comètes observées.

Les astronomes pensent que les comètes ont été formées dans la zone des planètes géantes, dans les régions où se trouvent actuellement Jupiter, Saturne, Uranus et Neptune. La température variant avec la distance au Soleil, la température de formation a varié d'une comète à l'autre, ce qui permet d'expliquer la diversité des compositions observée parmi les comètes. Une fois formées, les comètes, qui ont une masse très faible par rapport aux planètes géantes, sont considérablement perturbées par le champ gravitationnel de ces planètes. En tournant autour du Soleil, les planètes géantes agissent comme de véritables catapultes et projettent les comètes vers l'extérieur du système solaire. Une grande partie des comètes éjectées par Jupiter et par Saturne quittent le système solaire. Les comètes envoyées aux confins du nuage d'Oort sont perturbées par les étoiles proches et peuvent s'évader ou, au contraire, revenir dans la zone des planètes.

Les comètes sont si éloignées les unes des autres qu'elles ne subissent pas de collisions mutuelles, contrairement aux astéroïdes, c'est la raison pour laquelle le nuage d'Oort est une sphère parfaite et n'est nullement aplati, les perturbations par les étoiles ayant lieu dans toutes les directions. Les astronomes estiment que plus de la moitié des comètes formées il y a quatre milliards et demi d'années dans la nébuleuse primitive se sont évadées du système solaire et peuplent maintenant l'espace interstellaire.

Si les autres étoiles sont, elles aussi, entourées de nuages d'Oort et de planètes géantes, le milieu interstellaire doit être peuplé de milliards de milliards de comètes évadées, et les points d'eau ne manquent pas dans la Galaxie ! Aucune comète interstellaire de ce type n'a encore été détectée, mais ce n'est guère étonnant car le système solaire est si petit dans l'immensité de l'espace interstellaire que la probabilité de voir un tel objet est faible. Les nuages d'Oort de deux étoiles voisines peuvent s'interpénétrer, mais sans conséquence pour les comètes dont la distance moyenne est de l'ordre de la distance Terre-Soleil.

Troisième partie

LA SUITE DE L'HISTOIRE

— ... et après tout le mal qu'on s'est donné, que je n'entende jamais dire : « L'Univers est dû à des causes surnaturelles. »

Dessin de Jean Effel. (© ADAGP, Paris, 1999.)

« L'avenir, c'est du passé en préparation. »

Pierre DAC.

« Variété, c'est ma devise. »

VOLTAIRE.

Pour la première fois depuis qu'il s'interroge sur l'histoire des astres, l'homme est capable de reconstituer les principales étapes de la naissance du Soleil et des planètes. Mais sa quête de nos origines ne s'arrête pas là. Les planètes du système solaire n'ont pas été mises en place une fois pour toutes et pour toujours. Elles ont constamment évolué et elles disparaîtront un jour. La Terre primitive et le Soleil primitif étaient totalement inhospitaliers et ressemblaient fort peu aux astres sympathiques que nous connaissons aujourd'hui.

Nous brosserons rapidement au chapitre X les principaux mécanismes d'évolution des planètes et nous verrons comment la Terre s'est lentement modifiée de l'enfer brûlant des débuts à la douceur que nous connaissons aujourd'hui.

La question se pose immédiatement de savoir si l'aventure qui a eu lieu autour du Soleil depuis quatre milliards et demi d'années s'est produite ailleurs et si nous pouvons le savoir. La réponse est probablement oui, mais il ne faut pas tomber dans les exagérations, nous ne sommes pas encore à la veille d'aller prendre le thé avec des voisins d'autres mondes. S'ils existent, ils sont si loin que même une conversation téléphonique prendrait des siècles sinon des millénaires. Heureusement pour nous, car l'histoire des hommes nous apprend que la civilisation la plus avancée techniquement a *toujours* détruit celle qui l'était moins ! Nous en reparlerons au chapitre XI.

On ne peut pas terminer ce texte sur notre passé sans parler du futur. Nous le faisons au chapitre XII. Ceux qui croyaient à l'éternité en sont pour leurs frais. Comme les hommes, tous les astres mourront un jour ! La seule inconnue est de savoir au bout de combien de temps. Les chiffres que nous fournissent les différents scénarios sont difficiles à imaginer, même pour un astronome. Ils devraient nous rassurer car ils garantissent à l'Univers beaucoup de temps pour continuer son évolution, et aux scientifiques beaucoup de siècles pour traquer les secrets de la nature et pour modifier les scénarios. Les astronomes ne sont pas menacés par le chômage. Leur merveilleuse aventure est loin d'être terminée, c'est ce qui fait la beauté de la science : le champ des possibles est si vaste, la nature a tellement d'imagination et l'Univers est si varié que les hommes savent au moins qu'ils ne sont pas près de s'ennuyer !

CHAPITRE X

L'évolution de la Terre et l'apparition de la vie

Notre vie est semblable à la mer vagabonde,
Où le flot suit le flot, et l'onde pousse l'onde.

Jean-Baptiste CHASSIGNET.

Si nous pouvions voyager dans le temps et retourner à l'époque où les collisions de corps de toutes tailles venaient juste de conduire à la formation de la proto-Terre, il y a quelque quatre milliards et demi d'années, nous ne reconnaîtrions pas le monde qui nous est familier. Comment est-on passé de ce monde primitif à la Terre actuelle ? Tenter de répondre à cette question nous fait comprendre que les planètes, comme tous les objets de l'Univers, évoluent.

On peut aussi se demander pourquoi les planètes Vénus et Mars, qu'on imagine initialement semblables à la proto-Terre, sont finalement si différentes. En effet, aucun homme ne pourrait aujourd'hui marcher sur le sol de Vénus. Avec une température de l'ordre de 400 °C et une pression proche d'une centaine d'atmosphères, il lui faudrait un bathyscaphe réfrigéré pour ne pas être immédiatement brûlé et écrasé. La situation est à peine plus réjouissante sur Mars. La température descend fréquemment en dessous de – 100 °C, il est donc hors de question de se promener en maillot de bain. La pression, d'environ un centième d'atmosphère, est si faible que notre sang se mettrait à bouillir et que, si nous n'explosions pas, nous risquerions de perdre une partie de nos substances corporelles.

Dans cette quête de nos origines, il est naturel de se demander comment la vie est apparue sur Terre alors que les conditions initiales ne semblaient guère s'y prêter et pourquoi Vénus, Mars ou Mercure ont évolué si différemment que la vie n'a pas pu se développer sur ces mondes hostiles.

Nous avons maintenant compris que le dégagement de chaleur à partir du centre de la Terre a conduit à la formation des continents et que le dégazage de notre planète, au cours de son refroidissement, a permis qu'une atmosphère apparaisse tandis que les océans remplissaient les régions moins élevées. Nous allons revenir sur chacune de ces étapes, mais, auparavant, attardons-nous quelques instants sur les mécanismes responsables de l'évolution d'une planète comme la nôtre.

Une des grandes avancées scientifiques du XXe siècle a été de comprendre les mécanismes élémentaires qui font marcher la machine Terre. L'hypothèse de la tectonique des plaques, confirmée dans les années 1960 au moment même où l'on commençait à percer les nuages et les secrets de Vénus, a profondément renouvelé la géologie. Elle a eu une influence déterminante sur notre compréhension de l'évolution de la vie, de la formation des montagnes, des continents et des océans, et même de la répartition des nappes de pétrole ou des minéraux. La tectonique des plaques terrestres est la manifestation superficielle des mouvements de convection qui, à l'intérieur de la Terre, permettent d'évacuer la chaleur interne. Ces lents mouvements de la matière ont des vitesses de l'ordre de quelques centimètres par an.

La chaleur produite par la désintégration radioactive du potassium 40, de l'uranium 238 et du thorium 232 contenus dans la croûte et dans le manteau provoque des courants ascendants qui apportent la matière chaude, plus légère, vers la surface, tandis que des courants descendants rapportent la matière froide, plus dense, vers l'intérieur. L'enveloppe rigide externe de la Terre, appelée

« lithosphère », est divisée en un nombre relativement restreint de plaques, appelées « plaques lithosphériques », épaisses d'une centaine de kilomètres, qui sont en mouvement les unes par rapport aux autres et évoluent dans un milieu plus chaud et plus visqueux, appelé « asthénosphère ». La nouvelle lithosphère se forme de façon quasi continue par montée de magma basaltique depuis le manteau au niveau d'immenses chaînes de montagnes sous-marines, les rides médio-océaniques ou dorsales. Elle s'éloigne de part et d'autre de ces rides, poussée par le nouveau matériau, et plonge dans le manteau, disparaissant dans des zones où prennent naissance des courants descendants vers l'intérieur de la Terre. Ces zones, appelées « zones de subduction », sont situées autour des grandes fosses océaniques, principalement sur le pourtour de l'océan Pacifique.

La machine Terre

La Terre dans son ensemble peut être considérée comme une immense machine thermique chaude en son centre et plus froide à l'extérieur. L'évacuation de la chaleur à partir du noyau et à travers le manteau et la croûte terrestre est la source de multiples processus géologiques (des volcans à la dérive des continents) qui expliquent l'activité et l'évolution de la Terre.

Quand la température interne croît suffisamment, les roches fondent, et la partie centrale devient liquide. Dans ces conditions, les matériaux les plus denses s'enfoncent vers le centre, et les éléments les plus légers montent à la surface. Ce processus de *différenciation* est semblable à ce qui se passe dans un verre où l'on aurait mélangé de l'huile et du vinaigre : le plus lourd tombe au fond, et le plus léger monte à la surface.

On peut distinguer trois zones au sein d'une planète différenciée : le noyau, composé des éléments les plus denses comme le fer et le nickel, le manteau — composé de roches relativement plastiques — dans lequel la chaleur interne est transférée vers l'extérieur, et la croûte, plus légère, solide à la surface.

La Terre et Vénus, qui ont à peu près la même masse et la même taille, dégagent un flux de chaleur considérable du centre vers la surface et ont toutes les deux une activité géologique importante dont témoignent les volcans actifs. Le bombardement météoritique, qui est évidemment de même intensité que sur Mercure ou sur la Lune, est rapidement effacé par l'activité géologique et l'érosion à la surface de ces deux planètes.

Mars est un corps de taille intermédiaire, deux fois plus petit que la Terre. Elle a donc une activité intermédiaire. On y observe des volcans maintenant éteints, des traces d'activité géologique il y a quelques centaines de millions d'années et des zones couvertes de cratères d'impact.

La chaleur du noyau terrestre est évacuée à travers le manteau grâce à des mouvements de convection comparables au mouvement de l'air au-dessus d'un radiateur ou de l'eau au-dessus d'une plaque chauffante. La viscosité du manteau est telle qu'il faut plusieurs millions d'années à un globule de matière pour monter du noyau vers la croûte. Ces mouvements de convection ont favorisé la différenciation en permettant aux éléments les plus légers de monter à la surface. Tous les phénomènes observés à la surface de la Terre, tels que la dérive des continents, le volcanisme, les failles et fractures, les tremblements de terre, la tectonique de surface, la montée des chaînes de montagnes... sont les conséquences de l'évacuation du flux de chaleur interne et des mouvements de convection dans le manteau.

D'autres processus permettent de dire que la Terre est un corps très actif : beaucoup sont cycliques, certains semblent irréversibles. Le cycle de l'eau où les fleuves remplissent les océans, où l'eau des océans s'évapore, où des nuages se forment, où des pluies retombent sur les continents et où des sources alimentent des rivières... est le plus connu. Les laves volcaniques expulsées à la surface sont réutilisées, enterrées à nouveau et recyclées dans une nouvelle éruption. La terre érodée et déposée dans des sédiments est réutilisée pour fabriquer un nouveau morceau de croûte continentale. De vastes dépôts de roches carbonées sont formés par les animaux marins qui capturent du gaz carbonique, et, par la suite, du gaz carbonique s'évapore de ces roches dans l'atmosphère. La Terre ressemble à une machine géante dans laquelle plusieurs cycles se déroulent avec des périodes différentes !

Certains processus sont par contre irréversibles : l'évolution de la vie et le changement de composition de l'atmosphère qui l'a accompagnée en sont un bon exemple. Il y a des processus géologiques qui correspondent à une évolution systématique, comme la formation des continents : quasiment tout le matériau disponible a été rassemblé pour former les plaques continentales. L'activité de la Terre elle-même doit décroître : l'intérieur se refroidit très lentement, et la chaleur due à la radioactivité diminue elle aussi très lentement. Le fait de considérer la Terre comme une planète et de la comparer aux autres permet de distinguer l'évolution à long terme des processus cycliques à plus court terme et de mieux connaître notre avenir.

Les moteurs de l'évolution

Ce qui conditionne l'activité et la durée de vie d'une planète est sa masse. Quand un corps est suffisamment massif pour que règnent des pressions et des températures assez élevées en son centre, l'évacuation de la chaleur vers la surface est responsable de nombreux phénomènes géologiques : fractures, failles, volcans, tectonique, etc.

Aujourd'hui, les traces de l'activité terrestre sont nombreuses : une météorologie complexe, des transports importants d'énergie par la circulation des courants océaniques, des glaciers avançant et se retirant plus ou moins rapidement, des continents en mouvement permanent qui s'ouvrent pour donner naissance à des océans, pour plisser la croûte et pour déclencher des éruptions volcaniques. L'exploration spatiale a révélé que Vénus, Mars, Io, Ganymède, Miranda ou Triton, pour ne citer qu'eux, sont aussi travaillés par une activité géologique récente ou passée.

On peut se demander comment la Terre a évolué à partir d'un conglomérat de planétésimaux pour former la planète que nous connaissons avec des continents, des océans et une atmosphère. Le principal responsable de cette évolution est la différenciation.

Nous avons vu au chapitre VIII qu'au moins quatre processus sont susceptibles de chauffer une planète : le bombardement primitif, la contraction gravitationnelle, la radioactivité et les effets de marée. Les trois premiers ont joué un rôle important au début de l'histoire de la Terre. Tout d'abord, le bombardement a apporté une grande quantité d'énergie. En effet, la proto-Terre et les planétésimaux qui croisaient son orbite avaient des vitesses relatives de l'ordre de quelques centaines de mètres à quelques kilomètres par seconde. Chaque planétésimal qui a heurté la proto-Terre a converti l'essentiel de son énergie mécanique de mouvement en chaleur. Un projectile heurtant la Terre à une vitesse de 11 km par seconde, par exemple, libère la même quantité d'énergie que son poids de TNT qui exploserait.

Puis, au fur et à mesure que la planète grossissait, elle s'est contractée sous son propre poids. Cette compression s'est elle aussi accompagnée d'une augmentation de la température, un peu comme une pompe de bicyclette qui chauffe quand on gonfle les pneus. La chaleur est produite plus vite que le milieu n'est capable de se refroidir. On estime que le jeu combiné de l'accrétion et de la contraction gravitationnelle primitive a porté à lui seul la température interne de la Terre à une valeur de l'ordre du millier de degrés. Mais il existe d'autres sources d'énergie comme la radioactivité naturelle des éléments qui constituent une planète.

Plusieurs éléments, comme l'uranium, sont radioactifs. Les particules émises par leur désintégration sont absorbées par le matériau environnant, et leur énergie de mouvement est transformée en chaleur. Même si ces éléments sont en petite quantité par rapport aux éléments stables, la radioactivité est une source de chaleur sur plusieurs milliards d'années. On estime que, grâce à l'apport de la radioactivité, l'intérieur de la proto-Terre a été chauffé jusqu'à des températures de l'ordre de 2 000°, températures à partir desquelles le fer, qui constitue environ un tiers du matériau terrestre, fond. Comme il est plus dense que la majorité des autres éléments, il tombe vers le centre. Et dans ce processus catastrophique, d'autres parties de la Terre ont été, au moins partiellement, fondues. Un océan de roches fondues, en d'autres termes un océan de magma de plus de 100 km d'épaisseur, a peut-être même existé. Les autres matériaux fondus, plus légers que leur environnement, sont montés à la surface pour former une croûte flottant sur le manteau.

Les effets de marée qui s'exercent entre deux corps proches l'un de l'autre dégagent eux aussi de la chaleur. La déformation qui en résulte s'accompagne d'un échauffement dû au frottement dans les corps déformés. Alors que l'accrétion des planétésimaux, la contraction gravitationnelle et la radioactivité ont joué un rôle important lors de la formation des planètes et des satellites, les marées sont responsables du volcanisme intense sur Io.

Quel que soit le processus responsable, la chaleur disponible est proportionnelle au volume de la planète, c'est-à-dire au cube du rayon, tandis que la perte de chaleur à travers la couche superficielle est proportionnelle à la surface, c'est-à-dire au carré du rayon. La production de chaleur est donc plus rapide que la perte et cela d'autant plus que la planète est plus grosse. Une planète sera donc d'autant plus chaude en son centre qu'elle est plus grosse.

L'exploration lunaire nous a appris que la Lune primitive était très active et très chaude à une époque dont les vestiges géologiques ont été effacés sur Terre. *A fortiori*, la Terre primitive, beaucoup plus grosse, était donc encore plus chaude et a subi un processus de différenciation, de même que toutes les planètes telluriques, Mercure, Vénus, Mars et la Lune. Par contre, des corps plus petits, comme Phobos autour de Mars ou Hypérion autour de Saturne, sont beaucoup plus homogènes. Cependant, certains astéroïdes, comme Vesta, semblent avoir été différenciés. Dans ce cas, la source d'énergie responsable n'est pas encore connue : on soupçonne la désintégration radioactive de l'isotope 26 de l'élément aluminium au début de l'histoire du système solaire, mais il faudra probablement attendre l'envoi d'une sonde spatiale pour en savoir plus.

Il faut bien comprendre que les planètes, dont la Terre, peuvent être considérées dans leur ensemble comme d'immenses machines thermiques. Chaudes en leur centre et froides à la surface, elles évacuent la chaleur vers l'extérieur. C'est ce flux de chaleur qui est responsable du volcanisme, des tremblements de terre, des fractures et plus généralement de la tectonique sur Terre. Un corps céleste possédant une croûte à sa surface sera d'autant plus actif du point de vue géologique qu'il sera plus gros. Au contraire, un corps dont l'intérieur est froid ne peut pas développer d'activité géologique. Sa surface n'est pas remodelée comme celle de la Terre, elle se contente d'enregistrer le bombardement météoritique.

La fusion de la Terre solide et la différenciation

La Terre primitive était un corps homogène sans continents ni océans. Le bombardement primitif, la contraction gravitationnelle initiale et la radioactivité naturelle en ont fait un corps très chaud, et, quelques dizaines de millions d'années après sa formation, elle avait en grande partie fondu. Au sein de ce corps chaud, majoritairement liquide, la différenciation a commencé. La chute des éléments les plus lourds au centre de la Terre a apporté un surplus d'énergie, contribuant au chauffage de la Terre primitive.

La différenciation, qui a probablement été l'événement le plus important de l'histoire de la Terre, a conduit à une distribution très hétérogène des éléments. La croûte terrestre, composée essentiellement de silicates, a une densité de l'ordre de 2,7, alors que la densité de la Terre dans son ensemble est de 5,5. 90 % de la masse de la Terre est composée de fer, d'oxygène, de silicium et de magnésium, et 99 % de la masse terrestre est faite à partir de seulement huit éléments, mais l'abondance relative de ces éléments est bien différente dans le noyau et dans la croûte. Le fer, qui constitue 35 % de la masse terrestre, n'est que le quatrième élément, par ordre d'importance, dans la croûte.

Les témoignages du flux de chaleur interne de la Terre abondent avec, par exemple, les volcans, les geysers, les sources chaudes, l'élévation de la température au fond des mines. Si la Terre n'avait aucune activité interne, sa surface serait criblée de cratères, comme celle de la Lune ou de Callisto, et aucun phénomène géologique ne serait visible. L'observation des tremblements de terre et du champ magnétique terrestre a permis de mettre en évidence le fait que l'intérieur de la Terre est composé d'une succession de couches dont la densité, la température et la pression croissent avec la profondeur. Le dégagement de chaleur qui en résulte en provenance de l'intérieur est responsable de son activité géologique.

La dérive des continents et le mouvement des fonds marins

Les continents que nous connaissons aujourd'hui n'existaient pas au début de l'histoire de la Terre. Le processus de différenciation les a fait remonter à la surface, où ils forment une couche superficielle qui surmonte le manteau terrestre. Quand la lithosphère et la croûte se sont refroidies, la couche superficielle de la Terre n'était pas parfaitement homogène. Comme toute cette couche flotte sur le manteau externe partiellement fondu, les parties les plus denses se sont évidemment retrouvées à des profondeurs plus grandes que les parties les plus légères. Quand il s'est mis à pleuvoir, l'eau a rempli les dépressions et formé des océans. On distingue ainsi la croûte océanique plus dense et plus profonde surmontée par les océans, et la croûte continentale plus légère qui forme les continents émergés que nous connaissons aujourd'hui.

Dès le XVIIe siècle, les scientifiques avaient remarqué que l'Amérique du Sud et l'Afrique pouvaient se raccorder telles les pièces d'un puzzle. Au début du XXe siècle, en analysant les enregistrements géologiques et les fossiles, Alfred Wegener avait rassemblé un certain nombre de faits troublants et a émis l'idée que les continents résultaient de la rupture d'un supercontinent qui s'était cassé en morceaux il y a deux cents millions d'années. Malheureusement, personne à cette époque n'imaginait quels mécanismes pouvaient provoquer un tel phénomène.

Les géophysiciens de la seconde moitié du XXe siècle considèrent que la tectonique des plaques commande l'activité géologique de la Terre. L'idée de base est simple : la surface de la Terre, à savoir la croûte plus la lithosphère, est divisée en une douzaine de plaques plus ou moins rigides qui flottent et se déplacent, tels d'immenses radeaux, sur le manteau externe partiellement fondu. Le phénomène physique qui commande ce mouvement des plaques est tout simplement la convection thermique due au flux de chaleur en provenance de l'intérieur de la Terre.

Les géophysiciens ont alors compris que les mouvements horizontaux étaient aussi importants que les mouvements verticaux (formation des montagnes et érosion) décrits par les géologues. Un élément important de la tectonique des plaques est la compréhension de ce qui se passe à la frontière entre deux plaques où les mouvements verticaux jouent un rôle essentiel.

Quand deux plaques entrent en collision perpendiculairement l'une à l'autre, la croûte océanique plus dense est enfouie, formant de profonds fossés océaniques, tandis que la croûte continentale plus légère est surélevée, poussée vers le haut, et de hautes chaînes de montagnes sont formées. La collision entre la plaque de Nazca et la plaque d'Amérique du Sud est ainsi responsable de la formation de la cordillère des Andes. L'arc d'îles volcaniques qui forme le Japon est le résultat de la collision entre la plaque Pacifique et la plaque eurasienne. La collision de la plaque eurasienne et de la plaque indo-australienne a formé les montagnes de l'Himalaya. À la frontière entre deux plaques en collision, on observe la formation de chaînes de montagnes, de zones sédimentaires très plissées, de tremblements de terre, de profonds fossés océaniques et de volcans actifs.

Les plaques peuvent aussi glisser l'une contre l'autre. Ce glissement est souvent discontinu et a lieu par l'intermédiaire d'une série de secousses provoquant des tremblements de terre.

Quand deux plaques se séparent l'une de l'autre, le vide créé par leur récession relative est rempli par la montée de roches fondues, c'est-à-dire des laves, provenant du manteau supérieur. Au fur et à mesure que ces roches en fusion se refroidissent, elles se solidifient et deviennent partie intégrante du sol océanique.

Le fait qu'un fond océanique nouveau soit créé à l'endroit où deux plaques divergent et que des fonds océaniques plus anciens disparaissent là où deux plaques convergent signifie que les bassins océaniques ne sont pas permanents. Par exemple, le continent nord-américain et l'Afrique se sont séparés il y a six cents millions d'années créant l'océan Atlantique, et des sédiments se sont déposés au bord de chaque continent. L'océan Atlantique a commencé à se refermer il y a environ cinq cents millions d'années, les zones sédimentaires ont été fortement plissées, et la collision entre l'Afrique et l'Amérique du Nord a formé une chaîne de montagnes probablement aussi haute que l'Himalaya aujourd'hui. L'océan Atlantique s'est à nouveau ouvert il y a deux cents millions d'années.

L'analyse des fonds océaniques révèle que leur âge est d'autant plus grand que leur distance à la zone de séparation de deux plaques, appelée le « rift », est plus grande. On a pu ainsi mesurer que les fonds océaniques se déplaçaient à une vitesse de l'ordre de quelques centimètres par an, c'est-à-dire à peu près la vitesse de croissance des ongles de vos doigts. Ceux qui rongent leurs ongles peuvent s'en féliciter en pensant que, s'ils les laissaient pousser pendant quelques centaines de millions d'années, ils traverseraient l'Atlantique !

Étant donné que les continents sont plus légers que les fonds océaniques et qu'ils flottent plus facilement, ils ne sont pas engloutis par le manteau supérieur toutes les quelques centaines de millions d'années, ils peuvent avoir un âge beaucoup plus élevé que celui des fonds marins. Mais de nombreux phénomènes géologiques modifient sans cesse le paysage terrestre : des volcans surgissent là où la croûte terrestre est faible, formant ainsi des montagnes, tandis que le mouvement des glaciers et l'érosion par les eaux et les vents transforment de vastes chaînes de hautes montagnes en douces collines. On trouve sur Terre des roches vieilles de 3,8 milliards d'années. Cela ne signifie pas que toutes les terres continentales ont cet âge. Les géologues considèrent que les continents ont grossi plus ou moins continûment depuis cette époque par accrétion du matériau le moins dense monté à la surface au cours de la différenciation. Il ne semble pas que le volume des continents doive croître significativement dans le futur.

On peut finalement considérer que l'évolution des continents obéit à deux phénomènes essentiels : le dégagement de chaleur en provenance de l'intérieur de la Terre, d'une part, et l'activité météorologique cause du mouvement de l'atmosphère et des océans, d'autre part. Le premier est responsable de la formation des montagnes, et la seconde de leur érosion.

Le cycle des roches

La surface de la Terre primitive très chaude ne ressemblait absolument pas à ce que nous observons aujourd'hui. Aucun des paysages qui nous sont familiers de nos jours n'existait alors. L'atmosphère était bien différente. La vie n'était pas encore apparue. Les océans n'étaient pas encore formés. Les roches que nous pouvons ramasser ici ou là n'existaient pas encore. L'activité interne de la Terre est la clé pour comprendre comment la surface s'est transformée. Celle-ci ne fait que répondre aux mouvements et aux sollicitations de l'intérieur. Une manière de reconstituer cette histoire est de s'intéresser aux roches. Toute l'histoire de la Terre y est inscrite.

Attardons-nous quelques instants au bord d'une route

où les terrassiers ont découpé un morceau de colline pour élargir cette route. Ramassons quelques cailloux tombés à la suite des travaux : certains sont noirâtres et relativement homogènes, tandis que d'autres sont brunâtres avec des inclusions de mica et quelques grains de quartz. Les premiers proviennent d'anciennes laves volcaniques, et les seconds ont été formés sous des pressions et des températures élevées à de grandes profondeurs. On peut aussi distinguer des couches horizontales de couleur jaunâtre composées de grains de sable collés les uns aux autres : ce sont les restes d'une plage primitive.

Il existe sur Terre une remarquable variété de roches. Elles diffèrent les unes des autres par leur apparence, par leur couleur, par leur texture, par la nature des grains qu'elles renferment... L'apparence d'une roche dépend en partie de ce qu'on appelle sa « minéralogie », c'est-à-dire des proportions relatives de ses constituants minéraux, et en partie de sa texture, ou encore de la taille, la forme et la répartition de ses grains et cristaux. La minéralogie et la texture d'une roche dépendent essentiellement de la manière dont elle a été formée, c'est-à-dire de son origine géologique. Selon leur mode de formation, on distingue essentiellement trois types de roches : les roches ignées, les roches sédimentaires et les roches métamorphiques. Les premières proviennent de la solidification de matériau en fusion, les deuxièmes ont été déposées au cours du temps par accumulation de sédiments, et les troisièmes sont le résultat de la transformation de roches portées à des températures et à des pressions élevées.

Les roches ignées proviennent des profondeurs de la Terre. La roche noire ramassée au bord de la route dans notre exemple est appelée « basalte ». Elle a été formée à la suite d'une éruption volcanique. Sa minéralogie et sa texture dépendent de la composition chimique du magma dont elle est issue dans les profondeurs de la Terre, et de la nature de l'éruption volcanique. Celle-ci a pu être explosive ou, au contraire, consister en lentes coulées de laves visqueuses.

Les roches sédimentaires proviennent de dépôts de

matériau à la surface de la Terre. La roche jaunâtre ramassée au bord de la route est appelée « grès ». Elle provient de grains de sable qui se sont accumulés sur une plage au bord d'une mer aujourd'hui disparue et qui ont été ensevelis et cimentés ensemble pour former une roche. Toutes les roches résultant de l'ensevelissement de dépôts de sédiments comme du sable et de la boue, ou encore de coquillages contenant du carbonate de calcium sont appelées « roches sédimentaires », qu'elles aient été formées au fond des océans ou sur des surfaces émergées.

Les roches métamorphiques proviennent de la transformation de roches plus anciennes à des températures et à des pressions élevées. La roche brunâtre ramassée au bord de la route est appelée « schiste ». Elle contient des inclusions de quelques millimètres de dimension dans lesquelles on peut reconnaître des cristaux de mica et des grains de quartz et de feldspath. Elle provient de la transformation d'une roche sédimentaire qui a été enfouie à la base de la croûte terrestre et transformée en une nouvelle roche en raison des pressions et des températures élevées auxquelles elle a été soumise. Toutes les roches ainsi transformées sont appelées « roches métamorphiques ».

Ces trois grands groupes de roches sont reliés entre eux par ce qu'on peut appeler « le cycle des roches », ensemble de processus qui permet de passer d'un type à un autre.

En se promenant au fond de la gorge d'une rivière qui a creusé un profond canyon, comme le Colorado, le Tarn ou le Verdon, et en examinant les parois, on reconstitue un morceau de l'histoire de la Terre. Au bord du Colorado, par exemple, on retrouve, les unes au-dessus des autres, les roches qui recouvraient la Terre depuis l'ère primaire. Les fossiles découverts dans ces roches nous donnent des informations précieuses sur les espèces vivantes qui se sont succédé depuis plus de trois milliards d'années et sur le climat qui régnait à chaque époque.

Les autres corps du système solaire, planètes ou satellites, qui possèdent une surface solide ont eux aussi connu des transformations profondes, résultats de l'activité interne et des phénomènes d'érosion à la surface. Une pla-

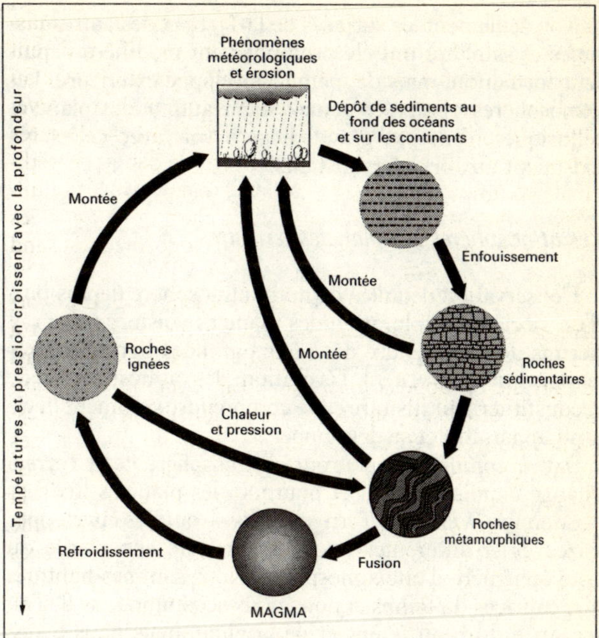

Figure 27 Le cycle des roches.

Les phénomènes d'érosion provoquent des dépôts de sédiments au fond des océans et sur les continents. Après avoir été profondément enfouies, ces roches deviennent métamorphiques sous l'effet des fortes chaleurs et des pressions internes. Elles peuvent même fondre et se mêler au magma. Elles sont déformées puis elles remontent à la surface pour être soumises de nouveau à l'érosion. Cette série de transformations cycliques est comprise depuis deux siècles.

nète comme Vénus, qui a une masse comparable à celle de la Terre, est toujours active. Par contre, la Lune, plus légère, ne semble plus avoir d'activité géologique à sa surface. On retrouve sur ces corps des roches semblables aux roches terrestres, mais dans des proportions différentes, et qui racontent là aussi l'histoire des milliards d'années qui précèdent.

Non seulement les surfaces de la Terre et des autres planètes et satellites ont été profondément modifiées depuis leur formation, mais de même l'enveloppe extérieure. Les atmosphères observées actuellement autour des planètes telluriques n'ont pas grand-chose à voir avec celles qui existaient aux premiers instants.

Les atmosphères des planètes terrestres

L'observation détaillée de notre atmosphère depuis plus d'un siècle et l'exploration des planètes voisines nous ont permis de comprendre dans leurs grandes lignes les processus qui gouvernent l'évolution des atmosphères, de reconstituer leur histoire et de comprendre comment la vie a pu apparaître et se développer.

Savoir comment et pourquoi l'atmosphère de la Terre a changé depuis le début et pourquoi les planètes internes — Mercure, Vénus, la Terre et Mars — ont des enveloppes gazeuses si différentes nous fait prendre conscience du côté éphémère d'une atmosphère. Nous sommes habitués aux caprices du temps et nous nous accommodons de l'alternance du beau temps et de la pluie, mais nous avons peine à imaginer qu'il n'en a pas toujours été ainsi. L'atmosphère de la Terre n'est pas une commodité gratuite mise en place pour le seul confort des humains et qui sera toujours à notre disposition quoi que nous fassions. Comme tous les objets de l'Univers, elle évolue au cours du temps. Elle est apparue un jour, elle a beaucoup changé depuis sa tendre enfance et elle disparaîtra dans le futur.

Un corps céleste peut retenir une atmosphère si les molécules qui la composent ne se déplacent pas trop vite. À la surface d'une planète, l'agitation des molécules de gaz est d'autant plus grande que la température est plus élevée, c'est-à-dire que la planète est plus proche du Soleil. Si la vitesse d'agitation de ces molécules est inférieure à la vitesse d'évasion, celles-ci restent autour de la planète. Sinon, elles s'évadent. Une planète retient donc d'autant plus facilement une atmosphère que sa masse, c'est-à-dire la gravité à sa surface, est plus grande et que sa distance au Soleil est plus grande.

Pour une température donnée, les éléments légers ont une vitesse d'agitation plus grande et pourront donc s'évader plus facilement. Par exemple, Titan ou la Terre ne sont pas assez massifs pour retenir les atomes d'hydrogène, mais peuvent parfaitement retenir des gaz plus lourds, comme l'azote ou le méthane. La Lune comme Mercure sont trop petites et trop chaudes pour retenir une atmosphère. Une Lune deux fois plus massive placée au même endroit pourrait avoir une atmosphère, de même qu'une Lune identique mais située au-delà de Jupiter. Triton, satellite de Neptune, possède une atmosphère, tandis que la Lune, qui a une taille comparable mais est trente fois plus proche du Soleil, n'en a pas. Alors que les planètes, y compris Pluton et, de manière marginale, Mercure, possèdent une atmosphère, seuls Titan et Triton en possèdent une parmi les satellites.

Une fois formées, les planètes telluriques ont retenu tous les gaz dont la vitesse d'agitation était inférieure à celle d'évasion à leur surface. On pourrait naïvement imaginer que les enveloppes gazeuses de la Terre, de Vénus, de Mars et de Mercure sont semblables, avec quelques petites différences dues essentiellement aux valeurs peu différentes de leur gravité et de leur distance au Soleil. En fait, les atmosphères des planètes internes présentent une grande diversité.

Comparée à sa valeur au niveau de la mer sur Terre, la pression à la surface de Vénus est quatre-vingt-dix fois plus grande alors qu'elle est cent cinquante fois plus faible à la surface de Mars. Sur Mercure, la pression est un million de milliards de fois moins dense que sur Terre, il n'y a pratiquement pas d'atmosphère ! Sur Terre, l'azote et l'oxygène sont les gaz dominants, alors que le gaz carbonique CO_2 est le constituant majeur des atmosphères de Mars et de Vénus. Autour de Mercure, on trouve essentiellement de l'hélium et du sodium dont une partie provient du vent solaire. Des nuages d'eau couvrent en permanence plus de la moitié du globe terrestre, tandis que des nuages denses d'acide sulfurique enveloppent la surface de Vénus et que d'impressionnantes tempêtes de poussières font souvent rage sur Mars, provoquant l'accumulation de poussières en suspension dans l'atmosphère. Il fait si chaud sur Vénus que le plomb, s'il y en a, est à l'état liquide, tandis que les pôles martiens sont couverts d'épaisses couches de glaces au cours d'hivers rigoureux. Alors que la température varie peu sur Terre, ce qui permet à la vie de se développer, elle est alternativement très chaude le jour sur Mercure, puis très froide la nuit.

Pourquoi les atmosphères des planètes sont-elles si différentes alors que les conditions initiales étaient à peu près semblables ?

En ce qui concerne les différences entre les planètes géantes et les planètes telluriques, la réponse est naturelle. Les planètes géantes ont une masse suffisante et sont assez froides pour avoir retenu les atomes d'hydrogène et d'hélium, et tous les autres éléments de la nébuleuse primitive. C'est pourquoi elles ont aujourd'hui une atmosphère riche en hydrogène.

Une planète peut acquérir une atmosphère de deux manières : elle peut l'avoir dès sa formation, l'atmosphère est alors dite « primordiale » ou « capturée ». Elle peut aussi l'acquérir par dégazage provenant de l'intérieur de la planète, elle est alors considérée comme « secondaire ». Les atmosphères des planètes géantes sont considérées comme primordiales, elles ont été formées dès le début par capture des gaz de la nébuleuse primitive. Un dégazage en provenance de l'intérieur a complété la formation de ces atmosphères. Par contre, les planètes terrestres plus petites ainsi que les satellites ont produit les gaz que l'on trouve dans leur voisinage entièrement par dégazage, leurs atmosphères sont donc secondaires.

Les planètes terrestres ayant dû produire elles-mêmes leur propre atmosphère, la composition dépend donc des éléments disponibles ainsi que de l'évolution géologique et chimique. Les atmosphères de Vénus et de Mars contiennent essentiellement du gaz carbonique CO_2. La Terre devrait avoir une atmosphère semblable, mais la présence d'eau liquide et de vie à sa surface en a modifié la composition.

La composition de l'atmosphère terrestre est une conséquence de l'apparition de la vie de la même manière que celle-ci ne peut apparaître que grâce à la présence de l'atmosphère dont l'oxygène (sous forme d'ozone O_3) la protège des rayons ultraviolets. Avec une abondance respective de 78,1 % et de 21 %, l'azote moléculaire N_2 et l'oxygène moléculaire O_2 sont les principaux constituants de l'atmosphère terrestre. Avec respectivement 0,93 % et 0,034 %, l'argon Ar et le gaz carbonique CO_2 sont les deux autres principaux constituants de l'air sec. De plus, l'atmosphère terrestre contient de grandes quantités de vapeur d'eau H_2O. Son abondance varie de 3 % à moins de 1 % entre les régions chaudes et humides, et les régions froides et sèches. L'azote et l'argon sont des gaz inertes qui n'ont quasiment aucune interaction chimique avec les autres éléments. Les organismes vivants prélèvent un peu d'azote dans l'atmosphère, et l'argon s'est accumulé dans l'atmosphère au cours de l'histoire de la Terre. En revanche, l'oxygène et le gaz carbonique sont très actifs chimiquement, et jouent un grand rôle dans le développement et l'évolution de la vie sur Terre. Leur abondance est le résultat de l'équilibre actuel entre les réactions qui les produisent et celles qui les détruisent.

La composition de l'atmosphère terrestre est par ailleurs très sensible à la température. Si celle-ci augmentait de quelques degrés, une grande quantité d'oxygène et de gaz carbonique serait relâchée dans l'atmosphère. Si elle atteignait le point d'ébullition de l'eau, tous les océans seraient vaporisés. La vapeur d'eau deviendrait le principal constituant de l'atmosphère, suivie du gaz carbonique. La pression au sol serait trois cents fois supérieure, et l'atmosphère serait massive. Si la température était au contraire plus froide de quelques degrés, il n'y aurait plus de liquide à la surface, les échanges chimiques ne seraient plus les mêmes, le climat serait évidemment profondément modifié. C'est uniquement à l'intérieur d'un faible domaine de température que la Terre peut maintenir des océans liquides et une atmosphère d'azote.

Comment faire souffler le vent ?

Si Vénus, Mars et la Terre n'avaient pas d'atmosphère, la température de leur surface résulterait de l'équilibre entre la quantité de lumière du Soleil absorbée par le sol et la quantité de chaleur rayonnée dans l'espace. La présence d'une atmosphère modifie les deux termes de cet équilibre. D'une part, la présence de nuages qui réfléchissent bien la lumière renvoie dans l'espace une partie du rayonnement solaire, ce qui tend à refroidir la surface. Mais, d'autre part, l'atmosphère tend à absorber une partie de la chaleur dégagée par le sol sous forme de rayonnement infrarouge et à la renvoyer vers la surface, donc à la réchauffer. Ce dernier effet, appelé « effet de serre », par analogie avec la serre des jardiniers ou bien avec ce qui se passe à l'intérieur d'une voiture abandonnée vitres fermées en plein soleil, est le plus important.

La présence d'une atmosphère rend les surfaces de Vénus, de Mars et de la Terre plus chaudes que si elles étaient nues. Si la Terre n'avait pas d'atmosphère, la température moyenne à sa surface serait inférieure de 35°. Dans le cas de Mars, la présence de l'atmosphère permet de gagner 5°. Les atmosphères de ces deux planètes ne retiennent qu'une partie du rayonnement infrarouge. L'effet de serre est beaucoup plus fort sur Vénus, au point que la surface est de plusieurs centaines de degrés plus chaude. Dans le cas de Mars, le gaz carbonique CO_2 et les poussières sont les principaux responsables de l'absorption du rayonnement infrarouge. Sur Terre, ce rôle est rempli par le gaz carbonique, la vapeur d'eau et les nuages d'eau.

Sur Terre, 22 % du rayonnement solaire est absorbé par l'atmosphère, 24 % par le sol, 7 % est renvoyé dans l'espace par le sol et l'air, et 47 % est diffusé par les nuages qui en renvoient 26 % dans l'espace et 21 % vers le sol.

Quelques principes simples permettent de comprendre

l'activité et l'évolution d'une atmosphère : par exemple, le fait que les zones équatoriales reçoivent une plus grande quantité de lumière solaire que les zones polaires explique simplement pourquoi elles sont plus chaudes que les pôles et pourquoi la température est *a priori* plus élevée aux basses latitudes. Comme la chaleur a tendance à être transportée des zones les plus chaudes vers les zones les plus froides, les variations de température avec la latitude sont cause des vents qui tendent à réduire ces différences.

L'atmosphère de Vénus est si massive que la température à la surface est pratiquement la même partout, elle ne varie que de quelques degrés entre les pôles et l'équateur. Au contraire, sur Mars, l'atmosphère est si ténue que les variations de température ne sont pratiquement pas réduites par la présence de l'atmosphère. Par exemple, les pôles sont si froids en hiver que la température descend jusqu'à –120 °C, les calottes polaires s'étendent jusqu'à une latitude de 50°, et le gaz carbonique est gelé. La Terre représente un cas intermédiaire.

L'origine des atmosphères ou le grand « beurk »

La chaleur de cette Terre primitive a favorisé l'échappée des éléments les plus légers qui furent, lors de sa formation, emprisonnés dans les roches. L'atmosphère a été formée par le dégazage de cette Terre primitive au moment où celle-ci se différenciait, il y a environ quatre milliards d'années. Ce grand « beurk », pour utiliser le langage des amateurs de bandes dessinées, a mis en place des éléments nécessaires à la formation d'une atmosphère et à l'apparition de la vie. Les océans sont apparus quand les conditions de température et de pression ont permis l'existence d'eau liquide. Grâce aux pluies, les dépressions ont été remplies par les mers et par les océans.

Les astronomes sont maintenant convaincus que l'atmosphère primitive n'a pas été capturée par accrétion du gaz de la nébuleuse protosolaire. En effet, dans ce cas-là, des gaz comme le néon, l'argon, le krypton et le xénon, relativement abondants dans le Soleil et dans le milieu interstellaire, seraient en beaucoup plus grande quantité sur Terre. Ces gaz, qui réagissent très peu chimiquement, avaient très peu de chances d'être piégés dans les roches primitives, d'où leur faible abondance dans l'atmosphère terrestre.

Si ces planètes terrestres avaient retenu les atomes dans les mêmes proportions que dans la nébuleuse protosolaire, c'est-à-dire dans les mêmes proportions que dans le Soleil actuel, elles seraient pour l'essentiel composées d'hydrogène et d'hélium, puis, dans l'ordre décroissant, de carbone, d'oxygène, piégé dans l'eau, et d'azote. Or le magnésium, le silicium, le fer et l'oxygène sont les éléments les plus abondants des planètes terrestres. Sur Terre, par exemple, le carbone, l'azote et l'eau, comparés au magnésium, au silicium et au fer, sont dix mille fois moins abondants que dans la nébuleuse protosolaire, et seules des traces d'hydrogène et d'hélium sont présentes dans les planètes terrestres. Cela renforce l'idée qu'elles n'ont retenu que de toutes petites quantités du gaz de la nébuleuse primitive et qu'elles ont été formées par l'accumulation de matériaux solides. Le manque relatif de carbone, d'oxygène et d'azote semble indiquer que ces éléments se trouvaient dans le gaz de la nébuleuse plutôt que dans la partie solide.

Malgré leur déficit relatif, ces atomes ont joué un rôle majeur dans l'apparition des atmosphères de Mars, de Vénus et de la Terre, des calottes polaires de Mars, des océans sur Terre et des molécules complexes qui ont permis à la vie de se développer sur Terre.

Maintenant qu'on a compris que l'atmosphère de la Terre résulte du dégazage des éléments volatils des planétésimaux qui l'ont formée, on peut se demander si ces éléments provenaient des planétésimaux qui ont formé l'essentiel de la Terre et qui lui ont apporté le magnésium, le silicium et le fer, ou bien de planétésimaux formés beaucoup plus loin du Soleil dans la région des planètes géantes et contenant initialement beaucoup plus d'éléments volatils.

Dans le premier cas, l'eau aurait été piégée dans la structure cristalline de minéraux hydratés, comme la serpentine, l'azote et l'oxygène auraient été combinés avec le carbone et l'hydrogène essentiellement dans des composés organiques complexes, mais non biologiques. Comme les températures décroissent quand on s'éloigne du Soleil, les planétésimaux riches en éléments volatils étaient probablement plus nombreux là où la planète Mars a été formée que là où Vénus et pour Mercure sont apparues, et le contenu initial d'éléments volatils dans chaque protoplanète devrait refléter cette distance au Soleil. Cependant, quand Vénus et la Terre ont acquis une masse comparable à leur masse finale, leur gravité est devenue suffisante pour capturer des planétésimaux passant dans leur voisinage sur une orbite excentrique et formés beaucoup plus loin. Dans ce cas, on peut considérer que les planètes terrestres avaient au début de leur histoire des quantités comparables d'éléments volatils.

Dans le second cas, les planètes géantes auraient fortement perturbé, par leur attraction gravitationnelle, les planétésimaux formés aux confins du système solaire et riches en éléments volatils. De la même manière que la dispersion gravitationnelle de ces planétésimaux a probablement créé le nuage d'Oort des comètes, cet effet aurait alimenté les planètes terrestres en planétésimaux riches en éléments volatils, qu'ils aient été formés au niveau de la ceinture des astéroïdes, dans la zone des planètes géantes ou même au-delà. Les planètes terrestres auraient alors reçu des quantités comparables d'éléments volatils avec peut-être une abondance relative plus faible pour Mars et Mercure, puisque leur masse plus faible que celle de la Terre et de Vénus les rendait moins efficaces dans la capture des planétésimaux passant au voisinage.

Que la source des planétésimaux soit locale ou lointaine, les planètes terrestres auraient dû recevoir des quantités semblables d'éléments volatils au début de leur histoire. Cela semble confirmé par la comparaison des quantités d'azote et de carbone sur Terre et sur Vénus. La surface de Vénus est si chaude que ces éléments existent essentiellement sous forme de gaz carbonique CO_2 et d'azote moléculaire N_2 tandis que, sur Terre, presque tout le carbone présent dans l'atmosphère primitive est contenu dans les roches sous forme de carbonates et, à un degré moindre, dans des sédiments de composés organiques produits par des organismes ayant vécu dans le passé et dont les restes sont enfouis dans le sol. L'azote moléculaire terrestre se retrouve dans l'atmosphère et dans les sédiments provenant de la vie primitive.

Quand on fait le bilan de toutes les sources, on trouve que Vénus et la Terre possèdent pratiquement la même quantité d'azote et de carbone. Cela implique que ces deux planètes avaient initialement les mêmes quantités d'eau, alors qu'il y en a aujourd'hui cent mille fois moins, sous forme de vapeur d'eau, dans l'atmosphère de Vénus que dans les océans terrestres.

Selon la vitesse à laquelle un planétésimal heurte une planète en formation, son contenu en éléments volatils sera vaporisé ou non. On peut imaginer qu'au tout début de l'accrétion les vitesses relatives des corps en collision étaient suffisamment faibles pour que les éléments volatils ne soient pas vaporisés, tandis que les collisions plus tardives ont été plus destructives. La chaleur temporaire et la pression produite par la collision jouent un rôle important dans les réactions chimiques qui ont lieu entre les gaz présents. Par exemple, si du fer métallique est présent, une grande partie de l'eau dégagée lors de l'impact est transformée en hydrogène et en oxygène qui se combinent avec le fer, tandis que le carbone et l'azote se retrouvent sous forme d'oxyde de carbone CO et d'azote moléculaire N_2. Par contre, en l'absence de fer, on retrouve essentiellement les molécules d'eau H_2O, de gaz carbonique CO_2 et d'azote N_2.

Cependant, les gaz libérés ne restent pas tous au sein de cette atmosphère primitive. Une partie peut se déposer à la surface, et une autre peut s'évaporer dans l'espace. Par exemple, si la surface n'est pas trop chaude, une grande partie de la vapeur d'eau dégagée se condense pour former des océans et des blocs de glace. Inversement, l'action du

Soleil et l'impact de gros planétésimaux peuvent provoquer l'évasion de quantités notables de gaz.

Les rayons ultraviolets du Soleil dissocient dans la haute atmosphère les molécules d'eau H_2O en atomes d'hydrogène H et d'oxygène O, en molécules d'hydrogène H_2 et en radicaux OH (des molécules instables qui se dissocient rapidement). Les atomes et les molécules d'hydrogène sont chauffés par le Soleil et, grâce à leur faible masse, atteignent des vitesses telles qu'ils s'évadent dans l'espace. Si le taux d'évasion est important, d'autres atomes et molécules peuvent être entraînés par l'hydrogène et, eux aussi, s'échapper. Une manière de tester ce type de mécanisme consiste à mesurer les quantités de gaz rares présents dans les atmosphères de Vénus, de la Terre et de Mars. En effet, une fois dans une atmosphère, ces gaz ne réagissent pas chimiquement avec les autres éléments et restent tels quels, à moins qu'ils ne s'évadent, entraînés par d'autres éléments. Par exemple, le rapport de l'isotope du néon 20 au néon 22 est plus faible dans les atmosphères de ces planètes que dans le Soleil et diffère d'une planète à une autre. Le néon 20, qui possède vingt nucléons, est plus léger que le néon 22 qui en contient deux de plus. Il peut donc s'évader plus facilement. Cela indique que l'atmosphère primitive a perdu une partie de ses éléments par évasion.

L'arrivée de planétésimaux de 10 km de dimension ou davantage peut aussi être dévastatrice pour une atmosphère. Une onde de choc apparaît à l'avant du projectile, et le gaz est surchauffé à son passage. Une partie de l'atmosphère peut ainsi s'évader dans l'espace. Les planétésimaux accrétés apportent des gaz à l'atmosphère et en détruisent une partie. Ils jouent donc un rôle à la fois de source et d'érosion.

La manière dont l'eau se répartit entre l'atmosphère et la surface d'une planète dépend beaucoup de la température de la surface. Par exemple, si l'on éloignait la Terre du Soleil en la plaçant, par exemple, au-delà de l'orbite de Mars, toute l'eau des océans serait gelée. Si, au contraire, on rapprochait la Terre du Soleil en la plaçant au niveau de l'orbite de Vénus, elle recevrait environ deux fois plus d'énergie qu'actuellement, et toute l'eau des océans serait vaporisée dans l'atmosphère.

Au cours des cent premiers millions d'années de l'histoire du système solaire pendant lesquelles la Terre et Vénus ont été formées, si les planétésimaux parents contenaient des quantités notables d'eau, alors un effet de serre important a dû se manifester, et la surface a pu atteindre une température supérieure à 1 500 °C et être en partie en fusion. À ces températures-là, une partie de la vapeur d'eau se dissout dans le magma qui coule à la surface, et l'effet de serre est ainsi limité.

Quand les sources d'énergie telles que le bombardement primordial ou la contraction gravitationnelle se sont taries, l'énergie solaire devint la principale source de chauffage de l'atmosphère et de la surface dont la température s'est stabilisée vers une vingtaine de degrés Celsius. La grande majorité de la vapeur d'eau contenue dans l'atmosphère s'est condensée, et les océans apparurent. En se refroidissant, la surface a libéré l'eau qu'elle contenait et les océans se sont développés.

À haute altitude, le rayonnement ultraviolet solaire a continué de dissocier les molécules d'eau en oxygène et en hydrogène, lequel s'est évadé de la Terre. Le gaz carbonique dissous dans l'eau a réagi avec les roches de surface pour former des carbonates. Au bout du compte, l'atmosphère terrestre a perdu une partie de l'eau et du gaz carbonique initiaux. Ces pertes ont été plus ou moins compensées par l'évaporation d'eau à la surface des lacs et des océans, par les vapeurs des volcans et par l'arrivée occasionnelle de comètes ou d'astéroïdes riches en éléments volatils. Quelques-uns des gaz volcaniques étaient en fait de l'atmosphère recyclée après avoir été tout d'abord capturée par des roches de surface, elles-mêmes transportées par les mouvements tectoniques vers l'intérieur, chauffées dans le manteau, où elles ont perdu leurs gaz.

À la fin de l'accrétion, l'atmosphère des planètes terrestres est devenue de plus en plus pauvre en hydrogène et de plus en plus riche en oxygène. Les roches proches de la surface ont réagi avec l'oxygène libéré par la dissociation de l'eau sous l'effet du rayonnement ultraviolet du Soleil et ont été oxydées. En conséquence, les volcans rejetaient alors des gaz plus riches en eau et en gaz carbonique, et moins riches en hydrogène et en monoxyde de carbone que lors du dégazage qui a eu lieu au tout début de l'histoire de ces planètes.

Si le climat était parfaitement stable et si la Terre était un parfait réflecteur, la quantité d'énergie renvoyée dans l'espace, essentiellement sous forme de rayonnement infrarouge, serait exactement égale à la quantité d'énergie reçue. En fait, la majorité de ce rayonnement infrarouge est absorbée et réémise par la basse atmosphère, et seule une petite partie s'échappe. La température moyenne de la surface de la Terre est de l'ordre de 15 °C, soit environ 35° de plus qu'en l'absence d'atmosphère. L'effet de serre provoqué par la présence de gaz carbonique et de vapeur d'eau réchauffe l'atmosphère de la Terre et porte celle de Vénus à plus de 400 °C.

L'effet de serre se manifeste sur toutes les planètes qui contiennent une atmosphère composée de molécules telles que CH_4, CO_2, NH_3, H_2O, NO_2... Si l'atmosphère terrestre contenait exclusivement de l'azote, de l'oxygène et de l'argon, soit 99 % de sa composition, sa température moyenne serait de – 20 °C. Il n'y aurait ni eau liquide, ni plantes, ni animaux. Le 1 % restant, contenant essentiellement de la vapeur d'eau, du gaz carbonique et du méthane, est responsable de l'effet de serre et de la présence de vie sur Terre.

L'évolution des atmosphères

L'étude des atmosphères des planètes terrestres nous apprend que, durant leur histoire vieille maintenant de 4,6 milliards d'années, elles ont constamment évolué. Non seulement leur masse, mais aussi leur composition chimique ont profondément changé au cours du temps. C'est de la plus grande importance pour nous, et notre atmosphère, à laquelle nous devons la vie, était bien différente dans le passé et peut très bien être modifiée dans le futur. Il est donc essentiel, pour notre survie, de bien comprendre ces processus de transformation. Il est hors de question ici de les décrire tous. Contentons-nous d'en citer quelques-uns. Nous ne parlons pas ici de légères variations de climat, mais de changements qui se sont produits sur des centaines de milliers, voire des milliards d'années. La comparaison des histoires de la Terre, de Vénus et de Mars permet de mieux comprendre l'histoire de notre propre planète.

En rassemblant toutes les observations collectées par les missions spatiales récentes, on peut ainsi reconstituer l'histoire des atmosphères primitives des planètes. Il est important de se livrer à une étude comparée de ces planètes pour bien identifier les facteurs qui ont permis à la Terre de réaliser les conditions idéales pour que la vie puisse s'y établir et comprendre le sort auquel la Terre a échappé. Ces scénarios sont évidemment spéculatifs, mais ils sont une bonne illustration de la manière dont procèdent les scientifiques pour reconstituer nos premiers instants. À partir de quelques observations, ils construisent un scénario. Celui-ci, poussé le plus loin possible en appliquant les lois de la physique, donne alors l'idée de nouvelles observations. Si ces observations correspondent au modèle, ce scénario est conforté. Sinon, il doit être abandonné. C'est ce qui fait la noblesse de la démarche scientifique : toute proposition doit être confrontée aux faits. Quiconque s'est livré à ce travail a une bonne chance d'acquérir une grande humilité : combien de belles théories ont été définitivement ruinées par une seule observation ! Les marchands d'illusion et tous ceux qui sont prêts à accepter n'importe quoi sans examen devraient s'en inspirer !

Il est très probable que Vénus, qui avait une composition voisine de celle de la Terre, a dû former des océans au début de son histoire. Même si le Soleil primitif était un peu plus froid que le Soleil actuel, ces océans devaient être très chauds et surmontés de nuages qui renvoyaient dans l'espace une bonne partie du rayonnement solaire. La jeune Vénus était probablement un monde chaud, humide et nuageux. Au-dessus des océans, une évaporation importante a probablement eu lieu. La vapeur d'eau qui atteignait des altitudes élevées était dissociée par les rayons ultraviolets solaires en oxygène et en hydrogène. Ce dernier s'évadait alors de la planète, tandis que l'oxygène et le gaz carbonique se combinaient avec les roches de la surface, s'empêchant ainsi de devenir majoritaires dans l'atmosphère. Quand il resta moins de 1 % de la quantité d'eau initiale, la pression de vapeur à la surface ne permit plus à l'eau de se liquéfier, et le gaz carbonique libéré des carbonates situés immédiatement sous la surface s'est accumulé dans l'atmosphère favorisant l'apparition d'un effet de serre très efficace. Le climat a alors évolué vers ce que nous observons aujourd'hui : une surface très chaude et une atmosphère composée à plus de 90 % de gaz carbonique. Cette évaporation des océans vénusiens a probablement duré quelques centaines de millions d'années après la formation de Vénus. De nos jours, la quantité de vapeur d'eau contenue dans son atmosphère est inférieure à 0,001 % de la quantité d'eau contenue dans les océans terrestres.

Il faut bien comprendre que, contrairement à ce qu'on peut lire quelquefois, les océans de Vénus ne se sont pas mis à bouillir en raison de la température élevée régnant sur cette planète. En effet, si la température de la surface devient, par exemple, 100° plus chaude que la température actuelle sur Terre, la vapeur d'eau domine aussi bien la basse que la haute atmosphère, et la pression à la surface est telle que la température d'ébullition n'est pas atteinte. Pour faire bouillir les océans de Vénus, il aurait fallu atteindre une température proche de 375 °C.

Mercure a dû recevoir un nombre important de planétésimaux contenant des éléments volatils de même nature que ceux qui ont formé la Terre et Vénus. Un effet de serre important a dû se manifester à sa surface dès le début de son histoire, mais la combinaison d'un fort rayonnement ultraviolet solaire et d'un puissant vent solaire dus à la proximité du Soleil a rapidement éliminé l'enveloppe gazeuse de cette planète, d'autant que la faible gravité due à sa masse relativement faible n'a pas retenu efficacement ces gaz. Mercure n'est entourée aujourd'hui que de très basses quantités d'atomes d'oxygène, de sodium et de potassium apportés par la vaporisation de petits projectiles qui frappent sa surface ou arrachés aux roches par le rayonnement ultraviolet solaire. Il faut ajouter à cela de faibles quantités d'hydrogène et d'hélium apportées par le vent solaire. Les quelques atomes qui constituent l'atmosphère de Mercure s'évaporent très vite dans l'espace. Ces processus de création et de destruction s'équilibrent pour donner une atmosphère si ténue qu'on peut considérer que la planète Mercure n'en possède pas.

Juste après leur formation, Mars et la Terre avaient une source de chaleur intrinsèque due à la fin de l'accrétion et à la radioactivité, mais, avec un jeune Soleil un peu moins lumineux que l'astre actuel, ces deux planètes auraient pu connaître un âge glaciaire sévère avec des océans gelés sur Terre et un climat encore plus froid qu'aujourd'hui sur Mars. Mais l'effet de serre, encore lui, a pu jouer un rôle essentiel pour assurer à ces deux jeunes planètes un climat assez clément pour que l'eau liquide s'écoule à la surface. En multipliant les quantités actuelles de gaz carbonique par un facteur 200 à 400 sur Mars et par un facteur 1 000 à 3 000 sur Terre, on obtient les valeurs nécessaires pour un tel effet. Ces chiffres ne sont pas déraisonnables dans la mesure où il y a actuellement cent mille fois plus de gaz carbonique CO_2 dans les roches carbonées de la croûte terrestre que dans l'atmosphère de la Terre. Le volcanisme actif qui a dû exister dans l'enfance de ces deux planètes a pu apporter de grandes quantités de CO_2.

Pendant les premières centaines de millions d'années de l'histoire de la Terre, la quantité de gaz carbonique résultait d'un équilibre entre l'enrichissement par les volcans et l'absorption par les roches carbonées. Le fait que le volcanisme était particulièrement actif et que la masse continentale était plus petite qu'aujourd'hui, laissant moins de roches exposées à l'air, semble indiquer qu'il y avait de grandes quantités de gaz carbonique dans l'atmosphère de la Terre. Quand la température de la surface a baissé, le taux auquel le gaz carbonique est absorbé par les roches a diminué. C'est ce qui a probablement assuré un climat clément à la Terre primitive.

On observe actuellement des lits de rivières asséchées sur Mars bien qu'aucune eau liquide ne puisse y couler aujourd'hui. Son atmosphère était donc beaucoup plus chaude dans le passé, avec un effet de serre important. Son volcanisme intense, dont témoignent les nombreuses chaînes de volcans, a probablement apporté d'énormes quantités de gaz carbonique, et les roches carbonées se sont trouvées recouvertes de laves, ce qui a favorisé l'évasion de leur gaz carbonique dans l'atmosphère. Le bombardement a aussi contribué à la décomposition des roches carbonées. C'est pourquoi le gaz carbonique n'a pas disparu trop rapidement de l'atmosphère martienne, assurant un climat compatible avec la présence d'eau liquide pendant le premier milliard d'années. Ensuite, le volcanisme martien a fortement décru pour se confiner dans quelques régions. La Terre, beaucoup plus grosse et plus massive que Mars, s'est refroidie beaucoup plus lentement.

Le cycle de l'eau

L'air, la terre et l'eau interagissent sans cesse, ce qui conduit à des changements incessants des conditions météorologiques et, à une plus grande échelle de temps, à une évolution du climat. La source d'énergie qui commande les mouvements de l'atmosphère et de l'eau est le Soleil. 30 % de l'énergie solaire sont renvoyés dans l'espace après réflexion. Les principaux réflecteurs sont l'eau des océans, la neige, les surfaces glacées, les nuages de glace, les poussières en suspension dans l'atmosphère et les déserts arides. Les 70 % restants représentent une énergie de 240 watts par mètre carré par seconde, soit un total de 0,12 milliard de milliards de watts par seconde.

Le cycle de l'eau, c'est-à-dire la formation des nuages après évaporation des eaux des océans, puis les précipitations, la formation des lacs et des rivières, et le retour de l'eau dans les océans, joue un rôle essentiel dans la météorologie. À travers les processus d'évaporation et de condensation, une grande partie de l'énergie solaire peut être stockée ou libérée. Le chauffage direct par le Soleil et le cycle de l'eau sont à l'origine des vents et des phénomènes géologiques. Sans ce cycle, l'atmosphère terrestre serait beaucoup plus calme.

Les variations du climat

Sur Terre, nous savons que le climat a changé sur des échelles de temps de plusieurs milliers d'années. Nous savons qu'à l'époque où la civilisation s'est développée au Moyen-Orient les pluies étaient plus fréquentes qu'aujourd'hui et la région plus fertile. Il y a environ un millier d'années, le climat du Groenland et de ce qui est aujourd'hui le Canada était plus clément et a permis sa colonisation jusqu'en 1400 environ, époque à laquelle ces colonies n'ont plus pu survivre. Les couches géologiques nous révèlent qu'à des intervalles de l'ordre d'environ cent mille ans des âges glaciaires surviennent. Une baisse de la température moyenne de la Terre de l'ordre de 2° à 3° suffit pour produire d'immenses couches de glaces de 3 km d'épaisseur sur une grande partie de l'hémisphère Nord. Au cours d'une telle période glaciaire, le niveau des océans baisse, et la circulation atmosphérique est fortement modifiée.

On ne sait pas pour l'instant si le climat est stable sur Terre et on en connaît encore mal les effets régulateurs. En effet, pendant un âge glaciaire, le pouvoir réflecteur de la Terre augmente, moins de chaleur solaire est absorbée, et le refroidissement s'accentue. Au contraire, une augmentation de température de 2° ou 3° ferait immédiatement fondre les glaces du Groenland et de l'océan Arctique. Dans ce cas, l'absorption de la lumière solaire dans les régions polaires augmenterait, conduisant à une augmentation de la température. La dernière période glaciaire a eu lieu il y a environ cent mille ans.

L'analyse des glaces polaires nous permet de connaître la température moyenne sur Terre au cours des dernières centaines de milliers d'années. Celle-ci a varié de manière notable, et l'*Homo sapiens* a connu des périodes de glaciation et de réchauffement, les températures ayant été de 2 °C plus élevées à certaines époques et de 5 °C plus basses à d'autres. En analysant l'air fossile au moment des chutes de neige, piégé actuellement dans les glaces de l'Antarctique, on peut mesurer les quantités de gaz carbonique et de méthane contenues dans l'air au cours des dernières centaines de milliers d'années. On trouve une parfaite corrélation entre ces gaz et l'effet de serre. Il semble bien que ces variations de température soient associées à l'intensité de l'effet de serre. De telles variations de température sont accompagnées de changements de niveau des mers, de répartition des glaces, de circulation atmosphérique et de végétation. Il est important de bien comprendre les causes *naturelles* de ces variations de température pour savoir si l'activité humaine (augmentation du gaz carbonique et du méthane rejetés dans l'atmosphère, utilisation des CFC, etc.) est capable de compromettre le fragile équilibre qui règne dans l'atmosphère terrestre.

Quand on essaie de recenser les causes possibles de changements de climat, de petites variations de l'orbite de la Terre ou de l'inclinaison de l'axe de rotation en raison des perturbations gravitationnelles des autres planètes sont les meilleurs candidats. Toute modification, même infime, du flux de chaleur solaire aurait évidemment des conséquences immédiates sur le climat terrestre, mais nous n'avons pour l'instant aucune preuve de telles variations. La quantité de poussières dans l'atmosphère peut avoir aussi des effets importants sur le climat. D'immenses explosions volcaniques rejetant dans l'atmosphère jusqu'à des kilomètres cubes de petites poussières de silicates et des gouttes d'acide sulfurique dans la stratosphère peuvent conduire à une diminution de la température de 1° à 3°. L'impact d'un astéroïde de 10 km de dimension, en injectant dans l'atmosphère plus de 10 000 km^3 de poussières, aurait des effets encore plus catastrophiques en modifiant complètement la circulation atmosphérique et océanique. Les scientifiques recherchent actuellement des traces de tels phénomènes qui auraient pu se produire dans le passé et bouleverser la vie.

De légères modifications de l'inclinaison de leur axe de rotation et de leur excentricité, avec des périodes de dix mille à cent mille ans pour la Terre et de cent mille à un million d'années pour Mars, ont provoqué des variations climatiques dues aux différences d'éclairement. En effet, avec une excentricité plus grande, un hémisphère reçoit plus de lumière pendant l'été, tandis qu'avec une inclinaison plus grande de l'axe de rotation, les régions polaires reçoivent plus d'énergie. Cela peut expliquer la succession de périodes glaciaires et de périodes plus clémentes sur Terre dans le passé. Mars a probablement connu des changements climatiques périodiques. Vénus, ayant un axe de rotation pratiquement perpendiculaire au plan de son orbite, ne connaît pas de saisons. Son atmosphère épaisse lui assure une température à peu près constante quelle que soit la latitude.

On a maintenant compris que les grandes différences entre les atmosphères de Vénus, de la Terre et de Mars sont tout d'abord dues à la présence d'eau liquide et de vie à la surface de la Terre. La vie dépend de la présence d'eau liquide, et l'eau liquide nécessite que la température ne dépasse pas certaines limites. Vénus est trop chaude, Mars trop froide et la Terre juste comme il faut ! La température d'une planète dépend avant tout de sa distance au Soleil. Si la Terre était plus proche du Soleil, un puissant effet de serre se produirait, et elle deviendrait comme Vénus. En revanche, si on l'éloignait du Soleil, elle ne deviendrait pas nécessairement comme Mars. En effet, il suffirait qu'une plus grande quantité de gaz carbonique soit dégagée dans l'atmosphère pour que la planète reste chaude grâce à l'effet de serre. À cause de sa petite taille, Mars n'a pas pu retenir suffisamment d'éléments volatils, tels que le carbone ou l'azote, essentiels pour la formation d'une atmosphère dense et stable. On peut se demander si une atmosphère dense se serait maintenue sur une planète Mars située au même endroit, mais deux fois plus grosse.

La Terre avait juste la bonne taille et était juste au bon endroit pour développer l'atmosphère que nous lui connaissons, et permettre à la vie d'apparaître et de s'épanouir. Mais comment ?

Qu'est-ce que la vie ?

Avant de discuter de l'apparition de la vie, il serait bon de savoir de quoi l'on parle. Il est en fait bien malaisé de définir la vie et ce d'autant plus que nous ne connaissons pour l'instant qu'un seul modèle : la vie sur Terre. De la même manière que l'exploration du système solaire nous a révélé une diversité inattendue de phénomènes et de situations, la découverte d'autres formes de vie pourrait nous conduire à une révision profonde de nos idées sur le phénomène. La découverte de formes de vie très originales dans les profondeurs océaniques, près de sources chaudes, est une indication en ce sens. Des êtres qui n'ont jamais vu la moindre lumière peuvent prospérer et se reproduire. Nous nous en tiendrons donc aux caractéristiques de la vie sur Terre.

Il est bien difficile de définir le phénomène de la vie en quelques mots ou de le réduire à un seul phénomène, tel que la capacité de se reproduire ou bien de respirer, ou encore celle de se nourrir et de rejeter des déchets. On ne peut pas non plus réduire la vie à un ensemble de molécules complexes. Par contre, de nombreux systèmes vivants possèdent un ensemble de propriétés comme la croissance, la reproduction et l'évolution.

La vie n'est pas uniquement un système très complexe capable de se maintenir hors d'un équilibre thermodynamique. La flamme d'une bougie qui utilise l'oxygène de l'air et le matériau combustible de la bougie pour persister agit de la même manière qu'une plante qui utilise la lumière du Soleil et le gaz carbonique de l'air pour survivre, mais une plante est beaucoup plus complexe qu'une flamme ! Les deux utilisent de l'énergie et de la matière du monde extérieur pour se maintenir loin de l'équilibre thermodynamique. Dans ce contexte, la mort peut être considérée comme le retour à l'équilibre. La bougie ne l'évite jamais, le vivant parfois, en s'adaptant et en évoluant. L'évolution est l'adaptation de la vie aux différences atmosphériques dans l'espace et dans le temps.

La croissance des espèces vivantes est bien différente de celle de la matière inanimée. Il faut beaucoup plus d'informations pour décrire ne serait-ce qu'une bactérie que pour décrire un caillou. On peut faire grossir un caillou en rajoutant du ciment : plus on en rajoute, plus il ressemble à du ciment. On peut faire grossir un enfant en lui faisant manger de la confiture : plus on lui donne de confiture, plus il grossit, mais il ne deviendra jamais de la confiture, c'est la confiture qui se transforme en enfant. Les animaux se développent en mangeant d'autres animaux ou des plantes. Les plantes se développent en utilisant l'énergie solaire. En d'autres termes, les espèces vivantes empruntent de l'énergie au milieu environnant.

La faculté de reproduction est remarquable : les girafes donnent naissance à des girafes, et les fourmis à des fourmis. Une abeille n'engendre jamais un crustacé, et un oiseau n'a jamais été le père d'une éponge. Comment des êtres aussi complexes qu'une araignée ou une baleine sont-ils apparus ? Les premiers éléments de réponse à cette question sont venus, au XIXe siècle, de la théorie de la sélection naturelle et, au XXe siècle, de la découverte de la structure en double hélice de l'ADN. L'évolution biologique, comme l'évolution géologique, demande du temps. Évidemment, cette évolution ne se fait pas dans une direction ou vers un but prédéterminé. Elle n'est qu'adaptation à un milieu extérieur changeant. Ceux qui voudraient à tout prix et contre toute évidence assigner un but à la vie n'ont ni compris ni assimilé la notion d'évolution et restent prisonniers de leur égocentrisme. À défaut de placer la Terre au centre de l'Univers, ils affirment que la vie est le but de l'Univers ! Quelle folie mégalomaniaque que de vouloir nous placer au centre de toutes choses !

On ne peut pas caractériser la vie par la seule capacité de reproduction. Des cristaux sont eux aussi capables de se reproduire. En introduisant des germes de cristaux dans des sels minéraux, une structure cristalline microscopique peut être reproduite pratiquement à l'infini. Pourtant, personne ne prétend que les cristaux sont vivants ! Par contre, il existe une différence essentielle entre un cristal et un être vivant : le second est beaucoup plus complexe que le premier ! Si l'on photographie une photographie et puis si l'on photographie ce nouveau document et ainsi de suite, on obtient au bout d'un certain nombre d'opérations une copie bien pâle de l'original. En revanche, l'arrière-arrière-petit-fils d'un homme peut être beaucoup plus accompli que son ancêtre. Non seulement un être vivant est capable de se reproduire, mais il peut aussi évoluer !

Sur Terre, l'ensemble du monde vivant repose sur la chimie du carbone, et les réactions chimiques se déroulent dans un milieu liquide : l'eau. Les acides aminés [1] et les nucléotides [2], qui constituent une cellule, sont formés de molécules fabriquées pour l'essentiel à partir de la chimie d'un seul élément, le carbone. Il est frappant de constater que seulement cinq nucléotides différents sont utilisés pour fabriquer l'ensemble des acides nucléiques, et vingt acides aminés différents sont employés pour fabriquer les protéines. De la même manière que les vingt-six lettres différentes de l'alphabet romain permettent de publier toute la littérature mondiale, les combinaisons de ces vingt-cinq molécules permettent de développer toutes les formes de vie sur Terre.

L'unité de structure du monde vivant à l'échelle moléculaire se retrouve dans son fonctionnement. La cohésion de la cellule est assurée par des protéines, dites protéines de

1. Les protéines sont un ensemble d'acidés aminés, molécules contenant à chacune de leurs extrémités un groupement acide et un groupement amine.

2. Les acides nucléiques sont constitués de polymères de nucléotides, composés de trois molécules, un phosphate, un sucre et une base purique ou pyrimidique.

structure, tandis que d'autres protéines, dites protéines-enzymes, jouent le rôle de catalyseur des réactions biochimiques. Ces protéines déclenchent, accélèrent et régulent les milliers de réactions chimiques nécessaires à la survie des êtres vivants. Toutes ces réactions se déroulent dans l'eau qui est, dans la plupart des cas, le constituant le plus abondant d'un être vivant.

À partir de là, la nature a fait preuve d'une grande imagination pour faire apparaître une impressionnante diversité, aussi bien dans l'aspect que dans la taille ou encore dans le mode de vie. Les êtres vivants les plus gros que la Terre ait connus, par exemple les baleines ou les diplodocus, peuvent avoir des tailles supérieures à 30 m, alors que les plus petits ont moins d'un millionième de mètre. La reproduction peut être sexuée ou asexuée, vivipare ou ovipare... Certains êtres vivants utilisent les éléments simples de leur environnement pour se nourrir, comme la plupart des plantes. D'autres, comme l'homme et plus généralement la faune, se nourrissent d'autres êtres vivants et sont des prédateurs. Une grande partie des plantes utilisent l'énergie du Soleil pour transformer par nucléosynthèse le gaz carbonique de l'atmosphère en matière biologique. D'autres organismes se servent d'autres sources d'énergie que la lumière. Par exemple, des bactéries trouvées à des milliers de mètres de profondeur dans l'océan, dans des sources hydrothermales sous-marines, à un endroit où la lumière solaire ne parvient pas, recourent à l'hydrogène sulfuré présent dans leur environnement pour fabriquer la matière biologique dont elles ont besoin. Un forage réalisé au milieu des années 1980 en Roumanie a révélé une grotte restée isolée de la surface depuis plus de trois millions d'années. L'atmosphère, très pauvre en oxygène, y est très différente de celle qui nous entoure. Cela n'a pas empêché le développement d'une faune et d'une flore vivant en parfaite harmonie. D'autres micro-organismes utilisent le méthane et non le gaz carbonique.

Les êtres vivants s'adaptent aux environnements les plus différents. Certaines bactéries, dites thermophiles, se développent à des endroits où la température peut atteindre

100 °C, alors que certains poissons vivant dans les régions polaires peuvent synthétiser un liquide les empêchant de geler à –10 °C. Certains micro-organismes peuvent subsister dans des solutions d'acide sulfurique, tandis que d'autres préfèrent un milieu plus basique ou très salé.

Le fait que la vie existe depuis si longtemps sur Terre implique que la température et la pression n'ont pas trop varié pendant des milliards d'années. Pendant ce laps de temps, en effet, la distance de la Terre au Soleil n'a pas varié de manière significative, et le Soleil nous a envoyé en gros la même quantité d'énergie.

En 1950, Miller a formé plus facilement qu'on ne l'imaginait alors des molécules organiques et des acides aminés à partir de molécules simples comme la vapeur d'eau, le méthane ou l'ammoniac censés représenter l'atmosphère primitive. Actuellement, les chimistes peuvent aisément fabriquer une grande variété d'acides aminés et de molécules complexes qui sont les briques de la vie. De plus, des acides aminés ont été trouvés dans deux météorites ramassées dans l'Antarctique. Enfin, les astronomes qui observent le milieu interstellaire découvrent régulièrement des molécules de plus en plus complexes qui se sont formées spontanément dans le vide interstellaire. Mais de telles molécules, si complexes soient-elles, ne sont pas la vie elle-même.

Pour certains biologistes, l'apparition de la vie demande une telle accumulation de facteurs favorables qu'il n'est pas impossible que nous soyons seuls ou au moins très peu nombreux dans l'Univers. Pour certains astronomes, les étoiles sont si nombreuses (plus de quelques millions de milliards de milliards) que, même si seulement une petite proportion d'entre elles sont entourées de planètes et même si seulement un petit nombre de planètes réunissent les bonnes conditions pour son apparition, la vie doit être commune dans l'Univers. De là à recueillir des informations sur ces « mondes habités », à s'y rendre ou même à « téléphoner », il y a un pas que nous sommes loin d'être capables de franchir pour l'instant.

La lecture des romans de science-fiction nous familiarise avec des formes de vie « intelligente » très « exotiques » qui partagent bien peu de nos caractéristiques. Mais nous ne pouvons faire aucune déduction concrète à partir de possibilités aussi spéculatives. Pour les scientifiques, la quête de la vie revient pour l'instant à rechercher des formes de vie semblables à ce que nous connaissons sur Terre. La première étape de notre investigation consiste à localiser dans l'Univers des endroits où la température est de l'ordre de 0 à 40 °C, où l'eau peut exister à l'état liquide, où la composition chimique est favorable [1] et où toutes ces conditions sont réunies depuis plusieurs milliards d'années. Mais nous ne savons pas si cela suffit ou si d'autres ingrédients sont nécessaires.

Il est probable que la vie, comme tous les objets célestes, doit être caractérisée par une très grande diversité. La découverte récente, au fond des océans, de formes de vie bien différentes de ce que nous connaissions jusqu'alors nous suggère que la vie extraterrestre doit être encore beaucoup plus riche et plus variée que sur Terre.

Les livres d'astronomie de la première moitié du XXe siècle décrivent Mars ou Vénus comme des mondes respectivement plus froid ou plus chaud que la Terre, mais où la vie pourrait être envisagée. L'étude spectrographique de ces planètes, en nous révélant des mondes peu semblables à notre Terre, et surtout l'exploration de ces dernières années nous ont montré que ces mondes étaient impropres au développement de la vie. La chaleur de plusieurs centaines de degrés et la pression colossale à la surface de Vénus sont aussi impropres à la vie que le sol oxydant de Mars. Par contre, l'atmosphère de Titan, bien que trop froide

---

1. De manière que la croissance et la reproduction des organismes vivants soient assurées, un certain nombre de composants élémentaires doivent être disponibles. Parmi eux, il doit y avoir du carbone, de l'hydrogène, de l'oxygène, du soufre, du phosphore, de l'azote et quelques cations tels que le calcium Ca^{++}, le sodium Na^{+} et le magnésium Mg^{+}. Les réactions biochimiques ont lieu en milieu aqueux dans un domaine étroit de température. La vie ne peut donc se développer qu'à la surface d'une planète dont l'atmosphère a la « bonne composition chimique » et qui est située à la « bonne distance » de l'étoile centrale.

pour que la vie s'établisse, devrait nous donner des informations importantes sur la chimie prébiotique. La vie ne peut pas apparaître n'importe où. Sur les neuf planètes et la soixantaine de satellites connus, un seul corps a réuni les conditions favorables.

La vie sur Terre

À partir du moment où la vie se développe à la surface d'une planète, elle doit modifier notablement la basse atmosphère de cette planète. En effet, les composés nécessaires à la vie subissent une série de transformations en phase fluide. Ces transformations sont déterminées par les propriétés biologiques des êtres vivants plutôt que par un équilibre chimique. On s'est ainsi rendu compte que la basse atmosphère et la surface de la Terre avaient été profondément modifiées par l'apparition de la vie. C'est l'hypothèse Gaia avancée par un scientifique anglais, James Lovelock.

Les organismes vivant à la surface de la Terre sont responsables de la composition des gaz non nobles, de l'état d'oxydation, de l'acidité et de la température de la basse atmosphère, et ils alimentent sans cesse la couche de sédiments. La régulation atmosphérique est maintenue grâce à la source d'énergie qu'est le Soleil à travers la photosynthèse, par exemple, qui transforme le dioxyde de carbone CO_2 et l'azote en une myriade de composés organiques, en ammoniaque et en oxydes d'azote. La photosynthèse a conduit à l'apparition d'une atmosphère riche en oxygène et au dépôt d'argiles riches en composés organiques et d'autres roches. L'atmosphère de la Terre a ainsi été transformée en une atmosphère riche en oxygène et en composés organiques, et pauvre en gaz carbonique, alors que ses voisines Vénus et Mars sont riches en gaz carbonique et pauvres en oxygène. La disparition de la vie sur Terre modifierait profondément la composition de son atmosphère qui deviendrait alors semblable à celle de Vénus et de Mars. Un effet de serre provoqué par l'abondance de gaz carbonique conduirait à une élévation de la température de quelques centaines de degrés et à la disparition de toute eau liquide. À l'inverse, on pourrait imaginer que l'implantation de vie sur Vénus modifierait sa composition atmosphérique au point de la rendre semblable à celle de la Terre !

L'analyse des fossiles nous montre que la vie est apparue environ un milliard d'années après la formation de la Terre et a revêtu, pendant plus de deux milliards d'années, la forme de cellules isolées, flottant dans l'océan mondial. Il y a un peu plus de sept cents millions d'années, ces cellules s'associèrent pour former les premiers organismes multicellulaires. Cent millions d'années plus tard, ces organismes se munirent de squelettes et de parties dures susceptibles d'être préservés dans les roches longtemps après leur mort. Cent millions d'années de plus, et les poissons peuplent les mers. Cent de plus, et leurs descendants pondent des œufs résistants. Ils se munissent de poumons et conquièrent les continents jusqu'alors non peuplés. Il y a environ deux cent soixante millions d'années, les animaux à sang chaud apparaissent, et les premiers protomammifères commencent à prospérer.

À la fin de l'ère primaire, il y a environ deux cent cinquante millions d'années, environ 90 % des espèces disparaissent. Les survivants donnent naissance à des herbivores, à de grands amphibiens et à des reptiles. Les premiers mammifères et les premiers dinausores apparaissent un peu plus tard. Il y a soixante-cinq millions d'années, à la fin de l'ère secondaire, une nouvelle catastrophe vient ravager ce monde qui paraissait bien adapté et en équilibre. Les deux tiers des espèces vivantes et probablement 80 % des animaux disparaissent. Tout repart à nouveau, et en moins de quinze millions d'années apparaissent les ancêtres de la plupart des animaux qui peuplent aujourd'hui la Terre : les mammifères ont succédé aux dinosaures.

Les paléontologues et les géophysiciens discutent aujourd'hui de la cause de ces catastrophes. L'impact de corps astéroïdaux de plusieurs kilomètres de dimension peut provoquer de telles catastrophes. Les cratères, cicatrices de telles collisions, sont rapidement effacés par l'érosion et par l'activité géologique de la Terre. On en retrouve cependant suffisamment de traces pour conforter cette thèse des catastrophes provoquées par la rencontre de corps extraterrestres. Le cratère sous-marin de Chixculub, au nord du Yucatán, de 200 km de diamètre, semble avoir été provoqué par la chute d'une météorite d'environ 10 km de diamètre, il y a soixante-cinq millions d'années, et paraît un excellent candidat pour expliquer la disparition des dinosaures et de leurs contemporains.

De grandes éruptions volcaniques, comme la Terre en connaît de temps en temps, pourraient elles aussi provoquer la disparition de la majorité des êtres vivants. Par exemple, une période d'intense activité volcanique a éclaté il y a soixante-cinq millions d'années, dans la région du Deccan, à l'ouest de l'Inde. D'une intensité de plusieurs centaines de milliers de fois les plus fortes éruptions volcaniques de ce siècle, elle a, elle aussi, pu provoquer une extinction massive. Les scientifiques discutent actuellement de la nature du vrai coupable de l'extinction des dinosaures : l'astéroïde ou le volcan ? Quel que soit le responsable, il faut bien comprendre que le bombardement aussi bien que l'activité interne de la Terre jouent un rôle majeur dans l'évolution des espèces vivantes sur Terre. Il ne suffit pas d'être à la bonne distance de l'étoile centrale à la bonne température. Il faut que l'histoire se déroule bien !

Le monde extraterrestre : menace ou bienfait ?

Le bombardement, intense au cours du premier milliard d'années, continue à un rythme moins soutenu. En effet, quand la première phase de formation des planètes et des satellites, par collisions entre planétésimaux, a été terminée, la majorité de ces derniers ayant disparu, le bombardement est devenu moins intense. Le matériau non utilisé a continué sa course autour du Soleil avant de heurter un autre corps ou de rejoindre une trajectoire stable et pacifique. L'intensité du bombardement ne décroît plus que très légèrement depuis environ 3,9 milliards d'années. On peut même la considérer comme pratiquement constante depuis.

Dans les cas de projectiles de grande taille ou à vitesse d'impact élevée, les ondes engendrées par l'explosion se réfléchissent sur les parties non choquées de la surface et rebondissent pour former un pic central. Pour une collision encore plus violente, une succession d'ondes est produite par l'explosion, un peu comme dans l'eau autour du point d'impact d'un caillou. Ces ondes sont gelées à la surface sous formes d'anneaux concentriques autour du cratère. La bassin Caloris, de 1 300 km de diamètre à la surface de Mercure, les bassins Imbrium et Oriental, respectivement de 1 200 et de 900 km de diamètre à la surface de la Lune, sont d'excellents exemples de telles collisions. Une trentaine de tels bassins de plus de 300 km de diamètre, résultant de l'écrasement de corps d'environ 100 km de diamètre, ont été identifiés à la surface de la Lune. Ils ont été formés au début de l'histoire du système solaire, au moment où le bombardement était intense. Les plus anciens ont été effacés par l'activité de la Lune à cette époque et par les gros cratères plus récents. Ceux qui sont encore visibles sont apparus dans la phase finale de ce bombardement intense. Ils ont tous entre 4,1 et 3,9 milliards d'années. On trouve des cicatrices de telles collisions violentes sur Mars (Hellas et Argyre) et sur Callisto (Valhalla et Asgard).

Il est certain que la collision de la Terre avec un corps de quelques centaines de mètres à 1 km de diamètre ne produirait qu'une catastrophe *locale* (avec des dizaines de millions de morts si l'impact avait lieu sur une zone habitée). En revanche, l'impact d'un projectile de plus de 5 km de diamètre provoquerait l'apparition d'une énorme quantité de poussières et de débris de l'explosion dans l'atmosphère. En plus des effets immédiats tels que souffle, onde de choc, raz de marée..., cette collision modifierait la transparence de l'atmosphère et conduirait à un changement important du climat. Cet événement aurait, la radioactivité en moins, les mêmes conséquences qu'une guerre nucléaire totale (apparition de poussières en suspension dans l'atmosphère et changement du climat) et pourrait mettre en péril la civilisation humaine. Une telle collision a lieu tous les vingt à trente millions d'années en moyenne. Même si la probabilité d'une telle collision est faible, il n'est pas inutile de recenser tous les corps qui menacent la Terre. Certains prônent le développement d'un programme ambitieux de détection des corps ; d'autres suggèrent même de dévier la trajectoire des plus menaçants en faisant exploser, loin de la Terre, des bombes sur leur passage ! Nous sommes là en pleine science-fiction, nous verrons cela au cours des siècles prochains !

Les comètes sont-elles dangereuses ?

Les superstitions de l'Antiquité nous semblent bien loin maintenant, mais certains se sont demandé si les comètes pouvaient être dangereuses pour nous, soit en entrant en collision avec la Terre, soit en polluant l'atmosphère de gaz toxiques.

Compte tenu du nombre de comètes et du volume balayé chaque année par ces petits corps, on peut calculer qu'en moyenne une comète heurte la Terre tous les trente à soixante millions d'années. La collision directe d'une comète avec la Terre est un phénomène extrêmement rare *à l'échelle humaine* !

Les hommes n'ont donc rien à craindre à cet égard. Au cours de son histoire, longue de près de cinq milliards d'années, la Terre a souvent été heurtée par ces objets, surtout au début, lorsque le taux de bombardement était deux cents fois supérieur. Une telle collision peut produire superficiellement des dégâts considérables à l'endroit de l'impact, mais ne cause aucun dommage à la planète. Étant donné que la surface terrestre est occupée essentiellement par des océans, des montagnes ou des déserts, les risques courus par les hommes sont très faibles. Les ouragans, les tremblements de terre, les volcans ou même les armes que nous construisons sont autrement redoutables.

Certains ont émis l'hypothèse que la vie sur Terre était apparue grâce à la fécondation de l'atmosphère par des molécules complexes apportées par des comètes. Il est vrai que l'activité chimique est intense dans une comète et que des molécules beaucoup plus complexes qu'imaginées initialement apparaissent en leur sein. Cette hypothèse semble cependant très spéculative. Les conditions initiales sur Terre s'avèrent suffisantes pour faire naître la vie.

CHAPITRE XI

Sommes-nous seuls ?

À la recherche d'autres planètes habitées

« Dans une de ces planètes qui tournent autour de l'étoile nommée Sirius, il y avait un jeune homme de beaucoup d'esprit... »

VOLTAIRE.

Vers la fin de ce livre, il est permis de rêver un peu en se demandant si l'histoire de nos origines est exceptionnelle ou bien parfaitement banale. Cette histoire s'est-elle déjà déroulée ailleurs ? Est-elle en train de se produire quelque part ? Dans ce chapitre, il sera beaucoup plus question de spéculations que de faits solidement établis. Certains arguments développés à cette occasion ne résisteront probablement pas à un examen plus approfondi et paraîtront aussi ridicules à nos successeurs que les idées d'Aristote sur la chute des corps !

Si la formation des planètes est un processus largement répandu dans l'Univers et si la vie apparaît dès que les conditions favorables sont réalisées, alors on peut imaginer qu'une quantité innombrable d'êtres vivants et même de civilisations avancées peuplent l'Univers. Que pouvons-nous dire aujourd'hui sur ce sujet ? Quels sont les faits à partir desquels nous pouvons essayer d'échafauder une théorie ? Nous sommes un peu dans la situation de nos ancêtres qui essayaient de comprendre la formation du système solaire sans posséder de faits contraignants et, en toute rigueur, nous ne pouvons absolument rien dire à ce propos en l'absence du moindre fait d'observation. Aucune observation scientifique ne permet de dire que la Terre est ou n'est pas le seul monde habité de l'Univers. « Absence de preuve n'est pas preuve de l'absence », et réciproquement ! Cela dit, il n'est pas interdit de se demander comment rechercher les « autres » s'ils existent.

Le premier obstacle auquel nous nous heurtons à nouveau est celui des distances et du temps. L'Univers est si vaste, pour les pauvres humains que nous sommes, que le temps nécessaire à la propagation d'une telle information est largement supérieur à la durée de vie d'un homme et que l'espoir d'obtenir quelque révélation sur la présence d'autres formes de vie dans l'Univers paraît bien mince.

D'autres mondes habités

L'idée que d'autres mondes puissent être habités ne date pas d'hier. Fontenelle, dans ses merveilleux *Entretiens sur la pluralité des mondes*, publiés en 1686, discourait sur la vie extraterrestre. Dans son admirable *Astronomie populaire* de 1880, Camille Flammarion dissertait sur les habitants de Vénus et de Mars.

À la fin du XIXe siècle, certains astronomes avaient cru observer des canaux sur la planète Mars. Cette illusion, due aux turbulences de l'atmosphère terrestre et à l'utilisation des lunettes disponibles à l'époque poussées à la limite de leurs possibilités, a été le point de départ de la légende des martiens. Beaucoup ont attribué à ces canaux fictifs une origine artificielle, et l'idée que la planète Mars était habitée se répandit. Les auteurs de science-fiction ont pris le relais. Dans une célèbre émission de radio des années 1930, George Wells réussit à affoler une partie de la population des îles Britanniques en faisant croire à une invasion sanglante des martiens. Lorsque les parlementaires américains ont voté les crédits de la mission *Viking* d'exploration de Mars au début des années 1970, l'idée d'aller voir si les martiens existaient vraiment a sûrement fait plus pour l'acceptation du projet que le programme d'exploration de la géologie martienne.

Soucoupes volantes et autres vésanies

Ne nous attardons pas sur ceux qui exploitent la crédulité humaine en racontant des histoires de « soucoupes volantes » ou d'« objets volants non identifiés » — les ovnis. Mettons les choses au point : l'auteur de ces lignes n'a aucun ressentiment contre ceux qui croient aux soucoupes volantes, il éprouverait même de la sympathie pour leur côté rêveur. Par contre, il ne supporte absolument pas ceux qui en font commerce. Il n'est évidemment pas impossible que la Terre ait été visitée un jour, et les astronomes, dont je suis, tiennent le champagne au frais pour accueillir dignement les premiers extraterrestres. Mais les récits rapportés de telles visites n'ont absolument rien à voir avec une intelligence extraterrestre. Chaque fois que les scientifiques se sont penchés sur ces témoignages, ils ont trouvé une explication simple quand le rapport contenait suffisamment d'informations et ils n'ont pas pu conclure lorsque les faits rapportés étaient vagues, imprécis et incomplets. Tous ceux qui se livrent à des enquêtes judiciaires savent combien un témoignage visuel est fragile ! Ce n'est pas parce que M. ou Mme Dupont prétend avoir vu un martien qu'il existe ! Ce n'est pas parce que certains racontent avoir vu apparaître la Vierge ou Allah que leur existence est indubitable.

Il est quand même étonnant que les milliers d'astronomes professionnels, dont le métier est d'observer le ciel jour et nuit dans toutes les longueurs d'onde et dans toutes les directions, et qui se sont dotés des instruments les plus élaborés, n'aient jamais observé le moindre signe d'intelligence extraterrestre. Si l'on en croit certains rapports, tout se passe comme si les extraterrestres ne se montraient qu'à ceux qui n'ont aucune culture scientifique !

À la lecture des histoires d'ovnis, il est frappant de constater combien ces extraterrestres nous ressemblent et combien les auteurs de ces fadaises manquent d'imagination. Les scientifiques ne leur reprochent pas d'avoir trop d'esprit d'invention, mais d'en manquer singulièrement !

L'idée que des astronautes aient visité la Terre dans le passé pour apprendre aux civilisations anciennes l'essentiel de leurs connaissances est une véritable insulte à l'intelligence et aux réalisations de ces civilisations. Les « preuves » apportées sont des fraudes délibérées, et le fait de sous-estimer ces civilisations dites « primitives » frôle le racisme. Comme dans le cas de l'astrologie, il est déshonorant d'exploiter ainsi la naïveté du public ! Mais revenons à un sujet plus sérieux : la quête de la vie dans l'Univers.

La vie dans le système solaire

Avant les années 1970, personne ne pouvait dire si la Terre était le seul endroit habité du système solaire. Après la première phase d'exploration, il semble bien que ce soit le cas. Comme nous l'avons vu, la Terre est unique en ce sens grâce à deux facteurs : sa masse et sa distance au Soleil. La planète Vénus est un peu trop proche du Soleil, et la planète Mars est un peu trop petite pour que la vie existe de nos jours à leur surface. Bien que Vénus ait la même masse, la même taille, la même composition et la même abondance initiale d'éléments volatils que la Terre, ses océans, même s'ils ont existé pendant des centaines de millions d'années, ont probablement été trop chauds pour que la vie puisse s'y développer durablement.

Quant à Mars, sa faible masse, seulement un dixième de celle de la Terre, a eu pour conséquence l'arrêt pour l'essentiel de l'activité volcanique au bout d'un milliard d'années et la formation d'une croûte épaisse. De nos jours, la quantité de gaz carbonique est insuffisante pour maintenir un effet de serre important, et la température est bien inférieure aux valeurs compatibles avec le maintien de la vie. Si la Terre avait été 5 à 10 % plus proche du Soleil, elle aurait peut-être perdu toute l'eau de ses océans, et la vie n'y existerait probablement plus de nos jours.

Il n'est pas impossible que la vie soit apparue sur Mars en même temps que sur Terre et que plusieurs endroits du système solaire aient abrité une vie primitive. Cette quête fera l'objet de l'exploration des siècles futurs. Même si les autres terres du système solaire sont arides, leur étude est importante pour mieux comprendre quelles sont les conditions à réunir pour que la vie apparaisse. À cet égard, la recherche de fossiles sur le sol de Mars devrait nous dire si la vie y a démarré un jour. Les océans d'Europe ainsi que l'atmosphère d'azote de Titan ou de Triton devraient nous fournir de précieuses informations sur la chimie prébiotique, c'est-à-dire sur l'activité chimique qui a précédé l'apparition de la vie.

D'autres formes de vie ?

Quand on parle de la quête de la vie extraterrestre, on se réfère évidemment à la vie telle que nous la connaissons sur Terre. La chimie du carbone sur laquelle est fondée toute la vie sur Terre paraît la plus apte à engendrer la vie parce que c'est l'élément à partir duquel les molécules les plus complexes peuvent se développer. Par exemple, dans le milieu interstellaire où les conditions sont bien différentes de celles qui règnent sur Terre, les molécules les plus complexes sont celles qui contiennent du carbone.

Le silicium, qui est un élément proche du carbone du point de vue chimique, pourrait lui aussi être à la base d'une multitude de molécules complexes, mais les possibilités de liaison de cet élément sont tout de même beaucoup plus limitées que celles du carbone, et il est beaucoup moins abondant dans l'Univers.

Les scientifiques, qui ne manquent pas d'imagination, ont essayé de recenser les endroits où des structures complexes pourraient être stables dans l'Univers. Ils ont avancé des idées très spéculatives qu'aucun fait d'observation ne permet d'étayer pour l'instant. Celles-ci nous font au moins prendre conscience que nous ne sommes peut-être pas au bout de nos surprises dans ce domaine.

Par exemple, la force nucléaire qui lie les protons et les neutrons à l'intérieur d'un atome pourrait remplacer la force électromagnétique, responsable des liaisons chimiques, à la surface d'une étoile à neutrons dans son rôle de ciment pour permettre à des édifices stables de se reproduire et d'interagir avec leur environnement. Il serait évidemment bien difficile de communiquer avec de tels êtres qui utiliseraient probablement le rayonnement gamma plutôt que le rayonnement radio pour échanger des informations, mais surtout le temps aurait probablement un sens très différent pour eux. Un noyau se déplaçant d'une grandeur égale à sa taille en 10^{-21} s environ alors qu'un homme fait la même chose en à peu près 1 s, les échelles de temps liées à l'évolution de tels « organismes » n'auraient pas grand-chose à voir avec les nôtres. On peut ainsi imaginer des êtres dont la vie ne durerait qu'un millionième de milliardième (10^{-15}) de seconde et dont la taille ne dépasserait pas un centième de milliardième (10^{-11}) de centimètre ! Dans un registre bien différent, d'autres ont imaginé des nuages interstellaires organisés et pensants qui se nourriraient de la lumière des étoiles.

Où chercher ?

Revenons sur Terre pour chercher si des formes de vie semblables à la nôtre pourraient être détectées ailleurs. On peut tout d'abord se demander « où chercher ». Il est évident que cette quête passe par la détection de planètes autour d'autres étoiles. La découverte récente de planètes autour d'étoiles proches doit nous encourager à regarder de plus près dans la direction de ces étoiles même si les planètes détectées pour l'instant semblent *a priori* peu favorables à accueillir la vie. Elles sont pour la plupart beaucoup trop massives et beaucoup trop proches de l'étoile centrale. Les astronomes n'ont pas encore trouvé de nouveau système solaire. Les planètes extrasolaires détectées jusqu'à présent sont dans des situations exotiques par rapport à nous, qu'il s'agisse d'objets de la masse de Jupiter aussi proches de leur étoile que Mercure du Soleil ou alors de petits corps au voisinage de pulsars. Des planètes de la masse et de la taille de la Terre situées « à la bonne distance » sont pour l'instant hors d'atteinte de nos moyens de détection.

Il n'est pas facile de repérer la vie à distance. Imaginons des visiteurs venant d'ailleurs et effectuant une reconnaissance préliminaire de notre système solaire. Leur premier regard serait incontestablement pour les planètes géantes avec leurs spectaculaires systèmes d'anneaux et leurs satellites. Un peu plus tard, ils s'intéresseraient aux petites planètes du système solaire interne et à la plus grande d'entre elles qui a la particularité de posséder un satellite presque aussi gros qu'elle. Ils remarqueraient rapidement que, même vue de loin, la Terre a quelques caractéristiques uniques : le bleu des océans, le blanc des calottes polaires et des nuages qui reflètent près du tiers de la lumière solaire, ainsi que les variations saisonnières. Ils seraient probablement encore plus frappés par la composition chimique de l'atmosphère terrestre : l'azote compose 78 % de l'atmosphère, mais la réelle surprise serait l'absence de gaz carbonique et la présence d'oxygène qui représente 21 % de l'atmosphère terrestre. Sur les autres planètes, l'oxygène, qui est un gaz très réactif, est enfermé dans les roches, tandis que le gaz carbonique est le constituant majeur des atmosphères de Vénus et de Mars. Ils seraient aussi frappés par la présence de traces de méthane dans cette atmosphère riche en oxygène. Le méthane est si facilement transformé en gaz carbonique dans notre atmosphère que sa présence implique l'existence d'une source qui renouvelle constamment le méthane atmosphérique. Il leur resterait à comprendre que la production de méthane et d'oxygène est étroitement liée à la vie.

Il faut s'approcher très près de la Terre pour voir les premières manifestations de la vie avec les grandes lignes géométriques que sont les chemins forestiers tracés dans les forêts canadiennes. Les images de la Terre envoyées par les satellites ne permettent pas de distinguer des signes de vie tant que la résolution est de l'ordre de quelques kilomètres. Il faut atteindre une résolution de l'ordre de quelques dizaines de mètres pour détecter les champs dans les campagnes et la géométrie des villes. Les individus eux-mêmes ne sont visibles qu'avec une résolution de l'ordre du mètre.

Si les habitants d'une planète située au voisinage de Sirius ou d'une autre étoile proche avaient la fantaisie de nous écouter, ils pourraient recevoir nos émissions radioélectriques, véhicules de nos communications entre les navires ou les avions, et des programmes de radio et de télévision. Ils verraient qu'elles ne sont pas réparties uniformément sur Terre, qu'elles sont concentrées autour de quelques régions telles que l'Amérique du Nord, l'Europe de l'Ouest ou le Japon. Ils pourraient en déduire la période de rotation de notre planète. S'ils ont compris que cette émission est provoquée par des êtres vivants, ils pourraient en déduire la température de notre planète et donc sa distance au Soleil. De la répartition inhomogène de nos sources d'émission ils pourraient tirer quelques conséquences sur la proportion d'océans et de continents ou encore sur l'existence de systèmes sociaux différents.

Les astronomes essaient actuellement de concevoir des projets capables de détecter à distance des phénomènes caractéristiques de la vie, par exemple en détectant la présence d'oxygène. Nous en reparlerons un peu plus loin. Si tous les problèmes techniques sont résolus, de tels projets pourraient être lancés au cours de la deuxième ou de la troisième décennie du XXIe siècle. On peut imaginer aisément les retombées aussi bien scientifiques que culturelles ou sociales de la détection d'une vie ailleurs. Ne serait-ce que pour une meilleure compréhension de nos origines, une telle découverte nous ferait faire un pas de géant.

Les zones habitables

En recherchant nos origines, nous avons compris que nous étions les enfants du temps et que la vie ne serait jamais apparue sur Terre si les conditions favorables n'avaient pas existé pendant une durée suffisamment longue. Pour que la vie puisse apparaître à la surface d'une planète, il ne doit faire ni trop froid, sinon les glaces recouvrent la surface, ni trop chaud, sinon l'effet de serre élève la température au point où l'eau se vaporise. On peut donc définir autour de chaque étoile une zone « habitable » où une planète comme la Terre peut exister, c'est-à-dire une zone où de l'eau liquide peut recouvrir au moins une partie de la surface.

La première condition à remplir est d'avoir une zone habitable qui le reste pendant suffisamment longtemps pour qu'une vie semblable à la nôtre ait le temps d'apparaître, ce qui exclut immédiatement l'environnement des étoiles les plus massives, ou encore celui des étoiles dont la luminosité varie notablement au cours de leur vie.

Nous avons déjà parlé des étoiles qui sont de cinq à cent fois plus massives que le Soleil. Elles jouent un rôle fondamental dans la production des atomes. Elles vivent sur un grand pied, dépensant beaucoup d'énergie, mais cela ne dure pas longtemps. Elles meurent au bout d'un temps d'autant plus court que leur masse est plus grande. Avec une durée de vie de quelques centaines, voire de quelques dizaines de millions d'années, elles ne laissent pas le temps à la vie de se développer à la surface d'éventuelles planètes. Seules les étoiles dont la masse est inférieure à trois ou quatre fois celle du Soleil doivent être considérées.

Par ailleurs, près de 80 % des étoiles vivent en couple. S'il y a des planètes autour de ces étoiles doubles, leurs trajectoires s'approchent alternativement de l'une, puis de l'autre. Les deux étoiles n'ont évidemment ni la même masse ni la même luminosité, et la température à la surface de ces planètes varie considérablement, inhibant ainsi l'apparition de la vie.

Seules les étoiles isolées et de faible masse conviennent donc à notre recherche de vie extraterrestre. Autour de ces étoiles, les planètes candidates ne doivent être ni trop près ni trop loin. Deux facteurs interviennent pour définir la zone « habitable » autour d'une étoile : la quantité d'énergie reçue et la quantité de gaz, comme le gaz carbonique, susceptible de développer un effet de serre.

Sur un corps géologiquement actif comme la Terre, cette

quantité dépend du cycle carbone-silicate. Quand la pluie contenant du gaz carbonique dissous tombe sur des minéraux silicatés, le résultat des réactions est transporté par les rivières, et des carbonates se déposent au fond des océans. Ces dépôts peuvent atteindre le manteau terrestre lorsque des plaques glissent l'une en dessous de l'autre par subduction. Ces carbonates sont alors chauffés et transformés à nouveau en gaz carbonique quand ils sont évacués dans l'atmosphère par des éruptions volcaniques. Ce cycle carbonate-silicate joue un rôle de thermostat. Quand il y a du gaz carbonique en excès, l'effet de serre est plus efficace, l'atmosphère est plus chaude, les précipitations augmentent, et une quantité importante de gaz carbonique atmosphérique est évacuée. La température baisse, les précipitations diminuent, et une plus grande quantité de gaz carbonique d'origine volcanique s'accumule dans l'atmosphère, permettant à la température de remonter.

Les spécialistes des atmosphères ont tenté de calculer la limite inférieure et la limite supérieure de la zone habitable. La distance minimale permettant à la vie de se développer correspond à l'endroit où le cycle carbonate-silicate a conduit à l'élimination du gaz carbonique atmosphérique. En se rapprochant de l'étoile, la température croît, et l'évaporation est importante dans la haute atmosphère. Les molécules d'eau y sont cassées par le rayonnement ultraviolet de l'étoile en atomes d'oxygène et d'hydrogène. Ces derniers, qui sont légers, s'évadent sans retour. Dans notre système solaire, l'eau s'évapore pour une planète de la taille de la Terre située à 0,95 unité astronomique. Nous sommes vraiment près de la limite ! Même si une planète retenait l'eau à sa surface malgré ce mécanisme d'évasion, l'effet de serre s'emballerait, et la température croîtrait au point où toute l'eau s'évaporerait pour une Terre située à 0,84 unité astronomique.

Quand on s'éloigne de l'étoile, la quantité d'énergie reçue diminue, et le cycle carbonate-silicate provoque une lente croissance de la quantité de gaz carbonique atmosphérique de façon à maintenir la température au-dessus du point de fusion, empêchant ainsi à l'eau de geler. Même si de telles

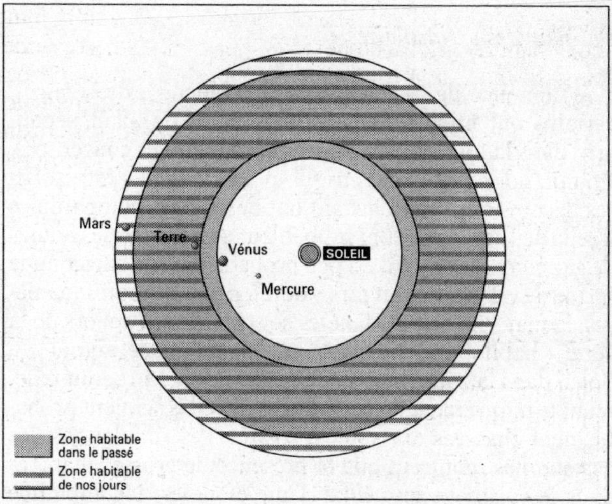

Figure 28 La zone « habitable » autour du soleil.

Vénus est un peu trop près du Soleil, et Mars trop à la limite externe pour abriter la vie. La Terre est juste à l'intérieur. Cette zone, à l'intérieur de laquelle de l'eau liquide peut couler à la surface d'une planète terrestre, s'est légèrement déplacée au cours du temps.

quantités de gaz carbonique sont probablement incompatibles avec la vie humaine, d'autres formes de vie pourraient survivre. Pour une Terre située à 1,37 unité astronomique, le sommet d'une atmosphère riche en gaz carbonique commence à geler et à former des nuages contenant des cristaux de gaz carbonique. Si ces nuages sont épais et constitués de petites particules, ils réfléchissent bien la lumière de l'étoile et refroidissent la planète. Mais s'ils contiennent de grosses particules qui sont d'excellents réflecteurs du rayonnement infrarouge, l'effet de serre pourrait être augmenté, et la planète efficacement chauffée. Au-delà de 2,4 unités astronomiques, l'atmosphère est si épaisse que l'addition de gaz carbonique ne fait pas croître la température. Au-delà de cette limite, un océan d'eau gèlerait, transformant la planète en un gigantesque glaçon.

Des planètes extrasolaires ?

À l'annonce de la découverte de planètes extrasolaires, certains ont immédiatement imaginé qu'on allait découvrir, dans la foulée, de la vie autour des étoiles concernées. En fait, nous en sommes très loin. Les planètes extrasolaires découvertes pour l'instant ont des masses comparables à celle de Jupiter. Ce sont probablement d'immenses boules de gaz comme elle, et il est peu probable qu'une quelconque forme de vie évoluée ait pu s'y développer. De toutes manières, la majorité de ces planètes sont situées en dehors de la zone « habitable ». De plus, un Jupiter placé autour du Soleil dans la zone des planètes internes perturberait tellement le mouvement de ces planètes qu'elles seraient probablement chassées du système solaire. Les simulations des astronomes montrent que la présence de grosses planètes dans le voisinage immédiat d'une étoile est incompatible avec la présence de corps semblables à la Terre dans la zone habitable.

Certaines planètes extrasolaires sont situées dans cette zone. Le seul moyen d'y développer la vie est d'imaginer qu'elles possèdent des satellites suffisamment gros pour retenir une atmosphère. Si c'était le cas, il faudrait encore surmonter un certain nombre de difficultés avant de réunir les conditions favorables à l'apparition de la vie. L'effet de marée, d'une part, entre la planète et le satellite et, d'autre part, entre l'étoile et la planète joue en effet un rôle majeur.

Comme nous l'avons vu, l'effet de marée a pour conséquence de changer les périodes de rotation des corps concernés et de modifier la distance entre la planète et son satellite. C'est ainsi que la Lune s'éloigne de la Terre de quelques mètres par siècle, que la rotation de la Terre se ralentit et donc que la durée du jour augmente de même que celle du mois. Le ralentissement de la période de rotation de la Lune a eu pour effet de synchroniser les mouvements de rotation et de révolution. La Lune met le même temps pour faire un tour sur elle-même et pour faire le tour de la Terre, c'est pourquoi elle lui présente toujours la même face. La Terre tend elle aussi vers la synchronisation. Dans quelques milliards d'années, la durée du jour sera égale à celle du mois et à cinquante de nos jours actuels.

Un satellite qui tourne autour d'une planète obéit aux lois découvertes par Kepler selon lesquelles la période de révolution d'un satellite dépend de sa distance à la planète. Plus le satellite est proche, moins la période est longue. Il existe une distance où la période de révolution du satellite est égale à la période de rotation de la planète, c'est la place de l'orbite synchrone. Pour la Terre, cette orbite, située à 36 000 km, est celle sur laquelle on place les satellites de télévision et de communication puisqu'ils sont toujours situés au-dessus du même point de la Terre. Plus la période de rotation de la planète est grande, plus l'orbite synchrone est éloignée. Si un satellite est situé en deçà de l'orbite synchrone, il se rapproche de la planète en raison des effets de marée. C'est le cas de Phobos autour de Mars. Si, au contraire, un satellite est au-delà de l'orbite synchrone, il s'éloigne. C'est le cas de la Lune autour de la Terre et de pratiquement tous les satellites du système solaire. Le satellite s'éloigne ou se rapproche d'autant plus vite qu'il est plus gros.

Imaginons une grosse planète comparable à Jupiter, les effets de marée entre elle et son étoile seront d'autant plus forts qu'elle est massive et proche de l'étoile. La période de rotation de la planète, comme celle de Mercure autour du Soleil, sera considérablement diminuée. L'orbite synchrone sera donc située loin de la planète. Tout satellite situé au-delà s'éloignera. Il y a ainsi une grande chance qu'il soit capturé par l'étoile et qu'il s'évade de l'environnement de la planète pour être probablement expulsé de cette zone par le jeu des perturbations gravitationnelles. Il semble bien que, dans le cas général, le satellite soit s'écrasera sur la planète, soit quittera la zone habitable. Il n'est cependant pas impossible que la masse de la planète, celle du satellite, la distance de la planète à l'étoile, les conditions initiales et tous les paramètres du problème aient les bonnes valeurs pour que le satellite reste suffisamment longtemps dans la zone habitable et que la vie y apparaisse. Il faudrait évidemment faire un calcul précis dans chaque cas.

Ces quelques considérations montrent qu'il faut réunir beaucoup de conditions favorables portant sur la masse de l'étoile, le fait qu'elle est isolée, la masse de la planète, sa distance à une étoile, etc., pour qu'un corps de taille suffisante demeure suffisamment longtemps dans la zone habitable et donne une chance à la vie de se développer. On pourrait en déduire que nous sommes pratiquement uniques dans l'Univers, mais, compte tenu des centaines de milliers de milliards de milliards d'étoiles et du temps disponible, la chance de trouver des conditions semblables à celles qui ont permis à la Terre d'apparaître est loin d'être négligeable. Même si seulement une étoile sur un milliard permettait à une Terre telle que la nôtre d'apparaître, nous aurions peut-être des centaines de milliers de milliards de sœurs jumelles de la Terre.

Si la probabilité que la vie apparaisse autour d'une étoile est faible, ce que nous ignorons totalement, le nombre de Terres habitées peut être élevé. Mais la distance entre deux mondes habités est probablement suffisante pour compromettre toute communication bien difficile. Cela n'empêche pas les hommes de continuer la recherche.

Comment découvrir d'autres Terres ?

La technologie actuelle ne permet pas de détecter une planète telle que la Terre au voisinage d'une étoile. En effet, une telle planète qui n'émet pas de lumière par elle-même se contente de réfléchir celle de l'étoile. Vu de la Terre, un tel objet est pratiquement confondu avec l'étoile, et sa faible clarté se perd dans la lumière de l'étoile. Il est plus facile de détecter une bougie allumée contre un phare de marine.

Les astronomes européens ont proposé à l'agence spatiale européenne de lancer un satellite, *Darwin*, afin de détecter, dans le domaine infrarouge, la présence d'ozone en utilisant un interféromètre couplé à un dispositif qui masque l'étoile visée. Sur Terre, la lumière zodiacale provenant des grains de poussière interplanétaires gênerait l'observation. Il faut donc se placer plus loin dans le système solaire, au moins à la distance de Jupiter. La présence d'ozone indiquerait qu'une planète proche de l'étoile contient de grandes quantités d'oxygène dans son atmosphère, probablement à cause de l'apparition de la vie.

Un autre projet, *Kepler*, a été proposé à la NASA. Il s'agit de lancer un satellite contenant un photomètre très sensible, à pointer plus de cent mille étoiles pendant au moins quatre ans pour tenter de détecter le passage d'une planète devant l'étoile observée grâce à un changement de luminosité de l'ordre de quelque cent millièmes pendant quelques heures. L'expérience doit être tentée dans l'espace non seulement pour obtenir une telle précision, mais aussi pour éviter les interruptions dues au cycle des jours et des nuits. Un autre satellite français, *Corot*, destiné à observer les oscillations des étoiles, pourrait aussi observer de tels transits planétaires.

Dans une vingtaine ou dans une trentaine d'années, des interféromètres optiques placés dans l'espace pourraient directement photographier des planètes extrasolaires. À une plus grande échelle de temps, mais toujours au XXIe siècle, on peut imaginer la mise en orbite de télescopes géants de plusieurs centaines de mètres et même de 1 km de long capables de photographier directement des chaînes de montagnes et des océans sur une planète extrasolaire de la taille de la Terre, s'il en existe.

Une vie intelligente dans la Galaxie ?

Si l'on reprend le calendrier du chapitre III, on voit que la culture humaine n'est apparue que très récemment dans l'histoire de l'Univers. Alors que les premières formes de vie se manifestaient sur Terre il y a environ 3,8 milliards d'années, les premières créatures humaines, les australopithèques, émergeaient il y a environ quatre millions d'années. Les humains modernes se manifestaient, eux, avec l'homme de Neanderthal, il y a environ une centaine de milliers d'années. On peut dater l'éclosion de la culture humaine à environ vingt mille ans, aux alentours de l'époque magdalénienne, avec la floraison artistique de cette époque, dont il reste les impressionnantes peintures rupestres. Toute l'histoire de la culture humaine ne représente qu'un cent millième de l'histoire de l'Univers ! Le rapport est à peu près le même que celui de l'épaisseur d'un brin d'herbe par rapport à la longueur d'un terrain de football. À l'échelle de l'évolution cosmique ou biologique, l'histoire de notre culture est un phénomène très récent, et aucune évolution biologique des êtres humains n'a eu lieu pendant ce temps-là.

Si des civilisations technologiquement avancées existent, on pourrait être tenté d'entrer en contact avec elles. Cette perspective n'est pas nécessairement réjouissante si l'on se remémore ce qui est arrivé dans l'histoire des hommes quand deux civilisations n'ayant pas le même degré d'avancement se sont rencontrées. Les exemples abondent de la disparition de la civilisation la moins avancée techniquement peu de temps après le premier contact, soit à cause des maladies, soit à cause des guerres. L'arrivée des Espagnols en Amérique s'est traduite par la disparition des civilisations précolombiennes, celles des Péruviens à l'île de Pâques par la mort des autochtones, celle de l'homme blanc en Amérique du Nord par le massacre des Indiens, celle des Anglais en Australie par la mise à l'écart des aborigènes...

À l'écoute des autres

Certains ont eu l'idée de se mettre à l'écoute de quiconque essaierait d'entrer en contact avec nous ou de détecter d'éventuelles communications dans l'espace interstellaire, de la même manière que les militaires s'emploient à intercepter les communications des autres. Malgré tous les efforts consentis, il n'y a eu aucun résultat.

L'utilisation simultanée de grands radiotélescopes, de

détecteurs très sensibles et des techniques modernes d'analyse des données devrait permettre de détecter de tels signaux s'ils existent. Il y a évidemment de grandes incertitudes concernant les longueurs d'onde et la bande passante, la polarisation, les constantes de temps et les techniques de décodage. Mais les techniques radio sont relativement bon marché, elles permettent de sonder de vastes étendues spatiales et elles peuvent transmettre de grandes quantités d'information.

On a donc les moyens de détecter l'existence de civilisations techniques à un certain moment de leur développement. Les hommes de l'Antiquité n'émettaient aucun signal radio, et ceux de demain utiliseront peut-être essentiellement le câble. Plusieurs programmes se sont déjà succédé : dès 1960, le projet SETI (*Search for an extraterrestrial intelligence*), puis, à partir de 1985, le projet META (*Megachannel extraterrestrail array)* et enfin, depuis 1995, le projet BETA. Quelques candidats ont été soupçonnés, mais aucun n'a été retenu.

Voyages et communications

Les distances sont si grandes dans l'Univers que l'idée de se déplacer d'une étoile à l'autre ne paraît pour l'instant pas très réaliste. Les sondes *Pioneer* et *Voyager*, qui quittent actuellement le système solaire, mettront plus de dix mille ans pour s'éloigner de quatre années-lumière, distance de l'étoile la plus proche. Plus la vitesse est élevée, plus il faut disposer d'une grande réserve d'énergie pour freiner en arrivant à destination. Quels que soient les progrès techniques, les lois de la physique imposent une limite infranchissable. La vitesse de la lumière ne peut pas être franchie, sinon la masse des voyageurs deviendrait infinie !

Imaginons qu'on ait résolu tous les problèmes techniques et qu'on ait inventé un engin capable de se déplacer, par exemple, à la moitié de la vitesse de la lumière, ce qui est totalement hors de notre portée actuellement. Au bout d'une vingtaine d'années, ce qui est long pour un voyage

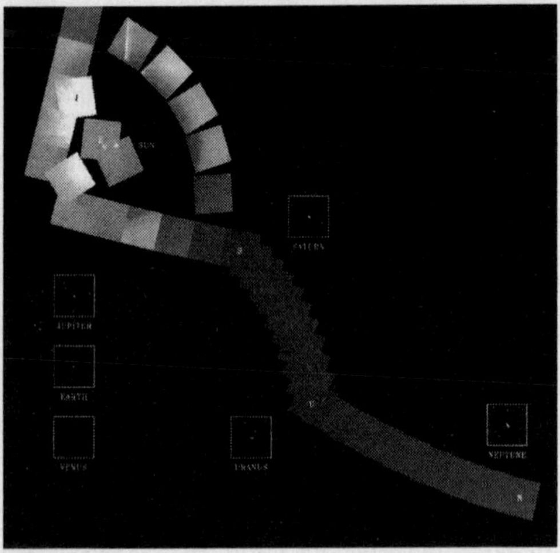

Figure 29 Le système solaire vu de l'extérieur.

La sonde Voyager 1, *qui est en train de quitter le système solaire, a photographié les planètes pour nous envoyer cette image émouvante de notre système vu pour la première fois de l'extérieur. Chaque carré représente le champ balayé par la caméra de la sonde. On observe quelquefois un petit point à peine visible : c'est une planète ! La Terre, perdue dans un rayon du Soleil, est à peine visible. Ce document pris à seulement quatre heures-lumière du Soleil donne une idée de la difficulté de distinguer des planètes à des années-lumière de distance (document NASA/JPL-CALTECH).*

sans escale, un tel engin n'aurait parcouru qu'un dix millième de notre Galaxie. Au cours de ce voyage, il n'y a évidemment aucune station-service pour faire le plein d'énergie, aucune auberge accueillante pour se reposer, aucun marché pour faire ses courses, aucun hôpital pour soigner les malades. Il n'est donc pas question d'oublier quoi que ce soit dans ses valises. On peut imaginer la difficulté d'organiser un tel périple en emportant l'énergie, la nourriture, les médicaments... pour des dizaines d'années ! Même si tous les problèmes matériels étaient résolus, ce qui est loin d'être facile, les problèmes humains seraient eux aussi un défi redoutable. Faut-il envoyer un homme seul au risque de le voir mourir d'ennui ? Faut-il envoyer un équipage ? Mais alors les problèmes de promiscuité risquent d'être délicats quand on songe qu'après quelques jours de voyage dans un espace réduit pour traverser l'Atlantique les membres de l'équipage d'un voilier ont souvent de la peine à se supporter. Faut-il envoyer des hommes et des femmes ? En nombre égal ou non ? Quand on songe à ce qui est arrivé en 1910 aux hôtes de l'îlot français de Clipperton qui, ne voyant pas venir le bâteau ravitailleur, bloqué par la révolution mexicaine, se sont entre-déchirés au bout de quelques mois, cela n'incite guère à l'optimisme ! L'homme le plus fort physiquement a tué tous les autres et mis les femmes en esclavage. Celles-ci se sont finalement révoltées et l'ont assassiné juste avant qu'un bateau n'apparaisse à l'horizon.

On peut évidemment imaginer des voyages sans retour comme l'étaient souvent ceux des premiers explorateurs, mais cela pose des problèmes moraux considérables.

Ne brûlons pas les étapes ! Les distances sont tellement grandes dans la Galaxie que nous ne sommes pas près de « les » rencontrer ! Si nous voulions lancer une fusée vers d'hypothétiques planètes proches, elle aurait au départ une masse comparable à celle de la Terre ! Même si nous avions résolu ce problème, le voyage durerait quelques dizaines de milliers d'années : ceux qui arriveraient, s'ils n'ont pas oublié le but de la mission, ne seraient pas ceux qui sont partis !

Nous nous sommes contentés, en attendant, de « jeter des bouteilles à la mer » en quelque sorte. Les sondes *Pioneer* et *Voyager*, qui ont exploré les confins du système solaire, le quittent en emportant à bord une plaque qui donne quelques informations simples sur notre civilisation. Si un jour, dans quelques milliards d'années, des archéologues découvraient ces engins et se demandaient quels sont les êtres primitifs qui les ont construits, ces informations pourraient les renseigner. Dans un langage mathématique et un système numérique binaire — le plus simple —, nous disons en effet que nous habitons la troisième planète autour du Soleil, dont nous donnons la posi-

Figure 30 Le message d'Arecibo.
Envoyé le 16 novembre 1974 sous forme de zéros et de un (ci-dessus à gauche) par le radiotélescope géant d'Arecibo, situé dans le cratère naturel d'un volcan de l'île de Porto Rico, ce message, qui se déplace à la vitesse de la lumière, parviendra à l'amas d'étoiles Messier 13 dans vingt cinq mille ans. Le schéma de droite représente la « traduction ». Si une étoile parmi les centaines de milliers de cet amas est entourée de planètes et si l'une d'entre elles est habitée d'êtres qui écoutent les alentours, ils pourront peut-être capter ce bonjour amical, le comprendre et nous répondre. Il ne faudra donc pas oublier de nous mettre à l'écoute dans cinquante mille ans !

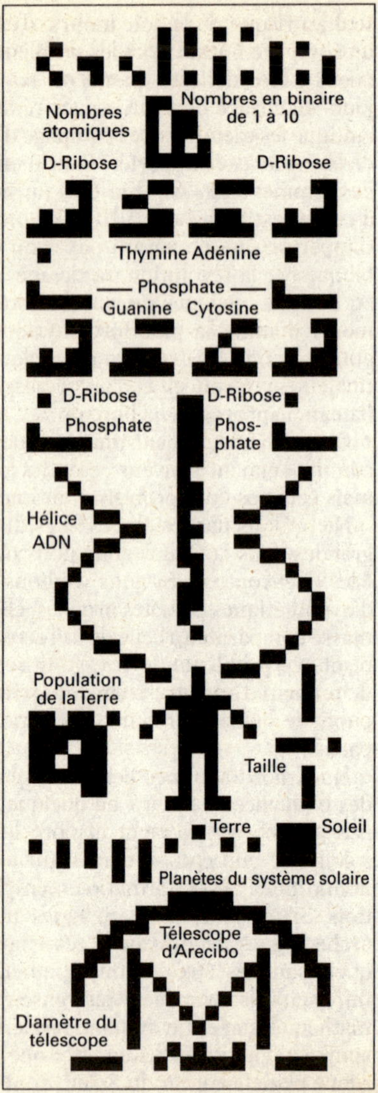

tion par rapport à quelques pulsars proches, et nous indiquons notre taille à l'échelle de la sonde. Des schémas, des photographies et des enregistrements sonores complètent l'information.

Certains se sont émus, disant « qu'ils » allaient savoir où nous sommes et « qu'ils » allaient nous envahir ! Si jamais ces sondes sont découvertes, ce qui est peu probable, la Terre aura déjà cessé d'exister, comme nous le verrons dans le prochain chapitre. Comme il n'était pas question de nous montrer en costume, ou en jupette à la grecque, ou en toge à la romaine, ou encore en habits traditionnels à la japonaise, des ligues de vertu américaines ont protesté contre l'idée d'envoyer l'image d'un homme et d'une femme nus, sous prétexte que ce serait envoyer de la pornographie dans l'espace aux frais du contribuable. Mes collègues qui ont choisi l'image neutre d'un couple se tenant par la main ont dû faire face aux protestations des ligues féministes sous prétexte que l'homme était privilégié puisqu'il faisait un geste de salut avec la main.

Quand on a refait la surface du radiotélescope d'Arecibo, on a envoyé un message en direction de l'amas Messio 13 pour fêter l'événement. Ce radiotélescope est le plus grand du monde : il occupe la cavité naturelle d'un volcan de l'île de Porto Rico. L'amas M13 a été choisi parce qu'il n'est pas trop loin (il n'est qu'à vingt-cinq mille années-lumière !) et parce qu'il contient beaucoup d'étoiles. Ce message est une simple image de télévision codée (mais nous supposons que les auditeurs seront intelligents) qui donne quelques informations succinctes sur notre taille, sur notre position. Le signal envoyé contient 1 679 zéros et un. En remarquant que 1 679 est le produit de deux nombres premiers, 73 et 23, on peut avoir l'idée de représenter une image de 73 lignes et de 23 colonnes en remplaçant les zéros par des carrés blancs et les un par des carrés noirs. On obtient alors la figure ci-après qui est une brève carte de visite. Plusieurs collègues astronomes, à qui on a communiqué la liste des zéros et des un, n'ont rien compris à ce message. Mais on peut supposer que les extraterrestres sont d'une intelligence supérieure à celle d'un astronome moyen ! S'il y a, autour d'une des étoiles de l'amas M13, des auditeurs attentifs qui regardent dans la bonne direction et écoutent sur la bonne longueur d'onde pendant les trois minutes que dure le message, s'ils ont la bonne idée de l'enregistrer et s'ils sont assez intelligents pour le comprendre, s'ils ont envie de nous répondre, nous recevrons cette réponse dans cinquante mille ans, le temps d'aller et de retour du signal à la vitesse de la lumière. Tout ce temps-là, juste pour se saluer ! Combien en faudra-t-il pour se comprendre !

Mais nous ne devons pas baisser les bras devant la difficulté. Ce qui n'est aujourd'hui qu'un sujet spéculatif pas toujours très sérieux sera peut-être demain l'un des plus beaux chapitres de l'aventure humaine.

CHAPITRE XII

Le futur
Et après ?

« Douter de tout ou tout croire, ce sont deux solutions également commodes, qui l'une et l'autre nous dispensent de réfléchir. »

Henri POINCARÉ.

« Tout ce qui vient au monde doit périr. »

Johann Wolfgang von GOETHE.

Tout au long de ce livre, nous avons parlé du passé. Même si la quête de nos origines est loin d'être achevée et même si, pour l'instant, de nombreuses questions restent sans réponse, l'idée que tous les objets de l'Univers sont nés un jour et évoluent sans cesse s'est imposée à nous. Mais les astres ne naissent pas pour l'éternité. Même si le ciel nous paraît immuable, même si les constellations qui nous sont familières n'ont pratiquement pas changé depuis Aristote, seule la brièveté de notre vie peut nous faire croire que les étoiles et les planètes sont éternelles. Au moment de conclure, consacrons quelques lignes au futur. Quel est le futur de la Terre ? Quel est le futur de l'humanité ? Quel est le futur du Soleil ? Quel est le futur de notre Galaxie ? Quel est le futur de l'Univers ? Chacune de ces questions mériterait un livre à elle seule. Contentons-nous ici de quelques remarques.

Le futur de la Terre

L'astronomie moderne nous a appris qu'aucun astre n'était éternel. L'Univers lui-même a une durée de vie finie. Comme les hommes, les planètes, les étoiles et les galaxies sont condamnées à mourir.

Avant que la Terre ne disparaisse, on peut se demander si, à plus ou moins longue échéance, les conditions favorables à la vie vont demeurer. Seule une étude approfondie et comparée de la Terre et des autres planètes nous permettra de répondre à cette question. Dans l'immédiat, la diminution de la couche d'ozone et l'accroissement de l'effet de serre devraient nous inquiéter et nous pousser à réagir rapidement, notamment à cesser de privilégier les intérêts économiques égoïstes de chaque pays pour enfin donner la priorité à l'intérêt général et à la survie de notre espèce.

On peut aussi se demander si la collision de la Terre avec un corps de quelques kilomètres de diamètre ne risque pas un jour de provoquer une extinction massive d'espèces dont la nôtre, comme cela semble avoir eu lieu dans le passé. Un recensement des dangers potentiels et le calcul des trajectoires des corps menaçants devraient nous permettre de dresser la liste des périls qui nous menacent.

Un tel programme a commencé au début des années 1990. Il est frappant de constater que le Pentagone, privé d'ennemi avec la chute de l'Empire soviétique, joue un rôle majeur dans ce projet. Comme toujours, les astronomes, grands récupérateurs d'instruments militaires depuis l'utilisation de la lunette, du radar ou des détecteurs infrarouges, ont emboîté le pas. Si la date de la catastrophe est connue suffisamment à l'avance, il est alors tout à fait envisageable de dévier la trajectoire du bolide pour ne pas connaître le sort funeste des dinosaures. Une toute petite déviation loin de la Terre permettrait d'éviter la collision, de la même manière qu'une variation d'un tout petit angle du fusil fait manquer sa cible au tireur. Les techniques de déviation des trajectoires des astéroïdes sont encore du domaine de la science-fiction, mais pourraient parfaitement être opérationnelles dans les cinquante ans qui viennent. Comme la menace n'est pas immédiate, ce délai est parfaitement acceptable. Certains ont même déjà envisagé l'utilisation de bombes à neutrons ! S'ils nous permettaient de nous débarrasser de l'épouvantable arsenal de bombes nucléaires, les astres nous auraient rendu un immense service.

Pour l'instant, le danger le plus grand pour l'homme n'est pas un astéroïde ou une comète, mais l'homme lui-même. En appliquant l'adage : « Tout ce qui est possible arrive » à son corollaire : « Toutes les bêtises imaginables sont faites un jour ou l'autre », on pourrait craindre que l'homme, qui a maintenant les moyens de détruire sa civilisation avec ses armes atomiques, chimiques et biologiques ne le fasse un jour. Mais, soyons optimistes et supposons que les hommes évoluent eux aussi jusqu'à devenir raisonnables, à jeter leur égoïsme aux orties, à renoncer à s'autodétruire et à se soucier de l'avenir de leur planète.

L'étude de l'évolution des espèces depuis l'apparition de la vie, il y a un peu moins de quatre milliards d'années, nous enseigne qu'au bout de quelques dizaines de millions d'années les descendants n'ont plus grand-chose à voir avec leurs ancêtres. Nous aurions le sentiment d'avoir peu de points communs avec nos arrière, arrière, ..., arrière-grands-parents d'il y a cent millions d'années si nous pouvions les rencontrer. Il est probable que nos arrière, arrière, ..., arrière-petits-enfants nous ressembleront peu dans cent millions d'années. Certains ont imaginé des hommes munis d'un gigantesque cerveau, de membres atrophiés à l'exception d'une énorme main droite, ou gauche. Au gré des désirs de chacun, on peut ainsi s'amuser à envisager le futur de chaque partie de notre anatomie ou même à rajouter d'autres membres. Mais, le temps mis par une espèce pour évoluer significativement est court aux échelles de temps astronomiques, et, une fois de plus, le danger ne vient pas du ciel !

Indépendamment de l'action des hommes, la Terre devrait se refroidir lentement, les sources radioactives s'épuisant les unes après les autres. Le flux de chaleur du centre vers la surface devrait se tarir progressivement. En attendant assez longtemps, l'activité géologique à la surface devrait pratiquement disparaître comme elle a disparu un jour de la Lune. Mais il n'y a pas à s'inquiéter d'un tel refroidissement, les échelles de temps se comptent en effet en milliards d'années, si bien que la véritable menace vient du Soleil lui-même.

L'astre du jour, responsable de l'apparition de la vie et sans lequel nous ne survivrions pas, dévorera ses propres enfants. Quelle que soit l'évolution de la Terre, elle subira les atteintes du Soleil devenu une étoile géante. Deux scénarios sont envisageables : dans le premier cas, le Soleil aura pratiquement la même masse qu'aujourd'hui et la Terre sera absorbée par l'atmosphère du Soleil qui sera devenu une étoile géante. Dans le second cas qui semble plus probable, le Soleil aura perdu une grande partie de sa masse au cours de son évolution, la Terre moins attirée par un corps plus léger sera beaucoup plus éloignée du Soleil et elle finira juste à l'extérieur de l'atmosphère de l'étoile géante rouge échappant à l'absorption pure et simple, mais grillée par la proximité d'une atmosphère solaire portée à une température d'environ trois mille degrés.

Le futur du Soleil

Le Soleil, comme toutes les étoiles à l'âge adulte, brûle de l'hydrogène en son centre, là où la température et la pression sont suffisamment élevées, et le transforme en hélium. Chaque seconde, sept milliards de tonnes d'hydrogène sont ainsi converties. Malgré cet appétit féroce, il reste encore beaucoup d'hydrogène. Depuis sa naissance, il y a 4,56 milliards d'années, 4 % de l'hydrogène a été transformé en hélium et le Soleil en est approximativement à mi-chemin de sa vie d'adulte. La proportion d'hydrogène dans le noyau est passée d'environ 75 % à 35 % tandis que celle d'hélium variait de 25 % à 65 %. Il continuera à briller à peu près au même taux, avec une légère et constante augmentation de sa luminosité, pendant environ un peu plus de cinq milliards d'années supplémentaires.

Comme nous l'avons vu, le Soleil était un peu plus froid au début de l'histoire du système solaire. Ses modèles d'évolution nous enseignent qu'avec le temps le Soleil devient de plus en plus chaud et de plus en plus rouge. Cette croissance est très lente et ne menace nullement la vie pour l'instant, mais, dans environ un milliard d'années et demi, il devrait être près de trois fois plus gros et 15 % plus brillant. La neige et les glaces disparaîtront totalement des zones tempérées et les bords du cercle arctique ressembleront à la Côte d'Azur. Une grande partie des glaces polaires aura fondu, et le niveau des mers se sera notablement élevé.

Quand il n'y aura plus d'hydrogène à brûler au centre, c'est-à-dire dans un peu moins de six milliards d'années, le cœur du Soleil, où il n'y aura plus que de l'hélium, se contractera, et la chaleur continuera à s'évacuer vers l'extérieur. D'une part, cette contraction chauffera le cœur, et d'autre part, elle lui apportera de l'hydrogène des régions situées juste au-dessus. La température sera alors suffisante pour que des réactions thermonucléaires se déclenchent dans la coquille qui entoure le cœur. Les régions extérieures seront de plus en plus chauffées et se dilateront. Le Soleil deviendra dix fois plus gros qu'aujourd'hui, la température sur Terre devrait alors dépasser 100°, et les océans se mettront à bouillir.

Dans le cœur du Soleil, la température continuera de monter jusqu'à cent millions de degrés. À ce moment-là, l'hélium commencera à brûler pour se transformer en carbone. Le Soleil sera devenu une étoile géante rouge, et son rayon sera supérieur à la distance actuelle de la Terre. On peut alors se demander si, telle une poussière jetée dans un four, la Terre sera alors avalée par l'atmosphère du Soleil qui sera à une température de l'ordre de 3 000° et s'il ne faut pas penser à déménager bien avant ! La réponse à la première question semble négative, mais la réponse à la seconde est définitivement positive.

Serons-nous prévenus de la catastrophe ? Pendant sept cents millions d'années avant le sinistre, l'expansion du Soleil aura lieu à un rythme imperceptible. Un léger changement de couleur vers l'orange donnera l'alarme. Il nous indiquera que la métamorphose de l'étoile approche. En moins de dix millions d'années, temps très court à l'échelle astronomique, le rayon du Soleil passera de la taille de l'orbite de Mercure — quarante millions de kilomètres — à celle de l'orbite de la Terre — cent cinquante millions de kilomètres.

Le Soleil perdra de grandes quantités de gaz dans ses couches superficielles au cours de cette évolution et, en raison de cette hémorragie, il sera amputé d'une partie de sa masse initiale. Moins attirées, les planètes auront eu le temps de migrer lentement vers l'extérieur. Ainsi, la Terre peut échapper à l'engloutissement, mais, si c'est le cas, elle sera si près de la géante rouge et de la fournaise de son atmosphère de 3 000° que la température avoisinera à sa surface 2 000° dans les zones les plus fraîches. Le paysage sera alors celui de laves en fusion surmontées d'un disque solaire rouge occupant plus des trois quarts du ciel. Ceux qui voudraient voir l'enfer n'ont qu'à attendre un peu !

Plusieurs réactions thermonucléaires s'allumeront successivement dans le cœur du Soleil et dans les couches qui l'entourent, l'hélium se transformant en carbone et le carbone en oxygène. Le Soleil connaîtra alors une succession de contractions et d'expansions, et une suite d'étapes où la luminosité sera plus ou moins grande. Au plus fort de son expansion, le rayon du Soleil sera plus de deux cents fois plus grand que le rayon actuel !

La suite de l'histoire est un peu moins bien connue, mais les grandes lignes en sont comprises. Le Soleil perdra une grande partie de son enveloppe extérieure, et la température du cœur n'atteindra jamais une valeur suffisante pour que les réactions thermonucléaires produisant les éléments au-delà de l'oxygène puissent se déclencher. On ne sait pas très bien si la perte de gaz sera progressive ou violente, mais, à un moment de son histoire, le Soleil sera une nébuleuse planétaire, c'est-à-dire une étoile entourée de nuages de gaz illuminés par l'objet central, et ressemblera à ces nébulosités de toutes les couleurs qui nous fournissent de magnifiques photographies.

Au centre de l'étoile, Un cœur inerte, composé d'un mélange d'oxygène et de carbone sera surmonté d'une coquille d'hélium et puis d'une couche d'hydrogène. La matière sera dans un état que les physiciens appellent « dégénéré » et le cœur ne pourra plus se contracter. L'astre, dont la masse sera environ deux fois moindre que celle du Soleil actuel, sera devenu une étoile naine blanche. Sa taille ne sera pas plus grande que celle de la Terre, et sa densité sera particulièrement élevée. Un centimètre cube de cette étoile, soit le volume d'une cuillère à café, contiendra plusieurs centaines de tonnes de matière. Pendant des milliards d'années, ce petit astre se refroidira lentement pour s'éteindre un jour et devenir une naine noire. La destinée ultime de notre Soleil est de devenir une masse froide de matière dégénérée, aussi noire que la nuit, aussi froide que le vide de l'espace et plus dure que le diamant.

Les supernovae, menaces ou bienfaits ?

Nous avons vu comment nous devons la vie aux explosions d'étoiles. Mais la rencontre d'une supernova explosant dans notre voisinage pourrait avoir des conséquences catastrophiques. L'énergie dégagée par une supernova, au moment de l'explosion, est équivalente à l'énergie dégagée par toutes les étoiles de la Galaxie pendant le même temps. Les effets d'un tel flux d'énergie déferlant sur notre planète dépendent évidemment de la distance de l'explosion. À moins de quatre années-lumière, les couches externes de l'atmosphère terrestre seraient probablement soufflées et la vie sérieusement menacée, sauf peut-être au plus profond des océans. Il est hors de question, cette fois-ci, de dévier la trajectoire de la supernova ! Quant à se protéger par des boucliers placés autour de la Terre qui ne fondent pas à l'arrivée du rayonnement de la supernova, cela ressort vraiment du domaine de la science-fiction !

On peut être immédiatement rassuré en constatant qu'aucune étoile actuellement proche du Soleil n'est susceptible de devenir une supernova. Elles sont toutes en effet de faible masse et finiront leurs jours sous forme de naines blanches. Une telle catastrophe n'est donc pas pour demain. Comme le taux d'explosion des supernovae est estimé à quelques unités par siècle, il est possible que nous passions au voisinage d'une supernova, au moment de l'explosion, toutes les quelques centaines de millions d'années. Nous n'avons pour l'instant pas d'indications qu'un tel événement ait eu lieu depuis la naissance du Soleil, mais les traces peuvent très bien en avoir été effacées.

Si nous croisions sur notre route le feu d'artifice de l'explosion d'une supernova, un nuage de particules très énergétiques, en expansion rapide, heurterait la Terre de plein fouet. La couche d'ozone serait probablement détruite pour des siècles. La matière vivante ne serait plus protégée des rayonnements ultraviolets et serait en partie détruite à la surface de la Terre et dans les couches superficielles des océans. La stratosphère ne serait plus chauffée par l'absorption des rayons ultraviolets par l'ozone, et le climat en serait probablement changé, même si nous ignorons, pour l'instant, quels seraient les effets d'une stratosphère plus froide. L'intensité du rayonnement cosmique serait telle que la radioactivité de l'air en serait augmentée et que les mutations génétiques seraient probablement nombreuses.

On peut même se demander si, dans le passé, de tels événements se sont produits et si, finalement, nous ne devons pas notre existence à de telles catastrophes. Le malheur des autres aurait-il fait notre bonheur ?

Le futur de notre Galaxie

Génération après génération, les étoiles naissent, vivent et meurent dans la Voie lactée. Si nous étions isolés dans l'espace, l'avenir de notre Galaxie se confondrait essentiellement avec celui des étoiles qui la peuplent. De plus en plus de trous noirs, résultats de l'évolution des étoiles massives, se formeraient, et, au centre, là où un trou noir géant, d'un million de fois la masse de notre Soleil, semble exister, de plus en plus de matière serait avalée par ce Gargantua. Les réserves de gaz de la Galaxie devraient lentement s'épuiser.

Mais notre Galaxie est loin d'être isolée dans l'espace. Une petite galaxie, très difficile à détecter et située de l'autre côté du centre de la Voie lactée par rapport à nous, est notre plus proche voisine. Les nuages de Magellan, visibles dans l'hémisphère Sud, sont eux aussi deux voisins très proches, à quelques centaines de milliers d'années-lumière. La galaxie d'Andromède, visible à l'œil nu [1] dans l'hémisphère Nord, est, à environ deux millions d'années-lumière, la voisine qui nous ressemble le plus.

Les galaxies sont loin d'être des astres inertes. En effet, contrairement aux étoiles, les galaxies ont une taille qui n'est pas négligeable par rapport à leurs distances mutuelles et elles interagissent sans cesse entre elles en raison de la loi de la gravitation. Des effets de marée, comme entre la Lune et la Terre, déforment les disques galactiques. Des collisions, comme dans le système solaire, ont lieu entre galaxies.

Un phénomène étonnant a été récemment trouvé par les astronomes, le cannibalisme galactique. Les galaxies sem-

---

1. Si vous n'avez jamais vu à l'œil nu cette galaxie, je vous conseille, toutes affaires cessantes, de l'observer. Non seulement vous éprouverez le plaisir de voir, sans intermédiaire, une lumière émise il y a deux millions d'années-lumière, alors que l'Homme apparaissait à peine sur Terre, mais vous comprendrez mieux comment vos yeux fonctionnent. En effet, pour apercevoir cette lumière pâlotte, il faut regarder un peu à côté et former l'image sur le bord de l'œil, tapissé de bâtonnets et utiles pour la vision nocturne et non sur le fond de l'œil où résident des cônes utiles pour la vision diurne. Non seulement, vous aurez vu l'objet le plus lointain directement accessible à nos yeux, battant ainsi votre record de distance, mais vous aurez embrassé d'un seul regard une information sur vous-même et sur l'Univers lointain. Quel symbole de la place de l'Homme dans l'Univers ! Si vous connaissez un (ou une) de vos ami(e)s qui n'aurait jamais fait cette expérience, emmenez le (ou la) au plus vite loin de toute lumière pour lever les yeux au ciel !

blent aussi peu civilisées que les hommes. En effet, quand une grosse galaxie passe au voisinage d'une petite galaxie, elle l'absorbe. En ce moment, les nuages de Magellan sont en train de tomber sur notre Galaxie et seront absorbés bien avant que le Soleil ne soit devenu une étoile géante rouge. Les interactions gravitationnelles entre notre Galaxie et ces deux voisines sont telles que les étoiles de notre système sont animées de mouvements plus amples avec des vitesses relatives plus grandes qu'auparavant, un peu comme si la perspective de ce repas agitait les papilles de notre Galaxie. Ce cannibalisme aura pour effet d'épaissir le disque de la Voie lactée et d'apporter de grandes quantités de gaz supplémentaires, disponibles pour former de nouvelles générations d'étoiles. À chaque collision de galaxies, une flambée d'étoiles nouvelles apparaît.

Des modèles numériques développés récemment pour extrapoler les mouvements actuels de notre Voie Lactée et d'Andromède montrent que ces deux galaxies entreront en collision dans un ou deux milliards d'années. On ne peut pas parler de cannibalisme pour deux objets de taille comparable, mais il en résultera un échange de gaz et d'étoiles tandis qu'une partie de la matière des deux galaxies s'évadera. À un moment, il y aura deux Voies Lactées dans le ciel !

À une échelle de temps beaucoup plus longue, notre Galaxie et ses proches voisines se rapprocheront de l'amas de la Vierge, ensemble de plusieurs milliers de galaxies. Puis, encore plus tard, l'amas de la Vierge, notre amas de galaxies et bien d'autres devraient tomber vers une concentration de matière particulièrement dense située actuellement de l'autre côté du centre galactique par rapport à nous. Les astronomes l'ont surnommée le Grand Attracteur.

Le futur de l'Univers

Si les hommes échappent à l'impact d'un bolide géant, à l'expansion du Soleil ou encore à l'explosion de supernovae proches, sont-ils à l'abri pour autant ?

L'expansion de l'Univers est évidemment freinée par la gravitation puisque toutes les masses s'attirent entre elles. Il y a donc deux solutions. Ou bien il y a suffisamment de matière dans l'Univers pour que l'expansion s'arrête un jour et que l'Univers dans son ensemble se contracte pour vivre un big bang à l'envers, un « big crunch », diraient les astronomes anglo-saxons, ou bien l'expansion est indéfinie. Soit nous finirons dans la chaleur et le feu, soit nous finirons dans le froid et la glace !

Dans le premier cas, dès que l'expansion s'arrêtera, la lumière des galaxies se décalera vers le bleu au lieu d'être décalée vers le rouge comme on l'observe actuellement. Une contraction de l'espace, symétrique de l'expansion qui a précédé, commencera. Cette contraction comprimera les ondes électromagnétiques du rayonnement. La température du rayonnement étant d'autant plus élevée que la longueur d'onde est plus courte croîtra. Quand la contraction sera bien avancée, la température du rayonnement deviendra même supérieure à celle des planètes ! La chaleur tombera de l'espace sur une planète au lieu d'être évacuée vers l'extérieur. Toute forme de vie sera rapidement cuite ! La température augmentant encore, les étoiles elles-mêmes recevront de l'énergie de l'espace au lieu d'en rayonner, elles deviendront instables et seront brisées en morceaux. Peu de temps après, la matière elle-même disparaîtra pour laisser place au seul rayonnement. Nous finirons tous dans quelques milliers de milliards d'années sous forme de rayonnement. Cette durée dépend évidemment de la densité estimée de l'Univers. Elle est d'autant plus courte que la densité est plus faible. On peut se demander si l'histoire recommencera à nouveau, un autre big bang succédant à ce « big crunch ».

À la lumière de ce premier scénario, le second cas pourrait nous apparaître plus sympathique. En fait, si l'expansion est indéfinie, on n'obtient qu'un sursis. Les amas de galaxies vont continuer à s'éloigner les uns des autres. Le nombre de naines blanches, d'étoiles à neutrons et de trous noirs croîtra au fur et à mesure que les étoiles évolueront, génération après génération. L'Univers deviendra de plus en plus froid et de plus en plus sombre. Les trous noirs, de plus en plus nombreux, attireront de plus en plus de matière. Ces insatiables Gargantuas dévoreront de plus en plus le monde qui les entoure. Les quelques étoiles naines et les quelques étoiles à neutrons qui auront échappé aux repas de ces monstres, deviendront de plus en plus froides jusqu'à ne plus émettre le moindre rayonnement. Il y aura de moins en moins de matériau pour permettre à de nouvelles étoiles de naître. Les étoiles seront de moins en moins nombreuses, et le rayonnement de plus en plus faible. On pourrait même envisager la naissance de la dernière étoile. De temps en temps, la collision de deux étoiles naines pourra conduire à la formation d'une étoile plus massive, et ce phénomène très rare fournira quelques chandelles dans un Univers noir.

Il n'est pas facile de calculer l'évolution dynamique des étoiles et des galaxies sur des durées de milliards de milliards d'années, mais il semble bien que les étoiles de la Galaxie se rassembleront dans un volume restreint pour finir dans un immense trou noir. Les amas de galaxies devraient eux aussi se rassembler en de gigantesques trous noirs de quelques centaines de milliers de milliards de masses solaires. Dans un milliard de milliards de milliards d'années — soit un suivi de vingt-sept zéros années —, l'Univers ne contiendra aucun des objets qui nous sont aujourd'hui familiers. Seuls subsisteront d'immenses trous noirs invisibles et quelques cadavres de planètes ou d'étoiles ayant échappé au repas des trous noirs, et s'éloignant les uns des autres grâce à l'expansion. Les embouteillages ne seraient alors plus qu'un très lointain souvenir, chaque trou noir étant à plus d'un milliard de milliards d'années-lumière de son plus proche voisin si tant est que l'année-lumière soit une bonne unité de mesure dans ce monde noir.

Au-delà de 10^{30} ans, l'Univers ne devrait plus être peuplé que de trous noirs et d'objets froids et invisibles, la rotation de ces reliquats d'une flamboyante vie passée étant pratiquement la seule source d'énergie envisageable. Si, par miracle, on ne sait quelle civilisation avait échappé à l'engloutissement dans un trou noir et avait résolu le problème de l'énergie, serait-elle pour autant à l'abri et pourrait-elle prétendre à la vie éternelle ? Les physiciens des particules se demandent si le proton lui-même, brique élémentaire de la matière, n'a pas une durée de vie finie. Certains, qui essaient d'unifier toutes les forces de la nature, trouvent, dans le cadre de leur théorie, qu'un proton devrait être instable et se désintégrer en moyenne au bout de 10^{31} ans. Si cela est vrai, un proton sur 10^{31} devrait se désintégrer chaque année et des expériences portant sur des milliers de tonnes de matière, contenant au moins 10^{32} protons, devraient permettre de mettre en évidence ce phénomène. Le fait que toutes ces expériences aient échoué jusqu'à présent ne signifie pas pour autant que le photon est stable. Sa durée de vie est peut-être tout simplement plus grande que 10^{31} ans.

Même si le photon est stable, un autre phénomène devrait limiter l'âge de l'Univers. En mariant la relativité générale et la mécanique quantique, l'astrophysicien anglais Stephen Hawking a mis en évidence le fait qu'un trou noir, loin d'être un gouffre sans retour, pouvait lentement s'évaporer. Cette théorie n'est pas encore vérifiée. Si elle s'avérait correcte, l'évaporation d'un trou noir se ferait évidemment au détriment de sa masse, convertie peu à peu en rayonnement. La température du trou noir augmenterait alors au point où l'évaporation se terminerait par une explosion, éclairant un instant les ténèbres de cet Univers hypothétique. Dans le cadre de cette théorie, les gigantesques trous noirs, nés de l'absorption des amas de galaxies, s'évaporeraient en 10^{100} ans !

Au-delà, l'existence de la matière paraît bien hypothétique, sinon sous forme de particules comme les neutrinos, les électrons, les positons, etc. Malgré les chiffres considérables cités ici, rendant cette discussion bien académique, certains ne peuvent pas se résoudre à admettre que même [illegible] finie. Nombreux sont ceux qui s'ingénient à [illegible] assurant l'éternité, comme si la disparition de la vie et de l'[illegible] leur était insupportable même dans un futur si lointain.

Certains procèdent par incantations, tandis que d'autres font preuve d'une imagination débordante, n'hésitant pas quelquefois à malmener les lois de la physique. D'autres encore, renouvelant l'histoire des créateurs de mythes et non vaccinés par l'histoire du géocentrisme, sont habités d'un nombrilisme étonnant. Ils n'hésitent pas à suggérer que la vie est une forme élaborée de l'évolution de l'Univers et pourrait bien échapper à la disparition. L'exploration de l'Univers nous enseigne plutôt que la vie est un phénomène passionnant mais marginal. L'Univers vit sa vie en se moquant bien de la vie. Mais remettons les pieds sur Terre !

Pour l'instant, plus de 90 % de la masse de l'Univers échappe aux observations des astronomes. Cette masse se manifeste par ses effets gravitationnels, mais nous ne la voyons pas. Les spéculations sur sa nature s'accumulent — naines brunes, particules exotiques, neutrinos dotés d'une masse, particules exotiques, etc. —, et nous ne sommes pas encore capables de dire si l'Univers est fermé ou ouvert. Dans le premier cas, nous finirons brûlés. Dans le second, nous finirons glacés. Nous pourrions nous en inquiéter, mais, en considérant le temps qu'il reste, on ne peut que se réjouir surtout quand on pense à tout ce que les astronomes ont encore à découvrir !

Ces quelques idées sont en fait très spéculatives. Elles marquent les limites de notre connaissance. Repenser à notre conception de l'Univers il y a cent ans devrait nous pousser à faire preuve d'une grande modestie. Nos meilleurs modèles d'aujourd'hui feront peut-être sourire nos enfants ou nos petits-enfants. Un phénomène aujourd'hui insoupçonné peut se révéler essentiel pour le futur de l'Univers. Mais nous ne le trouverions jamais si la recherche scientifique n'était pas l'une de nos priorités !

Raison ou déraison ?
En guise de conclusion

« Pourquoi donc, ... citez-vous un certain Aristote en grec ? C'est — répliqua le savant — qu'il faut bien citer ce qu'on ne comprend point du tout dans la langue qu'on entend le moins. »

VOLTAIRE.

« Chacun a ses lunettes ; mais personne ne sait au juste de quelle couleur en sont les verres. »

Alfred DE MUSSET.

Au moment de conclure, quel bilan pouvons-nous dresser de cette quête de nos origines ? « À quoi bon revenir sur notre passé ? » demanderont certains. « Occupons-nous plutôt du présent ! » ajouteront d'autres. En fait, cette recherche est le meilleur moyen de mieux connaître la Terre et les planètes, de mieux les comprendre et *in fine* de mieux les respecter et de mieux les habiter. Le progrès des techniques et la course à la croissance posent des défis colossaux à l'homme moderne. Saura-t-il maîtriser ses nouvelles inventions ? Ne risque-t-il pas de mettre en danger les conditions de vie sur Terre ? La seule réponse possible réside dans la connaissance du monde qui nous entoure et des mécanismes de son évolution. Reconstituer le long déroulement des événements qui ont abouti au monde actuel est le meilleur moyen de prédire la suite de l'histoire et de maîtriser notre futur.

Cette recherche a d'autres vertus. Loin d'être un simple sujet de curiosité, elle nous enseigne que la démarche scientifique est, pour le moment, la seule qui nous ait permis de progresser. Seules la soumission absolue aux faits d'observation et l'estimation *quantitative* de toute théorie permettent d'améliorer nos connaissances. L'imagination est un outil nécessaire comme moteur de progrès, mais à condition de toujours être confrontée au réel. La pensée scientifique n'est efficace que parce qu'elle met un certain nombre de valeurs fondamentales — rigueur, prudence, modestie, honnêteté intellectuelle, esprit critique — au service de sa passion : connaître.

Les méthodes employées par les scientifiques devraient constituer une formidable leçon intellectuelle pour tous les hommes. Cet aller-retour permanent entre la théorie et l'observation, entre la liberté de la pensée pure et la contrainte des faits, est un excellent exercice pour la conduite de notre existence quotidienne. Chacun peut y apprendre à se méfier des proclamations de foi, à s'incliner devant les faits, aussi dérangeants, aussi contrariants fussent-ils, et à aimer la puissance de l'imagination à condition d'y mettre des garde-fous.

Le voile commence enfin à se lever sur des problèmes non résolus depuis des siècles. Nous avons maintenant des éléments de réponse aux questions que nous nous posions depuis des millénaires. Nous commençons à entrevoir quelle est notre place dans l'Univers et à reconnaître que le monde qui nous entoure est infiniment plus riche que nous ne pouvions l'imaginer. L'époque où nous n'étions que les jouets de forces mystérieuses paraît bien lointaine. Il est frappant que cette marche vers la connaissance soit aussi une conquête de la liberté. Loin d'avoir reçu une réponse toute faite et définitive dans un monde triste et figé, nous prenons conscience de notre appartenance à un monde encore mal connu mais où règnent en maître la variété et la diversité. L'homme a maintenant les moyens de prendre son destin en main. Mais le chemin qui reste à parcourir est si considérable qu'il ne peut que susciter les passions.

Les progrès impressionnants de nos connaissances au cours de la dernière partie du XXe siècle ne doivent cependant pas nous masquer la réalité. Il ne faudrait pas croire que l'approche irrationnelle du monde relève d'un passé révolu. Les attaques contre la science sont encore nombreuses et ne sont pas l'apanage de quelques fondamentalistes religieux fanatiques et bornés. Tous ceux qui ne comprennent pas la nature de sa démarche ont une attitude désinvolte à l'égard de la science et tendent à la rejeter. Cela comprend ceux qui croient que la science est la cause de tous nos maux, comme ceux qui prêtent l'oreille aux irrationnels de tous poils ou ceux qui discourent sur le monde sans le connaître.

Croire que la science serait responsable de nos malheurs et se déplacer en avion ou en automobile, regarder la télévision, téléphoner, exiger les meilleurs soins hospitaliers, se chauffer et d'éclairer à l'électricité, etc., est bien paradoxal. C'est ne pas vouloir comprendre que seule l'utilisation de la science par les hommes, donc par les citoyens, est en cause, non la science en elle-même. Celle-ci n'est ni bonne ni mauvaise, elle est. Quand une victime reçoit une balle de fusil, le coupable est le tireur, non les lois de la balistique. D'ailleurs, il ne faut pas confondre la science, qui a pour but la connaissance, et la technique tournée vers les applications. Bien qu'elles soient toutes deux essentielles, elles ne sont pas de même nature.

La crainte de la radioactivité est un autre exemple d'attitude irrationnelle. C'est grâce à elle que la surface de la Terre a atteint une température permettant à la vie d'apparaître. Ses applications médicales ont également permis de sauver de nombreuses vies humaines. Mais l'horreur que représentent les bombes nucléaires, ou les errements de l'administration soviétique qui ont conduit à la catastrophe de Tchernobyl, ont fait porter le chapeau à la science et non aux hommes responsables de leurs actes. L'aspect invisible, inodore et sans saveur effraie au point qu'un mouvement de protestation s'est constitué en 1997 aux États-Unis contre le lancement de la sonde américano-européenne *Cassini-Huygens* vers Saturne, car ce robot contient une petite quantité de plutonium pour lui fournir l'énergie nécessaire à un milliard et demi de kilomètres du Soleil. Il était consternant de voir que cette sonde, qui va nous permettre d'étancher notre soif de connaissances, était contestée par pure pusillanimité dans un pays à la pointe du progrès scientifique et technique. La NASA avait en effet pris toutes les précautions pour éviter une pollution radioactive en cas d'accident au décollage. À cette occasion, les Européens se sont montrés plus cultivés.

Toujours aux États-Unis, une minorité bruyante rejette toute approche scientifique et considère que la Terre et l'Homme ont été créés tels quels il y a quelques milliers d'années. Ces groupes antidarwiniens purs et durs déploient une activité débordante pour tenter d'imposer l'enseignement du créationnisme dans les écoles. Seules quelques associations d'enseignants luttent courageusement contre ces religieux fanatiques. Un tel mouvement montre qu'un pays techniquement avancé n'est jamais à l'abri de l'obscurantisme et que l'éducation a une importance primordiale. En Europe, l'audience des créationnistes reste confidentielle, mais il faut prendre garde que ces idées rétrogrades ne traversent l'Atlantique. N'oublions jamais la mise en garde de Bertold Brecht : « Le ventre est encore fécond d'où est sortie la bête immonde... »

Les formidables succès de l'esprit humain dans le domaine scientifique sont tellement enthousiasmants qu'on ne peut être qu'irrité par ces manifestations de l'irrationnel. Ces survivances des premiers bégaiements de notre esprit sont souvent inquiétantes. Certaines peuvent prêter à sourire, mais lorsqu'on songe que l'esprit critique a si souvent été pourchassé par les pouvoirs en place, et que l'ignorance a toujours fait le lit de l'oppression, il n'est jamais inutile de dénoncer ceux qui exploitent la naïveté de leurs semblables. Quand on sait quel long apprentissage demande la formation scientifique, il est difficilement supportable d'entendre sans protester ceux qui voudraient faire croire que le monde tourne comme ils le souhaitent et non comme on l'observe.

Des tâtonnements primitifs de l'époque où les planètes

étaient mystérieuses, et donc dotées de pouvoirs surnaturels, subsistent des croyances qui paraissent bien ridicules comme l'astrologie et les « soucoupes volantes ». Ce passé maintenant révolu nous a légué quelques escrocs qui tirent profit de la crédulité humaine. Il est évident que la position des planètes au moment de la naissance d'un individu (ou de sa conception ?) n'a strictement aucune influence sur son avenir et l'on ne peut que s'en féliciter. De même, les milliers d'astronomes qui scrutent le ciel avec des instruments de plus en plus performants, au point de détecter en quelques instants l'apparition de toute nouvelle étoile parmi les dizaines de millions connues de même éclat, n'ont jamais vu le moindre débarquement d'extraterrestres. Pourtant, ils sont les premiers convaincus de leur existence probable parmi les innombrables étoiles, à rechercher sérieusement les signes de leur présence et à préparer les bouteilles de champagne pour les accueillir !

Je recommande à mes étudiants de boycotter toutes les maisons de presse, d'édition et de moyens audiovisuels qui diffusent un horoscope, une rubrique d'astrologie ou des histoires de soucoupes volantes. Je n'ai évidemment aucun ressentiment contre ceux qui croient à ces fadaises, leur naïveté pourrait m'attendrir, mais je ne supporte pas que d'autres, qui n'y croient pas, en fassent commerce. Les directeurs de ces journaux ou de ces chaînes de télévision prouvent ainsi qu'ils méprisent leurs lecteurs ou leurs auditeurs, et que leur but est avant tout de gagner le maximum d'argent quels que soient les moyens à employer pour y parvenir.

La République, qui consacre avec raison d'importantes sommes d'argent à l'éducation, ne devrait pas tolérer ces escroqueries. La pollution intellectuelle qu'elles engendrent est tout aussi dangereuse que les autres formes de pollution. Bien que le code civil prévoie la répression de tels délits, je ne préconise pas d'emprisonner les coupables, mais de s'attaquer à leur portefeuille, l'arme fiscale me paraissant plus efficace. C'est ainsi que, par exemple, les meilleurs résultats ont été obtenus dans la lutte contre la Mafia. Et les sommes recueillies pourraient être consacrées à l'éducation. Il est évidemment hors de question d'exercer la moindre censure et de brider le moins du monde l'imagination. Seule l'exploitation commerciale de ces niaiseries devrait être sanctionnée.

Vous me direz qu'en attaquant les astrologues ou les soucoupistes, j'enfonce des portes ouvertes puisque aucun scientifique n'accorde foi à ces âneries ; mais il est des attitudes irrationnelles plus subtiles et tout aussi dangereuses. Par exemple, certains philosophes prétendent que nous ne pouvons pas distinguer le vrai du faux, que le monde qui nous entoure n'est qu'illusion et que toutes les théories se valent. L'histoire de l'aventure scientifique nous prouve le contraire. À ces sceptiques, j'ai toujours envie de retirer la chaise sur laquelle ils vont s'asseoir pour leur demander, lorsqu'ils se retrouvent les quatre fers en l'air, si la douleur qu'ils éprouvent, d'origine purement gravitationnelle, n'est qu'une illusion. Affirmer que toutes les opinions se valent n'est qu'un premier pas avant de basculer dans le négationnisme.

D'autres philosophes ou spécialistes des sciences sociales beaucoup plus sympathiques, et dont les idées sont souvent fécondes, ne rendent pas service à la science quand ils emploient, hors de leur contexte, des termes scientifiques dont ils ne comprennent pas le sens. Des exemples récents nous prouvent que le choix des mots ne peut pas être traité avec désinvolture et que nul n'est jamais assez rigoureux.

Certains scientifiques, qui ont d'ailleurs apporté une contribution importante à leur domaine de recherche, se laissent quelquefois aller à des spéculations qui rappellent les mythes primitifs. Nous sommes impressionnés d'observer quotidiennement comment des systèmes ordonnés sont nés du chaos initial, qu'il s'agisse de planètes, de galaxies ou de la vie. Faut-il pour autant y voir la moindre finalité ? Rien ne permet de l'affirmer aujourd'hui. Je citerai à ce propos ce que disait déjà au XVIIe siècle Cyrano de Bergerac dans son *Voyage dans la Lune* : « Ajoutez à cela l'orgueil insupportable des humains qui se persuadent que la nature n'a été faite que pour eux, comme s'il était vraisemblable que le Soleil [...] n'eût été allumé que pour mûrir ses nèfles et pommer ses choux. »

Le fait de vouloir à tout prix attribuer une finalité à l'Univers montre que certains scientifiques contemporains n'ont pas été vaccinés par l'histoire du géocentrisme et des persécutions qu'il a engendrées. Ils remettent à leur manière l'homme au centre de l'Univers. Dans le débat « entropie et anthropie », ils arguent de la complexité croissante de l'étoile à la planète, puis de la planète à l'homme, pour suggérer que celui-ci soit bien le but de l'Univers. Quelle ambition démesurée ! Quelle mégalomanie ! Et quelle régression ! Ils ressemblent aux bébés qui se croient le centre du monde et se mettent à hurler si on ne leur accorde pas l'attention exclusive qu'ils désirent. L'idée que l'Univers aurait un but, que nous aurions été assez intelligents pour le découvrir, et que nous serions nous-mêmes ce but, ne paraît pas plus raisonnable qu'imaginer la Terre immobile au centre de l'Univers et le ciel tournant autour d'elle. Simplement, cette vision nombriliste contemporaine se pare d'une terminologie scientifique qui la fait apparaître un peu plus sérieuse.

Comment croire en effet que les hommes apparus depuis environ deux millions d'années sur Terre feraient partie du Grand Dessein de l'Univers ? Si cela était vrai, on pourrait remarquer avec le sourire que l'Univers est une machine décidément ni très efficace ni très rapide. Contentons-nous en l'occurrence de citer Diderot : « On ne sait jamais ce que le ciel veut ou ne veut pas, et il n'en sait peut-être rien lui-même. »

S'enthousiasmer de la puissance de la pensée rationnelle ne doit pas conduire à croire que les sciences physiques doivent mener le monde. Se contenter d'une conception mécaniste de celui-ci, comme l'ont défendu Auguste Comte et d'autres penseurs du XIXe siècle, serait une grave erreur. Il ne faut surtout pas tenter d'appliquer des méthodes et des concepts utiles en astronomie ou en physique à des domaines auxquels ils ne sont pas adaptés. Chaque discipline doit inventer ses propres techniques mais sans jamais se départir de la rigueur, de l'esprit critique et du respect absolu des faits qui caractérisent la démarche scientifique.

Se passionner pour l'Univers que les astronomes du xxe siècle ont découvert et s'émerveiller de la puissance du raisonnement scientifique ne signifie pas non plus qu'il faille entreprendre une croisade anti-religieuse toutes affaires cessantes. La science et la religion suivent actuellement des voies fort éloignées l'une de l'autre. Vouloir démontrer scientifiquement l'existence de Dieu n'est pas plus raisonnable que l'inverse. Croire ou non en un dieu dépend surtout de l'éducation reçue et du milieu fréquenté. Les religions rassemblent actuellement des communautés qui partagent des traditions, une culture et une morale, et elles jouent un rôle social important. Seuls le fanatisme religieux, le prosélytisme forcené, le fondamentalisme agressif et le rejet de l'autre sont insupportables. À ce propos, je crois que le maître mot est celui de tolérance. On doit accepter la culture et l'originalité de l'autre même si l'on ne partage pas toutes ses idées. La diversité fait la richesse du monde. À l'aube de la science moderne, les religions et les mythes primitifs ont joué un grand rôle en permettant aux scientifiques de critiquer les textes écrits et d'affiner leurs méthodes d'analyse. Depuis, les questions posées et les buts poursuivis ne sont plus les mêmes.

L'Église catholique n'est pas sortie grandie de la condamnation des thèses de Galilée ou de Darwin. De même, le régime stalinien ne doit pas sa gloire à ses positions sur la biologie. Les autres religions peuvent encourir les mêmes reproches. « Que l'Église ne s'occupe pas du ciel, mais de la manière d'y monter ! » disait le poète.

Les rapports entre la science et la religion peuvent être illustrés par la réplique de Laplace à Napoléon auquel il présentait sa nouvelle théorie de la formation du système solaire : « Monsieur le Marquis, je ne vois pas beaucoup Dieu dans votre théorie », lui fit remarquer l'Empereur ; « Sire, c'est une hypothèse dont je n'ai pas eu besoin », lui répondit l'astronome.

J'ai été surpris, un soir à la sortie d'une conférence que je venais de faire sur l'origine du système solaire et sur l'exploration des planètes, par deux auditeurs qui, ayant écouté le même discours, prononcé au même moment, par le même orateur, en ont tiré deux conclusions totalement opposées. Le premier, fort sympathique, est venu me dire que ma conférence l'avait définitivement convaincu de l'existence de Dieu, seul capable d'après lui de construire un si bel Univers. Le second, pas moins sympathique, est venu quelques minutes plus tard me confier que ma conférence prouvait qu'il n'était nul besoin d'invoquer un quelconque dieu pour expliquer le monde. Leurs remarques me démontraient au moins que je n'avais pas tenu un discours partisan et que la tolérance, cette vertu essentielle, avait été de mise ce soir-là ; mais j'avoue néanmoins ma perplexité devant ces deux réactions.

La démarche scientifique n'a pas été inventée au XXe siècle ; je ne résisterai pas au plaisir de citer Sénèque qui opposait il y a près de 2 000 ans sa logique aux superstitions de ses contemporains à propos des comètes : « C'est ce qui se passe pour les comètes. Si l'un de ces feux rares et insolites apparaît dans le ciel [...] il ne manque pas de gens qui jettent l'alarme et affirment la signification redoutable du phénomène [...] Les comètes se meuvent régulièrement dans des routes prescrites par la nature [...] Pourquoi s'étonner que les comètes, dont le monde a si rarement le spectacle, ne soient pas encore pour nous astreintes à des lois fixes et qu'on ne connaisse ni d'où elles viennent, ni où s'arrêtent ces corps dont les retours n'ont lieu qu'à d'immenses intervalles ? [...] Un âge viendra où ce qui est mystère pour nous sera mis au jour par le temps et les études accumulées des siècles [...] Il naîtra un jour un homme qui démontrera dans quelle partie du ciel errent les comètes, pourquoi elles marchent si fort à l'écart des autres planètes, quelle est leur grandeur, leur nature. »

Certains voudraient avoir une réponse immédiate aux problèmes qu'ils se posent. Nous pouvons évidemment regretter de devoir un jour quitter le monde des vivants sans avoir connu la réponse à toutes nos questions, mais nous aurons au moins eu la satisfaction d'avoir apporté quelques pierres à la grande aventure de l'humanité. La science nous apprend qu'il faut faire preuve de patience... un âge viendra... En attendant, observer le ciel, essayer de comprendre et d'assimiler les découvertes récentes, faire progresser les connaissances, nous donnent suffisamment de quoi nous enthousiasmer.

Contrairement à ce que pourraient croire certains, la quête de nos origines est loin d'être achevée. Elle est au contraire tout juste ébauchée. Après des millénaires de discussions et de considérations philosophiques qui ont préparé le terrain, la fin du XXe siècle aura marqué un tournant. Pour la première fois, les hommes ont accumulé un faisceau d'indications qui leur permet d'éliminer la plupart des théories cosmogoniques du passé et de s'accorder sur un scénario. Même si de nombreuses étapes sont mal comprises et suscitent des controverses, l'accumulation des observations va nous permettre de tester finement chaque partie de ce scénario. L'exploration du système solaire doit continuer, la recherche de nouveaux témoignages sur nos origines doit s'intensifier, et cet aller-retour permanent entre les observations et leurs interprétations devrait nous permettre d'avancer à grands pas au cours des siècles à venir.

Loin d'aboutir, la recherche de nos origines ne fait que commencer. En rapportant sur Terre des échantillons de matière primitive prélevés un peu partout dans le système solaire, en améliorant les techniques d'analyse en laboratoire des échantillons, en développant les modèles dynamiques et chimiques et en commençant à recueillir des informations sur d'autres systèmes solaires, nous devrions faire des progrès spectaculaires. Certaines de nos idées sur l'origine de la Terre feront peut-être sourire nos descendants, de la même manière que nous sourions des mythes inventés par nos ancêtres ; mais ils reconnaîtront que quelque chose a changé à la fin du XXe siècle et que nos idées sur nos origines auront été le point de départ de leurs connaissances.

Le nouveau regard que nous portons sur nos voisins et voisines nous permet de mieux prédire le futur de la Terre, de mieux maîtriser notre environnement et d'évaluer les menaces potentielles. Il constitue aussi une certaine vision du monde et du futur de l'humanité et il a de nombreuses retombées pratiques. Tout cela devrait nous encourager à poursuivre activement cette exploration et, surtout — activité essentielle pour notre avenir —, à enseigner les résultats à un maximum d'élèves et d'étudiants. La connaissance des sciences de la Terre et de l'Univers est très importante pour les futurs adultes. Il serait en effet fâcheux que des hommes ne possédant que quelques rudiments scientifiques datant la plupart du temps de la vision mécaniste du XVIIe siècle et n'ayant qu'une vague idée de la science contemporaine, ne puissent exercer pleinement leur rôle de citoyens, voire même soient appelés à prendre des décisions importantes sans connaissance de cause. On peut espérer que la prise de conscience du fait que la Terre est une « machine » qui forme un tout, et peut être étudiée dans son ensemble, encouragera les hommes à se comporter plus raisonnablement, à être plus ouverts, à comprendre que beaucoup de problèmes doivent être abordés et traités à l'échelle planétaire, à éviter enfin tout comportement égoïste et égocentrique comme tout repliement sur soi.

Pour que cette extraordinaire aventure qu'est la tentative de comprendre la place de l'homme dans l'Univers aboutisse, on peut exprimer au moins trois souhaits : premièrement, que la recherche continue à un rythme soutenu et qu'elle soit encouragée ; deuxièmement, que les résultats de cette recherche soient enseignés à tous les niveaux, de la maternelle à l'université, qu'ils soient diffusés à tout le monde et par tous les moyens — télévision, journaux, livres — sans se contenter de faire état du spectaculaire et du sensationnel, souvent faux et démenti le lendemain ; et troisièmement, on peut souhaiter que ce livre soit rapidement dépassé, car ce sera la preuve que le sujet est bien vivant.

Restons toujours fidèles au flambeau de la raison que Voltaire décrivait si bien dans son poème *La loi naturelle* :

« Sur ce vaste univers un grand voile est jeté ;
Mais, dans les profondeurs de cette obscurité,
Si la raison vous luit, qu'avons-nous à nous plaindre ?
Nous n'avons qu'un flambeau, gardons-nous de l'éteindre. »

ANNEXES

Tableau 2
Les caractéristiques orbitales des planètes

Nom	**Distance moyenne au Soleil** (en unités astronomiques)	**Distance moyenne au Soleil** (en millions de km)	**Période sidérale** (en années terrestres)	**Période synodique** (en jours terrestres)	**Vitesse orbitale moyenne** (en $km.s^{-1}$)	**Excentricité**	**Inclinaison sur l'écliptique** (en degrés)
Mercure	0,387	57,9	0,24084	115,9	47,89	0,2056	7,00
Vénus	0,723	108,2	0,61515	583,9	35,03	0,0068	3,39
Terre	1	149,6	1,00004	—	29,79	0,0167	—
Mars	1,524	227,9	1,8809	779,9	24,13	0,0934	1,85
Jupiter	5,203	778,3	11,862	398,9	13,06	0,0483	1,31
Saturne	9,539	1 427,0	29,457	378,1	9,64	0,0560	2,48
Uranus	19,191	2 871,0	84,07	369,7	6,81	0,0461	0,81
Neptune	30,061	4 497,1	164,81	367,5	5,43	0,0100	1,77
Pluton	39,529	5 913,5	248,53	366,7	4,74	0,2484	17,2

Tableau 3
Les caractéristiques physiques des planètes

Nom	**Diamètre équatorial** (en km)	**Masse** (en masses terrestres)	**Aplatis-sement**	**Gravité à la surface**	**Période de rotation sidérale**	**Vitesse de libération à l'équateur** (en km.s^{-1})	**Inclinaison Inclinaison de l'équateur sur le plan de l'orbite** (en degrés)
Mercure	4 878	0,055	0	0,378	58,646 j	4,3	0,0
Vénus	12 104	0,82	0	0,894	243,01 j ***R***	10,3	177,3
Terre	12 756	1	0,0034	1	23 h 56'04,1"	11,2	23,45
Mars	6 794	0,11	0,0052	0,379	24 h 37'22,662"	5,0	25,19
Jupiter	142 984*	318	0,064	2,54	9 h 50' à > 9 h 55'	59,5	3,12
Saturne	120 536*	94	0,108	1,07	10 h 39,9'	35,6	26,73
Uranus	51 118*	15	0,03	0,8	17 h 14' ***R***	21,22	97,86
Neptune	50 538*	17	0,026	1,2	16 h 3'	23,6	29,56
Pluton	2 324	0,002	?	0,01	6 j 9 h 17'	(5,3)	120

Tableau 4
Les satellites

Nom	Diamètre ou dimensions (en km)	Masse (en 10^{20} kg)	Demi-grand axe (en km)	Période de révolution sidérale (en jours)	Excentricité	Inclinaison (en °)	Année de découverte
Terre							
Lune	3 476	734,83	384 400	27,32	0,055	18-29	
Mars							
Phobos	22	0,000096	9 378	0,32	0,015	1,1	1877
Deimos	12	0,00002	23 459	1,26	0,0005	0,9-2,7	1877
Jupiter							
Métis	40	0,00095	128 000	0,29			1979
Adrastée	20	0,00019	129 000	0,30			1979
Amalthée	165	0,0722	180 000	0,50	0,003	0,4	1892
Thébé	100	0,0076	222 000	0,67	0,015	0,8	1979
Io	3 642	888,6	422 000	1,77	0,004	0,0	1610
Europe	3 130	478,5	671 000	3,55	0,009	0,5	1610
Ganymède	5 260	1 481,0	1 070 000	7,16	0,002	0,2	1610
Callisto	4 800	1 075,0	1 883 000	16,7	0,007	0,5	1610
Léda	10	0,000057	11 094 000	239	0,148	26,1	1974
Himalia	170	0,095	11 480 000	251	0,158	27,6	1904
Lysithéa	24	0,00076	11 720 000	259	0,107	29,0	1938
Élara	80	0,0076	11 740 000	260	0,207	24,8	1905
Ananké	20	0,00038	21 200 000	631 ***R***	0,169	147	1951

Nom	Diamètre ou dimensions (en km)	Masse (en 10^{20} kg)	Demi-grand axe (en km)	Période de révolution sidérale (en jours)	Excentricité	Inclinaison (en °)	Année de découverte
Carme	30	0,00095	22 600 000	692 ***R***	0,207	164	1938
Pasiphaé	36	0,019	23 500 000	735 ***R***	0,378	145	1908
Sinope	28	0,00076	23 700 000	758 ***R***	0,275	153	1914
Saturne							
Pan	20	?	134 593	0,58			1990
Atlas	32	?	137 670	0,60	0,000	0,3	1980
Prométhée	100	?	139 353	0,61	0,003	0,0	1980
Pandore	84	?	141 700	0,63	0,004	0,0	1980
Épiméthée	120	?	151 400	0,69	0,009	0,3	1980
Janus	180	?	151 500	0,69	0,007	0,1	1966
Mimas	398	0,45	185 500	0,94	0,020	1,5	1789
Encelade	498	0,74	238 000	1,37	0,005	0,0	1789
Téthys	1 046	7,4	294 700	1,89	0,000	1,9	1684
Télesto	22	?	294 700	1,89			1980
Calypso	20	?	294 700	1,89			1980
Dioné	1 120	10,5	377 400	2,74	0,002	0,0	1684
Hélène	32	?	377 400	2,74	0,005	0,0	1980
Rhéa	1 528	25,0	527 000	4,52	0,001	0,4	1672
Titan	5 150	1 353,0	1 221 800	15,9	0,029	0,3	1655
Hypérion	283	0,17	1 481 000	21,3	0,104	0,4	1848
Japet	1 436	19,0	3 561 300	79,3	0,028	14,7	1671

Nom	Diamètre ou dimensions (en km)	Masse (en 10^{20} kg)	Demi-grand axe (en km)	Période de révolution sidérale (en jours)	Excentricité	Inclinaison (en °)	Année de découverte
Phoébé	220	0,004	12 952 000	550 ***R***	0,163	177	1898
Uranus							
Cordélia	26	?	49 771	0,34	0,0004	0,3	1986
Ophélia	30	?	53 796	0,38	0,01	<0,5	1986
Bianca	42	?	59 173	0,44	0,009	0,2	1986
Cressida	62	?	61 777	0,46	<0,0005	0,2	1986
Desdémone	54	?	62 676	0,48	<0,0005	0,2	1986
Juliette	84	?	64 352	0,50	0,0006	<0,2	1986
Portia	108	?	66 085	0,51	<0,005	<0,2	1986
Rosalinde	54	?	69 942	0,56	<0,0005	0,4	1986
Bélinda	66	?	75 258	0,63	<0,003	0,1	1986
Puck	154	?	86 000	0,76	<0,0003	0,3	1985
Miranda	472	1,7	129 783	1,41	0,003	3,4	1948
Ariel	1 158	16,0	191 239	2,52	0,003	4,2	1851
Umbriel	1 169	10,0	265 969	4,14	0,005	0,4	1851
Titania	1 577,8	59,0	435 844	8,71	0,002	0,1	1787
Obéron	1 523	60,0	582 596	13,5	0,001	0,1	1787
Neptune							
Naïade	50	?	48 200	0,30			1989
Thalassa	90	?	50 100	0,31			1989
Despina	150	?	52 500	0,33			1989

Nom	**Diamètre ou dimensions** (en km)	**Masse** (en 10^{20} kg)	**Demi-grand axe** (en km)	**Période de révolution sidérale** (en jours)	**Excentricité**	**Inclinaison** (en °)	**Année de découverte**
Galatéa	150	?	62 000	0,40			1989
Larissa	200	?	73 500	0,55			1989
Proteus	400	?	117 600	1,12			1989
Triton	3 500	130	354 800	5,88 ***R***	0,03	160,0	1846
Néréide	690	0,21	5 513 400	360	0,76	27,4	1949
Pluton							
Charon	1 200	?	19 000	6,39	0 ?	94	1978

Appendice

Sentence

L'opinion que le Soleil est au centre du monde et immobile est absurde, fausse en philosophie, et formellement hérétique, parce qu'elle est expressément contraire à la Sainte Écriture.

Abjuration

« Moi, Galileo Galilei, fils de feu Vincent Galilée, Florentin, âgé de soixante-dix ans, constitué personnellement en jugement, et agenouillé devant vous, éminentissimes et révérendissimes cardinaux de la république universelle chrétienne, inquisiteurs généraux contre la malice hérétique, ayant devant les yeux les saints et sacrés Évangiles, que je touche de mes propres mains ; je jure que j'ai toujours cru, que je crois maintenant, et que, Dieu aidant, je croirai à l'avenir tout ce que tient, prêche et enseigne la sainte Église catholique et apostolique romaine ; mais parce que ce Saint-Office m'avait juridiquement enjoint d'abandonner entièrement la fausse opinion qui tient que le Soleil est le centre du monde, et qu'il est immobile ; que la Terre n'est pas le centre, et qu'elle se meut ; et parce que je ne pouvais la tenir, ni la défendre, ni l'enseigner d'une manière quelconque, de voix ou par écrit, et après qu'il m'avait été déclaré que la susdite doctrine était contraire à la Sainte Écriture, j'ai écrit et fait imprimer un livre dans lequel je traite cette doctrine condamnée, et j'apporte des raisons d'une grande efficacité en faveur de cette doctrine, sans y joindre aucune solution ; c'est pourquoi j'ai été jugé véhémentement suspect d'hérésie pour avoir tenu et cru que le Soleil était le centre du monde et immobile, et que la Terre n'était pas le centre et qu'elle se mouvait.

C'est pourquoi, voulant effacer des esprit de vos Éminences et de tout chrétien catholique cette suspicion véhémente conçue contre moi avec raison, d'un cœur sincère et d'une foi non feinte, j'abjure, maudis et déteste les susdites erreurs et hérésies, et généralement toute autre erreur quelconque et secte contraire à la susdite sainte Église ; et je jure qu'à l'avenir je ne dirai ou affirmerai de vive voix ou par écrit, rien qui puisse autoriser contre moi de semblables soupçons ; et si je connais quelque hérétique ou suspect d'hérésie, je le dénoncerai à ce Saint-Office, ou à l'inquisiteur, ou à l'ordinaire du lieu où je serai. Je jure en outre, et je promets, que je remplirai et observerai pleinement toutes les pénitences qui me sont imposées ou qui me seront imposées par ce Saint-Office ; que s'il m'arrive d'aller contre quelques-unes de mes paroles, de mes promesses, protestations et serments, ce que Dieu veuille bien détourner, je me soumets à toutes peines et supplices qui, par les saints canons et autres constitutions générales et particulières, ont été statués et promulgués contre de tels délinquants. Ainsi, Dieu me soit en aide et ses saints Évangiles, que je touche de mes propres mains.

Moi, Galileo Galilei susdit, j'ai abjuré, juré, promis, et me suis obligé comme ci-dessus ; en foi de quoi, de ma propre main, j'ai souscrit le présent chirographe de mon abjuration, et l'ai récité mot à mot à Rome, dans le couvent de Minerve, ce 22 juin 1633.

Moi, Galileo Galilei, j'ai abjuré comme dessus de ma propre main. »

Remerciements

Ce livre n'aurait pu voir le jour sans la persévérance et les encouragements d'Odile Jacob qui a supporté plus de dix ans un auteur qui, telle Pénélope, défaisait la nuit ce qu'il avait fait le jour.

Je suis profondément reconnaissant à Isabelle Grenier pour ses critiques constructives, ses suggestions, sa patience, sa disponibilité, son affection stimulante et son aide efficace.

J'exprime ma gratitude à Gérard Manhés d'avoir bien voulu relire la partie consacrée aux météorites et de m'avoir apporté plusieurs suggestions fort utiles.

Mes remerciements les plus chaleureux vont à Gérard Jorland pour ses encouragements, ses remarques et son travail d'édition.

L'aide d'Anne-Christine Habart et de Catherine Bacot m'a été particulièrement précieuse à un moment important de la préparation du manuscrit.

Je tiens à remercier Claudine Roth-Islert, Aurèle Cariès et Dominique Renoux pour avoir supporté avec le sourire un auteur souvent en retard et pour avoir apporté leurs compétences et leur professionnalisme à la fabrication de ce livre.

Illustrations : AGRAPH
Photos du cahier central
Space Telescope Science Institute/NASA

« Material created with support to AURA/ST Sci from NASA contract NAS5-26555 is reproduced here with permission. Any opinions, findings, or conclusions in this product or publication are solely those of the author and/or publisher and do not necessarily reflect the views of NASA, AURA, or ST Sci, or their employees. »
— p. V (m) : Courtesy of AURA/ST Sci, NASA and ESA.
— p. XIV (m) : Courtesy of J. Hester, P. Scowen (Arizona State Univ.), and NASA.

Table

Deuxième partie

UN SCÉNARIO DE NOS ORIGINES

Ouvrage publié sous la responsabilité éditoriale de
Gérard Jorland

Dans la collection « Poches Odile Jacob »

N° 1 : Aldo Naouri, *Les Filles et leurs mères*
N° 2 : Boris Cyrulnik, *Les Nourritures affectives*
N° 3 : Jean-Didier Vincent, *La Chair et le Diable*
N° 4 : Jean François Deniau, *Le Bureau des secrets perdus*
N° 5 : Stephen Hawking, *Trous noirs et bébés univers*
N° 6 : Claude Hagège, *Le Souffle de la langue*
N° 7 : Claude Olievenstein, *Naissance de la vieillesse*
N° 8 : Édouard Zarifian, *Les Jardiniers de la folie*
N° 9 : Caroline Eliacheff, *À corps et à cris*
N° 10 : François Lelord, Christophe André, *Comment gérer les personnalités difficiles*
N° 11 : Jean-Pierre Changeux, Alain Connes, *Matière à pensée*
N° 12 : Yves Coppens, *Le Genou de Lucy*
N° 13 : Jacques Ruffié, *Le Sexe et la Mort*
N° 14 : François Roustang, *Comment faire rire un paranoïaque ?*
N° 15 : Jean-Claude Duplessy, Pierre Morel, *Gros Temps sur la planète*
N° 16 : François Jacob, *La Souris, la Mouche et l'Homme*
N° 17 : Marie-Frédérique Bacqué, *Le Deuil à vivre*
N° 18 : Gerald M. Edelman, *Biologie de la conscience*
N° 19 : Samuel P. Huntington, *Le Choc des civilisations*
N° 20 : Dan Kiley, *Le Syndrome de Peter Pan*
N° 21 : Willy Pasini, *À quoi sert le couple ?*
N° 22 : Françoise Héritier, Boris Cyrulnik, Aldo Naouri, *De l'inceste*
N° 23 : Tobie Nathan, *Psychanalyse païenne*
N° 24 : Raymond Aubrac, *Où la mémoire s'attarde*
N° 25 : Georges Charpak, Richard L. Garwin, *Feux follets et champignons nucléaires*
N° 26 : Henry de Lumley, *L'Homme premier*
N° 27 : Alain Ehrenberg, *La Fatigue d'être soi*
N° 28 : Jean-Pierre Changeux, Paul Ricœur, *Ce qui nous fait penser*
N° 29 : André Brahic, *Enfants du Soleil*

IMPRIMÉ EN FRANCE PAR BRODARD ET TAUPIN
2971 - La Flèche (Sarthe) - le 04-08-2000
N° d'édition : 7381-0861-X
Dépôt légal : août 2000